Lunze · Theorie der Wechselstromschaltungen

Prof. Dr.-Ing. habil. Klaus Lunze

Theorie der Wechselstromschaltungen

Lehrbuch

8., durchgesehene Auflage

VT Verlag Technik GmbH Berlin

Lunze, Klaus
Theorie der Wechselstromschaltungen :
Lehrbuch / Klaus Lunze. – 8., durchges. Aufl. –
Berlin : Verl. Technik, 1991. – 272 S. : 223 Bilder,
11 Taf.
ISBN 3-341-00984-1

ISBN 3-341-00984-1

8., durchgesehene Auflage

VT 201 · 3/4791-8(66)
Printed in Germany
Lichtsatz: Interdruck GmbH Leipzig
Druck und Buchbinderei: Offizin Andersen Nexö, Leipzig, GmbH
Lektor: Dipl.-Ing. Sabine Wendav
LSV 3504
Bestellnummer: 554 439 4

Vorwort

Nach fünf Auflagen in zehn Jahren empfahlen sich für die 6. Auflage eine Überarbeitung und stoffliche Erweiterung. Dem Grundanliegen der Lehrbuchreihe [1] [2] [4] folgend, die für alle Fachrichtungen des Elektroingenieurwesens gemeinsamen Grundlagen der Elektrotechnik zu vermitteln, und unter Berücksichtigung der ständig wachsenden Anforderungen wurde ein umfangreicherer Abschnitt über mehrphasige Systeme mit einer Einführung in die Berechnung mit Hilfe der symmetrischen Komponenten aufgenommen und der Abschnitt über mehrwellige Erscheinungen durch die Einbeziehung nichtperiodischer Erregung wesentlich erweitert. Der dabei erläuterte Übergang von der komplexen Fourier-Reihe zum Fourier-Integral vermittelt die Anwendung der Fourier-Transformation und gibt Hinweise auf die Laplace-Transformation bei Behandlung der Schaltvorgänge, die sich im übrigen auf eine ingenieurmäßige Betrachtung einfacherer Kreise im Zeitbereich beschränkt [4]. Die Leistungsbetrachtung wurde auch für mehrphasige und nichtperiodische Vorgänge (Parseval-Gleichung) erweitert.

Beibehalten blieb die Eingrenzung auf die notwendigen Grundlagen für die allgemeine Netzwerkanalyse und Vierpoltheorie. Die Netzwerke sollen auf konzentrierte und konstante Schaltelemente beschränkt bleiben, d. h., mathematisch handelt es sich um Methoden zur Lösung gewöhnlicher linearer Differentialgleichungen. Vorausgesetzt werden die Strom-Spannungs-Beziehungen der Grundschaltelemente *R, L, C, M* und deren physikalische Aussagen sowie die Berechnungsmethoden der Gleichstromnetzwerke [1]. In den Vorbetrachtungen und im Anhang I wird hierüber eine Übersicht gegeben. Die Vierpole werden in diesem Grundlagenlehrbuch so weit betrachtet, daß einerseits auch die Studierenden der Energietechnik und der konstruktiv-technologischen Fachrichtungen, denen u. U. eine erweiterte Vierpol- und Leitungstheorie nicht geboten werden kann, einen für sie ausreichenden Einblick erhalten und andererseits die Studierenden der Informationstechnik schon die Vierpolersatzschaltungen aktiver Bauelemente in der Schaltungstechnik anwenden können. Deshalb wurden auch Umrechnungen von Parametern, Grundschaltungen der Vierpole und als klassisches Beispiel eines Vierpols der Zweiwicklungstransformator mit aufgenommen.

Um den Umfang des Buches nicht zu überschreiten, wurden Ableitungen und Erläuterungen an einigen Stellen gestrafft (z. B. die Rechnung mit komplexen Zahlen), ohne das pädagogische Anliegen aufzugeben, am Beispiel der komplexen Wechselstromrechnung die Vereinfachung durch Transformation der Funktion in einen Bildbereich zu demonstrieren und damit ein Schema und die Denkgewohnheiten zu vermitteln, die das Verständnis für die Funktionaltransformationen, wie z. B. die Fourier- oder Laplace-Transformation, wesentlich erleichtern. Außer der möglichst anschaulichen Darstellung soll jedoch die Methode an Hand von Beispielen und Aufgaben durchsichtig und zum ingenieurmäßigen Handwerkszeug gemacht werden; denn letztlich ist es das Ziel, technische Netzwerke rationell berechnen und deren elektronisches Verhalten beschreiben zu lernen. Zum Kennen gehört hierzu auch das Können, das nur durch die eigene Arbeit und ständige Übung erreicht werden kann. Neben den Beispielen und Aufgaben werden in einem Arbeitsbuch [2] weitere Anregungen und Trainingsmöglichkeiten zur Erlangung einer gewissen Routine gegeben.

Dem Verlag Technik, insbesondere Frau Dipl.-Ing. *M. Rumpf* und Frau Dipl.-Ing. *S. Wendav*, danke ich für Anregungen und die verständnisvolle Unterstützung.

K. Lunze

Inhaltsverzeichnis

0. Vorbetrachtung

Elektrische Netzwerke sind Zusammenschaltungen von sog. *Grundzweipolen*: Widerstand R, Induktivität L, Kapazität C, EMK E und Einströmung I_0. Eine magnetische Verkopplung zweier Induktivitäten (Maschen) wird durch den Parameter Gegeninduktivität M berücksichtigt. Diese Grundzweipole und deren Schaltsymbole im Schaltbild charakterisieren je eine bestimmte (in der realen Schaltung u. U. örtlich verteilte) Energieumwandlung bzw. Energiespeicherung. Deren Klemmenverhalten von Strom und Spannung wird durch je eine Strom-Spannungs-Beziehung beschrieben (Tafel 0.1). Wir wollen immer annehmen, daß wir das Verhalten durch örtlich konzentrierte Bauelemente darstellen können.

Eine Netzstruktur besteht aus in *Knoten* zusammengeschalteten *Zweigen* und *Maschen*. Die Ausgangsgleichungen zur Berechnung eines Zweigstroms oder eines Spannungsabfalls sind die beiden Kirchhoffschen Sätze:

- *Knotenpunktsatz* (Stromkontinuität)

$$\sum_{\overset{\circ}{\downarrow}} i_\nu = \sum_{\overset{\circ}{\uparrow}} i_\mu \quad \text{bzw.} \quad \sum_{\circ} i = 0 .$$

(In letzterer Gleichung sind hin- und wegfließende Ströme mit entgegengesetzten Vorzeichen einzusetzen)

- *Maschensatz* der Spannungen

$$\sum_{\bigcirc} u_\nu = \sum_{\bigcirc} e_\mu \quad \text{bzw.} \quad \sum_{\bigcirc} u = 0 .$$

(In letzterer Gleichung sind die EMK e_μ als Spannungsabfälle einzuführen (vgl. Tafel 0.1 und Anhang I)

Die drei

- *Strom-Spannungs-Beziehungen* der *Grundzweipole R, C, L* (Tafel 0.1).

Wir erhalten mit diesen fünf Grundbeziehungen ein Gleichungssystem für ein Netzwerk, zu dem folgende Aussagen gemacht werden können:

- Wie Tafel 0.1 zeigt, sind die Gleichungen gewöhnliche Differentialgleichungen (DGl.), wenn die aufgeprägten Größen (EMK, Einströmungen) nicht zeitkonstant sind, so daß $\mathrm{d}/\mathrm{d}t \neq 0$ ist. Nur bei Gleichstrom ergibt sich ein algebraisches Gleichungssystem.
- Die Summe der unabhängigen Knoten- und Maschengleichungen ist gleich der Anzahl der Zweige (Zweigströme) im Netzwerk. Bei k Knoten sind $k - 1$ Knotengleichungen unabhängig voneinander. Die unabhängigen Maschen findet man entweder mit Hilfe des *vollständigen Baumes* oder der sog. *Auftrennmethode* (s. Anhang I).
- Die Anzahl der notwendigen und hinreichenden Gleichungen ist bei z Zweigen, k Knoten und m unabhängigen Maschen von der Einführung der Art der Variablen im Netzwerk abhängig (Tafel 0.2). Es sind bei der Einführung von

Zweigströmen	$z = (k-1) + m$ Gleichungen, bei Einführung von
Maschenströmen	$z - (k-1)$ Gleichungen und bei Einführung von
Knotenspannungen	$k - 1$ Gleichungen.

- Von der Gleichstromtechnik sind vereinfachte Verfahren bekannt, die für *lineare Stromkreise* (hier R = konst.) anwendbar sind:

Überlagerungsverfahren
Zweipolersatzschaltungen.

| Die Lösungsprogramme (RP) für die einzelnen Verfahren sind im Anhang aufgeführt.

Während in den Gleichstromnetzwerken die elektrischen Felder im Nichtleiter und die magnetischen Felder nicht berücksichtigt zu werden brauchen, da keine Verschiebungsströme auftreten ($du/dt = 0$) und keine zusätzlichen Spannungen induziert werden ($di/dt = 0$), wird bei Netzwerken mit zeitvariablen aufgeprägten EMK oder Einströmungen das Gleichungssystem durch die Differentialquotienten bzw. Zeitintegrale der Variablen komplizierter und entsprechend das Lösungsverfahren aufwendiger (Lösungsverfahren gewöhnlicher DGl.).

In der Technik kommen unter den Zeitfunktionen der Erregung besonders häufig periodische Funktionen vor. Unter diesen spielt die *Sinusfunktion* eine besondere Rolle, da sie einen

Tafel 0.1. Grundzwei(vier)pole als Charakteristikum verschiedener Energieprozesse – ihre Symbole und Strom-Spannungs-Beziehungen (s. auch Anhang I)

Elektromagnetische Energie wird	Schaltsymbol mit Zählpfeilen für Spannung und Strom	Strom-Spannungs-Beziehung und Besonderheiten des Zweipols (Vierpols)	Charakterisierende Kenngröße des Zweipols (Vierpols)
aus anderer Energieform erzeugt (aktiver Zweipol)	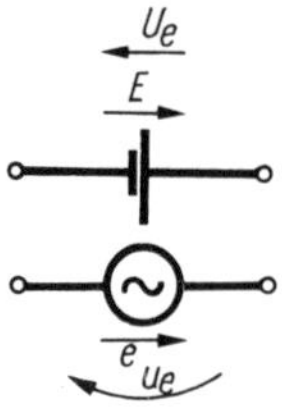	E bzw. e unabhängig vom durchfließenden Strom (Innenwiderstand Null)	EMK (Spannungsquelle) E Gleichspannung e Sinusspannung $\left.\begin{matrix}U_e\\u_e\end{matrix}\right\}$ Spannungsabfall
	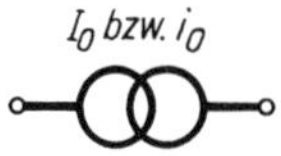	I_0 bzw. i_0 unabhängig vom angeschlossenen Netzwerk (Innenwiderstand ∞)	Einströmung (Stromquelle)
abgestrahlt (z.B. in Wärme umgeformt) (passiver Zweipol)	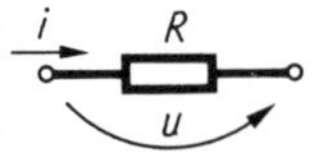	$u = Ri$ $i = \frac{u}{R}$	ohmscher Widerstand R
als elektrische Feldenergie gespeichert (passiver Zweipol)	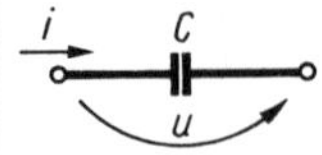	für C = konst. $i = C\frac{du}{dt}$ $u = \frac{1}{C}\int i\,dt$	Kapazität C
als magnetische Feldenergie gespeichert (passiver Zweipol)	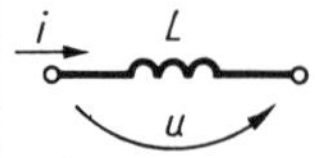	für L = konst. $u = L\frac{di}{dt}$ $i = \frac{1}{L}\int u\,dt$	Induktivität L
mittels Magnetfeld einem anderen Kreis übertragen (Vierpol)	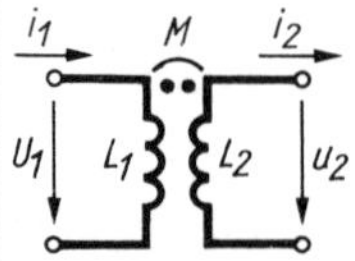	$u_1 = L_1\frac{di_1}{dt} - M\frac{di_2}{dt}$ $u_2 = -L_2\frac{di_2}{dt} + M\frac{di_1}{dt}$	Gegeninduktivität M

Baustein beliebiger periodischer Funktionen darstellt (Satz von *Fourier*) und ihr Differentialquotient sowie ihr Zeitintegral wieder Funktionen gleichen Typs ergeben. Diese mathematischen Eigenschaften haben Auswirkungen auf die Anwendung der Sinusfunktion in (elektro-) technischen Anlagen: In der Energietechnik (Starkstrom-Wechselstromtechnik) wird i. allg.

Tafel 0.2. Übersicht über Berechnungsverfahren

RP: Lösungsprogramm Anhang I

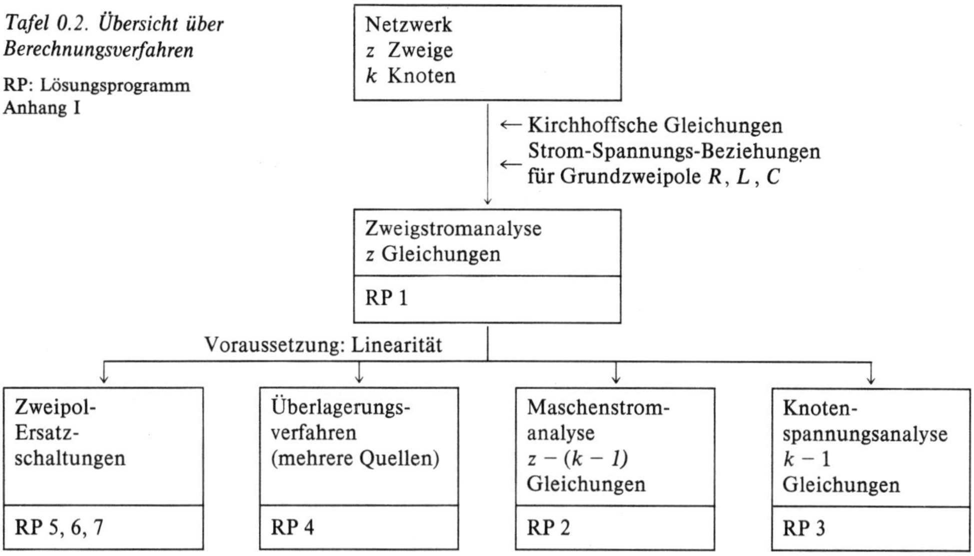

Tafel 0.3. Lösungsverfahren des Netzwerk-Gleichungssystems bei verschiedenen Erregungsfunktionen

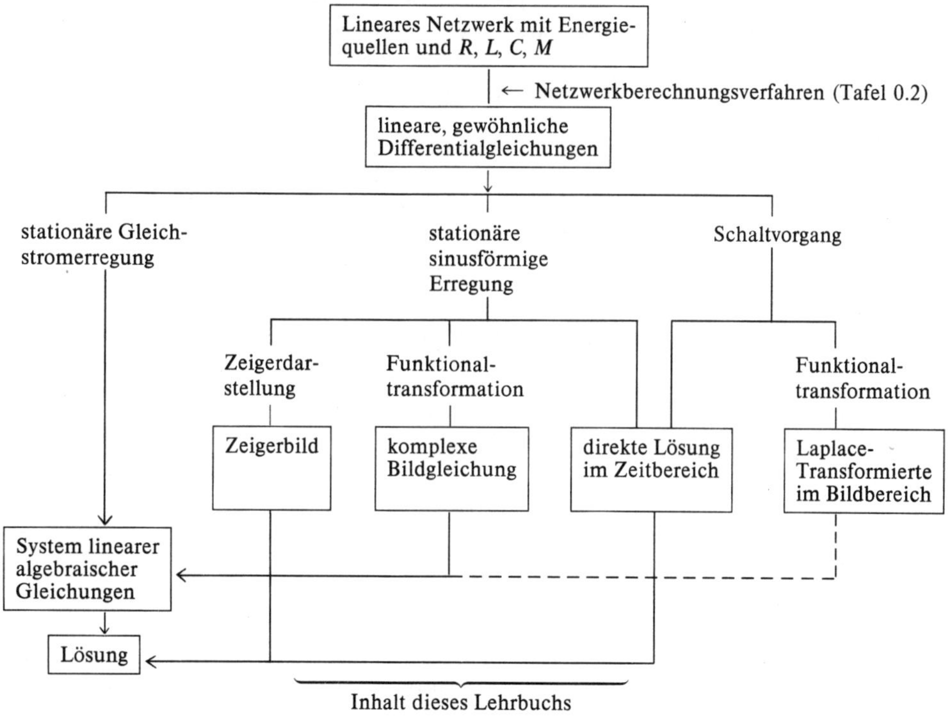

die reine Sinusfunktion angestrebt, da mehrwellige (verzerrte) Ströme höhere und unnötige Anforderungen an die Geräte stellen würden. In der Nachrichtentechnik (Akustik, Hoch- und Höchstfrequenztechnik) reicht eine reine Sinusfunktion nicht aus; man benötigt für eine Information Frequenz- oder Amplitudenänderungen, Änderungen von Impulsabständen (Morsealphabet) usw. Es sind also zur Informationsübertragung mehr oder weniger breitbandige Einrichtungen erforderlich. Aus den obengenannten mathematischen Eigenschaften mehrwelliger Vorgänge spielt auch hier bei meßtechnischen Untersuchungen (Frequenzanalyse usw.) wie bei Berechnung der Schaltungen der sinusförmige Vorgang die überragende Rolle. Neben der sinusförmigen Erregung von Netzwerken ist z. B. der *Schaltsprung* (sprunghafte oder nach bestimmter Zeitfunktion verlaufende einmalige Änderung zwischen zwei stationären, eingeschwungenen Zuständen) von besonderem Interesse (Tafel 0.3). Für derartige Funktionstypen hat man *vereinfachte Lösungsverfahren* der Differentialgleichung entwikkelt.

Während der Schaltsprung in der (höheren) Systemanalyse behandelt wird (s. beispielsweise [4] [5]), sollen in diesem Lehrbuch die vereinfachten Berechnungsmethoden bei sinusförmigen Vorgängen ausführlicher betrachtet werden.

Abschn. 1. befaßt sich mit drei Verfahren (Tafel 0.3): Rechnung im *Zeitbereich*; grafische Darstellung und Rechnung mit Hilfe einer Abbildung der Sinusfunktion durch *Zeiger*; Rechnung mit Hilfe einer komplexen *Bildfunktion* für die Sinusfunktion, wobei das letztere Verfahren von besonderer Bedeutung ist und in den weiteren Abschnitten zur Berechnung spezieller Schaltungen angewendet wird. Als Vorteil dieser Funktionaltransformation[1]) ergibt sich, daß im Bildbereich für die DGln. algebraische Gleichungen entstehen und damit alle Rechenverfahren der Gleichstromtechnik (Tafel 0.2, Rechenprogramme im Anhang) anwendbar sind. Im Anhang zeigt Tafel II. 1 den Überblick und eine Einordnung der verschiedenen Berechnungsmethoden mit Angabe der Abschnitte.

Wir führen folgende Schreibweisen und Bezeichnungen ein:

Schreibweisen

a) *Vektoren* werden durch fettgedruckte Buchstaben gekennzeichnet: $\boldsymbol{v}$, d$\boldsymbol{s}$.
b) *Bildfunktionen* und *komplexe Größen* werden durch Unterstreichen gekennzeichnet: $\underline{u}$, $\underline{Z}$. *Konjugiert komplexe Größen* erhalten zusätzlich einen Stern: $\underline{Z}^*$, $\underline{I}^*$.
c) *Zeitabhängige* Ströme und Spannungen werden durch kleine Buchstaben gekennzeichnet: $u = \hat{U} \sin \omega t$.
d) Amplitudenwert: großer Buchstabe mit $\wedge$: $\hat{U}$
Effektivwert: großer Buchstabe U oder kleiner Buchstabe mit Tilde $\tilde{u}$
arithmetischer Mittelwert: kleiner Buchstabe überstrichen $\bar{u}$
Gleichrichtwert: kleiner Buchstabe mit Betragszeichen überstrichen $\overline{|u|}$.

Wichtigste Formelzeichen

$\underline{A}_{\mu\nu}$	$\mu = 1{,}2$ und $\nu = 1{,}2$ Kettenparameter des Vierpols
$B = \mathrm{Im}(\underline{Y})$	Blindleitwert
b	Bandbreite
C	Kapazität
$\underline{C}$	Zeiger allgemein
d	Verlustfaktor
e	EMK
$f = 1/T$	Frequenz
f_0	Resonanzfrequenz
f_{45}	45°-Frequenz

[1]) Unter Funktionaltransformation wird hier allgemein die Zuordnung zweier Funktionen im Originalbereich und in einem Bildbereich verstanden, nicht im engeren Sinne eine Integraltransformation, wie es die Laplace- und Fourier-Transformationen sind.

f_g	Grenzfrequenz
$G = 1/R$	Leitwert
$g_L = \omega L/R$	Spulengüte
$\underline{H}_{\mu\nu}$	$\mu = 1{,}2$ und $\nu = 1{,}2$ Hybridparameter des Vierpols
i	Strom
$\underline{I} = I e^{j\varphi_i}$ $= I_w + jI_b$	komplexer Effektivwert des Stroms
I_w	Wirkstrom
I_b	Blindstrom
Im ( )	Imaginärteil einer komplexen Größe
k	Klirrfaktor, Koppelfaktor zwischen zwei Spulen
k_n	Klirrkoeffizient
$L = \Psi/I$	Induktivität
$L_e = \Psi_e/I$	„Eisen"-Induktivität
$L_\sigma = \Psi_\sigma/I$	Streuinduktivität
M	Gegeninduktivität
$P = \mathrm{Re}\,(\underline{S})$	Wirkleistung
P_e	Verlustleistung im Eisenkern
P_{Hyst}	Hystereseverluste
$p = ui$	Momentanwert der Leistung
p	Operator für d/dt, Parameter
$Q = \mathrm{Im}\,(\underline{S})$	Blindleistung
R	ohmscher Widerstand (Wirkwiderstand, reeller Widerstand)
Re ( )	Realteil einer komplexen Größe
$\underline{S} = \underline{U}\,\underline{I}^*$	komplexe Leistung
$S = \lvert\underline{S}\rvert$	Scheinleistung
S	Schwingungsgehalt
T	Periodendauer
u	Spannungsabfall
$\underline{U} = U e^{j\varphi_u}$ $= U_w + jU_b$	komplexer Effektivwert der Spannung
U_w	Wirkspannung
U_b	Blindspannung
v	Verstimmung
v_{45}	45°-Verstimmung
$W(f)$	Leistungsspektrum
w	Windungszahl
w	Welligkeit
$X = \mathrm{Im}\,(\underline{Z})$	Blindwiderstand
$\underline{Y} = G + jB$	Leitwertoperator (komplexer Leitwert, Admittanz)
$Y = \lvert\underline{Y}\rvert$	Scheinleitwert
$\underline{Y}_{\mu\nu}$	$\mu = 1{,}2$ und $\nu = 1{,}2$ Leitwertparameter des Vierpols
$\underline{Z} = R + jX$	Widerstandsoperator (komplexer Widerstand, Impedanz)
$Z = \lvert\underline{Z}\rvert$	Scheinwiderstand
$\underline{Z}_w$	Wellenwiderstand
$\underline{Z}_{\mu\nu}$	$\mu = 1{,}2$ und $\nu = 1{,}2$ Widerstandsparameter des Vierpols
$\gamma = -\varphi$	Phasenwinkel der Admittanz $\underline{Y}$
δ	Verlustwinkel
δ	Abklingkonstante einer Schwingung
ϱ	Resonanzschärfe, Güte eines Resonanzkreises
τ	Zeitkonstante
Φ	magnetischer Fluß

Φ_e	Fluß im Eisenkreis
Φ_σ	Streufluß
φ_u	Nullphasenwinkel der Spannung
φ_i	Nullphasenwinkel des Stroms
$\varphi = \varphi_u - \varphi_i$	Phasenverschiebung zwischen Spannung und Strom Phasenwinkel der Impedanz $\underline{Z}$
$\Psi = \sum \Phi_\nu$	Induktionsfluß
$\omega = 2\pi f$	Kreisfrequenz (Winkelfrequenz)

1. Berechnung linearer Stromkreise bei sinusförmiger Erregung

Unter den zeitlich sich ändernden Vorgängen haben die *periodischen Vorgänge* besondere Bedeutung. Diese sind dadurch gekennzeichnet, daß jeweils nach Ablauf einer bestimmten Zeit T, der *Periodendauer*, der gleiche Funktionswert wieder auftritt (Bild 1.1a), d. h., es gilt

$$f(t) = f(t + kT); \quad k \text{ beliebige ganze Zahl.}$$

Innerhalb einer Periode kann die Funktion das Vorzeichen ändern. Unter diesen periodischen Vorgängen sind solche Vorgänge *Wechselgrößen* im engeren Sinne, deren zeitlicher Mittelwert über eine Periode Null ist, d. h., deren negative Funktionswerte mit der Zeitachse die gleiche Fläche einschließen wie die positiven Funktionswerte (Bild 1.1b).

Nach dem Satz von *Fourier* kann man jede periodische Funktion durch ein Gleichglied und eine Summe von n Sinusfunktionen mit den Frequenzen f, $2f$, …, nf darstellen, wobei $f = 1/T$ die reziproke Periodendauer der Funktion ist (Bild 1.1).

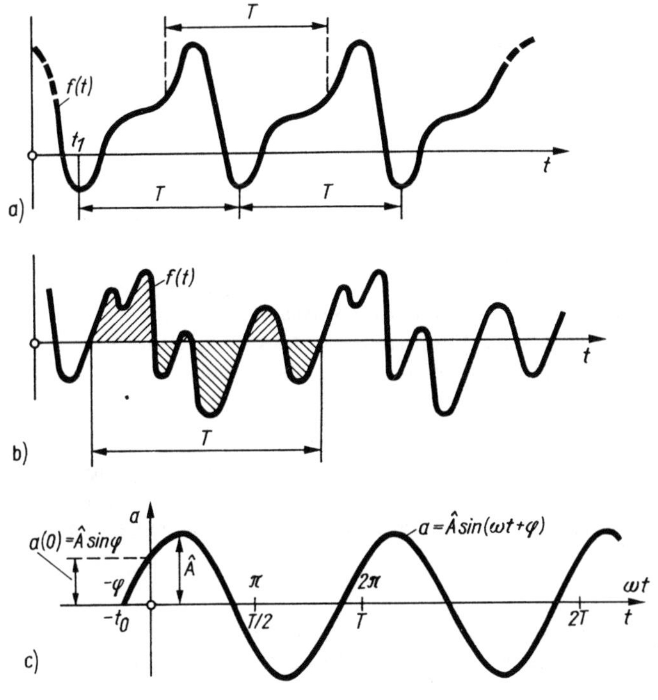

Bild 1.1. Wechselgrößen

a) $f(t_1) = f(t_1 + T) = f(t_1 + 2T) = f(t_1 + kT)$; k ganze Zahl

b) Die Funktion $f(t)$ schließt während einer Periodendauer oberhalb der Zeitachse gleiche Fläche ein wie unterhalb der Zeitachse, d.h., der zeitliche Mittelwert ist Null.

c) Sinusfunktion

Die *Sinusfunktion* ist also die elementare periodische Funktion. Sie ist für die Energietechnik (Starkstromtechnik) wie für die Informationstechnik von großer Bedeutung, was in der Vorbetrachtung schon erläutert worden ist.

Die Berechnung elektrischer Netzwerke bei sinusförmiger Erregung ist also für die gesamte Elektrotechnik sehr wichtig.

1.1. Rechnung mit Sinusfunktion im Zeitbereich

1.1.1. Kennwerte der Sinusfunktion und mathematische Operationen

Die Sinusfunktion

$$a = \hat{A} \sin(\omega t + \varphi) \tag{1.1}$$

hat folgende *Kennwerte* (Bild 1.1c):

a	Augenblickswert (Momentanwert)
$\hat{A}$	Amplitude
$\alpha = \omega t + \varphi$	Phasenwinkel (zeitabhängig)
φ	Nullphasenwinkel (Phasenwinkel zur Zeit $t = 0$)
$\omega = \mathrm{d}\alpha/\mathrm{d}t = 2\pi f$	Winkel- oder Kreisfrequenz (Einheit s^{-1})
$f = 1/T$	Frequenz (Einheit $1\,\mathrm{s}^{-1} = 1\,\mathrm{Hz}$; 1 Hertz = 1 Schwingung je Sekunde)
T	Periodendauer (Einheit s)

Es gilt also $\omega T = 2\pi$.

Die drei Bestimmungsgrößen *Amplitude, Frequenz* und *Nullphasenwinkel* kennzeichnen die Sinusfunktion. Bei Berechnung sinusförmiger Vorgänge werden wir also immer nach diesen drei Kenngrößen fragen.

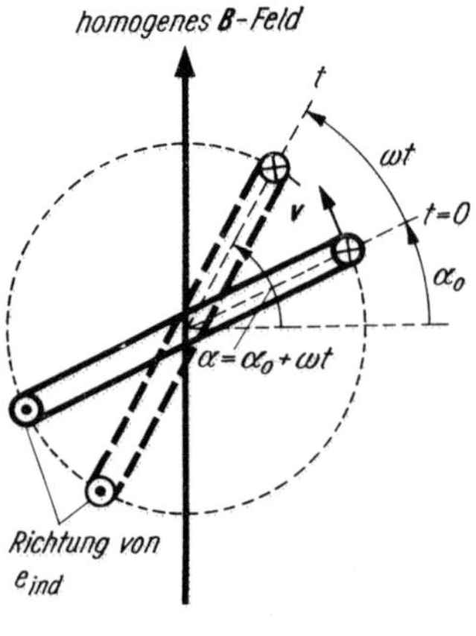

Bild 1.2. Induktion sinusförmiger Spannung

Bei einer Winkelgeschwindigkeit $\omega = \mathrm{d}\alpha/\mathrm{d}t =$ konst. ist die zeitabhängige Winkellage der Spule $\alpha = \int \omega\,\mathrm{d}t = \omega t + \alpha_0$, wobei $\alpha_0 = (\alpha)_{t=0}$ ist.

Eine sinusförmige Spannung kann man durch Drehung einer Schleife mit konstanter Winkelgeschwindigkeit ω in einem homogenen Magnetfeld erzeugen. Im Bild 1.2 ist eine um eine Achse drehbare Rechteckschleife gezeichnet, deren Länge (senkrecht zur Zeichenebene) L sein möge. Die induzierte Umlaufspannung ist

$$e_{\mathrm{ind}} = 2(\boldsymbol{v} \times \boldsymbol{B}) \cdot \boldsymbol{l} = 2vBl \sin\alpha,$$

wobei α der Winkel zwischen $\boldsymbol{v}$ und $\boldsymbol{B}$ ist. Dieser ist gleich der Winkellage α der Schleife, also von der Zeit abhängig. Zur Zeit $t = 0$ sei $\alpha = \alpha_0$, und bei konstanter Winkelgeschwindigkeit ω (Bild 1.2) ist

$$\alpha = \omega t + \alpha_0.$$

Also wird

$$e_{\mathrm{ind}} = 2vBl \sin(\omega t + \alpha_0) = \hat{E}_{\mathrm{ind}} \sin(\omega t + \alpha_0)$$

mit

$$\hat{E}_{\mathrm{ind}} = 2vBl.$$

Nach der Umlaufzeit T ist der Drehwinkel $\omega t = \omega T = 2\pi$, woraus sich $\omega = 2\pi/T$ ergibt, und mit $f = 1/T$

wird $\omega = 2\pi f$. Die Winkellage der Schleife entspricht dem Phasenwinkel der Sinusfunktion, wenn man erstere auf die Lage bezieht, bei der $\boldsymbol{v} \times \boldsymbol{B} = 0$ ist ($e_{\text{ind}} = 0$).

Der Phasenwinkel wird i. allg. im Bogenmaß angegeben (Bogen des Einheitskreises). Es gilt

$$\varphi \text{ (im Bogenmaß)} = \frac{\pi}{180}\, \varphi \text{ (in Grad)}.$$

Weitere Kennwerte einer periodischen Funktion sind die *Mittelwerte.* Es gibt drei Mittelwerte:

Arithmetischer Mittelwert, Gleichwert, linearer Mittelwert
Definition:

$$\bar{a} = \frac{1}{T} \int_{t_0}^{t_0+T} a(t)\, \mathrm{d}t. \tag{1.2}$$

t_0 ist ein beliebiger Anfangswert des Integrationsintervalls.

Geometrisch gedeutet, ist der arithmetische Mittelwert die von dem Liniendiagramm während der Periodendauer T eingeschlossene Fläche (schraffiert im Bild 1.1b) dividiert durch die Periodendauer T.

Beispiele

Für die Sinusfunktion (Bild 1.1c) wie für jede reine Wechselgröße (Bild 1.1b) ergibt die Integration über die Periodendauer Null:

$$\bar{a} = \frac{1}{T} \int_{0}^{T} \hat{A} \sin \omega t \, \mathrm{d}t = 0 .$$

Für Dreieck- bzw. Rechteckspannung (Bilder 1.3a und b) ergibt sich z. B. mit Hilfe der geometrischen Deutung:

Dreieckspannung

$$\bar{u} = \frac{1}{T} \frac{1}{2} \hat{U} \frac{T}{2} = \frac{\hat{U}}{4}$$

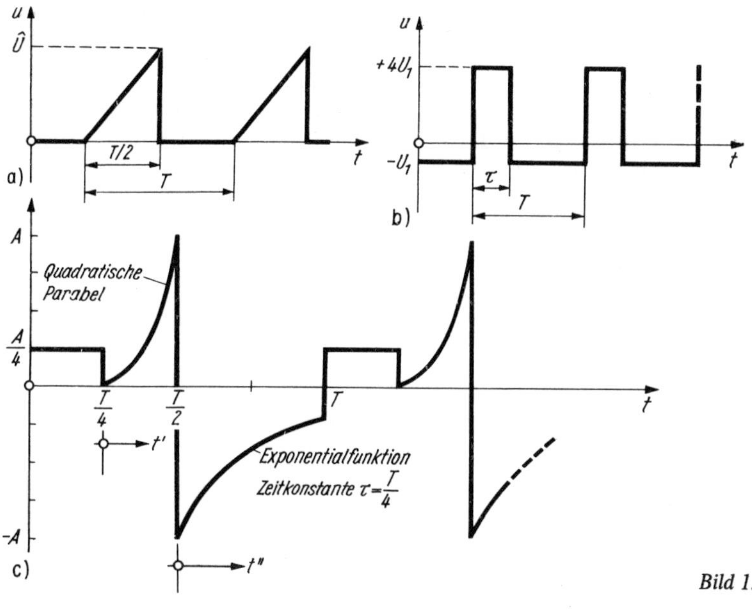

Bild 1.3. Periodische Vorgänge

Rechteckspannung

$$\bar{u} = \frac{1}{T}[4U_1\tau - U_1(T-\tau)] = U_1\left(5\frac{\tau}{T} - 1\right).$$

Den Gleichwert von Zeitverläufen, die sich innerhalb der Periodendauer T abschnittsweise aus verschiedenen Funktionen zusammensetzen (zwischen denen u. U. endliche Sprünge auftreten), erhält man durch Integration über die einzelnen Zeitabschnitte:

$$\bar{a} = \frac{1}{T}\left[\int_0^{t_1} a_1(t)\,\mathrm{d}t + \int_0^{t_2-t_1} a_2(t')\,\mathrm{d}t' + \ldots\right] \quad \text{mit: } \begin{aligned} a(t) &= a_1(t)\,; & t_1 &\geqq t \geqq 0 \\ &= a_2(t)\,; & t_2 &\geqq t \geqq t_1 \\ &= a_2(t')\,; & t_2 - t_1 &\geqq t' \geqq 0 \end{aligned} \tag{1.2a}$$

Mittels Gl. (1.2a) wird für die zusammengesetzte Funktion von Bild 1.3c

$$\bar{a} = \frac{1}{T}\left[\int_0^{T/4} \frac{A}{4}\,\mathrm{d}t + \int_0^{T/4} 16A\left(\frac{t'}{T}\right)^2 \mathrm{d}t' + \int_0^{T/2} (-A)\exp\left(-\frac{4t''}{T}\right)\mathrm{d}t''\right]$$

$$= \frac{1}{T}\left[\frac{AT}{16} + \frac{AT}{12} - \frac{AT}{4}(1-\mathrm{e}^{-2})\right] \approx -0{,}07A.$$

Effektivwert, quadratischer Mittelwert

Definition:

$$\tilde{a} \equiv A = \sqrt{\frac{1}{T}\int_{t_0}^{t_0+T} a^2(t)\,\mathrm{d}t}. \tag{1.3}$$

t_0 ist ein beliebiger Anfangswert des Integrationsintervalls.

Geometrisch gedeutet ist A^2 der Flächeninhalt, den die quadrierte Funktion $a(t)$ mit der Zeitachse einschließt, d. h., analog Gl. (1.2a) ergibt sich bei zusammengesetzten Funktionen

$$\tilde{a}^2 = \frac{1}{T}\left[\int_0^{t_1} a_1^2(t)\,\mathrm{d}t + \int_0^{t_2-t_1} a_2^2(t')\,\mathrm{d}t' + \ldots\right]. \tag{1.3a}$$

Auch bei reinen Wechselgrößen ($\bar{a} = 0$) wird $\tilde{a} > 0$, da die quadrierte Funktion immer positiv ist.

Der Effektivwert ist ein sehr häufig verwendeter Mittelwert. Anschaulich kann man ihn folgendermaßen deuten: Schickt man durch einen Widerstand R einen Gleichstrom, dessen Betrag $I_=$ gleich dem Effektivwert $\tilde{i}$ eines Wechselstroms $i(t)$ ist, wird in gleicher Zeit im Widerstand gleiche Wärme erzeugt.

Wir beweisen diese Aussage, indem wir die im Widerstand R durch einen Gleichstrom $I_=$ und einen Wechselstrom $i(t)$ innerhalb der Periodendauer T des Wechselstroms umgesetzten Energien gleichsetzen und $I_=$ als Funktion von $i(t)$ berechnen. Es ergibt sich die Definitionsgleichung für den Effektivwert:

$$\int_0^T I_=^2 R\,\mathrm{d}t = \int_0^T i^2(t)\,R\,\mathrm{d}t$$

$$I_=^2 T = \int_0^T i^2(t)\,\mathrm{d}t$$

$$I_= = \sqrt{\frac{1}{T}\int_0^T i^2(t)\,\mathrm{d}t} \equiv \tilde{i}.$$

Beispiele

Sinusfunktion

$$\tilde{a}^2 = \frac{1}{T}\int_0^T [\hat{A}\sin(\omega t + \varphi)]^2\,\mathrm{d}t = \frac{\hat{A}^2}{T}\int_0^T \frac{1-\cos 2(\omega t + \varphi)}{2}\,\mathrm{d}t = \frac{\hat{A}^2}{2}$$

$$\tilde{a} = A = \frac{\hat{A}}{\sqrt{2}} \approx 0{,}7\hat{A}. \tag{1.3b}$$

Rechteckspannung (Bild 1.3b)

$$\tilde{u}^2 = \frac{1}{T}\left[\int_0^T (4U_1)^2 \,\mathrm{d}t + \int_0^{T-\tau} U_1^2 \,\mathrm{d}t'\right] = U_1^2\left(1 + 15\frac{\tau}{T}\right).$$

Gleichrichtwert

Definition:

$$\overline{|a|} = \frac{1}{T}\int_{t_0}^{t_0+T} |a(t)| \,\mathrm{d}t. \tag{1.4}$$

Es ist der lineare Mittelwert des Betrags der periodischen Funktion.

Die Funktion $|a(t)|$ entsteht, wenn man $a(t)$ einer Zweiweg-Gleichrichterschaltung zuführt, deren Gleichrichter im Durchlaßbereich eine lineare Strom-Spannungs-Kennlinie aufweisen und im Sperrbereich ideal sperren. Bei reinen Wechselgrößen ($\bar{a} = 0$) ergibt sich für den Gleichrichtwert das Doppelte des Gleichrichtwerts der Funktion einer Halbperiode:

$$\overline{|a|} = 2\frac{1}{T}\int_0^{T/2} |a(t)| \,\mathrm{d}t.$$

Beispiele

Sinusfunktion

$$\overline{|a|} = \frac{1}{T}\int_0^T \hat{A}\,|\sin\omega t| \,\mathrm{d}t = \frac{2}{T}\int_0^{T/2} \hat{A}\sin\omega t \,\mathrm{d}t$$

$$= \frac{2\hat{A}}{\omega T}\left(1 - \cos\frac{\omega T}{2}\right).$$

Mit $\omega T = 2\pi$ wird $\overline{|a|} = 2\hat{A}/\pi$.

Für die in Zeitintervallen integrierbare Funktion (Bild 1.3c) ergibt sich der gleiche Ansatz wie bei Berechnung des arithmetischen Mittelwerts der Funktion $a(t)$; dort wird lediglich im letzten Integral statt $(-A)$ der positive Wert $+A$ eingesetzt.

Zur *Messung der Mittelwerte* einer periodischen Funktion $a(t)$ muß von der Meßeinrichtung gemäß Gln. (1.2), (1.3), (1.4) der zeitliche Mittelwert der Funktion selbst, der quadrierten Funktion bzw. der gleichgerichteten Funktion gebildet werden. Die zeitliche Mittelung kann z. B. durch ein Anzeigeinstrument erfolgen, in dem die einwirkende Größe (z. B. Strom) ein Drehmoment auf ein Drehsystem (z. B. Drehspule mit Rückstellfeder) erzeugt. Wird dieses mechanisch schwingungsfähige System genügend gedämpft, so ist das Drehmoment proportional dem algebraischen Mittelwert der periodisch veränderlichen Einwirkung.

Von den *mathematischen Operationen* mit der Sinusfunktion sollen die zeitliche Differentiation und Integration sowie die Addition hervorgehoben werden:

Differentiation der Sinusfunktion $a = \hat{A}\sin(\omega t + \varphi)$

$$\frac{\mathrm{d}a}{\mathrm{d}A} = \omega\hat{A}\cos(\omega t + \varphi) = \omega\hat{A}\sin\left(\omega t + \varphi + \frac{\pi}{2}\right). \tag{1.5}$$

Durch Vergleich zwischen Ausgangs- und Ergebnisfunktionen der Differentiation erkennt man (Bild 1.4a):

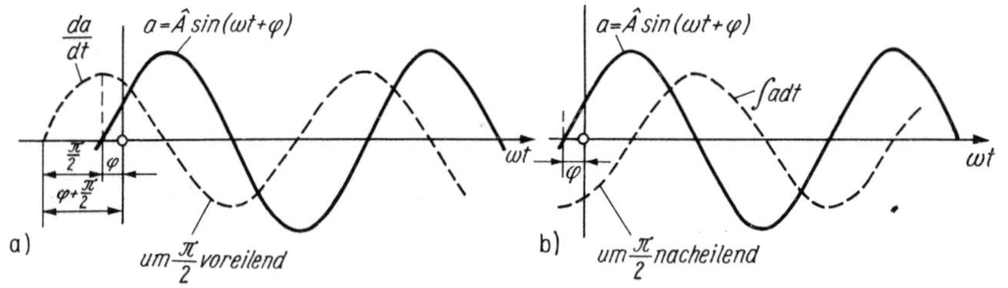

Bild 1.4. Differentiation und Integration einer Sinusfunktion

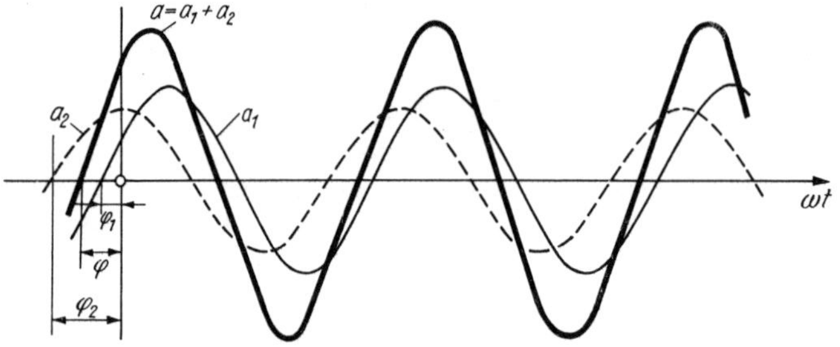

Bild 1.5. Überlagerung von Sinusfunktionen

- Die Frequenz ist die gleiche.
- Die Amplitude ergibt sich durch Multiplikation mit ω.
- Die Nullphase ist um $\pi/2$ größer.

Durch Differentiation einer Sinusfunktion entsteht eine Sinusfunktion, die um 90° vorauseilt.

Zeitliche Integration der Sinusfunktion $a = \hat{A} \sin(\omega t + \varphi)$

$$\int a \, \mathrm{d}t = -\frac{\hat{A}}{\omega} \cos(\omega t + \varphi) = \frac{\hat{A}}{\omega} \sin\left(\omega t + \varphi - \frac{\pi}{2}\right). \tag{1.6}$$

Die Integrationskonstante ist Null gesetzt, da in den hier betrachteten eingeschwungenen sinusförmigen Vorgängen und in linearen Kreisen kein zeitkonstantes Glied auftreten kann. Durch Vergleich mit der Ausgangsfunktion erkennt man (Bild 1.4b):
- Die Frequenz bleibt die gleiche.
- Die Amplitude ergibt sich durch Division durch ω.
- Die Nullphase ist um $\pi/2$ kleiner.

Durch Integration einer Sinusfunktion entsteht eine Sinusfunktion, die um 90° nacheilt.

Addition (Subtraktion) zweier Sinusfunktionen gleicher Frequenz

Die Sinusfunktionen

$$a_1 = \hat{A}_1 \sin(\omega t + \varphi_1)$$
$$a_2 = \hat{A}_2 \sin(\omega t + \varphi_2)$$

sollen addiert werden. Im Bild 1.5 sind für alle Abszissenwerte (Zeitachse) die entsprechenden Ordinatenwerte beider Funktionen vorzeichenbehaftet addiert. Man erkennt:
Es ergibt sich eine Sinusfunktion gleicher Frequenz mit anderer Amplitude und Nullphase. Wir schreiben die Ergebnisfunktion allgemein

$$a = \hat{A} \sin(\omega t + \varphi)$$

und berechnen $\hat{A}$ und φ als Funktion der gegebenen Amplituden und Nullphasenwinkel:

$$\hat{A}_1 \sin(\omega t + \varphi_1) + \hat{A}_2 \sin(\omega t + \varphi_2) = \hat{A} \sin(\omega t + \varphi).$$

Wir wenden für jede Funktion das Additionstheorem an und fassen die linke Seite zusammen:

$$(\hat{A}_1 \sin\varphi_1 + \hat{A}_2 \sin\varphi_2) \cos\omega t + (\hat{A}_1 \cos\varphi_1 + \hat{A}_2 \cos\varphi_2) \sin\omega t$$
$$= \hat{A} \sin\varphi \cos\omega t + \hat{A} \cos\omega \sin\omega t.$$

Wie man durch Einsetzen von $\omega t = 0$ und $\omega t = \pi/2$ zeigen kann, ist die Gleichung erfüllt, wenn rechts und links die Koeffizienten der Kosinusfunktion und die der Sinusfunktion gleich sind:

$$\hat{A} \sin\varphi = \hat{A}_1 \sin\varphi_1 + \hat{A}_2 \sin\varphi_2 \qquad (\alpha)$$
$$\hat{A} \cos\varphi = \hat{A}_1 \cos\varphi_1 + \hat{A}_2 \cos\varphi_2. \qquad (\beta)$$

Um die Unbekannten $\hat{A}$ und φ zu berechnen, bilden wir

$$(\alpha)^2 + (\beta)^2 \quad \text{bzw.} \quad \frac{(\alpha)}{(\beta)}.$$

Das ergibt mit $\sin\varphi_1 \sin\varphi_2 + \cos\varphi_1 \cos\varphi_2 = \cos(\varphi_1 - \varphi_2)$:

Die Addition (Subtraktion) zweier Sinusschwingungen gleicher Frequenz ergibt wieder eine Sinusschwingung derselben Frequenz, deren Amplitude $\hat{A}$ und Nullphasenwinkel φ sich aus folgenden Gleichungen berechnen:

$$\hat{A} = \sqrt{\hat{A}_1^2 + \hat{A}_2^2 + 2\hat{A}_1\hat{A}_2 \cos(\varphi_1 - \varphi_2)}$$
$$\varphi = \arctan\frac{\hat{A}_1 \sin\varphi_1 + \hat{A}_2 \sin\varphi_2}{\hat{A}_1 \cos\varphi_1 + \hat{A}_2 \cos\varphi_2}. \qquad (1.7)$$

Bei *Subtraktion* $(a_1 - a_2)$ wird $\hat{A}_2$ durch $-\hat{A}_2$ ersetzt ($\hat{A}_2^2$ bleibt positiv).

Bei drei und mehr Sinusfunktionen gleicher Frequenz läßt sich das Rechenverfahren erweitern, indem man jeweils zwei Sinusfunktionen zu einer mittels Gln. (1.7) zusammenfaßt und mit einer weiteren überlagert.

1.1.2. Schaltelemente *R, L, C* (Grundzweipole) bei sinusförmiger Erregung

Zur Berechnung von Stromkreisen (Maschen- und Knotenpunktgleichungen) benötigt man die Spannungsabfälle über den einzelnen Schaltelementen bei durchfließendem Strom. Die allgemeinen Strom-Spannungs-Beziehungen für die drei Grundschaltelemente

$$R \qquad u = R\,i \qquad (1.8)$$

$$L \qquad u = L\frac{\mathrm{d}i}{\mathrm{d}t} \qquad (1.9)$$

$$C \qquad u = \frac{1}{C}\int i\,\mathrm{d}t \text{ [1]} \qquad (1.10)$$

sind von den Grundlagen der Elektrotechnik her bekannt (z. B. [1], Anhang I). Hier sollen speziell für sinusförmige Erregung Betrag und Phasenwinkel von Strom und Spannung berechnet werden.

[1]) Als bestimmtes Integral lautet diese Beziehung: $u(t) = \int_{t_0}^{t} i\,\mathrm{d}t + u(t_0)$.

Tafel 1.1. Grundzweipole R, L, C bei sinusförmiger Erregung

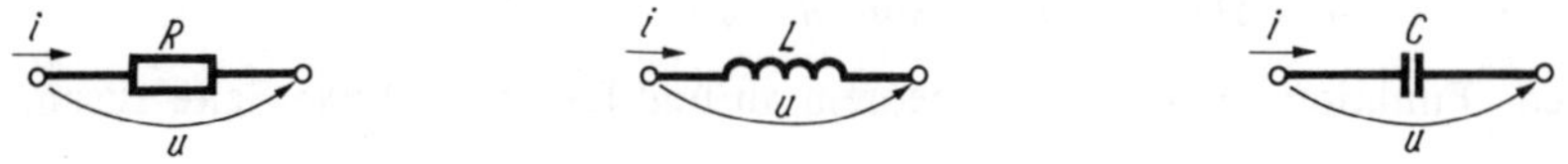

Allgemeine Strom-Spannungs-Beziehung:

$u = Ri$ **(1.8)** $u = L\frac{di}{dt}$ **(1.9)** $u = \frac{1}{C}\int i\,dt$ **(1.10)**

Eingespeister Strom: $i = \hat{I}\sin(\omega t + \varphi_t)$

← Gl. (1.5) ← Gl. (1.6)

$u = R\hat{I}\sin(\omega t + \varphi_t)$ **(1.8 a)** $u = \omega L\hat{I}\sin\left(\omega t + \varphi_t + \frac{\pi}{2}\right)$ **(1.9 a)** $u = \frac{1}{\omega C}\hat{I}\sin\left(\omega t + \varphi_t - \frac{\pi}{2}\right)$ **(1.10 a)**

Spannung allgemein: $u = \hat{U}\sin(\omega t + \varphi_u)$

Amplitudenvergleich:

$\hat{U} = R\hat{I}$ **(1.11 a)** $\hat{U} = \omega L\hat{I}$ **(1.13 a)** $\hat{U} = \frac{1}{\omega C}\hat{I}$ **(1.15 a)**

Phasenvergleich:

$\varphi_u = \varphi_i$ **(1.12 a)** $\varphi_u = \varphi_i + \frac{\pi}{2}$ **(1.14 a)** $\varphi_u = \varphi_i - \frac{\pi}{2}$ **(1.16 a)**

u und *i* gleiche Nullphase *u* eilt 90° vor *u* eilt 90° nach

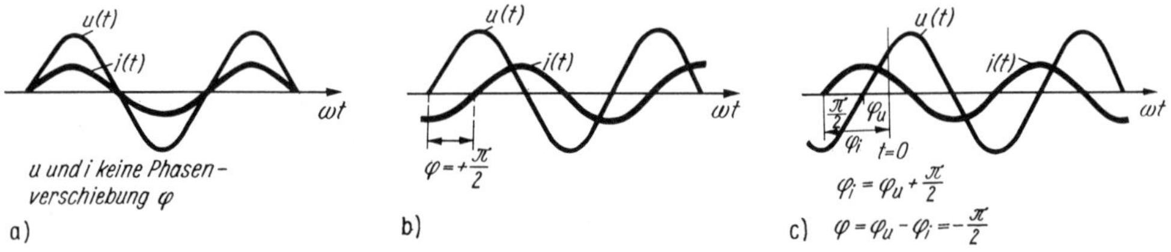

Definitionen:

$$\boxed{\frac{\hat{U}}{\hat{I}} = \frac{U}{I} = Z} \qquad \textit{Scheinwiderstand} \qquad (1.17)$$

$$\boxed{\varphi_u - \varphi_i = \varphi} \qquad \textit{Phasenverschiebung}\text{ zwischen Spannung und Strom} \qquad (1.18)$$

Damit wird aus Gln. (1.11 a) bis (1.16 a)

$Z = \frac{U}{I} = R$	**(1.11)**	$Z = \frac{U}{I} = \omega L$	**(1.13)**	$Z = \frac{U}{I} = \frac{1}{\omega C}$	**(1.15)**
$\varphi = \varphi_u - \varphi_i = 0$	**(1.12)**	$\varphi = \varphi_u - \varphi_i = +\frac{\pi}{2}$	**(1.14)**	$\varphi = \varphi_u - \varphi_i = -\frac{\pi}{2}$	**(1.16)**

Aus Abschn. 1.1.1. ist folgendes zu erwarten: Während sich die Spannung über dem Widerstand R bei vorgegebenem Strom $i = \hat{I} \sin(\omega t + \varphi_i)$ durch Multiplikation mit einem konstanten Faktor R ergibt, die Nullphase also die gleiche bleibt, treten bei Differentiation (L) und Integration (C) gemäß Gl. (1.5) bzw. Gl. (1.6) Phasenverschiebungen um $+90°$ bzw. $-90°$ auf. Die Ergebnisse der Rechnung zeigt Tafel 1.1.

Nimmt man in den drei Zweipolen R, L, C gleichen Stromverlauf an, ergeben sich unterschiedliche Spannungsabfälle [Gln. (1.8a) bis (1.10a)], deren Beträge und Nullphasenwinkel durch Vergleich mit dem allgemeinen Spannungsausdruck $u = \hat{U} \sin(\omega t + \varphi_u)$ ermittelt werden [Gln. (1.11a) bis (1.16a)].

Mit den *Definitionen* für

Scheinwiderstand $$Z = \frac{U}{I} \tag{1.17}$$

Phasenverschiebung zwischen u und i $$\varphi = \varphi_u - \varphi_i \tag{1.18}$$

ergeben sich zwei Kenngrößen, die für jeden passiven Zweipol bei sinusförmiger Aussteuerung charakteristisch sind [Gln. (1.11) bis (1.16)], wobei die Amplitudenwerte $\hat{U}$ und $\hat{I}$ in Gln. (1.11a) bis (1.15a) durch die Effektivwerte U und I gemäß Gl. (1.3b) ersetzt worden sind.

1.1.3. Stromkreisberechnung: Lösung der Differentialgleichung im Zeitbereich (Originalbereich)

Um die einzelnen Schritte der Berechnungsmethode näher zu erläutern, gehen wir von einer einfachen Schaltung aus (Bild 1.6). Sie besteht aus einer sinusförmigen EMK $e = \hat{E} \sin(\omega t + \varphi_u)$ in einer Masche mit der Reihenschaltung von R und C. Gesucht sei der Strom i.

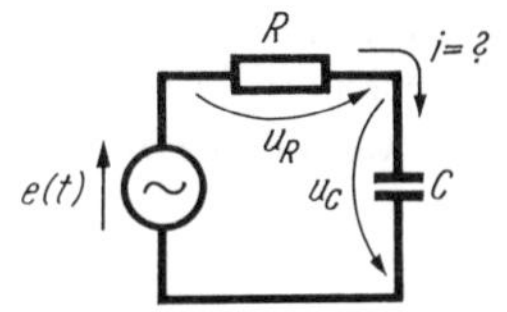

Bild 1.6. Berechnung eines Stroms i bei sinusförmiger Erregung
$e(t) = \hat{E} \sin(\omega t + \varphi_u)$

Die sinusförmige EMK e kennzeichnen wir im Schaltbild durch eine Sinuswelle in einem Kreis (Schaltsymbol). Der Bezugspfeil sagt aus, in welcher Richtung die EMK positiv gezählt wird. In jeder zweiten Halbwelle ergeben sich für die EMK negative Werte ($\omega t + \varphi_u > n\pi$; $n = 1, 3, 5, \ldots$), d. h., der Stromantrieb erfolgt entgegen der Bezugspfeilrichtung.

Um die Kirchhoffschen Gleichungen aufstellen zu können, führen wir den in diesem Fall einzigen Strom mit Bezugspfeil zweckmäßigerweise in vorgegebener Richtung der EMK ein. Damit ergeben sich die Spannungsabfälle über R und C in Richtung des Stroms gemäß Tafel 1.1. Da der Stromkreis nur aus einer Masche besteht, benötigt man für die eine Unbekannte i nur eine Maschengleichung. Sie lautet:

$$u_R + u_C = e.$$

Mit Gln. (1.8) und (1.10) in Tafel 1.1 wird daraus

$$R\,i + \frac{1}{C}\int i \,\mathrm{d}t = e. \tag{a}$$

Eine Differentiation dieser Gleichung nach der Zeit ergibt

$$R\frac{\mathrm{d}i}{\mathrm{d}t}+\frac{1}{C}i=\frac{\mathrm{d}e}{\mathrm{d}t}.$$

Zur universellen Lösung dieser gewöhnlichen Differentialgleichung mit konstanten Koeffizienten (R und C), in der also die unbekannte Funktion i nicht nur als solche, sondern auch als Differentialquotient vorkommt, gibt es verschiedene Methoden (Trennung der Variablen, Variation der Konstanten, partikuläres Integral und andere Teilschritte).

Wir können uns im speziellen Fall sinusförmiger Erregung linearer Netzwerke die Lösung durch einen geschickten Lösungsansatz wesentlich erleichtern.

Sind alle Elemente des Kreises zeitlich konstant und betrachtet man eingeschwungene[1]) Vorgänge, so müssen bei aufgeprägter Sinusfunktion an jeder Stelle des Netzwerks alle elektrischen oder magnetischen Größen ebenfalls sinusförmig sein und gleiche Frequenz aufweisen.

Das ist eine sehr wichtige physikalische Erkenntnis, auf die alle vereinfachten Rechenverfahren bei sinusförmigen Vorgängen aufbauen. Es gilt auch für mehrwellige periodische Vorgänge: In linearen Systemen (konstante Parameter R, L, C, M; keine zeitlichen Änderungen des Netzwerks z. B. durch Schalten) ist eine Frequenzwandlung unmöglich, d. h., es können keine anderen als die aufgeprägten Frequenzen auftreten. Amplituden und Phasenwinkel der einzelnen Sinusschwingungen werden durch das Netzwerk festgelegt.

Wir wollen die wichtige Aussage der gleichen Frequenz aller Größen in linearen Kreisen untermauern: Nehmen wir an, daß z. B. in Gl. (a) die EMK e die aufgeprägte Größe ist, die sich sinusförmig mit der Kreisfrequenz ω_1 ändert. Nehmen wir außerdem an, daß sich die Wirkungsgröße im Kreis, der Strom i, aus mehreren Sinusfunktionen verschiedener Kreisfrequenzen $\omega_\nu \neq \omega_1$ zusammensetzt. Dann müßte zur Erfüllung der Gl. (a) die Summe der Sinusfunktionen auf der linken Seite der Gleichung eine Sinusfunktion mit der links nicht existenten Kreisfrequenz ω_1 ergeben. Das ist aber wegen der linearen Unabhängigkeit der Sinusfunktionen unterschiedlicher Frequenz nicht möglich.

Wir kennen also die Lösung der Differentialgleichung insofern, als uns der Gleichungstyp der Lösung bekannt ist: *Der Strom verläuft sinusförmig*[2]) mit der Frequenz der aufgeprägten Größe. Von den drei Bestimmungsstücken der Sinusfunktion (Amplitude, Frequenz und Nullphasenwinkel) sind Amplitude $\hat{I}$ und Nullphasenwinkel φ_i noch unbekannt. Mit dieser physikalisch-mathematischen Betrachtung können wir also als Lösungsfunktion den *Lösungsansatz*

$$i=\hat{I}\sin(\omega t+\varphi_i) \qquad \textbf{(b)}$$

mit den Unbekannten $\hat{I}$ und φ_i machen.

Soll diese Lösungsfunktion gelten, muß sie die Differentialgleichung erfüllen. Wir setzen also Gl. (b) in Gl. (a) ein und erhalten [vgl. Tafel 1.1, Gln. (1.8a) und (1.10a)]:

$$R\hat{I}\sin(\omega t+\varphi_i)+\frac{1}{\omega C}\hat{I}\sin\left(\omega t+\varphi_i-\frac{\pi}{2}\right)=\hat{E}\sin(\omega t+\varphi_u).$$

Die beiden Sinusfunktionen links können wir nach Gl. (1.7) zusammenfassen. Hierfür setzen wir vorübergehend zur Vereinfachung $\omega t+\varphi_i=\omega t'$:

[1]) Unter „eingeschwungen" verstehen wir einen Zustand, der sich nach Abklingen von Übergangserscheinungen (z. B. nach Einschalten einer EMK, s. Abschn. 3.) einstellt.

[2]) Die Lösung der hier vorliegenden inhomogenen linearen DGl. für den allein interessierenden eingeschwungenen Zustand ist mit dem partikulären Integral bereits vollständig angegeben.

$$R\hat{I}\sin\omega t' + \frac{1}{\omega C}\hat{I}\sin\left(\omega t' - \frac{\pi}{2}\right) = \hat{E}\sin(\omega t + \varphi_u)$$

$\leftarrow$ nach Gln. (1.7)

Amplitude

$$\hat{I}\sqrt{R^2 + \left(\frac{1}{\omega C}\right)^2 + \frac{2R}{\omega C}\cos\left(-\frac{\pi}{2}\right)}$$

$$= \hat{I}\sqrt{R^2 + \left(\frac{1}{\omega C}\right)^2}$$

Nullphase bezüglich $\omega t'$

$$\psi = \arctan\frac{R\hat{I}\sin 0 + \frac{1}{\omega C}\hat{I}\sin\left(-\frac{\pi}{2}\right)}{R\hat{I}\cos 0 + \frac{1}{\omega C}\hat{I}\cos\left(-\frac{\pi}{2}\right)}$$

$$\psi = -\arctan\frac{1}{\omega CR}$$

$$\sqrt{R^2 + \left(\frac{1}{\omega C}\right)^2}\,\hat{I}\sin(\omega t' + \psi) = \hat{E}\sin(\omega t + \varphi_u)$$

$\leftarrow \omega t' = \omega t + \varphi_i$

$$\sqrt{R^2 + \left(\frac{1}{\omega C}\right)^2}\,\hat{I}\sin(\omega t + \varphi_i + \psi) = \hat{E}\sin(\omega t + \varphi_u).$$

Diese Gleichung gestattet nun die beiden im Lösungsansatz (b) auftretenden Unbekannten $\hat{I}$ und φ_i durch Vergleich der beiden Amplitudenwerte bzw. Phasenwinkel rechts und links des Gleichheitszeichens zu berechnen:

$$\hat{I}\sqrt{R^2 + \left(\frac{1}{\omega C}\right)^2} = \hat{E} \rightarrow \hat{I} = \frac{\hat{E}}{\sqrt{R^2 + \left(\frac{1}{\omega C}\right)^2}}$$

$$\omega t + \varphi_i + \psi = \omega t + \varphi_u \rightarrow \varphi_i = \varphi_u - \psi = \varphi_u + \arctan\frac{1}{\omega CR}.$$

Eingesetzt in (b), ergibt die Lösung:

$$i = \frac{\hat{E}}{\sqrt{R^2 + \left(\frac{1}{\omega C}\right)^2}}\sin\left(\omega t + \varphi_u + \arctan\frac{1}{\omega CR}\right). \qquad \text{(c)}$$

Diskussion des Ergebnisses anhand zweier Grenzfälle

- Wir lassen R gegen Null gehen: Dann ist nur noch der Kondensator im Kreis, und wir erhalten (Hauptwert $\arctan\infty = +\pi/2$)

  $$i = \omega C\hat{E}\sin\left(\omega t + \varphi_u + \frac{\pi}{2}\right).$$

  Der Strom eilt 90° vor und erhält die Amplitude

  $\hat{I} = \omega C\hat{E}$ [vgl. Gln. (1.15a) und (1.16a)].

- Wir wählen $1/\omega C \ll R$ (hohe Frequenz; großer Kapazitätswert; Wirkung des Widerstands überwiegt): Mit $1/\omega CR \ll 1$ wird beim Grenzübergang $1/\omega CR \rightarrow 0$

  $$i = \frac{\hat{E}}{R}\sin(\omega t + \varphi_u).$$

Der Strom ist phasengleich mit der Spannung; die Amplitude ergibt sich als $\hat{I} = \hat{E}/R$ [vgl. Gln. (1.11a) und (1.12a)].

Innerhalb dieser Grenzen ergibt sich eine Phasenvoreilung des Stroms zwischen Null und 90°.

Die an diesem Beispiel erläuterten Lösungsschritte der Differentialgleichung sind für eingeschwungene Vorgänge in linearen Netzwerken bei sinusförmiger Erregung allgemein gültig. Bei mehreren Maschen und Knoten im Netzwerk erhält man im Unterschied zum Berechneten Beispiel mehrere Differentialgleichungen mit mehreren Unbekannten, ein Differentialgleichungssystem.

Damit ergibt sich das folgende Lösungsprogramm.

Lösungsprogramm RP 8: Berechnung von Wechselstromschaltungen im Zeitbereich

1. Einführen aller Zweigströme (Zweigstromanalyse) bzw. Maschenströme (Maschenstromanalyse) im gegebenen Netzwerk (vgl. Anhang: RP 1 und RP 2).
2. Aufstellen der unabhängigen Maschengleichungen und (bei Zweigstromanalyse) der unabhängigen Knotengleichungen. Für die Spannungsabfälle gelten allgemein die Gln. (1.8) bis (1.10). Es ergibt sich ein Gleichungssystem, in dem i. allg. die Maschengleichungen Differentialgleichungen sind.
3. Eliminieren der unerwünschten Variablen. Man erhält eine Differentialgleichung für die gesuchte Variable (Zweig- bzw. Maschenstrom).
4. Lösen der Differentialgleichung (z. B. für i)

4.1. Lösungsansatz:
$i = \hat{I} \sin(\omega t + \varphi_i)$
mit den Unbekannten $\hat{I}$ *und* φ_i; die Größe ω ist gleich der der aufgeprägten Funktion.

4.2. Einsetzen des Lösungsansatzes in das Ergebnis von Punkt 3.

4.3. Zusammenfassen aller sinusförmigen Glieder der Unbekannten nach Gln. (1.7).

4.4. Amplituden- und Phasenvergleich zwischen den Funktionen der Unbekannten und der aufgeprägten Größe; er ergibt die gesuchten Parameter $\hat{I}$ und φ_i in Punkt 4.1.

4.5. Einsetzen der berechneten Unbekannten von Punkt 4.4. in Lösungsansatz Punkt 4.1.

Es sei an dieser Stelle als Vorinformation für die weiteren Abschnitte gesagt, daß dieses Programm *eine* Möglichkeit zur Berechnung sinusförmiger Vorgänge in Netzwerken bietet (mittlerer „Weg“ in Tafel II. 1 – Anhang). In den Abschnitten 1.3.4. und 1.3.5.3. werden wir dieses Programm vereinfachen (rechter Teil in Tafel II. 1).

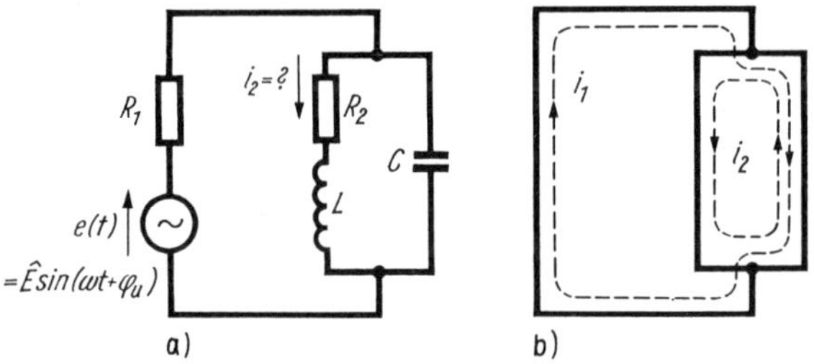

Bild 1.7
a) Schaltung
b) Streckenkomplex mit Maschenströmen

Beispiel: Netzwerk mit mehreren Maschen

Der Strom i_2 in Schaltung Bild 1.7a ist gesucht.

1. Wir führen Maschenströme so ein, daß der gesuchte Zweigstrom i_2 gleich einem Maschenstrom ist (Bild 1.7b).
2. Es ergeben sich damit die beiden Maschengleichungen:

$$R_1 i_1 + \frac{1}{C} \int i_1 \, dt - \frac{1}{C} \int i_2 \, dt = e(t) \qquad (\alpha)$$

$$-\frac{1}{C}\int i_1\,\mathrm{d}t + \frac{1}{C}\int i_2\,\mathrm{d}t + R_2 i_2 + L\frac{\mathrm{d}i_2}{\mathrm{d}t} = 0\,. \qquad (\beta)$$

3. Um in einer der beiden Gleichungen die Variable i_1 zu eliminieren, kann man z. B. (β) nach $(1/C)\int i_1 \mathrm{d}t$ auflösen und in (α) einsetzen. Außerdem differenziert man (β), löst nach i_1 auf und setzt diesen Ausdruck ebenfalls in (α) ein. Man erhält damit

$$LCR_1\frac{\mathrm{d}^2 i_2}{\mathrm{d}t^2} + (L + CR_1R_2)\frac{\mathrm{d}i_2}{\mathrm{d}t} + (R_1 + R_2)\,i_2 = e(t)\,. \qquad (\gamma)$$

4.1. Lösungsansatz

$$i_2 = \hat{I}_2 \sin(\omega t + \varphi_i)$$

eingesetzt in (γ) ergibt:

4.2. $$(-\omega^2 LCR_1 + R_1 + R_2)\,\hat{I}_2 \sin(\omega t + \varphi_i) + (\omega L + \omega CR_1R_2)\,\hat{I}_2 \sin\left(\omega t + \varphi_i + \frac{\pi}{2}\right)$$
$$= \hat{E}\sin(\omega t + \varphi_u)\,,$$

abgekürzt:

$$A\hat{I}_2 \sin(\omega t + \varphi_i) + B\hat{I}_2 \sin\left(\omega t + \varphi_i + \frac{\pi}{2}\right) = \hat{E}\sin(\omega t + \varphi_u)\,.$$

4.3. Zusammenfassen der beiden Funktionen auf der linken Seite nach Gl. (1.7) ergibt (mit Substitution $\omega t + \varphi_i = \omega t'$ wie im ersten Beispiel)

$$\sqrt{A^2 + B^2}\;\hat{I}_2\, sin(\omega t + \varphi_i + \psi) = \hat{E}\sin(\omega t + \varphi_u)\,, \qquad (\delta)$$

wobei

$$\psi = \arctan\frac{B}{A} = \arctan\frac{\omega L + \omega CR_1R_2}{R_1 + R_2 - \omega^2 LCR_1}\,.$$

4.4. Der Amplituden- und Phasenvergleich in (δ) ergibt

$$\hat{I}_2 = \frac{\hat{E}}{\sqrt{A^2 + B^2}}\,; \quad \varphi_i = \varphi_u - \psi\,.$$

4.5. Die Lösung ist also

$$i_2 = \frac{\hat{E}}{\sqrt{(R_1 + R_2 - \omega^2 LCR_1)^2 + (\omega L + \omega CR_1R_2)^2}}$$
$$\times \sin\left(\omega t + \varphi_u - \arctan\frac{\omega L + \omega CR_1R_2}{R_1 + R_2 - \omega^2 LCR_1}\right). \qquad (\varepsilon)$$

Wir erkennen an diesem Beispiel mit mehreren Energiespeichern (L, C):

- Bereits bei zwei Gleichungen mit zwei unbekannten Variablen bedarf das Eliminieren einer Variablen u. U. mehrerer Rechenschritte (im Gegensatz zur Gleichstromtechnik), da diese auch als Differentialquotient oder Integral vorkommen kann [Gln. (α) und (β)]. Diesen Aufwand kann man einschränken durch Einführen eines Operators p anstelle $\mathrm{d}/\mathrm{d}t$, p^2 für $\mathrm{d}^2/\mathrm{d}t^2$ bzw. $1/p$ anstelle $\int \mathrm{d}t$ (AB: 1.1./4).
  So erhält man für die Gln. (α) und (β)

$$i_1\left(R_1 + \frac{1}{pC}\right) - \frac{1}{pC}\,i_2 = e$$

$$-i_1\frac{1}{pC} + \left(R_2 + pL + \frac{1}{pC}\right)i_2 = 0\,,$$

aus denen man durch Multiplikationen der Gln. mit $1/pC$ bzw. $(R_1 + 1/pC)$ und Addition eine Gleichung für i_2 erhält:

$$\left[\left(R_2 + pL + \frac{1}{pC}\right)\left(R_1 + \frac{1}{pC}\right) - \frac{1}{p^2C^2}\right] i_2 = e\frac{1}{pC}.$$

Daraus ergibt sich

$$[p^2LCR_1 + p(CR_1R_2 + L) + R_1 + R_2]\, i_2 = e.$$

„Rücktransformation" des Operators p ergibt die DGl. (γ):

$$LCR_1\frac{\mathrm{d}^2 i_2}{\mathrm{d}t^2} + (CR_1R_2 + L)\frac{\mathrm{d}i_2}{\mathrm{d}t} + (R_1 + R_2)\, i_2 = e.$$

- Die Ordnung der Differentialgleichung wird durch die Anzahl der Energiespeicher bestimmt.
- Auch bei DGln. höherer Ordnung lassen sich nach Einsetzen des Lösungsansatzes alle Glieder zu zwei um 90° phasenverschobenen Sinusfunktionen zusammenfassen (1. Rechenschritt in Punkt 4.2), die wiederum mittels Gl. (1.7) durch eine einzige Funktion ersetzbar ist.
- Der Rechenaufwand insgesamt ist erheblich (Programmpunkte 3 und 4).

Da man jedoch für die Lösung der DGl. bei sinusförmiger Erregung von vornherein weiß, daß sich eine Sinusfunktion gleicher Frequenz ergibt, von der lediglich Amplitude und Nullphase unbekannt sind, ist es naheliegend, für diesen Spezialfall vereinfachte Lösungsverfahren zu entwickeln, die nicht immer die gesamte Funktion „mitschleppen", sondern sich auf die Berechnung von Amplitude (bzw. Effektivwert) und Nullphase beschränken. Solche zugeschnittenen Lösungsverfahren sind in Form einer grafischen Methode (Zeigerbilder, Abschn. 1.2.) und einer analytischen Methode (komplexe Rechnung, Abschn. 1.3.) entwickelt worden und werden im folgenden behandelt.

Aufgaben

A 1.1 Berechne arithmetischen Mittelwert und Effektivwert eines periodischen Stromverlaufs nach Bild A 1.1! Mit welchen Typen von Meßinstrumenten kann man den Effektivwert und mit welchen den arithmetischen Mittelwert messen? Begründe die Antwort!
Lösung: vgl. Bild 1.3a; AB: 1.1./1)

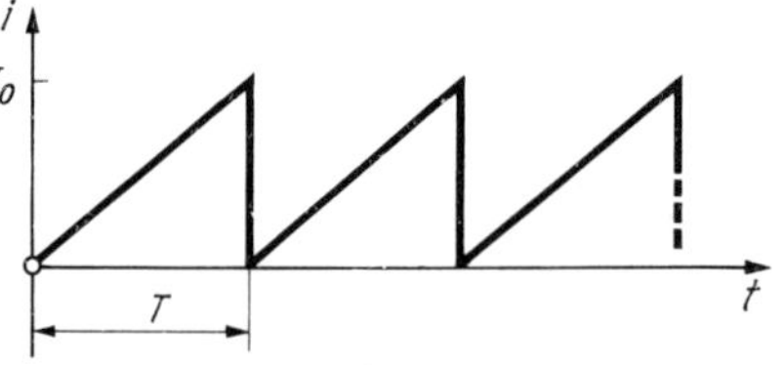

Bild A 1.1

A 1.2 In Schaltung Bild A 1.2 sind die Schaltelemente und die Klemmenspannung gegeben. Es soll die DGl. für die Spannung über C aus dem Gleichungssystem durch Eliminieren der übrigen Unbekannten aufgestellt werden.
(Lösung AB: 1.1./3)

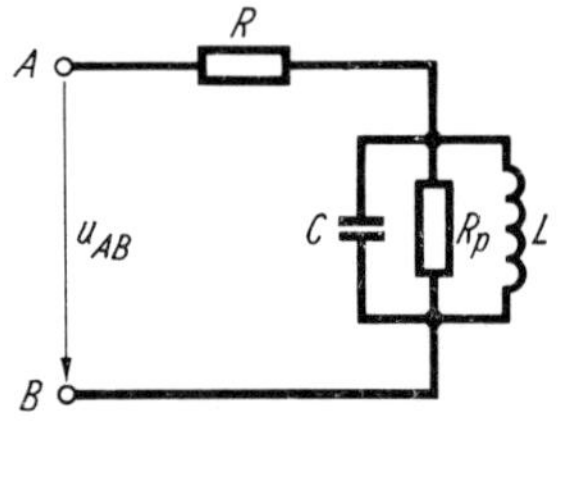

Bild A 1.2

A 1.3 Stelle das DGl.-System für die Zweigströme der Schaltung Bild A 1.3 auf! Gegeben sind die Klemmenspannung u und die Kenngrößen R_ν, L_ν, C, $M_{\mu\nu}$.

(Lösung AB: 1.1./5)

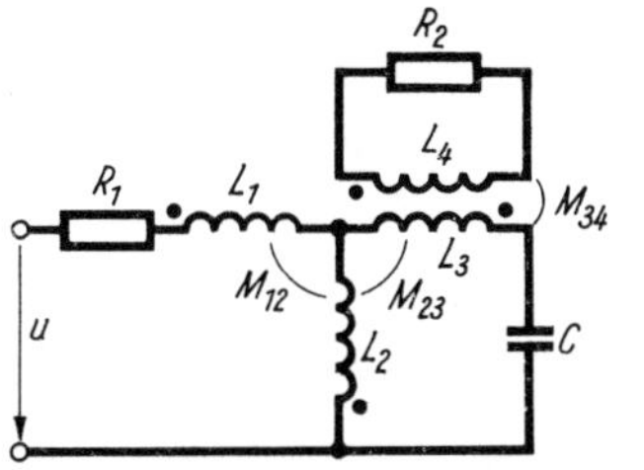

Bild A 1.3

A 1.4. Berechne den Strom und alle Teilspannungen (Momentanwert als Funktion der Zeit) in Schaltung Bild A 1.4!

(Lösung AB: 1.1./2)

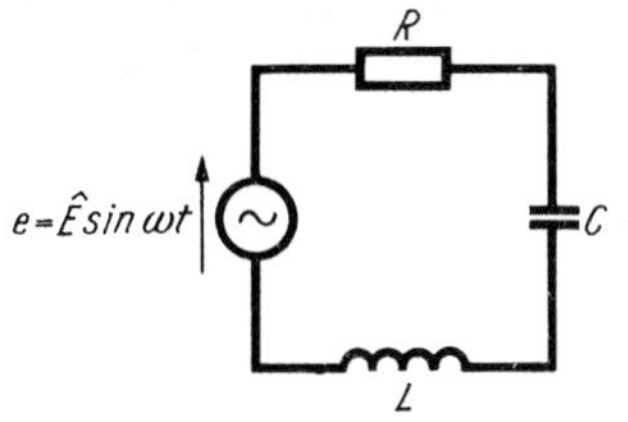

Bild A 1.4

1.2. Stromkreisberechnung mit Hilfe des Zeigerbilds

1.2.1. Zeigerdarstellung der Sinusfunktion

Die Sinusfunktion $a = \hat{A} \sin(\omega t + \varphi)$ ist im Bild 1.1c als Liniendiagramm (Momentanwert in Abhängigkeit von der Zeit) dargestellt. Wir wollen das die Darstellung der Sinusfunktion im *Zeitbereich (Originalbereich)* nennen. Wir betonen dies deshalb, weil es eine „Abbildung" dieser Sinusfunktion als umlaufenden Zeiger in einem „Bildbereich" gibt, die für unsere Netzwerkbetrachtungen wesentliche Vorteile bringt. Diese Abbildung wollen wir uns im folgenden veranschaulichen.

Man erhält eine Sinusfunktion, wenn man die Projektion eines mit konstanter Winkelgeschwindigkeit umlaufenden Zeigers in Abhängigkeit von der Winkellage (d. h. von der Zeit) aufträgt. Im Bild 1.8a ist der Zusammenhang zwischen einem umlaufenden Zeiger und einer Sinusfunktion dargestellt. Bild 1.8b zeigt zwei phasenverschobene Sinusfunktionen gleicher Frequenz u und i, denen die beiden mit festem Winkelunterschied umlaufenden Zeiger verschiedener Länge entsprechen. Die Zeiger sind in der Lage zur Zeit $t = 0$ gezeichnet.

Wir legen fest, daß der *positive Drehsinn* des Zeigers entgegen dem Uhrzeigersinn (Linksdrehung) gerichtet ist und daß die Winkellage $\alpha = \omega t + \varphi$ von einer Bezugslinie aus in diesem Sinn bestimmt wird (im Bild 1.8a Horizontale). Die Beziehung zwischen Winkelgeschwindigkeit $\omega = \mathrm{d}\alpha/\mathrm{d}t$ des Zeigers und der Frequenz der Sinusfunktion ist bereits im Abschn. 1.1.1. abgeleitet worden: $\omega = 2\pi f = 2\pi/T$.

Vergleichen wir Länge, Winkelgeschwindigkeit und Winkellage des Zeigers mit der Sinusfunktion, so erkennen wir, daß die drei Bestimmungsstücke der Sinusfunktion Amplitude, Frequenz und Nullphase in dem umlaufenden Zeiger enthalten sind:

Die *Länge des Zeigers* kennzeichnet den Amplitudenwert.
Die *Winkelgeschwindigkeit* kennzeichnet die Frequenz.
Die *Lage des Zeigers zur Zeit* $t = 0$ gegenüber der Phasenbezugsachse (positiv definiert in Linksdrehung) kennzeichnet den Nullphasenwinkel.

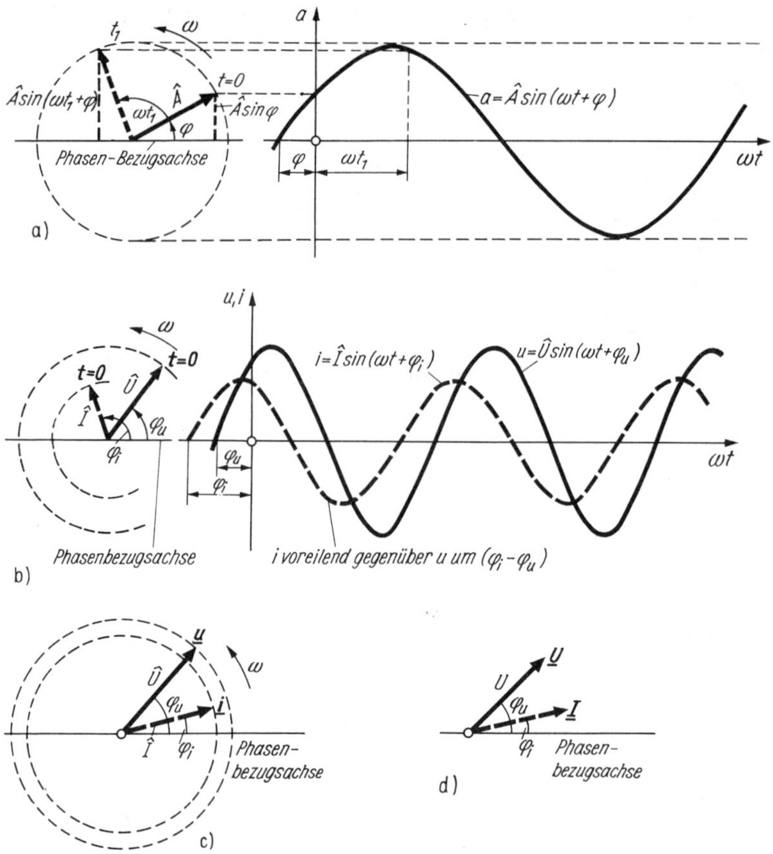

Bild 1.8

a) Liniendiagramm und Zeigerbild der Sinusfunktion
b) Zeigerdarstellung und Liniendiagramm zweier phasenverschobener Sinusfunktionen gleicher Frequenz $f=\omega/2\pi$
c) umlaufende Zeiger (gekennzeichnet durch kleine Buchstaben und unterstrichen)
d) ruhende Zeiger (Effektivwerte)

Wir können also das Liniendiagramm weglassen und vereinbaren, eine Sinusfunktion durch einen umlaufenden Zeiger abzubilden (Bild 1.8c), wobei die Zeiger in ihrer Lage zur Zeit $t=0$ gezeichnet werden. Wir nennen die Abbildung der Sinusfunktion als umlaufenden Zeiger eine Darstellung im *Bildbereich.* Jeder Momentanwert ist aus der Projektion des Zeigers in der der entsprechenden Zeit zukommenden Winkellage zu entnehmen.

Aus Bild 1.8c erkennt man ohne Liniendiagramm aus dem Zeigerbild, daß der Strom i gegenüber der Spannung u nacheilt $(\varphi_i<\varphi_u)$. Da die Frequenzen gleich sind, drehen sich beide Zeiger mit gleicher Winkelgeschwindigkeit, d. h., die Lage der Zeiger *gegeneinander* ändert sich nicht. Um quantitative Angaben für Strom und Spannung zu machen, müssen für beide Größen Maßstäbe angegeben werden.

Wir haben schon am Ende des Abschnitts 1.1.3. hervorgehoben, daß bei aufgeprägter Sinusfunktion in linearen Netzwerken der sinusförmige Zeitverlauf und die Periodendauer (Frequenz) aller Größen bekannt sind, für die Berechnung also nur noch Amplitude (Effektivwert) und Nullphasenwinkel interessieren. In unserer Zeigerdarstellung bedeutet dies, daß wir den *Umlauf weglassen* können und nur die Länge und Winkellage zur Zeit $t=0$ des *ruhenden Zeigers* für die Berechnung von Amplitude und Nullphase der Funktion benötigen (Bild 1.8d).

Die *Kennzeichnung* der Zeiger als Abbildung der Sinusfunktion erfolgt durch Unterstreichen des Buchstabens der entsprechenden Größe.[1])

$\underline{u}$, $\underline{i}$ umlaufender Zeiger (charakterisiert Momentanwert der sinusförmigen Größe u bzw. i)

$\underline{U}$, $\underline{I}$ ruhender Zeiger (charakterisiert Effektivwert und Nullphase)

$\underline{\hat{U}}$, $\underline{\hat{I}}$ ruhender Zeiger (charakterisiert Amplitude und Nullphase).

1.2.2. Zeigerbilder für die Strom-Spannungs-Beziehungen der Grundzweipole *R, L, C* und für die Überlagerung zweier Sinusfunktionen (Konstruktionsregeln für Zeigerbilder)

Das Ziel soll sein, einen Zweigstrom oder einen Spannungsabfall eines gegebenen Netzwerks aus dem Zeigerbild der Zweigströme und Spannungen zu berechnen. Um das Zeigerbild konstruieren zu können, muß man die in den Vorbetrachtungen (Abschn. 0.) als notwendig hervorgehobenen fünf Grundbeziehungen durch entsprechende Konstruktionsschritte erfüllen: die drei Strom-Spannungs-Beziehungen der Schaltelemente R, L, C und die beiden Kirchhoffschen Gleichungen, d. h. die Überlagerung mehrerer Sinusfunktionen.

Damit befaßt sich dieser Abschnitt, und auf diese Weise erhält man die Konstruktionsregeln für das Zeigerbild jedes Schaltelements sowie für Reihen- bzw. Parallelschaltung.

Die Rechenergebnisse in Tafel 1.1 [S. 22, Gln. (1.11a) bis (1.16a)] und die Gln. (1.7) liefern mit den Vereinbarungen im Abschn. 1.2.1. die Konstruktionsvorschriften.

In Tafel 1.2 sind diese Ergebnisse zusammengestellt.

So ergibt die Rechnung für den Grundzweipol R: Strom und Spannung zeigen Phasengleichheit ($\varphi_u = \varphi_i$), und zwischen Strom- und Spannungsamplitude besteht die Beziehung $\hat{I} = \hat{U}/R$.

Diese beiden Angaben ergeben das Zeigerbild 1.9a.

(Die Zeigerbilder 1.9 sind – wie allgemein üblich – durch Effektivwerte statt Amplitudenwerte gekennzeichnet, ein Unterschied, der natürlich nur für maßstäbliche Zeigerbilder interessant ist.)

Für Grundzweipol L ergibt sich eine 90°-Voreilung der Spannung gegenüber dem Strom und eine „Betragsbeziehung" zwischen Strom und Spannung $\hat{I} = \hat{U}/\omega L$. Das ist im Zeigerbild 1.9b dargestellt.

Bei einer Kapazität C eilt der Strom um 90° gegenüber der Spannung voraus, und das Betragsverhältnis ist $\hat{I}/\hat{U} = \omega C$.

Das ergibt das Zeigerbild 1.9c.

Schließlich werden die Gln. (1.7), die Amplitude und Nullphase einer durch Addition entstehenden Sinusgröße angegeben, erfüllt, wenn man die Zeiger der beiden zu addierenden Sinusfunktionen wie Vektoren addiert. Das ist durch Anwendung des Kosinussatzes für das Zeigerdreieck im Bild 1.9d und Berechnung des $\tan \psi$ als Funktion der einzelnen Komponenten leicht zu erkennen (s. auch Bild 1.18).

Damit ergeben sich die vier Konstruktionsregeln (KR) für Zeigerbilder (s. auch Tafel 1.2):

KR 1 Bei einem *Widerstand R* ($u = Ri$, Multiplikation des Stroms mit konstantem Faktor) haben u- und i-Zeiger gleiche Winkellage. Die Länge des Zeigers für u ergibt sich aus dem Strom zu $\hat{U} = R\hat{I}$.

KR 2 Bei einer *Induktivität L* ($u = L \cdot di/dt$, zeitliche *Differentiation* des Stroms) ist der Spannungszeiger gegenüber dem Stromzeiger um 90° vorgedreht; die Länge des Spannungszeigers berechnet man aus $\hat{U} = \omega L\hat{I}$.

KR 3 Bei einer *Kapazität C* [$u = (1/C)\int i\,dt$, zeitliche *Integration* des Stroms] ist der Spannungszeiger gegenüber dem Stromzeiger um 90° zurückgedreht, die Länge des Spannungszeigers berechnet man aus $\hat{U} = \hat{I} \cdot 1/\omega C$.

[1]) Die früher übliche Frakturschreibweise ist nach internationalen Vereinbarungen nicht mehr zugelassen.

Tafel 1.2. Zeigerbilder für u und i bei R, L, C und für Überlagerung

R	L	C	Addition
		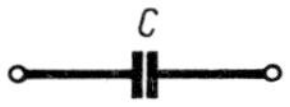	
Rechnung im Zeitbereich:			
$u = Ri$	$u = L\frac{di}{dt}$	$u = \frac{1}{C}\int i\,dt$	$u = u_1 + u_2$
$\hat{U} = R\hat{I}$	$\hat{U} = \hat{I}\omega L$	$\hat{U} = \hat{I}\frac{1}{\omega C}$	$\hat{U} = \sqrt{\hat{U}_1^2 + \hat{U}_2^2 + 2\hat{U}_1\hat{U}_2\cos(\varphi_{u1} - \varphi_{u2})}$
$\varphi_u = \varphi_i$	$\varphi_u = \varphi_i + \frac{\pi}{2}$	$\varphi_u = \varphi_i - \frac{\pi}{2}$	$\varphi_u = \arctan\frac{\hat{U}_1\sin\varphi_{u1} + \hat{U}_2\sin\varphi_{u2}}{\hat{U}_1\cos\varphi_{u1} + \hat{U}_2\cos\varphi_{u2}}$
Darstellung im Bildbereich als Zeiger:			
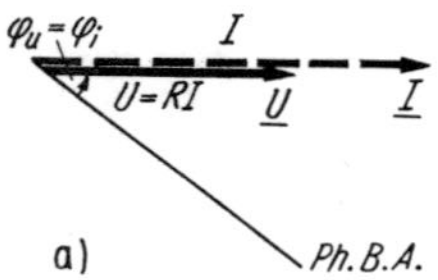 a)	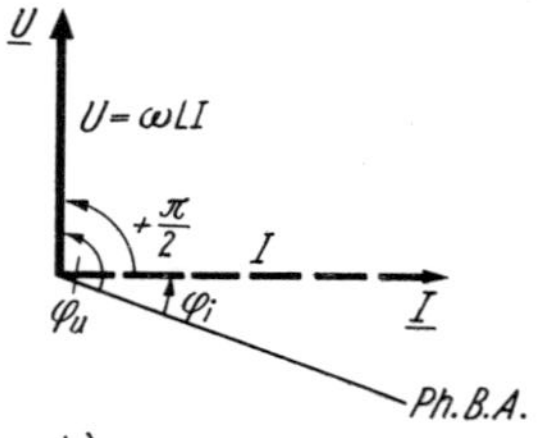 b)	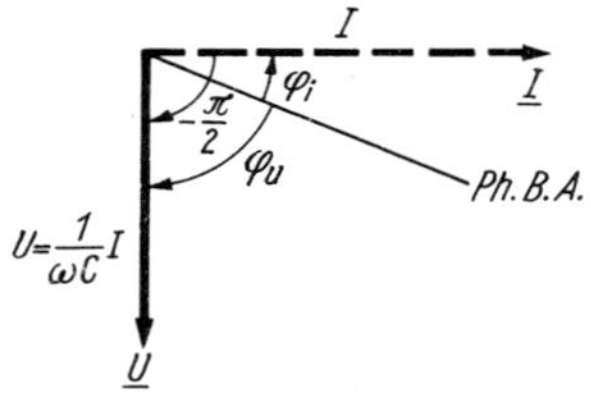 c)	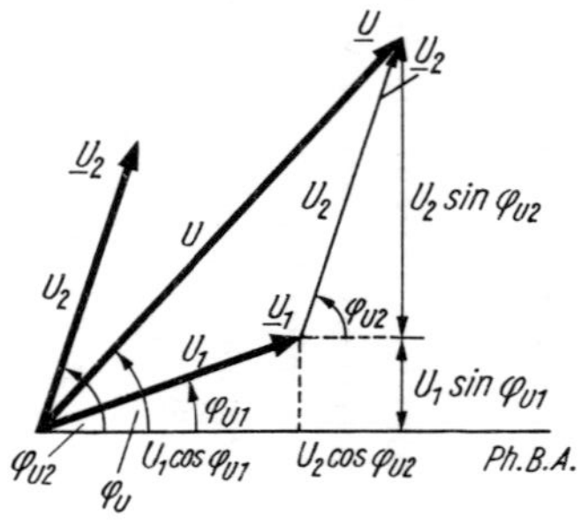 d) Bild 1.9
KR 1	KR 2	KR 3	KR 4
Phasenlage:	*Phasenlage:*	*Phasenlage:*	*Phasenlage und Länge*
$\underline{U}$ und $\underline{I}$ parallel	$\underline{U}$ um 90° voreilend gegenüber $\underline{I}$	$\underline{U}$ um 90° nacheilend gegen $\underline{I}$	Vektorielle Addition der beiden Zeiger
Länge:	*Länge:*	*Länge:*	
$U = RI$	$U = \omega LI$	$U = I\frac{1}{\omega C}$	
Durch Zeigerbild Abbildung folgender Rechenoperation im Zeitbereich:			
Multiplikation einer Sinusfunktion mit konstantem Faktor	Differentiation einer Sinusfunktion nach der Zeit	Integration einer Sinusfunktion über die Zeit	Überlagerung zweier Sinusfunktionen

KR 4 Die *Addition* (Subtraktion) mehrerer Sinusfunktionen ergibt sich aus vektorieller Überlagerung der Zeiger der einzelnen Sinusfunktionen. Länge und Phase des resultierenden Zeigers berechnet man mit Gln. (1.7).

Man erkennt, daß die vier Konstruktionsregeln die vier mathematischen Teiloperationen grafisch lösen, die in einer Netzwerkgleichung vorkommen – Multiplikation einer Funktion mit konstantem Faktor; Differentiation; Integration der Funktion; Addition mehrerer Glieder, d. h. also, die vier Konstruktionsregeln gestatten die grafische Lösung einer gewöhnlichen, linearen Differentialgleichung mit sinusförmigem Störungsglied, wie sie für Strom, Spannung usw. in einem linearen Netzwerk bei sinusförmiger Erregung auftreten. Tritt z. B. ein *zweiter Differentialquotient* auf, so wird aus $\sin \omega t$ eine gegenphasige Funktion $-\omega^2 \sin \omega t$. Durch zweimalige Anwendung der KR 2 ergibt sich ein Zeiger, der $2 \cdot 90° = 180°$ voreilt und dessen Länge den Betrag einer Größe darstellt, der sich durch Multiplikation der Ausgangsgröße mit ω^2 berechnet.

Beispiel

Gegeben sei die Gleichung

$$A \frac{d^2x}{dt^2} + B \frac{dx}{dt} + Cx + D \int x \, dt = \hat{E} \sin(\omega t + \varphi) . \quad \text{(a)}$$

Man kann diese Gleichung durch ein Zeigerbild darstellen, aus dem man Betrag (Amplitude bzw. Effektivwert) und Nullphase der gesuchten Funktion x ermitteln kann. Im Bild 1.10a sind zunächst die einzelnen Glieder der linken Seite der Gl. (a) gezeichnet. Gesucht sind Amplitude $\hat{X}$ und Nullphase ξ der Funktion

$$x = \hat{X} \sin(\omega t + \xi) . \quad \text{(b)}$$

Es ergeben sich nach den entsprechenden KR folgende Zeiger:

Funktion	KR	Phasendrehung gegenüber x	Amplitude, Zeigerlänge	Zeiger-Nr. im Bild 1.10a
Cx	1	0	$C\hat{X}$	①
$B \frac{dx}{dt}$	2	$+\frac{\pi}{2}$	$\omega B \hat{X}$	②
$A \frac{dx^2}{dt^2}$	2 (zweimal)	$+\pi$	$\omega^2 A \hat{X}$	③
$D \int x \, dt$	3	$-\frac{\pi}{2}$	$\frac{D}{\omega} \hat{X}$	④

Zur Zeigerlänge ist zu sagen, daß diese zunächst nicht berechnet werden kann, da ja $\hat{X}$ unbekannt ist. Man kann i. allg. also nur ein qualitatives Zeigerbild mit angenommenen Längen zeichnen. Im Bild 1.10a wird z. B. angenommen, daß $C > \omega^2 A$ und $\omega B > D/\omega$ sind.

Die Addition der einzelnen Funktionen erfolgt im Zeigerbild gemäß KR 4 durch vektorielle Überlagerung der Zeiger. Wir bilden zunächst die Differenzen der gegenphasigen Zeiger (skalare Subtraktion der Längen, Bild 1.10b). Die beiden resultierenden Zeiger ergeben durch vektorielle Addition ein rechtwinkliges Dreieck, dessen Hypotenuse ⑤ der Zeiger für die linke Seite der Gl. (a) ist. Dieser ist aber gemäß Gl. (a) gleich dem Zeiger der Größe $\hat{E} \sin(\omega t + \varphi)$. Betrag $\hat{E}$ und Nullphase φ dieses Zeigers sind also gegeben (Bild 1.10b). Wir

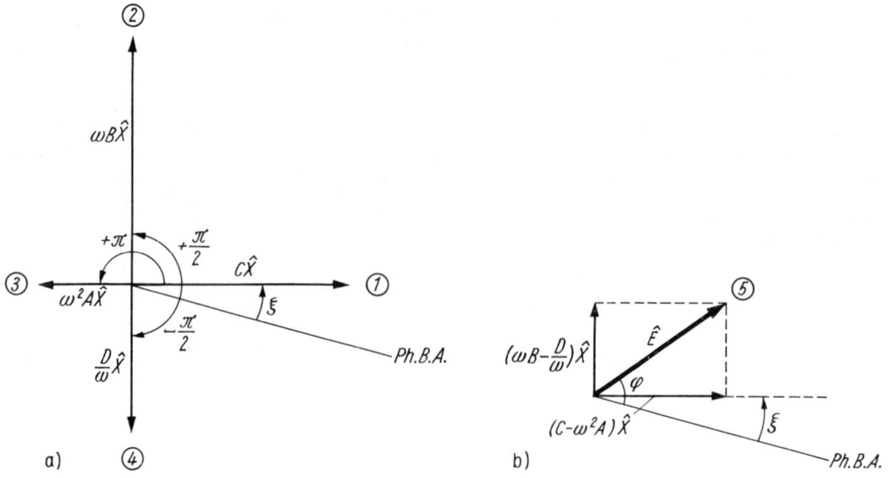

Bild 1.10. Lösung einer DGl. mit sinusförmigem Störungsglied für den eingeschwungenen Zustand mittels Zeigerbild

können jetzt die Phasenbezugsachse (Ph.B.A.) auf Grund der gegebenen Nullphase φ eintragen und die gesuchte Nullphase ξ (Winkel zwischen Ph.B.A. und x) angeben.
Mit Hilfe dieses Dreiecks kann man nun die beiden gesuchten Größen ξ und $\hat{X}$ berechnen:

$$\hat{E}^2 = \left[\left(\omega B - \frac{D}{\omega}\right)^2 + (C - \omega^2 A)^2\right]\hat{X}^2 \quad \text{daraus} \quad \hat{X} = \frac{\hat{E}}{\sqrt{\left(\omega B - \frac{D}{\omega}\right)^2 + (C - \omega^2 A)^2}},$$

$$\xi = \varphi - \arctan\frac{\omega B - \frac{D}{\omega}}{C - \omega^2 A}.$$

$\hat{X}$ und ξ in Gl. (b) eingesetzt ergibt die Lösung der Gl. (a).

Differenziert man Gl. (a), verschwindet das unbestimmte Integral – man erhält eine DGl. 3. Ordnung. Im Zeigerbild drückt sich die Differentiation durch eine 90°-Vorwärtsdrehung aller Zeiger (d. h. Drehung der ganzen Struktur) und Multiplikation aller Beträge mit ω aus. Das Rechenergebnis für $\hat{X}$ und ξ ist das gleiche.

1.2.3. Zeigerbilder für Ströme und Spannungen in Schaltungen

Wir haben im vorigen Abschnitt bereits die Lösung einer DGl., in die man Gl. (a) durch Differentiation umformen kann, für den eingeschwungenen sinusförmigen Zustand mittels der vier Konstruktionsregeln für Zeigerbilder gewonnen. Suchen wir in einem Netzwerk z. B. nur einen Zweigstrom, können wir mit dem im Abschn. 1.1.3. angegebenen Lösungsprogramm (Punkte 1 bis 3) die DGl. für die gesuchte Größe aufstellen und die Lösung mittels Zeigerbild herbeiführen, wie es im Bild 1.10 erfolgte.

Die einzelnen Glieder der DGl. werden durch Zeiger dargestellt, die immer um Vielfache von 90° gegeneinander verdreht sind. Deren Zusammenfassung ergibt also immer ein rechtwinkliges Dreieck, wie z. B. im Bild 1.10b. Konstruktion und Auswertung, d. h. die Lösung der DGl., sind recht einfach. Die Hauptarbeit liegt in der Gewinnung der DGl., wie schon im Abschn. 1.1.3. festgestellt worden ist.

Man kann nun das Zeigerbild einer Schaltung ohne Aufstellen der DGln. gewinnen, indem man den Konstruktionsregeln für die Grundzweipole die Zeigerbilder der einzelnen

Elemente einer Schaltung entsprechend ihrer Zusammenschaltung überlagert. Ein solches Zeigerbild, in dem also alle Ströme und Spannungsabfälle der Schaltung dargestellt sind, hat neben dem geringen Aufwand den Vorteil, alle Strom- und Spannungsgrößen hinsichtlich ihrer Phasenlage zueinander zu erkennen und im Prinzip aus der geometrischen Konfiguration berechnen zu können. Allerdings ist bei komplizierteren Schaltungen die Rechnung relativ aufwendig. Das Verfahren sowie dessen Vor- und Nachteile sollen an folgenden Beispielen anschaulich gemacht werden.

Beispiel 1 (Bild 1.11a)

Wir beginnen – um das Grundsätzliche zu erkennen – mit einer sehr einfachen Reihenschaltung zweier Schaltelemente (R und C). Die Klemmenspannung $u = \hat{U} \sin(\omega t + \varphi_u)$ sei vorgegeben, der Strom i sei gesucht.

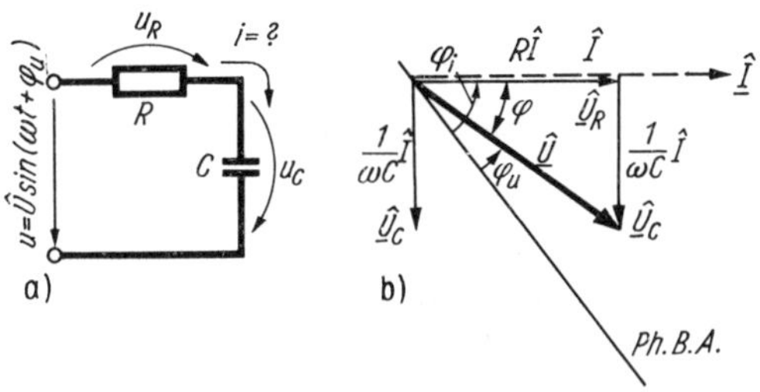

Bild 1.11. Konstruktion des Zeigerbilds einer Reihenschaltung

a) Schaltung
b) Konstruktionsprogramm
1. Zeiger für i (I gewählt)
2. Zeiger für u_R nach KR 1
3. Zeiger für u_C nach KR 3
4. Zeiger für $u = u_R + u_C$ nach KR 4
Entsprechend gegebener Phase φ_u wird die Phasenbezugsachse festgelegt. Dann werden φ_i und Phasendifferenz φ eingetragen.

Wir stellen fest:

Da alle Spannungen von dem Strom i abhängen, dieser aber unbekannt ist, kann man nur ein *qualitatives Zeigerbild* zeichnen, in dem zwar die Phasen der einzelnen Zeiger zueinander, aber nicht deren Längen bekannt sind (vgl. Beispiel Bild 1.10).

Vor der eigentlichen Konstruktion des Zeigerbilds legen wir ein *Konstruktionsprogramm* fest, in dem die Reihenfolge und die Art der Konstruktionsschritte angegeben sind (Legende zu Bild 1.11b). Bei einer Reihenschaltung beginnen wir mit der gemeinsamen Größe, dem Strom i, den wir $i = \hat{I} \sin(\omega t + \varphi_i)$ ansetzen. Die Zeigerlänge $\hat{I}$ wählen wir. Die Nullphase φ_i können wir erst eintragen, wenn wir die Lage der Phasenbezugsachse kennen. Da die Nullphase φ_u der Spannung u gegeben ist, wird die Phasenbezugsachse erst mit Eintragen dieses Zeigers festgelegt (Bild 1.11b). Als zweiten Schritt zeichnen wir den Zeiger für die Spannung u_R nach KR 1. Der Zeiger hat gleiche Phase wie der Strom, und die Länge kennzeichnen wir mit $\hat{I}R$. Der dritte Schritt betrifft den Spannungsabfall u_C, dessen Zeiger nach KR 3 gegenüber i (also auch u_R) um 90° nacheilt und eine Länge proportional der Größe $\hat{I} \cdot 1/\omega C$ erhält. Mit den Zeigern für u_R und u_C können wir auf Grund des Maschensatzes ($u = u_R + u_C$) und mit Hilfe der KR 4 den Zeiger für u gewinnen, dessen Länge und Nullphase aus der Aufgabenstellung bekannt sind. Damit kann die Phasenbezugsachse festgelegt und die Nullphase φ_i nachgetragen werden. Im Bild 1.11b ist die Zeigerkonstruktion durchgeführt.

Aus dem rechtwinkligen Dreieck der Zeiger $\underline{\hat{U}}_R$, $\underline{\hat{U}}_C$ und $\underline{\hat{U}}$ erhält man die Amplitude $\hat{I}$

$$\hat{U}^2 = (\hat{I}R)^2 + \left(\hat{I}\frac{1}{\omega C}\right)^2, \quad \hat{I} = \frac{\hat{U}}{\sqrt{R^2 + \left(\frac{1}{\omega C}\right)^2}}$$

und die Nullphase φ_i

$$\varphi_i = \varphi_u + \varphi, \quad \text{wobei} \quad \tan\varphi = \frac{\hat{I}\frac{1}{\omega C}}{\hat{I}R} = \frac{1}{\omega CR},$$

$$\varphi_i = \varphi_u + \arctan\frac{1}{\omega CR},$$

d. h., der Strom eilt gegenüber der Spannung vor, was auf Grund der Kapazität zu erwarten war.

Also erhalten wir mit obigem Ansatz die im Abschn. 1.1.3. berechnete Lösung (c)

$$i = \frac{\hat{U}}{\sqrt{R^2 + \left(\frac{1}{\omega C}\right)^2}} \sin\left(\omega t + \varphi_u + \arctan\frac{1}{\omega CR}\right).$$

Beispiel 2 (Bild 1.12a)

In einer Parallelschaltung von R und L sei der eingespeiste Gesamtstrom gegeben und die Spannung gesucht. Diese Aufgabe soll mit Hilfe des Zeigerbilds gelöst werden.

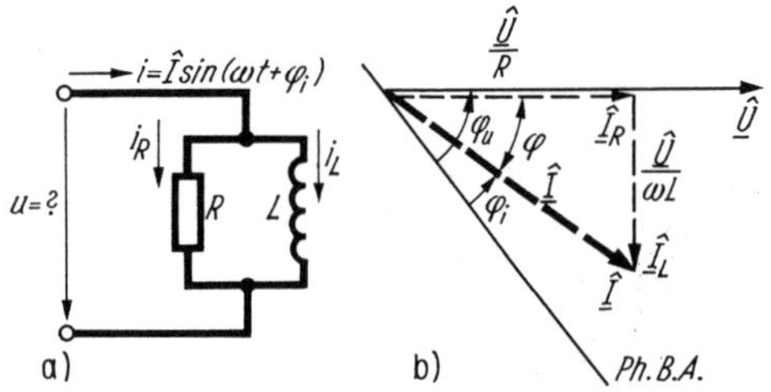

Bild 1.12. Konstruktion des Zeigerbilds einer Parallelschaltung

a) Schaltung
b) Konstruktionsprogramm
1. Zeiger für u ($\hat{U}$ gewählt)
2. Zeiger für i_R nach KR 1
3. Zeiger für i_L nach KR 2
4. Zeiger für $i = i_L + i_R$ nach KR 4
Entsprechend gegebener Phase φ_i wird Phasenbezugsachse festgelegt. Dann werden φ_u und Phasendifferenz φ eingetragen.

In der Legende zu Bild 1.12b ist das Konstruktionsprogramm angegeben, das hier mit dem Zeiger der gemeinsamen Größe u beginnt. Nach diesem ist das Zeigerbild konstruiert. Gestrichelte Zeiger sind die Ströme, deren Längen (Amplituden) sich aus den Gln. (1.11a) und (1.13a) ergeben. Man berechne zur Übung aus diesem Amplitude und Phase der Spannung u. Mit diesen Lösungen ergibt sich die Zeitfunktion

$$u = \frac{\hat{I}}{\sqrt{(1/R)^2 + (1/\omega L)^2}} \sin\left(\omega t + \varphi_i + \arctan\frac{R}{\omega L}\right).$$

Beispiel 3 (Bild 1.13a)

In komplizierteren Schaltungen, die aus Reihen- und Parallelschaltungen der Grundzweipole R, L, C bestehen, werden die beiden Konstruktionsprogramme der Reihen- bzw. Parallelschaltung der Beispiele 1 und 2 angewendet. Man benötigt also nur die vier Konstruktionsregeln KR 1 bis 4.

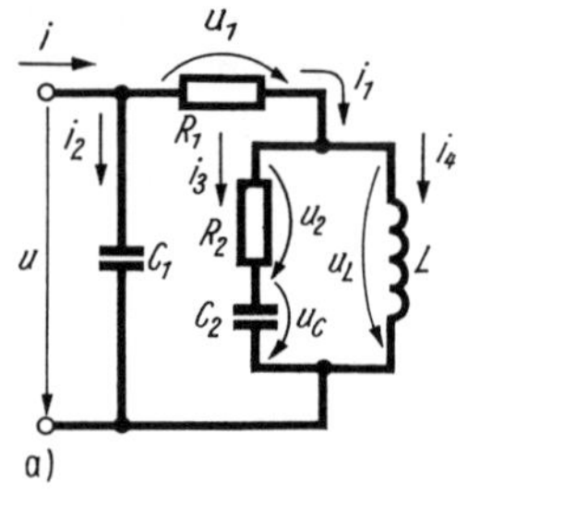

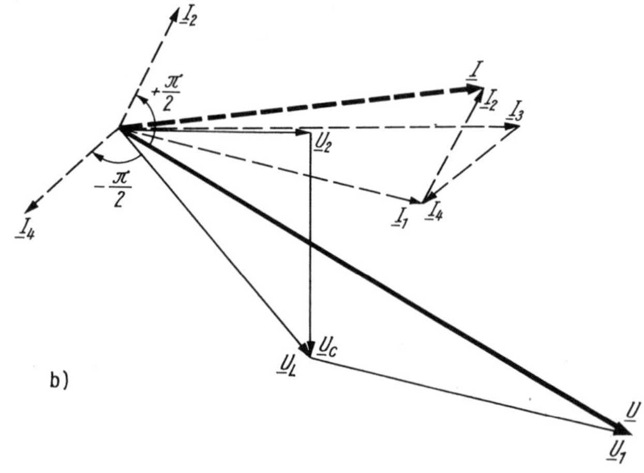

Bild 1.13. Zeigerbild einer komplizierteren Schaltung

a) Schaltung
b) Zeigerbild
(Konstruktionsprogramm s. Text)

Man beginnt mit der Konstruktion des Zeigerbilds „im Innern“ der Schaltung (hier mit dem Strom i_3 der Reihenschaltung R_2–C_2) und baut es durch Hinzufügen des Zeigers für das jeweils zugeschaltete nächste Element bis an die Klemmen des Zweipols auf.

Das Konstruktionsprogramm besteht entsprechend den Zweigströmen und Spannungen aus zehn Schritten in folgender Reihenfolge:

1. Zeiger für i_3	
2. Zeiger für u_2 konphas zu i_3	nach KR 1
3. Zeiger für u_C 90° nacheilend zu i_3	nach KR 3
4. Zeiger für $u_L = u_2 + u_C$	nach KR 4
5. Zeiger für i_4 90° nacheilend zu u_L	nach KR 2
6. Zeiger für $i_1 = i_3 + i_4$	nach KR 4
7. Zeiger für u_1 konphas zu i_1	nach KR 1
8. Zeiger für $u = u_1 + u_L$	nach KR 4
9. Zeiger für i_2 90° voreilend zu u	nach KR 3
10. Zeiger für $i = i_1 + i_2$	nach KR 4.

Eine Berechnung (z. B. des Stroms i bei vorgegebener Spannung u) im Zeigerbild 1.13b ist prinzipiell möglich, aber recht aufwendig.

Zusammenfassende Einschätzung

Ein quantitatives Zeigerbild ist auch für eine kompliziertere Schaltung aus Elementen in Reihen- und Parallelschaltung mit Hilfe der vier Konstruktionsregeln relativ leicht zu entwerfen. Man erkennt in diesem die Phasenbeziehungen der einzelnen Größen zueinander und unterstützt sehr wesentlich die Vorstellung z. B. auch bei Veränderungen eines Parameters der Schaltung (Ortskurven; s. Abschn. 1.5.). Die Berechnung z. B. eines bestimmten Stroms (d. h. Berechnung der Länge und des Nullphasenwinkels des entsprechenden Stromzeigers) erfolgt zwar mit elementaren Regeln der Geometrie und führt bei einfachen Schaltungen schnell zur Lösung, ist jedoch bei Schaltungen mit mehreren Zweigen und Knoten relativ aufwendig und umständlich.

Für rationelle Berechnung solcher Schaltungen ist die im folgenden aus der Zeigerabbildung der Sinusfunktion abgeleitete analytische Lösungsmethode über die komplexe Zahlenebene besonders geeignet.

Aufgaben

A 1.5 Zeichne maßstabsgerecht die Zeigerbilder der Ströme und Spannungen für die Zweipole im Bild A 1.5, und berechne aus jedem Zeigerbild die Größe des Scheinwiderstands $Z = U/I$ und die Phasenverschiebung zwischen den Klemmengrößen u und i! Es sind gegeben: $R = 300\,\Omega$, $C = 10\,\mu\text{F}$, $L = 1\,\text{H}$, $u = \hat{U} \sin \omega t$, $\hat{U} = 300\,\text{V}$, $f = 50\,\text{Hz}$.

(Lösung AB: 1.2./1)

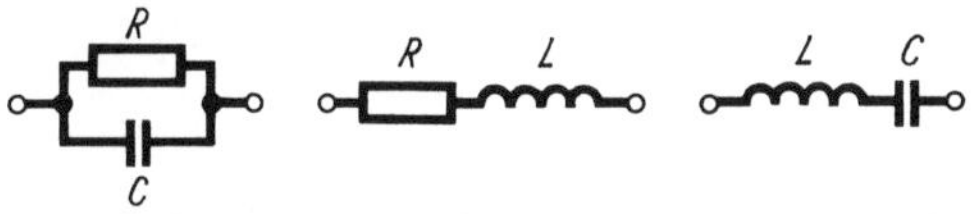

Bild A 1.5

A 1.6 In den Schaltungen Bild A 1.6 seien die Größen der Schaltelemente und die an den Schaltungen anliegende Sinusspannung gegeben. Zeichne qualitativ das Zeigerbild aller Spannungen und Ströme (Längen der einzelnen Zeiger willkürlich)!

(Lösung AB: 1.2./2)

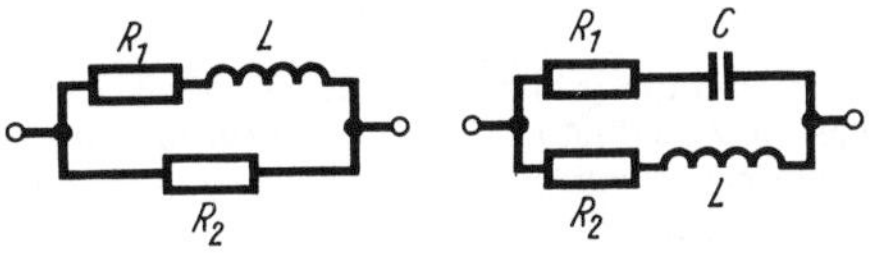

Bild A 1.6

A 1.7 Zeichne qualitativ das Zeigerbild für die Schaltung Bild A 1.7, in dem alle Teilströme und -spannungen enthalten sind!
(Lösung AB: 1.2./4)

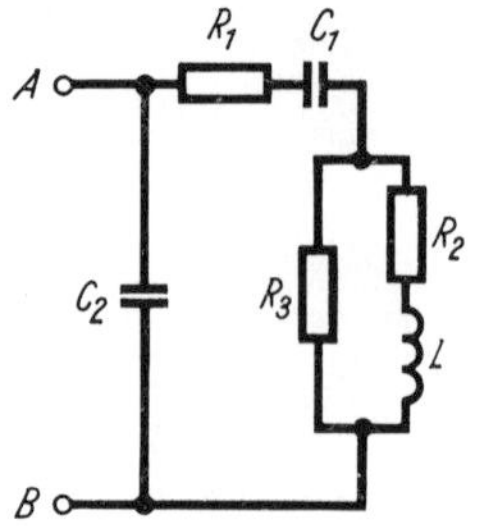

Bild A 1.7

1.3. Stromkreisberechnung über die komplexe Ebene mittels Bildfunktion („komplexe Rechnung der Wechselstromtechnik")

Die Berechnung von linearen Stromkreisen bei sinusförmiger Erregung im eingeschwungenen Zustand („lineare Wechselstromkreise") mit Hilfe der komplexen Rechnung geht von der mathematischen Formulierung des umlaufenden Zeigers (Abbildung der Sinusfunktion) als komplexe Größe aus.

Wir wollen zunächst allgemein (ohne dabei an die Abbildung einer Sinusfunktion zu denken) einen *ruhenden Zeiger* als komplexe Größe beschreiben und deren Rechenregeln zusammenfassend wiederholen (Abschn. 1.3.1.); dann soll der Umlauf hinzugefügt werden (Abschn. 1.3.2.), und im Abschn. 1.3.3. werden wir diese Ergebnisse für die Abbildung der Sinusfunktion durch *umlaufenden Zeiger* anwenden.

1.3.1. Mathematische Beschreibung des ruhenden Zeigers als komplexe Größe und Rechenoperationen

1.3.1.1. Mathematische Ausdrücke für den ruhenden Zeiger

Um einen analytischen Ausdruck für einen Zeiger (gerichtete Strecke) zu erhalten, zerlegen wir diesen wie einen Vektor in zwei Komponenten, die senkrecht aufeinander stehen.[1]) Der Zeiger $\underline{A}$ ist dann die rechtwinklige Überlagerung zweier Zeiger $\underline{A}_1$ und $\underline{A}_2$. Vereinbaren wir in dem +-Zeichen bei unterstrichenen Größen (Zeiger) die Berücksichtigung des Winkels der Zeiger, so kann man die Zeigergleichung

$$\underline{A} = \underline{A}_1 + \underline{A}_2 \tag{1.19}$$

schreiben (Bild 1.14a).

Entscheidend für die gesamte weitere Betrachtung der komplexen Rechnung ist nun die Festlegung, daß man zur Unterscheidung der beiden rechtwinklig zueinander stehenden Komponenten $\underline{A}_1$ und $\underline{A}_2$ den Zeiger $\underline{A}$ in die *Gaußsche Zahlenebene* legt. Ein Punkt dieser Ebene gibt entsprechend den beiden Abschnitten auf den Achsen des Koordinatensystems dieser Ebene den Realteil und den Imaginärteil einer komplexen Zahl an. Wir wissen, daß

[1]) Hier gibt es Ähnlichkeiten zwischen Zeiger und Vektor. Man darf jedoch den Zeiger [als Abbildungshilfe einer Sinusfunktion (Bild 1.8) oder als Abbildung einer komplexen Zahl (Bild 1.14 b)] nicht mit einem Vektor (i. allg. räumlich gerichtete Größe) verwechseln. Produkte von Zeigergrößen werden anders gebildet als in der Vektoralgebra. Auch gibt es Quotienten von Zeigergrößen (komplexen Zahlen).

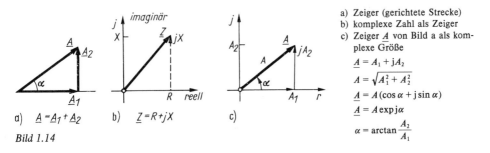

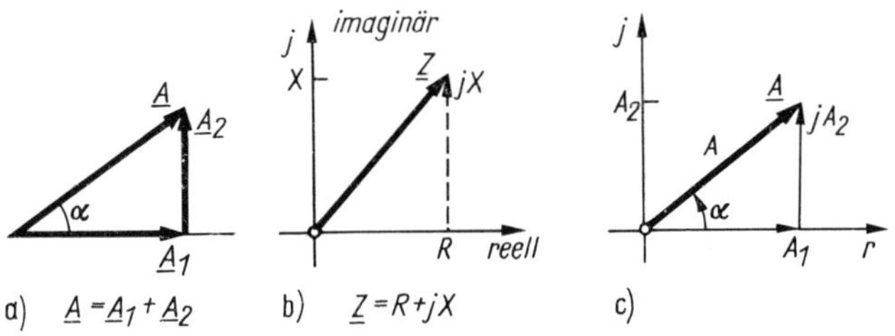

Bild 1.14

a) Zeiger (gerichtete Strecke)
b) komplexe Zahl als Zeiger
c) Zeiger $\underline{A}$ von Bild a als komplexe Größe

$\underline{A} = A_1 + \mathrm{j}A_2$

$A = \sqrt{A_1^2 + A_2^2}$

$\underline{A} = A(\cos\alpha + \mathrm{j}\sin\alpha)$

$\underline{A} = A\exp\mathrm{j}\alpha$

$\alpha = \arctan\frac{A_2}{A_1}$

wir eine komplexe Zahl in der Gaußschen Zahlenebene durch einen Zeiger als gerichtete Strecke zwischen dem Nullpunkt und dem der komplexen Zahl zugeordneten Punkt eindeutig abbilden können (Bild 1.14b).

Soll der komplexe Charakter einer Größe hervorgehoben werden, so kennzeichnen wir den entsprechenden Buchstaben (wie beim Zeiger) durch Unterstreichen. Der Imaginärteil der Größe wird durch Vorsetzen von j gekennzeichnet.[1]) Wir schreiben also für die komplexe Zahl $\underline{Z}$ (Bild 1.14b)

$$\underline{Z} = R + \mathrm{j}X$$

oder

$$\underline{Z} = \mathrm{Re}\,(\underline{Z}) + \mathrm{j}\,\mathrm{Im}\,(\underline{Z})\,. \tag{1.20}$$

Dabei sind

$R = \mathrm{Re}\,(\underline{Z})$ die *reelle Komponente*

und

$X = \mathrm{Im}\,(\underline{Z})$ die *imaginäre Komponente*

der komplexen Größe $\underline{Z}$.

Das vorgesetzte j bedeutet geometrisch eine 90°-Drehung und damit für das +-Zeichen in Gl. (1.20), daß keine skalare Addition durchführbar ist. Die Glieder ohne j und die mit j sind völlig verschiedene Größen, die man nicht einfach vermischen darf.

Legt man also den Zeiger $\underline{A}$ [Gl. (1.19)] so in die Gaußsche Zahlenebene, daß $\underline{A}_1$ längs der reellen Achse verläuft (Bild 1.14c), so ist $\underline{A}_1$ nicht komplex, sondern eine reelle Komponente $\underline{A}_1 = A_1$, und $\underline{A}_2$ ist die imaginäre Komponente mit dem Betrag A_2: $\underline{A}_2 = \mathrm{j}A_2$. Damit ergibt sich analog Gl. (1.20) die Zeigergleichung in kartesischen Koordinaten:

Arithmetische Form

$$\underline{A} = A_1 + \mathrm{j}A_2 \tag{1.21}$$

A_1 und A_2 werden [genauso wie in Gl. (1.20) R und X] nicht unterstrichen, da sie die Beträge längs der reellen bzw. imaginären Achse angeben.

Aus Bild 1.14c berechnet man leicht den *Betrag* der komplexen Größe (Länge des Zeigers) oder den *Modul*

$$|\underline{A}| = A = \sqrt{A_1^2 + A_2^2}\,. \tag{1.22}$$

Man kann Gl. (1.21) in Polarkoordinaten umrechnen. Hierzu benötigt man den Winkel (die *Phase*) oder das *Argument* α. Diese ergibt sich aus

$$\tan\alpha = \frac{A_2}{A_1} = \frac{\text{Imaginärteil (vorzeichenbehaftet)}}{\text{Realteil (vorzeichenbehaftet)}}\,. \tag{1.23}$$

[1]) Die imaginäre Einheit $\mathrm{j} = +\sqrt{-1}$ tritt in der Elektrotechnik vereinbarungsgemäß anstelle des sonst in der Mathematik üblichen i, um Verwechslungen mit dem Strom i zu vermeiden.

Für die beiden Komponenten kann man dann schreiben

$$A_1 = |\underline{A}| \cos \alpha$$
$$A_2 = |\underline{A}| \sin \alpha. \qquad (1.24)$$

Gln. (1.24) eingesetzt in Gl. (1.21) ergibt:

Trigonometrische (goniometrische) Form

$$A = |\underline{A}| (\cos \alpha + \mathrm{j} \sin \alpha) \qquad (1.25)$$

Verwendet man die

Eulersche Formel $\cos \alpha + \mathrm{j} \sin \alpha = \mathrm{e}^{\mathrm{j}\alpha}$, **(1.26)**

so wird schließlich die

Exponentialform $\underline{A} = |\underline{A}| \, \mathrm{e}^{\mathrm{j}\alpha}$ **(1.27)**

oder abgekürzt

$$\underline{A} = |\underline{A}| \angle \alpha.$$

$\angle \alpha$ liest man „Versor α".

Damit ergeben sich zusammengefaßt für einen Zeiger folgende mathematische Ausdrücke:

$$\underline{A} = A_1 + \mathrm{j}A_2 = |\underline{A}| (\cos \alpha + \mathrm{j} \sin \alpha) = |\underline{A}| \, \mathrm{e}^{\mathrm{j}\alpha}$$
$$|\underline{A}| = A = \sqrt{A_1^2 + A_2^2} = \sqrt{[\mathrm{Re}\,(\underline{A})]^2 + [\mathrm{Im}\,(\underline{A})]^2} \qquad (1.28)$$
$$\alpha = \arctan \frac{A_2}{A_1} = \arctan \frac{\mathrm{Im}\,(\underline{A})}{\mathrm{Re}\,(\underline{A})}.$$

Beispiel

Die drei komplexen Zahlen

1. $\underline{A} = 1 + \mathrm{j}\sqrt{3}$
2. $\underline{B} = -2 + \mathrm{j}\,2$
3. $\underline{C} = \sqrt{3} - \mathrm{j}\,1$

sind als Zeiger darzustellen und in die goniometrische und exponentielle Form umzuwandeln (zu berücksichtigen sind nur die positiven Werte).

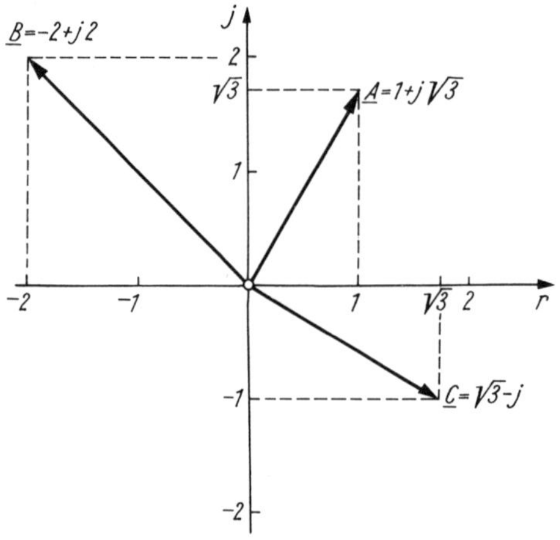

Bild 1.15

Die Zeigerdarstellung (Bild 1.15) veranschaulicht: $\underline{A}$ liegt im I. Quadranten; $\underline{B}$ (negativer Realteil, positiver Imaginärteil) liegt im II. Quadranten; $\underline{C}$ (positiver Realteil und negativer Imaginärteil) liegt im IV. Quadranten. Diese Feststellung ist wichtig auf Grund der Vieldeutigkeit der Phase α für einen positiven oder negativen Wert von $\tan\alpha$.

Zu 1. Betrag $A = \sqrt{1 + (\sqrt{3})^2} = 2$

Phase $\tan\alpha = \frac{\sqrt{3}}{1}$;

$\alpha = 60°$ (I. Quadrant, genauer:

$\alpha = 60° \pm k \cdot 360°;\quad k = 0, 1, 2, \ldots$)

Goniometrische Form $\underline{A} = 2\,(\cos 60° + \mathrm{j}\sin 60°)$

Exponentialform $\underline{A} = 2\mathrm{e}^{\mathrm{j}60°} = 2\mathrm{e}^{\mathrm{j}\frac{\pi}{3}}$ $\left(\text{genauer: } \underline{A} = 2\mathrm{e}^{\mathrm{j}\left(\frac{\pi}{3} \pm k2\pi\right)}\right)$

Zu 2. Betrag $B = \sqrt{2^2 + 2^2} = 2\sqrt{2}$

Phase $\tan\beta = \frac{2}{-2} = -1;\quad \beta = 135°$ (II. Quadrant)

Goniometrische Form $\underline{B} = 2\sqrt{2}\,(\cos 135° + \mathrm{j}\sin 135°)$

$\underline{B} = 2\sqrt{2}\,(-\cos 45° + \mathrm{j}\sin 45°)$

Exponentialform $\underline{B} = 2\sqrt{2}\,\mathrm{e}^{\mathrm{j}135°} = 2\sqrt{2}\,\mathrm{e}^{\mathrm{j}\frac{3}{2}\pi}$

Zu 3. Betrag $C = \sqrt{(\sqrt{3})^2 + 1} = 2$

Phase $\tan\gamma = \frac{-1}{\sqrt{3}};\quad \gamma = +330° = -30°$ (IV. Quadrant)

Goniometrische Form $\underline{C} = 2\,(\cos 30° - \mathrm{j}\sin 30°)$

Exponentialform $\underline{C} = 2\mathrm{e}^{-\mathrm{j}30°} = 2\mathrm{e}^{-\mathrm{j}\frac{\pi}{6}}$

Einheitszeiger und konjugiert komplexe Größe

$e^{j\alpha} = \cos\alpha + \mathrm{j}\sin\alpha$, Gl. (1.26), ist eine komplexe Zahl mit dem Betrag 1, die durch den sog. *Einheitszeiger* mit der Phase α dargestellt wird. Die Endpunkte aller möglichen Einheitszeiger liegen auf dem Kreis mit dem Radius 1 (Bild 1.16).

Wir wollen einige spezielle Phasen auswählen und den komplexen Ausdruck des Einheitszeigers berechnen.

- $\alpha = 0$: $\mathrm{e}^{\mathrm{j}0} = 1$ Zeiger längs reeller Achse.
- $\alpha = \frac{\pi}{2}$: $\mathrm{e}^{\mathrm{j}\frac{\pi}{2}} = \cos\frac{\pi}{2} + \mathrm{j}\sin\frac{\pi}{2} = \mathrm{j}$ Zeiger längs (+j)-Achse.

Merke:

$$\mathrm{e}^{\mathrm{j}\frac{\pi}{2}} = \mathrm{j}. \qquad \textbf{(1.29)}$$

Multiplikation mit j bedeutet +90°-Drehung (Vorwärtsdrehung) des Zeigers.

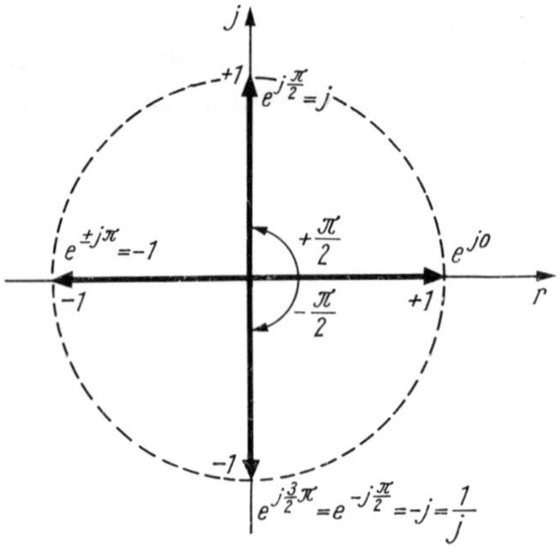

Bild 1.16. Einheitszeiger

- $\alpha = -\frac{\pi}{2}$: $e^{-j\frac{\pi}{2}} = \cos\frac{\pi}{2} - j\sin\frac{\pi}{2} = -j$ Zeiger längs (−j)-Achse

$$e^{-j\frac{\pi}{2}} = \frac{1}{e^{j\frac{\pi}{2}}} = \frac{1}{j}.$$

Merke:

$$e^{-j\frac{\pi}{2}} = -j = \frac{1}{j}. \tag{1.30}$$

Division durch j ist gleich Multiplikation mit −j und bedeutet Rückwärtsdrehung des Zeigers um 90°.

- $\alpha = \pm\pi$: $e^{\pm j\pi} = \cos\pi \pm j\sin\pi = -1$

$$e^{j\pi} = e^{j\frac{\pi}{2}} \cdot e^{j\frac{\pi}{2}} = j \cdot j = j^2.$$

Merke:

$$e^{\pm j\pi} = j^2 = -1. \tag{1.31}$$

Die zu einer komplexen Größe $\underline{A}$ *konjugiert komplexe Größe* kennzeichnen wir mit einem Stern $\underline{A}^*$.

$\underline{A}$ und $\underline{A}^*$ unterscheiden sich lediglich durch das Vorzeichen ihrer Imaginärteile (Bild 1.17):

$$\underline{A} = A_1 + jA_2 = A\,e^{j\alpha}$$
$$\underline{A}^* = A_1 - jA_2 = A\,e^{-j\alpha}. \tag{1.32}$$

$\underline{A}$ und $\underline{A}^*$ entstehen durch Spiegelung an der reellen Achse.

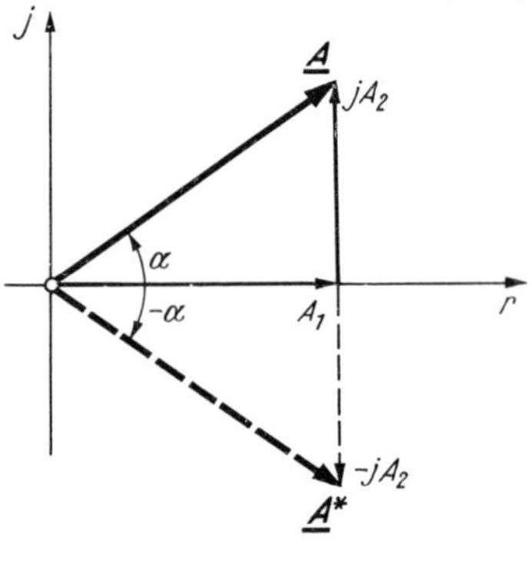

Bild 1.17. Konjugiert komplexe Größe $\underline{A}^*$

Merke:

$$\underline{A}\,\underline{A}^* = A^2. \tag{1.33}$$

Die Multiplikation einer komplexen Größe mit ihrer konjugiert komplexen Größe ergibt eine reelle Größe.

Das nutzt man bei Rechnung mit komplexen Größen aus („Reellmachen", letztes Beispiel im Abschn. 1.3.1.2.).

1.3.1.2. Rechenoperationen mit Zeigergrößen (komplexen Zahlen)

Rechenoperationen mit Zeigergrößen $\underline{A}$, $\underline{B}$, $\underline{C}$ usw., d. h. mit komplexen Zahlen, sind im Zeigerbild durch bestimmte Konstruktionsschritte darstellbar. Es soll nicht die Rechnung mit komplexen Zahlen vollständig wiedergegeben werden[1]), sondern es werden einige für uns besonders wichtige Operationen rechnerisch und konstruktiv durchgeführt.

a) *Gleichheit* zweier komplexer Größen

Gegeben:

$$\underline{A} = A_1 + \mathrm{j}A_2 = A\,\mathrm{e}^{\mathrm{j}\alpha} = A\,\cos\alpha + \mathrm{j}A\,\sin\alpha$$

$$\underline{B} = B_1 + \mathrm{j}B_2 = B\,\mathrm{e}^{\mathrm{j}\beta} = B\,\cos\beta + \mathrm{j}B\,\sin\beta.$$

Beide Größen sind nur dann gleich, wenn ihre Realteile *und* Imaginärteile bzw. ihre Beträge *und* ihre Phasen gleich sind:

$\underline{A} = \underline{B}$ falls

$$A_1 = B_1 \quad \textit{und} \quad A_2 = B_2$$

bzw.

$$|\underline{A}| = |\underline{B}| \quad \textit{und} \quad \alpha = \beta.$$

Wichtig ist also, daß immer zwei Bestimmungsstücke übereinstimmen müssen.

Zeigerbild: Beide Zeiger müssen sich decken, also z. B. gleiche Längen und gleiche Winkel aufweisen.

b) *Addition (Subtraktion)* zweier komplexer Größen (Zeiger)

Hierfür eignet sich besonders die kartesische Form der Zeigergleichung. Die Überlagerung der Größen $\underline{A}$ und $\underline{B}$ ergibt eine Größe $\underline{C}$:

$$\underline{A} \pm \underline{B} = \underline{C}$$

$$A_1 + \mathrm{j}A_2 \pm (B_1 + \mathrm{j}B_2) = C_1 + \mathrm{j}C_2.$$

Wir fassen links die Realteile und die Imaginärteile zusammen und vergleichen gemäß a) mit der rechten Seite

$$(A_1 \pm B_1) + \mathrm{j}(A_2 \pm B_2) = C_1 + \mathrm{j}C_2$$

$$\left.\begin{aligned} C_1 &= A_1 \pm B_1 \\ C_2 &= A_2 \pm B_2 \end{aligned}\right\} C = \sqrt{C_1^2 + C_2^2} = \sqrt{(A_1 \pm B_1)^2 + (A_2 \pm B_2)^2}. \tag{1.34}$$

Die Komponenten C_1 und C_2 des resultierenden Zeigers $\underline{C}$ ergeben sich also durch Addition (Subtraktion) der Realteile bzw. Imaginärteile der Einzelzeiger (gilt auch für n Zeiger). Im Bild 1.18 ist diese Addition konstruktiv durchgeführt. Aus dem Zeigerbild 1.18 kann man den Winkel und die Länge des Zeigers $\underline{C}$ als Funktion von A, B, α und β berechnen:

$$\gamma = \arctan\frac{A\,\sin\alpha + B\,\sin\beta}{A\,\cos\alpha + B\,\cos\beta}. \tag{1.35}$$

[1]) Siehe beispielsweise [6].

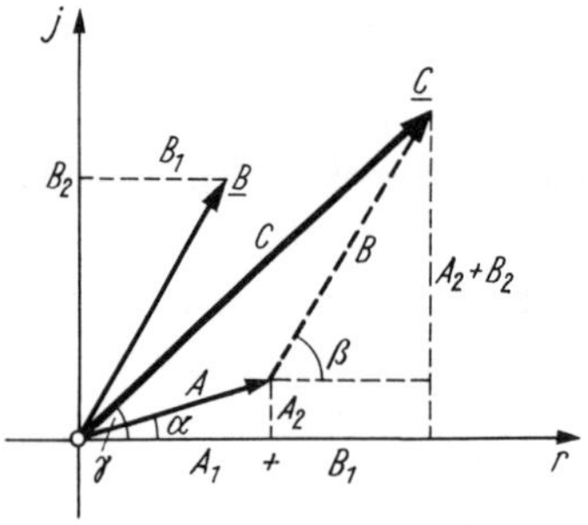

Bild 1.18. Addition zweier komplexer Größen $\underline{A}$ *und* $\underline{B}$ *ergibt eine Größe* $\underline{C}$, *die man durch vektorielle Addition der beiden Zeiger erhält*

Mit Kosinussatz und dem stumpfen Winkel $180°-(\beta-\alpha)$ im Zeigerdreieck $\underline{A}-\underline{B}-\underline{C}$

$$C = A^2 + B^2 + 2AB\cos(\alpha-\beta)\,. \tag{1.36}$$

Bei Subtraktion $\underline{A} - \underline{B}$ ist in Gln. (1.35) und (1.36) B durch $-B$ zu ersetzen.

Vergleicht man die Ergebnisse (1.35) und (1.36) der Addition zweier ruhender Zeiger mit den Gln. (1.7) für Amplitude und Nullphase der Überlagerung zweier Sinusfunktionen, so findet man volle Übereinstimmung. Diese wurde bei der Konstruktion von Zeigerbildern in KR 4 (Tafel 1.2) bereits ausgenutzt.

c) *Multiplikation* und *Division* zweier komplexer Größen und Darstellung im Zeigerbild

$$\underline{A}\,\underline{B} = \underline{C} = C\,e^{j\gamma} \quad \text{bzw.} \quad \frac{\underline{A}}{\underline{B}} = \underline{C} = C\,e^{j\gamma}$$

Die Multiplikation und Division führt man zweckmäßigerweise mit den Exponentialformen der Zeiger durch:

$$\underline{A}\,\underline{B} = A\,e^{j\alpha}\,B\,e^{j\beta} = AB\,e^{j(\alpha+\beta)} = C\,e^{j\gamma}.$$

Durch Vergleich von Betrag und Phase rechts und links der Gleichung ergibt sich

$$C = AB \quad \text{und} \quad \gamma = \alpha + \beta\,. \tag{1.37}$$

Für Division erhält man

$$\frac{\underline{A}}{\underline{B}} = \frac{A}{B}\,e^{j(\alpha-\beta)} = C\,e^{j\gamma}$$

$$C = \frac{A}{B} \quad \text{und} \quad \gamma = \alpha - \beta\,. \tag{1.38}$$

Bei Multiplikation (Division) zweier komplexer Größen werden die Beträge multipliziert (dividiert) und die Phasen addiert (subtrahiert).

Zeigerkonstruktion (Bild 1.19)

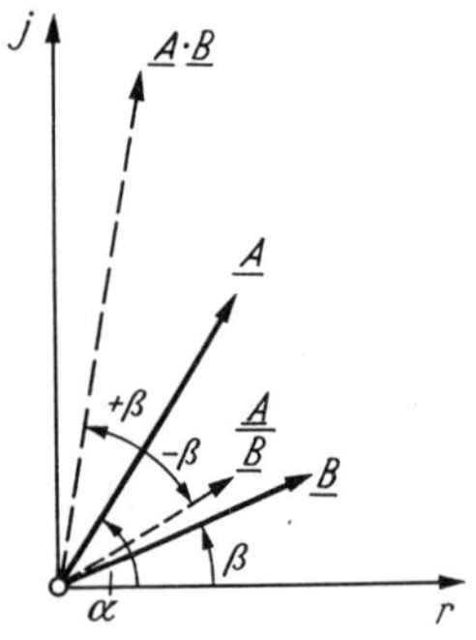

Bild 1.19. Zeigerdarstellung von $\underline{A}\underline{B}$ *und* $\underline{A}/\underline{B}$

Die beiden komplexen Größen $\underline{A}$ und $\underline{B}$ sind als Zeiger dargestellt. Den Zeiger $\underline{C}$ für das Produkt erhält man nach Gln. (1.37), indem man

- den Winkel β an den Zeiger $\underline{A}$ anträgt (der damit erhaltene Fahrstrahl hat den Winkel γ)
- auf diesem Fahrstrahl eine Länge abträgt, die proportional dem Produkt AB ist.

Den Zeiger $\underline{C}$ für die Quotientenbildung erhält man nach Gln. (1.38), indem man

- einen Fahrstrahl mit Winkel $\alpha - \beta$ zeichnet
- auf diesem Fahrstrahl eine Länge abträgt, die dem Quotienten A/B proportional ist.

Allgemein gilt also:

Eine komplexe Größe wird durch einen Zeiger dargestellt. Multipliziert man diese mit einem komplexen Faktor, so wirkt sich dies im Zeigerbild durch eine *Drehstreckung* aus.

Spezialfall:

Multiplikation mit $e^{j\alpha}$ (Einheitszeiger) bewirkt Drehung ohne Längenänderung.
Multiplikation mit j oder Division durch j bedeutet 90° Vor- bzw. Rückdrehung.
[Beachte Gln. (1.29) und (1.30)!]

Falls Real- und Imaginärteil des Zeigers $\underline{C}$ gesucht sind (und nicht Betrag und Phase), ist es oft zweckmäßig, die arithmetischen Formen der komplexen Größen beizubehalten.

Gegeben: $\underline{A} = A_1 + jA_2$ und $\underline{B} = B_1 + jB_2$.

Gesucht: $\underline{C} = \dfrac{\underline{A}}{\underline{B}} = C_1 + jC_2$.

Rechnung: $\dfrac{A_1 + jA_2}{B_1 + jB_2} = C_1 + jC_2$.

Der komplexe Ausdruck im Nenner muß verschwinden. Dazu wenden wir Gl. (1.33) an, erweitern also Zähler und Nenner mit $\underline{B}^* = B_1 - jB_2$:

$$\frac{(A_1 + jA_2)(B_1 - jB_2)}{(B_1 + jB_2)(B_1 - jB_2)} = \frac{A_1B_1 - j^2A_2B_2 + j(A_2B_1 - A_1B_2)}{B_1^2 - j^2B_2^2} = C_1 + jC_2.$$

Das ergibt mit Gl. (1.31)

$$C_1 = \frac{A_1B_1 + A_2B_2}{B_1^2 + B_2^2} \quad \text{und} \quad C_2 = \frac{A_2B_1 - A_1B_2}{B_1^2 + B_2^2}.$$

Aufgaben

A 1.8 Berechne Phasenwinkel und Betrag sowie Real- und Imaginärteil folgender Ausdrücke und zeichne die Zeiger (berücksichtige nur die positiven Werte der Wurzeln).

$$\sqrt{j}; \quad \frac{\sqrt{-2} + \sqrt{2}}{\sqrt{-3} - 2\sqrt{3}}.$$

(Lösung AB: 1.3./1)

A 1.9 Der Zeiger, der durch die komplexe Zahl $3 - j4$ festgelegt ist, soll um $+60°$ gedreht und in der Länge verdoppelt werden.
Durch welche komplexe Zahl wird der neue Zeiger dargestellt?
(Lösung AB: 1.3./2)

1.3.2. Mathematische Beschreibung des umlaufenden Zeigers als komplexe Größe und Rechenoperationen

Der mit konstanter Winkelgeschwindigkeit $\omega = \mathrm{d}\alpha/\mathrm{d}t$ umlaufende Zeiger, der als Abbildung einer Sinusfunktion dient (Bild 1.8), unterscheidet sich vom ruhenden Zeiger dadurch, daß der Phasenwinkel α eine lineare Funktion der Zeit ist: $\alpha(t) = \omega t + \varphi$. Wir müssen also in die Gln. (1.28) für $\alpha(t)$ die Zeitfunktion $\omega t + \varphi$ einsetzen und erhalten den mathematischen Ausdruck für den umlaufenden Zeiger. Im Bild 1.8c ist festgelegt worden, daß dieser mit kleinen (unterstrichenen) Buchstaben gekennzeichnet wird. Ist die Länge des Zeigers $\hat{A}$, so ergibt sich also

$$\underline{a} = \hat{A}\,\mathrm{e}^{\mathrm{j}\alpha(t)} = \hat{A}\,\mathrm{e}^{\mathrm{j}(\omega t+\varphi)} = \hat{A}\,\mathrm{e}^{\mathrm{j}\varphi}\,\mathrm{e}^{\mathrm{j}\omega t}, \quad \textit{komplexer Momentanwert.}$$

Da nach den Gln. (1.28) $\hat{A}\,\mathrm{e}^{\mathrm{j}\varphi} = \underline{\hat{A}}$ ein ruhender Zeiger der Länge $\hat{A}$ und mit Phasenwinkel φ ist, kann man schreiben

$$\underline{a} = \hat{A}\,\mathrm{e}^{\mathrm{j}(\omega t+\varphi)} = \underline{\hat{A}}\,\mathrm{e}^{\mathrm{j}\omega t};$$
$$\underline{\hat{A}} = \hat{A}\,\mathrm{e}^{\mathrm{j}\varphi} \quad \textit{komplexe Amplitude.} \tag{1.39}$$

Damit haben wir nun einen mathematischen Ausdruck für die Abbildung der Sinusfunktion als umlaufenden Zeiger. Wir werden dies in den nächsten Abschnitten weiter verfolgen. Hier sollen noch zwei wesentliche Ergebnisse angegeben werden, die bei Differentiation und Integration von Gl. (1.39) entstehen.

Differentiation nach der Zeit

$$\frac{\mathrm{d}\underline{a}}{\mathrm{d}t} = \mathrm{j}\omega\,\underline{\hat{A}}\,\mathrm{e}^{\mathrm{j}\omega t} = \mathrm{j}\omega\underline{a} \tag{1.40}$$

Da nach Gl. (1.29) Multiplikation mit j eine 90°-Vorwärtsdrehung des Zeigers bedeutet, ergibt sich – in Übereinstimmung mit Tafel 1.2, KR 2 – bei Differentiation gemäß Gl. (1.40) eine 90°-Voreilung des Zeigers.

Der zweite Differentialquotient ergibt eine Multiplikation mit $(\mathrm{j}\omega)^2 = -\omega^2$ usw.; denn mit Gl. (1.40) wird

$$\frac{\mathrm{d}^2\underline{a}}{\mathrm{d}t^2} = \frac{\mathrm{d}}{\mathrm{d}t}\left(\frac{\mathrm{d}\underline{a}}{\mathrm{d}t}\right) = \frac{\mathrm{d}}{\mathrm{d}t}(\mathrm{j}\omega\underline{a}) = \mathrm{j}\omega\frac{\mathrm{d}\underline{a}}{\mathrm{d}t} = (\mathrm{j}\omega)^2\,\underline{a} = -\omega^2\underline{a}. \tag{1.40a}$$

Integration

$$\int \underline{a}\,\mathrm{d}t = \frac{1}{\mathrm{j}\omega}\underline{\hat{A}}\,\mathrm{e}^{\mathrm{j}\omega t} = \frac{1}{\mathrm{j}\omega}\underline{a} \tag{1.41}$$

Division durch j ist nach Gl. (1.30) gleich einer Multiplikation mit $-\mathrm{j}$, bedeutet also – in Übereinstimmung mit Tafel 1.2, KR 3 – eine 90°-Rückwärtsdrehung.

Entscheidend an diesen Ergebnissen ist für unsere weitere Betrachtung, daß in den komplexen Ausdrücken die Differentialquotienten durch $\mathrm{j}\omega$ und die Integrale durch $1/\mathrm{j}\omega$ ersetzt werden.

1.3.3. Verwendung der komplexen Funktion des umlaufenden Zeigers als Bildfunktion zur Berechnung sinusförmiger Vorgänge

Wir haben im Abschn. 1.2.1. den umlaufenden Zeiger als Abbildung der Sinusfunktion verwendet, um Ströme und Spannungen in Netzwerken aus Zeigerbildern zu berechnen. Im Abschn. 1.3.2. erhielten wir eine mathematische Formulierung für den umlaufenden Zeiger in Form eines komplexen Ausdrucks. Der Abbildung einer Sinusfunktion *(Originalfunktion)* als Zeiger im Bildbereich entspricht also die Transformation der Sinusfunktion in eine komplexe Funktion *(Bildfunktion)*; siehe Bild 1.20.

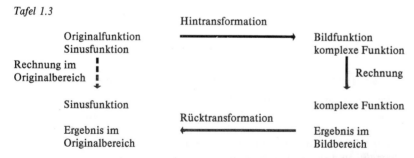

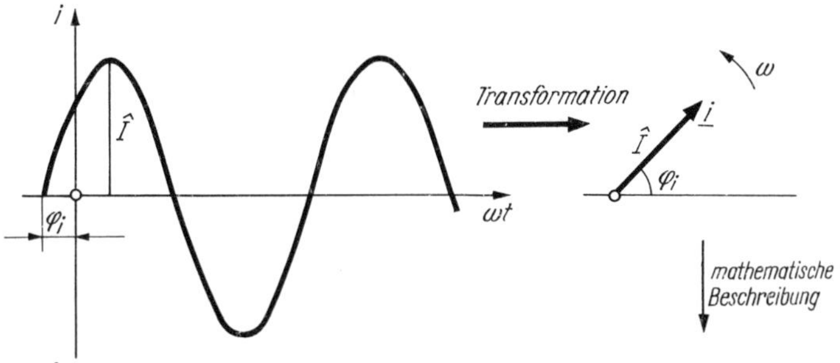

$i = \hat{I} \sin(\omega t + \varphi_i)$
Originalfunktion

$\underline{i} = \hat{I}\,e^{j(\omega t + \varphi_i)}$
Bildfunktion

Bild 1.20

Es gilt nun festzustellen, *wie* diese Transformation vom Originalbereich in den Bildbereich *(Funktionaltransformation)* durchzuführen ist, und zu untersuchen, ob und unter welchen Bedingungen man mit der Bildfunktion anstelle der Originalfunktion die Rechnung (z. B. die Berechnung elektrischer Stromkreise) durchführen darf.

1.3.3.1. Hin- und Rücktransformation der Sinusfunktion

Das *Rechenschema einer Funktionaltransformation*[1]) besteht aus folgenden Schritten (Tafel 1.3):

1. Hintransformation

Die Originalfunktion im Originalbereich (bei uns die Sinusfunktion im Zeitbereich) wird in eine Bildfunktion im Bildbereich (bei uns komplexe Funktion) transformiert.

2. Rechnung im Bildbereich

Man führt die erforderliche Rechnung im Bildbereich mit der Bildfunktion durch.

3. Rücktransformation

Man transformiert das Ergebnis aus dem Bildbereich wieder in den Originalbereich zurück.

Tafel 1.3

	Originalfunktion Sinusfunktion	Hintransformation →	Bildfunktion komplexe Funktion	
Rechnung im Originalbereich ↓ (gestrichelt)			↓	Rechnung
	Sinusfunktion		komplexe Funktion	
	Ergebnis im Originalbereich	← Rücktransformation	Ergebnis im Bildbereich	

Voraussetzung für die Zulässigkeit der Rechnung über den Bildbereich ist natürlich, daß sie zu gleichem Ergebnis führt wie die Rechnung im Originalbereich (s. Abschn. 1.1.; gestrichelter Weg in Tafel 1.3). Dies wird im nächsten Abschnitt überprüft. Der „Umweg" über den Bildbereich ist u. U. für die Rechnung günstiger (weniger Rechenschritte, geringerer

[1]) Weitere Funktionaltransformationen sind gebräuchlich. Sie dienen zur Erleichterung der Rechnung, z. B. *Laplace-Transformation* zur Berechnung von Einschwingvorgängen, *Fourier-Transformation*, die einer Zeitfunktion eine Frequenzfunktion zuordnet und umgekehrt (vgl. S. 217).

Zeitaufwand o. ä.); man muß sich nur angewöhnen, in verschiedenen mathematischen Ebenen zu denken.

Für unsere „Sinustransformation“ gelten folgende Regeln:

Hintransformation der Sinusfunktion in den Bildbereich

Zwischen Sinusfunktion Gl. (1.1) und Bildfunktion Gl. (1.39) besteht folgende Zuordnung zweier Funktionen (durch einen Pfeil mit T kennzeichnen wir diese durch Transformation entstehende Zuordnung zweier Funktionen):

$$a = \hat{A}\,\sin(\omega t + \varphi) \xrightarrow{T_1} \underline{a} = \hat{A}\,e^{j(\omega t + \varphi)} = \underbrace{\hat{A}\,\cos(\omega t + \varphi)}_{\text{Ergänzung}} + j\hat{A}\,\sin(\omega t + \varphi)\,. \qquad \textbf{(1.42a)}$$

Die Bildfunktion enthält also die Sinusfunktion als Imaginärteil

$$a = \hat{A}\,\sin(\omega t + \varphi) = \operatorname{Im}(\underline{a})\,. \qquad \textbf{(1.43a)}$$

Geht man von einer Kosinusfunktion als gegebene Größe aus, so erhält man die Bildfunktion, indem man zu dieser das Imaginärglied in Gl. (1.42a) ergänzt, d. h., es gilt

$$a = \hat{A}\,\cos(\omega t + \varphi) \xrightarrow{T_2} \underline{a} = \hat{A}\,e^{j(\omega t + \varphi)} = \hat{A}\,\cos(\omega t + \varphi) \underbrace{+\,j\hat{A}\,\sin(\omega t + \varphi)}_{\text{Ergänzung}} \qquad \textbf{(1.42b)}$$

$$a = \hat{A}\,\cos(\omega t + \varphi) = \operatorname{Re}(\underline{a})\,. \qquad \textbf{(1.43b)}$$

Sinus- und Kosinusfunktion werden also der *gleichen Bildfunktion* zugeordnet (Tafel 1.4). Das bedeutet zwei verschiedene Transformationsalgorithmen: Ergänze eine Kosinusfunktion als Realteil (Weg T_1) bzw. ergänze eine Sinusfunktion als Imaginärteil (Weg T_2 in Tafel 1.4)!

Man kann sich jedoch auch mit einer der beiden Transformationsregeln begnügen, da man ja im Zeitbereich die beiden Funktionen ineinander umrechnen kann.

Tafel 1.4. Hin- und Rücktransformation der Sinus-(Cosinus-)Funktion

Originalbereich		Bildbereich
$a = \hat{A}\sin(\omega t + \varphi)$	—— T_1 ——→	$\underline{a} = \hat{A}\cos(\omega t + \varphi) + j\hat{A}\sin(\omega t + \varphi)$
$a = \hat{A}\cos(\omega t + \varphi)$	—— T_2 ——→	$\underline{a} = \hat{A}\,e^{j(\omega t + \varphi)}$ (1.39)
Rechnung im Originalbereich (Abschn. 1.1.) ↓		↓ Rechnung
$b = \operatorname{Im}(\underline{b})$ (1.44a)	←—— T_1' ——	$\underline{b} = \hat{B}\,e^{j(\omega t + \beta)}$
$b = \operatorname{Re}(\underline{b})$ (1.44b)	←—— T_2' ——	$\underline{b} = \hat{B}\cos(\omega t + \beta) + j\hat{B}\sin(\omega t + \beta)$

Bei der *Rücktransformation* des Ergebnisses im Bildbereich

$$\underline{b} = \hat{B}\,e^{j(\omega t + \beta)}$$

nimmt man den bei der Hintransformation hinzugefügten Teil (Real- bzw. Imaginärteil) wieder weg (Wege T_1' bzw. T_2' in Tafel 1.4), d. h., es gilt

$$b = \operatorname{Im}(\underline{b})\,, \qquad \textbf{(1.44a)}$$

falls Hintransformation nach Gl. (1.42a) (Weg T_1) erfolgte, und

$$b = \operatorname{Re}(\underline{b})\,, \qquad \textbf{(1.44b)}$$

falls Hintransformation nach Gl. (1.42b) (Weg T_2) erfolgte.

1.3.3.2. Zulässigkeit der Rechnung mit Bildfunktion

Dem Transformationsschema (Tafeln 1.3 und 1.4) folgend sollen einige Berechnungen mit der Sinusfunktion über den Bildbereich durchgeführt werden. Es handelt sich zunächst um „elementare" Rechenschritte (Differentiation, Integration, Addition), wie sie im Zeitbereich im Abschn. 1.1.1. durchgeführt wurden. Letztlich geht es uns um die Lösung der Netzwerkgleichungen, die sinusförmig sich ändernde Ströme und Spannungen und deren zeitliche Differentialquotienten und Zeitintegrale enthalten. Dabei soll gleichzeitig durch Vergleich mit den Ergebnissen im Zeitbereich überprüft werden, ob die Rechenschritte über den Bildbereich zulässig sind.

Differentiation der Sinusfunktion $i = \hat{I} \sin(\omega t + \varphi_i)$ nach der Zeit

Rechnung im Zeitbereich:

$$\frac{\mathrm{d}i}{\mathrm{d}t} = \frac{\mathrm{d}[\hat{I} \sin(\omega t + \varphi_i)]}{\mathrm{d}t} = \omega\hat{I} \cos(\omega t + \varphi_i).$$

Rechnung im Bildbereich:

Transformation

$$i \xrightarrow{T_1} \underline{i} = \hat{I}\, \mathrm{e}^{\mathrm{j}(\omega t + \varphi_i)}$$

Rechnung

Nach Gl. (1.40) ist

$$\frac{\mathrm{d}\underline{i}}{\mathrm{d}t} = \mathrm{j}\omega\underline{i} = \mathrm{j}\omega\hat{I} \cos(\omega t + \varphi_i) - \omega\hat{I} \sin(\omega t + \varphi_i).$$

Rücktransformation (Weg T_1')

$$\mathrm{Im}\left(\frac{\mathrm{d}\underline{i}}{\mathrm{d}t}\right) = \omega\hat{I} \cos(\omega t + \varphi_i) = \frac{\mathrm{d}i}{\mathrm{d}t}.$$

Erkenntnis durch Vergleich der Ergebnisse beider Rechnungen: *Differentiation* einer Sinusfunktion nach der Zeit über Bildbereich ist *erlaubt.*

Ebenso kann man zeigen, daß mehrfache Differentiationen über den Bildbereich gestattet sind [Gl. (1.40a)].

Integration der Kosinusfunktion $i = \hat{I} \cos(\omega t + \varphi_i)$

Rechnung im Originalbereich:

$$\int i \,\mathrm{d}t = \int \hat{I} \cos(\omega t + \varphi_i) \,\mathrm{d}t = \frac{1}{\omega} \hat{I} \sin(\omega t + \varphi_i).$$

Rechnung im Bildbereich [vgl. Gl. (1.41)]:

$$\int \underline{i} \,\mathrm{d}t = \int \hat{I}\, \mathrm{e}^{\mathrm{j}(\omega t + \varphi_i)} \,\mathrm{d}t = \frac{1}{\mathrm{j}\omega} \hat{I}\, \mathrm{e}^{\mathrm{j}(\omega t + \varphi_i)}$$

$$= -\mathrm{j}\frac{\hat{I}}{\omega} \cos(\omega t + \varphi_i) + \frac{1}{\omega}\hat{I} \sin(\omega t + \varphi_i) \quad \text{mit Gl. (1.30).}$$

Rücktransformation (Weg T_2')

$$\mathrm{Re}\left(\int \underline{i} \,\mathrm{d}t\right) = \frac{1}{\omega}\hat{I} \sin(\omega t + \varphi_i) = \int i \,\mathrm{d}t.$$

Erkenntnis durch Vergleich der Ergebnisse beider Rechnungen: *Integration* über Bildbereich ist *erlaubt.*

Man kann ebenso zeigen, daß dies auch für mehrfache Integrationen gilt.

Es kann auf gleiche Art leicht überprüft werden, daß die *Addition (Subtraktion)* zweier Sinusfunktionen über den Bildbereich zu gleichem Ergebnis führt wie im Zeitbereich, hingegen die *Multiplikation (Division)* zweier Sinusfunktionen auf beiden Wegen zu unterschiedlichen Ergebnissen führt. Produkte und Quotienten von Sinusfunktionen kommen in den Netzwerkgleichungen jedoch nicht vor.

Wir stellen nach dieser Überprüfung fest, daß zwar die Produkt- und die Quotientenbildung zweier Sinusfunktionen über den Bildbereich (Tafel 1.4) nicht gestattet sind, jedoch die in den einzelnen Gliedern einer Netzwerkgleichung auftretenden Rechenoperationen (Integration, Differentiation, Addition, Subtraktion) nach Transformation im Bildbereich durchgeführt werden dürfen, also die gesamte Gleichung für sinusförmige eingeschwungene Vorgänge über den Bildbereich gelöst werden kann.

1.3.3.3. Transformationsregeln zur Lösung einer DGl. über den Bildbereich

Wir können damit folgende *Transformationstabelle* aufstellen:

Tafel 1.5

Originalbereich		Bildbereich	
$i = \hat{I}\sin(\omega t + \varphi_i)$	$\xrightarrow{T_1}$	$\underline{i} = \hat{I}\,\mathrm{e}^{\mathrm{j}(\omega t + \varphi_i)}$	**(1.42a)**
$i = \hat{I}\cos(\omega t + \varphi_i)$	$\xrightarrow{T_2}$		
$\dfrac{\mathrm{d}i}{\mathrm{d}t}$	$\xrightarrow{T}$	$\dfrac{\mathrm{d}\underline{i}}{\mathrm{d}t} = \mathrm{j}\omega\underline{i}$	**(1.40)**
$\dfrac{\mathrm{d}^2 i}{\mathrm{d}t^2}$	$\xrightarrow{T}$	$\dfrac{\mathrm{d}^2\underline{i}}{\mathrm{d}t^2} = -\omega^2\underline{i}$	**(1.40a)**
$\int i\,\mathrm{d}t$	$\xrightarrow{T}$	$\int \underline{i}\,\mathrm{d}t = \dfrac{1}{\mathrm{j}\omega}\underline{i} = -\mathrm{j}\dfrac{1}{\omega}\underline{i}$	**(1.41)**
$\int\int i\,\mathrm{d}t\,\mathrm{d}\tau$	$\xrightarrow{T}$	$\int\int \underline{i}\,\mathrm{d}t\,\mathrm{d}\tau = -\dfrac{1}{\omega^2}\underline{i}$	**(1.41a)**

Als Beispiel wählen wir die im Abschn. 1.2.2. mit Hilfe des Zeigerbilds gelöste Gleichung

$$A\frac{\mathrm{d}^2 x}{\mathrm{d}t^2} + B\frac{\mathrm{d}x}{\mathrm{d}t} + Cx + D\int x\,\mathrm{d}t = \hat{E}\sin(\omega t + \varphi).$$

Wir lösen diese Gleichung analytisch über den Bildbereich:

Hintransformation

Jedes Glied der Gleichung wird gemäß obiger Tafel 1.5 transformiert. Im Bildbereich ergibt sich damit die Gleichung

$$-\omega^2 A\underline{x} + \mathrm{j}\omega B\underline{x} + C\underline{x} - \mathrm{j}\frac{D}{\omega}\underline{x} = \hat{E}\,\mathrm{e}^{\mathrm{j}(\omega t + \varphi)}.$$

Wir erkennen:

Aus der Integrodifferentialgleichung ergibt sich im Bildbereich eine komplexe algebraische Gleichung, die sich leicht nach der gesuchten Größe $\underline{x}$ auflösen läßt. Darin liegt die entscheidende Vereinfachung dieser Rechenmethode.

Rechnung im Bildbereich:

$$\underline{x} = \frac{\hat{E}\,\mathrm{e}^{\mathrm{j}(\omega t + \varphi)}}{(C - \omega^2 A) + \mathrm{j}\left(\omega B - \frac{D}{\omega}\right)}.$$

Die Weiterrechnung erfolgt mit dem Ziel, die Rücktransformation gemäß Gl. (1.44a) in Tafel 1.4 durchzuführen. Hierzu muß der komplexe Ausdruck im Nenner verschwinden. Nach Abschn. 1.3.1.1. wandeln wir den Nenner in einen Exponentialausdruck um [Gl. (1.28)] und fassen Zähler und Nenner zusammen:

$$\underline{x} = \frac{\hat{E}\,\mathrm{e}^{\mathrm{j}(\omega t + \varphi)}}{\sqrt{(C - \omega^2 A)^2 + \left(\omega B - \frac{D}{\omega}\right)^2}\,\mathrm{e}^{\mathrm{j}\psi}}; \quad \psi = \arctan\frac{\omega B - \frac{D}{\omega}}{C - \omega^2 A} \qquad \text{nach Gl. (1.23)}$$

$$\underline{x} = \frac{\hat{E}}{\sqrt{(C - \omega^2 A)^2 + \left(\omega B - \frac{D}{\omega}\right)^2}}\,\mathrm{e}^{\mathrm{j}(\omega t + \varphi - \psi)}.$$

Allgemein kann man $\underline{x}$ schreiben als

$$\underline{x} = \hat{X}\,\mathrm{e}^{\mathrm{j}(\omega t + \xi)}.$$

Durch Koeffizientenvergleich der letzten beiden Gleichungen erhält man $\hat{X}$ und ξ; es ergeben sich die gleichen Ausdrücke wie die aus Zeigerbild ermittelten (s. Abschn. 1.2.2., S. 34).

Rücktransformation [nach Gl. (1.44a)]

$$x = \mathrm{Im}\,(\underline{x}) = \frac{\hat{E}}{\sqrt{(C - \omega^2 A)^2 + \left(\omega B - \frac{D}{\omega}\right)^2}} \sin\left(\omega t + \varphi - \arctan\frac{\omega B - \frac{D}{\omega}}{C - \omega^2 A}\right).$$

1.3.4. Stromkreisberechnung mittels Bildfunktion

Nachdem wir gezeigt haben, daß man bei Berechnung von Netzwerken ein System von DGln. erhält (Lösungsprogramm RP 8 S. 26, s. auch Anhang) und DGln. bei sinusförmigen Vorgängen viel einfacher über die komplexe Ebene löst (Abschn. 1.3.3.), werden wir den Berechnungsvorgang an geeigneter Stelle in den Bildbereich verlagern. Betrachten wir das eben genannte Berechnungsprogramm im Abschn. 1.1.3., so kann man leicht entscheiden: Im Originalbereich wird das Gleichungssystem aufgestellt (Programmpunkte 1 und 2), und dieses wird nunmehr in den Bildbereich transformiert, d. h., die Programmpunkte 3 und 4 werden viel einfacher durchgeführt. Allerdings ist ein Programmpunkt zur Rücktransformation in den Zeitbereich erforderlich. Damit ergibt sich das folgende Lösungsprogramm:

Lösungsprogramm RP 9: Wechselstromrechnung über Bildbereich (komplexe Ebene)

1. Aufstellen des Gleichungssystems (Punkte 1 und 2 in RP 8).
2. Transformation des Gleichungssystems in den Bildbereich (komplexe Ebene, Tafel 1.5).
3. Berechnung der gesuchten Größe als Bildfunktion.
4. Rücktransformation des Ergebnisses Punkt 3 in den Originalbereich [Gl. (1.44a) bzw. Gl. (1.44b) in Tafel 1.4].

Beispiele

1. Wir berechnen den Strom in Schaltung Bild 1.6 bzw. Bild 1.11a. Die Maschengleichung für die Reihenschaltung von R und C lautet:

$$Ri + \frac{1}{C}\int \mathrm{i}\,\mathrm{d}t = \hat{E}\sin(\omega t + \varphi_u)\,.$$

Transformation der Gleichung

$$R\underline{i} + \frac{1}{\mathrm{j}\omega C}\underline{i} = \hat{E}\,\mathrm{e}^{\mathrm{j}(\omega t + \varphi_u)}.$$

Berechnung von $\underline{i}$

$$\underline{i} = \frac{\hat{E}\,\mathrm{e}^{\mathrm{j}(\omega t + \varphi_u)}}{R - \mathrm{j}\dfrac{1}{\omega C}} = \frac{\hat{E}\,\mathrm{e}^{\mathrm{j}(\omega t + \varphi_u)}}{\sqrt{R^2 + \left(\dfrac{1}{\omega C}\right)^2}\,\mathrm{e}^{\mathrm{j}\psi}} \quad \text{mit} \quad \psi = -\arctan\frac{1}{\omega CR} \qquad \text{nach Gl. (1.23)}$$

$$\underline{i} = \frac{\hat{E}}{\sqrt{R^2 + \left(\dfrac{1}{\omega C}\right)}}\,\mathrm{e}^{\mathrm{j}(\omega t + \varphi_u + \psi)}$$

Rücktransformation

$$i = \mathrm{Im}(\underline{i}) = \frac{\hat{E}}{\sqrt{R^2 + \left(\dfrac{1}{\omega C}\right)^2}}\sin\left(\omega t + \varphi_u + \arctan\frac{1}{\omega CR}\right).$$

Man vergleiche den Rechenaufwand mit dem im Abschn. 1.1.3. Mit Hilfe des Zeigerbilds erhielten wir im Abschn. 1.2.3. (Beispiel 1) das gleiche Ergebnis.

2. Wir berechnen im Bild 1.7 den Strom i_2 und übernehmen hierfür die DGln. (α) und (β) aus Abschn. 1.1.3.:

$$R_1 i_1 + \frac{1}{C}\int i_1\,\mathrm{d}t - \frac{1}{C}\int i_2\,\mathrm{d}t \qquad = e(t) \qquad (\alpha)$$

$$-\frac{1}{C}\int i_1\,\mathrm{d}t + \frac{1}{C}\int i_2\,\mathrm{d}t + R_2 i_2 + L\frac{\mathrm{d}i_2}{\mathrm{d}t} = 0\,. \qquad (\beta)$$

Gemäß Programmpunkt 2 transformieren wir diese Gleichungen:

$$R_1\underline{i}_1 - \mathrm{j}\frac{1}{\omega C}\underline{i}_1 + \mathrm{j}\frac{1}{\omega C}\underline{i}_2 \qquad = \underline{e} \qquad (\alpha')$$

$$+\mathrm{j}\frac{1}{\omega C}\underline{i}_1 - \mathrm{j}\frac{1}{\omega C}\underline{i}_2 + R_2\underline{i}_2 + \mathrm{j}\omega L\underline{i}_2 = 0\,. \qquad (\beta')$$

Wir lösen Gl. (β') nach $\underline{i}_1$ auf:

$$\underline{i}_1 = \underline{i}_2 \frac{\left(\mathrm{j}\frac{1}{\omega C} - \mathrm{j}\omega L - R_2\right)}{\mathrm{j}\frac{1}{\omega C}} = \underline{i}_2 (1 - \omega^2 LC + \mathrm{j}\omega C R_2) \qquad \text{[mit Gl. (1.30)]}$$

und setzen dies in Gl. (α') ein:

$$\underline{i}_2 \left[(1 - \omega^2 LC + \mathrm{j}\omega C R_2)\left(R_1 - \mathrm{j}\frac{1}{\omega C}\right) + \mathrm{j}\frac{1}{\omega C}\right] = \underline{e}.$$

Damit wird nach Ordnen des Klammerausdrucks in Real- und Imaginärteil

$$\underline{i}_2 = \frac{\underline{e}}{R_1(1 - \omega^2 LC) + R_2 + \mathrm{j}(\omega C R_1 R_2 + \omega L)}$$

$$\underline{i}_2 = \frac{\underline{e}}{R_1 + R_2 - \omega^2 LCR_1 + \mathrm{j}(\omega C R_1 R_2 + \omega L)}.$$

Für die Rücktransformation müssen wir den komplexen Quotienten auf der rechten Seite in einen Exponentialausdruck umwandeln (Abschn. 1.3.1.2.c, s. auch Beispiel Seite 51):

$$\underline{i}_2 = \frac{\hat{E}\,\mathrm{e}^{\mathrm{j}(\omega t + \varphi_u - \psi)}}{\sqrt{(R_1 + R_2 - \omega^2 LCR_1)^2 + (\omega C R_1 R_2 + \omega L)^2}} \quad \text{mit}$$

$$\psi = \arctan \frac{\omega C R_1 R_2 + \omega L}{R_1 + R_2 - \omega^2 LCR_1}.$$

Rücktransformation nach Programmpunkt 4

$$i_2 = \operatorname{Im}(\underline{i}_2) = \frac{\hat{E}}{\sqrt{(R_1 + R_2 - \omega^2 LCR_1)^2 + (\omega C R_1 R_2 + \omega L)^2}} \sin(\omega t + \varphi_u - \psi).$$

Es ist das gleiche Ergebnis wie im Abschn. 1.1.3. (Rechnung im Originalbereich).

Aufgaben

A 1.10 Überprüfe, ob die Addition und die Multiplikation zweier Sinusfunktionen über den Bildbereich zulässig sind (Ergebnis s. Merksatz S. 50)!

A 1.11 Löse die DGl. für den Strom in Schaltung Bild A 1.4 und vergleiche das Ergebnis mit dem in Aufgabe A 1.4!

(Lösung AB: 1.3./6)

A 1.12 Stelle die DGl. für u_2 (Spannungsabfall über R_2) in Schaltung Bild A 1.8 auf und löse diese über die komplexe Ebene! Zeichne das Zeigerbild aller Ströme und Spannungen!

(Lösung AB: 1.3./7)

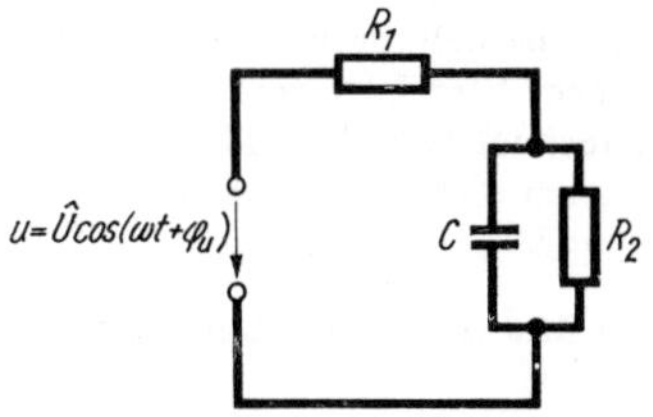

Bild A 1.8

1.3.5. Vereinfachung der Rechenmethode durch Einführung eines Widerstandsoperators

Das Rechenprogramm für Netzwerke über die komplexe Ebene (Abschn. 1.3.4.) geht von der Aufstellung des DGl.-Systems im Zeitbereich aus, das anschließend in den Bildbereich transformiert wird. Dieser Programmteil kann eingespart werden und die Rechnung sofort im Bildbereich beginnen, wenn man einen Algorithmus für die Aufstellung des Gleichungssystems direkt mit der Bildfunktion findet. Dies gelingt mit Hilfe einer Rechengröße, dem sog. *Widerstandsoperator*, der zunächst definiert und für die Grundschaltelemente berechnet werden soll.

In Tafel II. 1 im Anhang II ist die Einordnung dieses Verfahrens angegeben.

1.3.5.1. Definition des Widerstands- und Leitwertoperators

In einen beliebigen passiven Zweipol (Bild 1.21), der ein kompliziertes Netzwerk aus den Elementen R, L, C, M enthalten kann, fließe ein sinusförmiger Strom $i = \hat{I} \sin(\omega t + \varphi_i)$; dadurch entsteht an den Klemmen des Zweipols der Spannungsabfall

$$u = \hat{U} \sin(\omega t + \varphi_u).$$

Wir bilden für i und u die Bildfunktion und erhalten den komplexen Strom

$$\underline{i} = \hat{I}\, e^{j(\omega t + \varphi_i)}$$

sowie die komplexe Spannung

$$\underline{u} = \hat{U}\, e^{j(\omega t + \varphi_u)}.$$

Nun definieren wir den komplexen Quotienten $\underline{u}/\underline{i}$ als

Widerstandsoperator (komplexer Widerstand, Impedanz) $\underline{Z} = \dfrac{\underline{u}}{\underline{i}}$

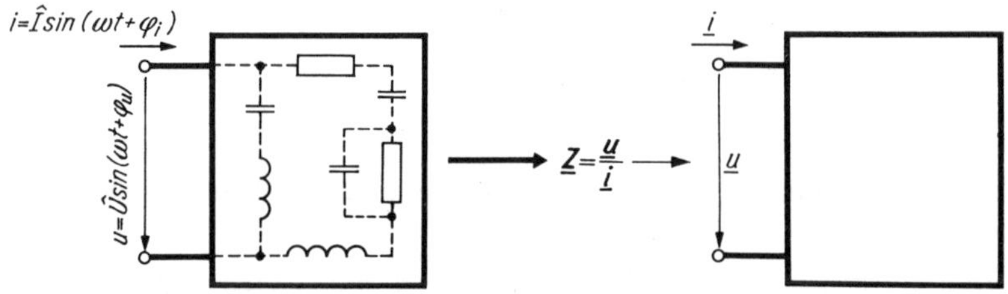

Bild 1.21. Zur Definition des Widerstandsoperators eines passiven Zweipols

Es soll erstens betont werden, daß dieser Quotient eine *Rechengröße (Operator)* ist, deren Nutzen wir noch erkennen werden. Die Bezeichnung „Widerstand" kommt durch die physikalische Dimension des Quotienten zustande. Die physikalische Vorstellung, die mit dem uns bisher bekannten Widerstand R verknüpft ist (Energieabgabe der bewegten Ladungen an den Leiter), ist für den Operator $\underline{Z}$ nicht zutreffend.

Es muß zweitens hervorgehoben werden, daß diese Quotientenbildung der ins Komplexe transformierten Sinusfunktionen nicht im Widerspruch steht zu der Feststellung im Abschn. 1.3.3.2., daß der Quotient zweier Sinusfunktionen nicht über die komplexe Ebene berechnet werden darf. Darum geht es hier ja gar nicht, d. h., es soll nicht u/i über die Bildebene berechnet werden, sondern es handelt sich um eine *Definition* eines Quotienten in der Bildebene, der also auch nicht zurücktransformiert werden soll und darf.

Wir wollen $\underline{u}$ und $\underline{i}$ in den Ausdruck für $\underline{Z}$ einsetzen und nach Umwandlungen weitere Bezeichnungen einführen.

Mit Gl. (1.39) wird

$$\underline{Z} = \frac{\underline{u}}{\underline{i}} = \frac{\hat{U}\,\mathrm{e}^{\mathrm{j}(\omega t + \varphi_u)}}{\hat{I}\,\mathrm{e}^{\mathrm{j}(\omega t + \varphi_i)}} = \frac{\hat{U}\,\mathrm{e}^{\mathrm{j}\varphi_u}}{\hat{I}\,\mathrm{e}^{\mathrm{j}\varphi_i}} = \frac{\underline{\hat{U}}}{\underline{\hat{I}}} = \frac{\underline{U}}{\underline{I}}.$$

Der Zeitfaktor kürzt sich heraus. $\underline{Z}$ ist also ein zeitunabhängiger komplexer Operator, der auch als Quotient der komplexen Amplituden oder Effektivwerte von Spannung und Strom geschrieben werden kann:

$$\underline{Z} = \frac{\underline{u}}{\underline{i}} = \frac{\underline{U}}{\underline{I}} = \frac{U}{I}\,\mathrm{e}^{\mathrm{j}(\varphi_u - \varphi_i)} = \frac{U}{I}\,\mathrm{e}^{\mathrm{j}\varphi} \qquad \textit{Impedanz}$$

Betrag $\quad |\underline{Z}| \equiv Z = \dfrac{U}{I} \quad$ *Scheinwiderstand* **(1.45)**

Einheit $\quad \dfrac{1\,\mathrm{V}}{1\,\mathrm{A}} = 1\,\Omega$

Phasenwinkel $\quad \varphi = \varphi_u - \varphi_i.$

Der *Betrag* des komplexen Widerstands ist gleich dem Quotienten der Effektivwerte (Maximalwerte) von Spannung und Strom. Dieser *Scheinwiderstand* Z wurde in Tafel 1.1 bereits eingeführt. Der *Phasenwinkel* ergibt sich aus der Differenz der Nullphasenwinkel von Spannung und Strom (Phasenverschiebung, s. Tafel 1.1).

Wir können $\underline{Z}$ in der komplexen Ebene als ruhenden Zeiger[1]) darstellen. Der Winkel des Zeigers φ ergibt sich aus dem Winkel zwischen Spannung und Strom $\varphi_u - \varphi_i$ und die Länge des Zeigers aus dem Quotienten der Beträge von Spannung und Strom (wobei für quantitative Zeigerbilder ein neuer Maßstab in Ω eingeführt werden muß; s. Bild 1.22).

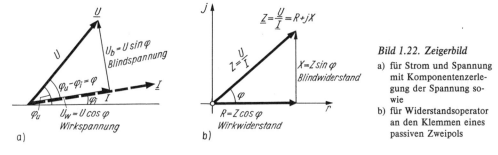

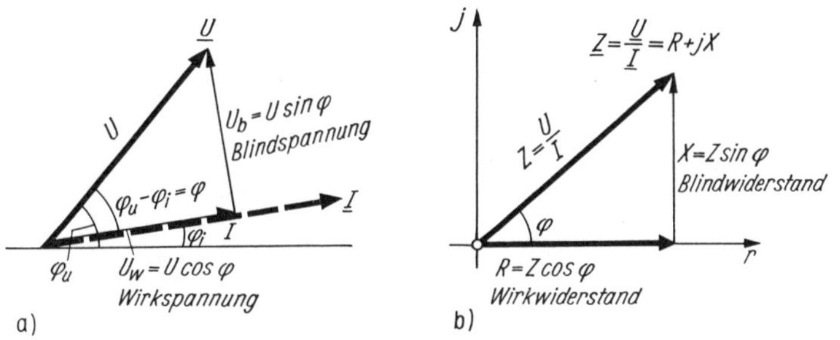

Bild 1.22. Zeigerbild
a) für Strom und Spannung mit Komponentenzerlegung der Spannung sowie
b) für Widerstandsoperator an den Klemmen eines passiven Zweipols

Mit $U\,\mathrm{e}^{\mathrm{j}\varphi} = U\cos\varphi + \mathrm{j}\,U\sin\varphi = U_\mathrm{w} + \mathrm{j}\,U_\mathrm{b}$ ergibt sich aus Gl. (1.45)

$$\underline{Z} = \frac{U\cos\varphi}{I} + \mathrm{j}\,\frac{U\sin\varphi}{I} = \frac{U_\mathrm{w}}{I} + \mathrm{j}\,\frac{U_\mathrm{b}}{I}. \qquad \textbf{(1.46)}$$

Im Bild 1.22a sind $U\cos\varphi$ und $U\sin\varphi$ als Spannungszeiger in Phase zu $\underline{I}$ bzw. 90° phasenverschoben zu $\underline{I}$ eingetragen. In Tafel 1.1 wurde abgeleitet, daß die Phasenverschiebung Null zwischen Spannung und Strom das Charakteristikum eines ohmschen Widerstands R ist [Gl. (1.12a)]; also kann man die reelle Komponente von $\underline{Z}$, d. h. den Quotienten $(U\cos\varphi)/I$, auch als ohmschen Widerstand R kennzeichnen:

$$\mathrm{Re}(\underline{Z}) = \frac{U\cos\varphi}{I} = R \qquad \textit{ohmscher Widerstand,} \qquad \textbf{(1.47)}$$

Wirkwiderstand (Resistanz).

[1]) Man beachte, daß wir (wie schon im Abschn. 1.3.1.1.) unter „Zeiger" die Abbildung einer komplexen (Größe) Zahl in der Gaußschen Zahlenebene verstehen und nicht nur (wie ursprünglich im Abschn. 1.2.) die Abbildung einer Sinusfunktion.

Die Spannungskomponente in Phase zum Strom nennt man

$$U \cos \varphi = U_w \quad \textit{Wirkspannung.} \tag{1.48}$$

Ebenso erkennt man aus Tafel 1.1, daß ±90° Phasenverschiebung zwischen Spannung und Strom das Kennzeichen einer Induktivität bzw. Kapazität ist [Gln. (1.14a) bzw. (1.16a)]. Den Scheinwiderstand einer Kapazität oder Induktivität bezeichnet man als *Blindwiderstand (Reaktanz)* X:

$$\operatorname{Im}(\underline{Z}) = \frac{U \sin \varphi}{I} = X \quad \textit{Blindwiderstand (Reaktanz).} \tag{1.49}$$

Die zum Strom 90° phasenverschobene Spannung nennt man

$$U \sin \varphi = U_b \quad \textit{Blindspannung.} \tag{1.50}$$

Es werden $U_b < 0$ und damit $X < 0$ für $\varphi < 0$ (d. h. $\varphi_i > \varphi_u$, kapazitiver Zweipol). Damit kann man für Gl. (1.46) mit Anwendung der Gln. (1.28) schreiben

$$\begin{aligned} \underline{Z} &= \frac{\underline{U}}{\underline{I}} = \frac{U}{I} e^{j\varphi} = Z\, e^{j\varphi} = R + jX \\ Z &= \frac{U}{I} = \sqrt{R^2 + X^2}; \quad \varphi = \varphi_u - \varphi_i = \arctan \frac{X}{R}. \end{aligned} \tag{1.51}$$

Bei der Phasenberechnung ist die Berücksichtigung des Vorzeichens für X zu beachten.

Beispiel

An den Klemmen eines Zweipols entsteht bei einem Strom $i = \hat{I} \sin \omega t$; $\hat{I} = 3$ A, $f = 50$ Hz eine Klemmspannung

$$u = \hat{U} \sin(\omega t + \varphi_u); \quad \hat{U} = 120\,\text{V}, \quad \varphi_u = 30°.$$

Berechne

den Widerstandsoperator
den Wirk- und Blindwiderstand
die Wirk- und Blindspannung!

Lösung

Wir transformieren u und i ins Komplexe

$$\underline{u} = \hat{U}\, e^{j(\omega t + \varphi_u)}, \quad \underline{i} = \hat{I}\, e^{j\omega t}, \quad \varphi_i = 0, \quad \text{also ist} \quad \varphi = \varphi_u = 30°.$$

und bilden definitionsgemäß den Quotienten nach Gl. (1.45):

$$\underline{Z} = \frac{\hat{U}}{\hat{I}} e^{j\varphi_u} = \frac{120\,\text{V}}{3\,\text{A}} e^{j30°} = 40\,\Omega\, e^{j30°}.$$

Mit Gl. (1.51) ergibt sich

$$\underline{Z} = 40\,\Omega (\cos 30° + j \sin 30°) = R + jX = 40\,\Omega \left(\frac{1}{2}\sqrt{3} + j\frac{1}{2}\right).$$

Daraus ergeben sich durch Vergleich der Real- und Imaginärteile:

$$R = 20\sqrt{3}\,\Omega = 34{,}6\,\Omega$$

$$X = 20\,\Omega \text{ (induktiv, da positiv).}$$

Wirkspannung $\hat{U}_w = \hat{U} \cos \varphi = 120 \cdot \frac{1}{2}\sqrt{3}\,\text{V} \approx 104\,\text{V}.$

Blindspannung $\hat{U}_b = \hat{U} \sin \varphi = 120 \cdot \frac{1}{2}\,\text{V} = 60\,\text{V}.$

Probe

$$Z = \sqrt{R^2 + X^2} = \sqrt{34{,}6^2 + 20^2}\,\Omega = 40\,\Omega \text{ (s. o.)}$$

$$\hat{U} = \sqrt{\hat{U}_w^2 + \hat{U}_b^2} = \sqrt{104^2 + 60^2}\,\text{V} = 120\,\text{V (gegeben)}.$$

Der *Leitwertoperator* ist definiert als reziproker Wert des Widerstandsoperators:

Leitwertoperator (komplexer Leitwert, Admittanz) $\underline{Y} = \dfrac{1}{\underline{Z}} = \dfrac{\underline{i}}{\underline{u}}$.

Mit Gl. (1.45) wird

$$\underline{Y} = \frac{\underline{i}}{\underline{u}} = \frac{\underline{I}}{\underline{U}} = \frac{I}{U}\,e^{j(\varphi_i - \varphi_u)} = \frac{I}{U}\,e^{j\gamma} \qquad \textit{Admittanz}$$

Betrag $|\underline{Y}| = Y = \dfrac{I}{U} = \dfrac{1}{Z}$ *Scheinleitwert* **(1.52)**

Einheit $\dfrac{1\,\text{A}}{1\,\text{V}} = 1\,\text{S}$

Phasenwinkel $\gamma = \varphi_i - \varphi_u = -\varphi$.

$\underline{Y}$ können wir in Real- und Imaginärteil zerlegen. Analog Gl. (1.46) wird mit $\underline{I} = I\,e^{j\gamma} = I\cos\gamma + jI\sin\gamma = I\cos\varphi - jI\sin\varphi = I_w + jI_b$ ($I_b < 0$ für $\varphi > 0$: induktiver Zweipol)

$$\underline{Y} = \frac{I\cos\gamma}{U} + j\,\frac{I\sin\gamma}{U} = \frac{I\cos\varphi}{U} - j\,\frac{I\sin\varphi}{U} = \frac{I_w}{U} + j\,\frac{I_b}{U}.$$

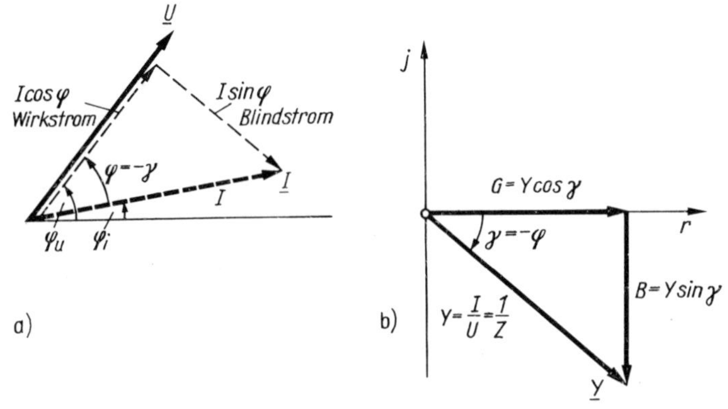

Bild 1.23. Zeigerbild des komplexen Leitwerts (Leitwertoperators) $\underline{Y}$, abgeleitet aus dem Zeigerbild für Strom und Spannung

(Annahme: Spannung voreilend $\varphi > 0$, $\gamma = -\varphi < 0$)

Die Darstellung im Zeigerbild 1.23 geht von den gleichen Strom- und Spannungsfunktionen wie Bild 1.22a aus. Hier wird jedoch der Strom in zwei Komponenten zerlegt: Stromkomponente mit gleichem Phasenwinkel wie Spannung

$I\cos\gamma = I\cos\varphi = I_w$ *Wirkstrom* **(1.53)**

und eine Komponente 90° phasenverschoben zur Spannung

$I\sin\gamma = -I\sin\varphi = I_b$ *Blindstrom.* **(1.54)**

Analog Gln. (1.47) und (1.49) wird definiert

$\text{Re}(\underline{Y}) = \dfrac{I\cos\varphi}{U} = G$ *Wirkleitwert (Konduktanz)* **(1.55)**

$$\operatorname{Im}(\underline{Y}) = \frac{-I \sin\varphi}{U} = B \quad \textit{Blindleitwert (Suszeptanz).} \tag{1.56}$$

Ist $\varphi_u - \varphi_i = \varphi$ positiv (Spannung eilt vor), so eilt I_b um 90° der Spannung nach. Deshalb ist der Blindstrom negativ. Im Bild 1.23a eilt $I \sin\varphi$ um 90° dem Strom $I \cos\varphi$ und damit der Spannung $\underline{U}$ nach. In komplexer Schreibweise bedeutet dies nach Gl. (1.30) eine Multiplikation mit $-\mathrm{j}$. Also „liest" man aus Bild 1.23a die Gleichung für $\underline{I}$ ab:

$$\underline{I} = I \cos\varphi - \mathrm{j}I \sin\varphi .$$

Schreibt man allgemein $\underline{I} = I_w + \mathrm{j}I_b$, so wird $I_b = -I \sin\varphi$ [s. Gl. (1.54)]. Der $\underline{Y}$-Zeiger für $\varphi > 0$, d.h. $\gamma < 0$, liegt im IV. Quadranten (Bild 1.23b).

Damit wird zusammengefaßt:

$$\underline{Y} = \frac{1}{\underline{Z}} = \frac{\underline{I}}{\underline{U}} = \frac{I}{U} \mathrm{e}^{\mathrm{j}\gamma} = Y \mathrm{e}^{\mathrm{j}\gamma} = G + \mathrm{j}\, B$$

$$\text{Betrag} \qquad Y = \frac{I}{U} = \sqrt{G^2 + B^2} \tag{1.57}$$

$$\text{Phasenwinkel} \quad \gamma = \arctan\frac{B}{G}, \quad \gamma = -\varphi .$$

Beispiel

Das oben betrachtete Beispiel für $\underline{Z}$ wird erweitert.
Berechne für einen Zweipol mit den Klemmengrößen $u = \hat{U} \sin(\omega t + \varphi_u)$ und $i = \hat{I} \sin \omega t$ den
Leitwertoperator
Wirk- und Blindleitwert
Wirk- und Blindstrom!
Nach Transformation von i und u in die Bildebene wird Gl. (1.57)

$$\underline{Y} = \frac{\hat{I}}{\underline{\hat{U}}} = \frac{\hat{I}}{\hat{U}} \mathrm{e}^{-\mathrm{j}\varphi_u},$$

wobei für $\varphi_i = 0 \quad \gamma = \varphi_i - \varphi_u = -\varphi_u$ wird,

$$\underline{Y} = \frac{3\ \mathrm{A}}{120\ \mathrm{V}} \mathrm{e}^{-\mathrm{j}30°} = 25\ \mathrm{mS}\ \mathrm{e}^{-\mathrm{j}30°}$$

$$\underline{Y} = G + \mathrm{j}B = 25\ \mathrm{mS}\,(\cos 30° - \mathrm{j} \sin 30°) = \left(25 \cdot \frac{1}{2}\sqrt{3} - \mathrm{j}\, 25 \cdot \frac{1}{2}\right) \mathrm{mS};$$

$$G = 21{,}6\ \mathrm{mS}, \quad B = -12{,}5\ \mathrm{mS}.$$

Zur Berechnung der Amplituden von Wirk- und Blindstrom legen wir die Phasenbezugsachse längs des $\underline{U}$-Zeigers. Dann ist die Nullphase des Stroms $-\varphi_u$

$$\underline{\hat{I}} = \hat{I}\, \mathrm{e}^{-\mathrm{j}\varphi_u} = \hat{I}\,(\cos\varphi_u - \mathrm{j} \sin\varphi_u) = \hat{I}_w + \mathrm{j}\hat{I}_b$$

$$\hat{I}_W = 3\ \mathrm{A}\, \frac{1}{2} \sqrt{3} = 2{,}6\ \mathrm{A}; \quad \hat{I}_b = 3\ \mathrm{A}\, \frac{1}{2} = 1{,}5\ \mathrm{A}.$$

Probe:

$$Y = \sqrt{G^2 + B^2} = \sqrt{21{,}6^2 + 12{,}5^2}\ \mathrm{mS} = 25\ \mathrm{mS}$$

(stimmt mit obigem Betrag von $\underline{Y}$ überein)

$$\hat{I} = \sqrt{\hat{I}_w^2 + \hat{I}_b^2} = \sqrt{2{,}6^2 + 1{,}5^2}\ \mathrm{A} \approx 3\ \mathrm{A}\ \text{(gegeben)}.$$

1.3.5.2. Berechnung der Operatoren für die drei Grundschaltelemente sowie für Reihen- und Parallelschaltung

Entsprechend den Definitionsgleichungen stellen wir die Strom-Spannungs-Beziehung für die Zweipole auf, transformieren sie nach Tafel 1.5 in die Bildebene und bilden dort die Quotienten $\underline{u}/\underline{i}$ bzw. $\underline{i}/\underline{u}$.

Für die Grundschaltelemente beziehen wir uns auf Tafel 1.1. So ergibt sich z. B. für die Induktivität L [Gl. (1.9)]

$$u = L\frac{\mathrm{d}i}{\mathrm{d}t} \xrightarrow{T} \underline{u} = \mathrm{j}\omega L\underline{i},$$

also komplexer Widerstand

$$\underline{Z}_L = \frac{\underline{u}}{\underline{i}} = \mathrm{j}\omega L. \tag{1.60}$$

Allgemein gilt Gl. (1.51): $\underline{Z} = R + \mathrm{j}X$.

Also wird

$$\underline{Z}_L = \mathrm{j}X_L = \mathrm{j}\omega L$$

Blindwiderstand

$$X_L = \omega L \tag{1.61}$$

$$\varphi = +\frac{\pi}{2}$$

komplexer Leitwert

$$\underline{Y}_L = \frac{\underline{i}}{\underline{u}} = \frac{1}{\mathrm{j}\omega L} = -\mathrm{j}\frac{1}{\omega L}. \tag{1.66}$$

Allgemein gilt Gl. (1.57): $\underline{Y} = G + \mathrm{j}B$.

Also wird

$$\underline{Y}_L = \mathrm{j}B_L = -\mathrm{j}\frac{1}{\omega L}$$

Blindleitwert

$$B_L = -\frac{1}{\omega L} = -\frac{1}{X_L} \tag{1.67}$$

$$\gamma = -\varphi = -\frac{\pi}{2}.$$

Ebenso ergeben sich für R und C die Gln. (1.58) bis (1.69) und die entsprechenden Zeigerbilder in Tafel 1.6.

Bei einer *Reihenschaltung* ergibt die Maschengleichung im Bildbereich – wie aus dem Beispiel in Tafel 1.6 Spalte 4, erkennbar – die allgemeine Beziehung

$$\underline{u} = \underline{i} \sum \underline{Z}_\nu.$$

Damit wird mit Gl. (1.45)

$$\underline{Z} = \sum \underline{Z}_\nu. \tag{1.70}$$

Tafel 1.6

R	L	C	Reihenschaltung	Parallelschaltung
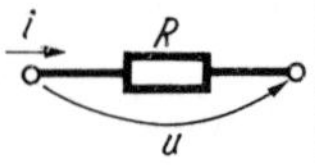		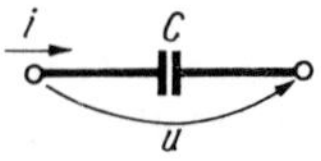	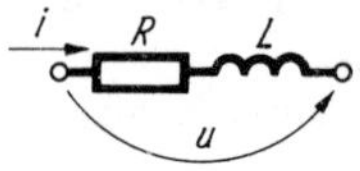	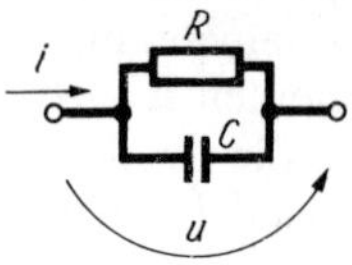
$u = Ri$ ↓ $\underline{u} = R\underline{i}$	$u = L\frac{\mathrm{d}i}{\mathrm{d}t}$ ↓ $\underline{u} = \mathrm{j}\omega L\underline{i}$	$u = \frac{1}{C}\int i\,\mathrm{d}t$ ↓ $\underline{u} = \frac{1}{\mathrm{j}\omega C}\underline{i}$	$u = Ri + L\frac{\mathrm{d}i}{\mathrm{d}t}$ ↓ $\underline{u} = R\underline{i} + \mathrm{j}\omega L\underline{i}$	$i = \frac{u}{R} + C\frac{\mathrm{d}u}{\mathrm{d}t}$ ↓ $\underline{i} = \frac{1}{R}\underline{u} + j\omega C\underline{u}$

Widerstandsoperator $\underline{Z} = \frac{\underline{u}}{\underline{i}} = R + \mathrm{j}X = Z\mathrm{e}^{\mathrm{j}\varphi}$ **(1.51)**

$\underline{Z} = R$ **(1.58)**	$\underline{Z} = \mathrm{j}X_L = \mathrm{j}\omega L$ **(1.60)**	$\underline{Z} = \mathrm{j}X_C = -\mathrm{j}\frac{1}{\omega C}$ **(1.62)**	$\underline{Z} = R + \mathrm{j}\omega L$	
$Z = R$ **(1.59)**	$X_L = \omega L$ **(1.61)**	$X_C = -\frac{1}{\omega C}$ **(1.63)**	$Z = \sqrt{R^2 + (\omega L)^2}$	
$\varphi = 0$	$\varphi = +\frac{\pi}{2}$	$\varphi = -\frac{\pi}{2}$	$\varphi = \arctan\frac{\omega L}{R}$	
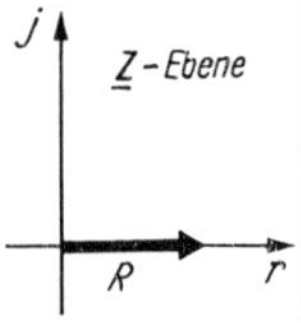	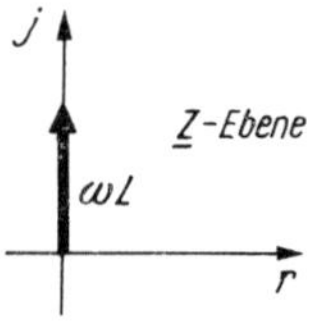	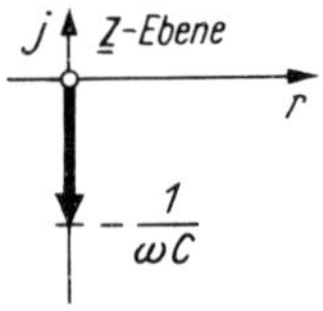	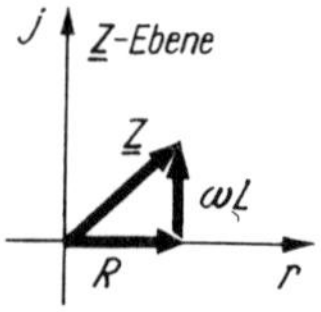	

Leitwertoperator $\underline{Y} = \frac{\underline{i}}{\underline{u}} = \frac{1}{\underline{Z}} = G + \mathrm{j}B = Y\mathrm{e}^{\mathrm{j}\gamma}$ **(1.57)**

$\underline{Y} = \frac{1}{R}$ **(1.64)**	$\underline{Y} = \mathrm{j}B_L = -\mathrm{j}\frac{1}{\omega L}$ **(1.66)**	$\underline{Y} = \mathrm{j}B_c = \mathrm{j}\omega C$ **(1.68)**		$\underline{Y} = \frac{1}{R} + \mathrm{j}\omega C$
$G = \frac{1}{R}$ **(1.65)**	$B_L = -\frac{1}{\omega L} = -\frac{1}{X_L}$ **(1.67)**	$B_c = \omega C = -\frac{1}{X_c}$ **(1.69)**		$Y = \sqrt{\left(\frac{1}{R}\right)^2 + (\omega C)^2}$
$\gamma = 0$	$\gamma = -\frac{\pi}{2}$	$\gamma = +\frac{\pi}{2}$		$\gamma = \arctan \omega CR$

Tafel 1.6 (Fortsetzung)

R	L	C	Reihenschaltung	Parallelschaltung
Zeigerbilder für $\underline{Y}$ 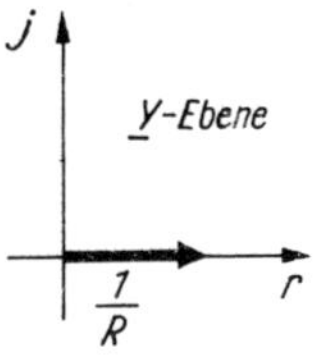	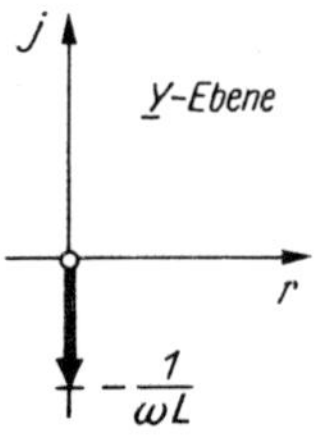	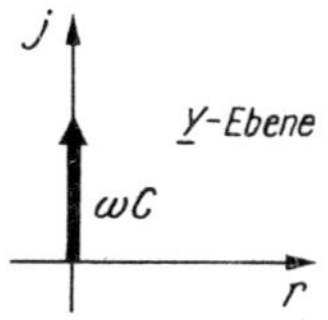		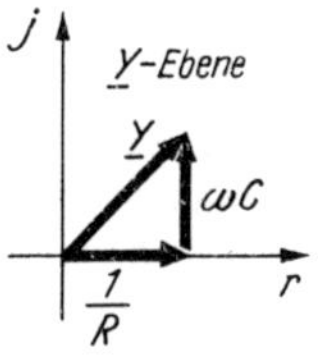
Allgemeine Beziehung:			$\underline{Z} = \sum \underline{Z}_\nu$ **(1.70)**	$\underline{Y} = \sum \underline{Y}_\nu$ **(1.71)**

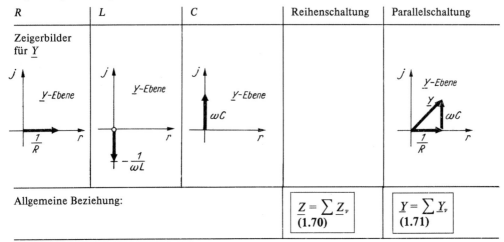

Analog leitet man aus der Knotenpunktgleichung für eine *Parallelschaltung*

$$\underline{i} = \underline{u} \sum \underline{Y}_\nu$$

ab und mit Gl. (1.57)

$$\underline{Y} = \sum \underline{Y}_\nu. \qquad \textbf{(1.71)}$$

Für zwei Zweipole (z. B. Spalte 5 in Tafel 1.6) wird (1.71) mit $\underline{Y} = 1/\underline{Z}$:

$$\frac{1}{\underline{Z}} = \frac{1}{\underline{Z}_1} + \frac{1}{\underline{Z}_2} = \frac{\underline{Z}_1 + \underline{Z}_2}{\underline{Z}_1 \underline{Z}_2}$$

oder

komplexer Widerstand einer Parallelschaltung $\quad \underline{Z} = \dfrac{\underline{Z}_1 \underline{Z}_2}{\underline{Z}_1 + \underline{Z}_2}$. **(1.71a)**

Wir können damit zusammenfassend feststellen:

Die Definitionsgleichungen für den Widerstandsoperator (komplexen Widerstand) und den Leitwertoperator (komplexen Leitwert) geben im Bildbereich die lineare Beziehung zwischen $\underline{u}$ und $\underline{i}$ eines passiven Zweipols wieder:

$\underline{u} = \underline{Z}\,\underline{i}$ oder $\underline{U} = \underline{Z}\,\underline{I}$ **(1.45)**

bzw.

$\underline{i} = \underline{Y}\,\underline{u}$ oder $\underline{I} = \underline{Y}\,\underline{U}$, **(1.57)**

d. h. $\underline{Y} = 1/\underline{Z}$.

Widerstandsoperatoren der Grundzweipole

R: $\underline{Z} = R$ **(1.58)**

L: $\underline{Z} = \mathrm{j}\omega L$ **(1.60)**

C: $\underline{Z} = 1/(\mathrm{j}\omega C)$. **(1.62)**

Reihenschaltung $\underline{Z} = \sum \underline{Z}_\nu$. **(1.70)**

Parallelschaltung $\underline{Y} = \sum \underline{Y}_\nu$, **(1.71)**

für 2 Zweipole $\underline{Z} = \underline{Z}_1 \underline{Z}_2 / (\underline{Z}_1 + \underline{Z}_2)$. **(1.71a)**

Beispiele

Gegeben seien die Schaltungen Bild 1.24. Berechne die Widerstandsoperatoren zwischen den Klemmen der Schaltungen
α) komplexer Ausdruck für $\underline{Z}$ und $\underline{Y}$
β) Betrag und Phase
γ) Real- und Imaginärteil!

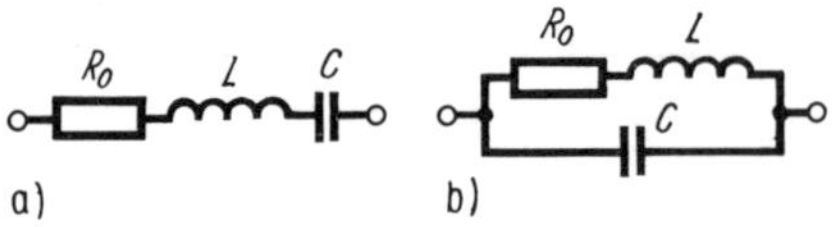

Bild 1.24

Wir ordnen jedem Bauelement einen Widerstandsoperator (bzw. Leitwertoperator) gemäß Gln. (1.58), (1.60) und (1.62) zu und wenden entsprechend ihrer Zusammenschaltung Gln. (1.70) und (1.71) an.

Schaltung a)

Reihenschaltung der drei Elemente R_0, L, C mit den Widerstandsoperatoren R_0, $\mathrm{j}\omega L$ und $-\mathrm{j}\dfrac{1}{\omega C}$. Also wird Gl. (1.70)

α) $$\underline{Z} = R_0 + \mathrm{j}\left(\omega L - \frac{1}{\omega C}\right) = R + \mathrm{j}X = Z\,\mathrm{e}^{\mathrm{j}\varphi}$$

β) nach Gl. (1.51)

$$Z = \sqrt{R^2 + X^2} = \sqrt{R_0^2 + \left(\omega L - \frac{1}{\omega C}\right)^2} \quad \text{und} \quad \varphi = \arctan \frac{\omega L - \dfrac{1}{\omega C}}{R_0}$$

γ) aus α)

$$R = R_0 \quad \text{und} \quad X = \omega L - \frac{1}{\omega C}.$$

Schaltung b)

Eine Reihenschaltung von R_0 und L ist einer Kapazität C parallelgeschaltet. Wir addieren wegen der Parallelschaltung der beiden Zweige die Leitwertoperatoren und erhalten zunächst den komplexen Leitwert der Schaltung; dessen Kehrwert ist der Widerstandsoperator.

Oberer Zweig

$$\underline{Y}_1 = \frac{1}{\underline{Z}_1} = \frac{1}{R_0 + \mathrm{j}\omega L}$$

Unterer Zweig [nach Gl. (1.68)]

$$\underline{Y}_2 = \mathrm{j}\omega C$$

Gesamte Schaltung

$$\underline{Y} = \underline{Y}_1 + \underline{Y}_2 = \mathrm{j}\omega C + \frac{1}{R_0 + \mathrm{j}\omega L}$$

$$\underline{Y} = \frac{1 + \mathrm{j}\omega C(R_0 + \mathrm{j}\omega L)}{R_0 + \mathrm{j}\omega L} = \frac{1}{\underline{Z}}$$

$$\underline{Z} = \frac{R_0 + \mathrm{j}\omega L}{1 - \omega^2 LC + \mathrm{j}\omega C R_0}. \qquad (*)$$

Dieses Ergebnis würden wir direkt erhalten, wenn wir Gl. (1.71a) angewendet hätten.

Wir bilden im Zähler und Nenner Betrag und Phase nach Gl. (1.28) und können nach Gl. (1.38) zusammenfassen:

$$\underline{Z} = Z\,e^{j\varphi} = \frac{\sqrt{R_0^2 + (\omega L)^2}\,e^{j\varphi_Z}}{\sqrt{(1-\omega^2 LC)^2 + (\omega C R_0)^2}\,e^{j\varphi_N}} = \sqrt{\frac{R_0^2 + (\omega L)^2}{(1-\omega^2 LC)^2 + (\omega C R_0)^2}}\,e^{j\varphi}$$

$$\varphi = \varphi_Z - \varphi_N; \quad \varphi_Z = \arctan\frac{\omega L}{R_0}; \quad \varphi_N = \arctan\frac{\omega C R_0}{1-\omega^2 LC}.$$

Damit sind Betrag Z und Phasenwinkel φ berechnet.

Real- und Imaginärteil von Z erhalten wir entweder, indem wir in berechneter Exponentialform für $\underline{Z}$ den Faktor $e^{j\varphi}$ durch $\cos\varphi + j\sin\varphi$ ersetzen und Real- und Imaginärteil ausrechnen, oder durch „Reellmachen" des Nenners der Gl. (*) mit Gl. (1.33). Wir wählen den zweiten Weg:

$$\underline{Z} = \frac{(R_0 + j\omega L)\left[(1-\omega^2 LC) - j\omega C R_0\right]}{(1-\omega^2 LC)^2 + (\omega C R_0)^2} = \frac{R_0 + j\left[\omega L(1-\omega^2 LC) - \omega C R_0^2\right]}{(1-\omega^2 LC)^2 + (\omega C R_0)^2}$$

$$R = \frac{R_0}{(1-\omega^2 LC)^2 + (\omega C R_0)^2}; \quad X = \frac{\omega L(1-\omega^2 LC) - \omega C R_0^2}{(1-\omega^2 LC)^2 + (\omega L R_0)^2}.$$

Nachdem wir nun durch den Widerstandsoperator eine Kennzeichnung des Strom-Spannungs-Verhaltens an den Klemmen eines passiven Zweipols im Bildbereich erhalten haben, wollen wir noch die *Strom-Spannungs-Kennlinie* eines solchen Zweipols im Zeitbereich, d. h. den Zusammenhang $u = f(i)$, ableiten.

Diese Kennlinie benötigen wir, um z. B. Zusammenschaltungen dieses Zweipols mit nichtlinearen Bauelementen (Dioden, Transistoren z. B. S. 152), deren Kennlinien(felder) $u = f(i)$ gegeben seien, grafisch zu lösen, wie es in Gleichstromkreisen behandelt worden ist (s. z. B. Bild 1.112 und [1], Abschn. 1.2.3.).

Wir nehmen einen beliebigen passiven linearen Zweipol an (Bild 1.21). Für Strom und Spannung an den Klemmen im Zeitbereich gilt

$$i = \hat{I}\sin(\omega t + \varphi_i)$$

$$u = \hat{U}\sin(\omega t + \varphi_u),$$

wobei $\varphi_u - \varphi_i = \varphi$ beliebig angenommen sei.

Wir schreiben zur Vereinfachung

$$\omega t + \varphi_i = \omega t',$$

woraus folgt

$$\omega t + \varphi_u = \omega t' + \varphi_u - \varphi_i = \omega t' + \varphi.$$

Außerdem beziehen wir die Momentanwerte i und u auf ihre Amplitudenwerte (Normierung) und schreiben

$$\frac{i}{\hat{I}} = x \quad \text{und} \quad \frac{u}{\hat{U}} = y.$$

Damit wird

$$x = \sin\omega t'$$

$$y = \sin(\omega t' + \varphi) = \sin\omega t'\cos\varphi + \cos\omega t'\sin\varphi;$$

und mit $\cos\omega t' = \sqrt{1-\sin^2\omega t'} = \sqrt{1-x^2}$

wird $y = x\cos\varphi + \sqrt{1-x^2}\sin\varphi.$

Daraus ergibt sich nach Umwandlung und Quadrierung

$$x^2 + y^2 - 2xy \cos\varphi = \sin^2\varphi .$$

Das ist die Gleichung einer *Ellipse*, deren Hauptachse eine Neigung von 45° im x-y-Koordinatensystem hat (Bild 1.25).

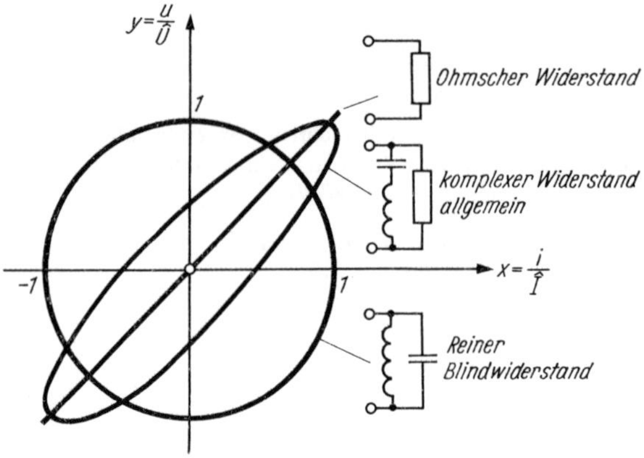

Bild 1.25. $u = f(i)$-Kennlinien verschiedener passiver linearer Zweipole bei sinusförmiger Aussteuerung

Für $\varphi = 0$, d. h. u und i gleichphasig (Zweipol ist ein Widerstand R), ergibt sich erwartungsgemäß eine *Gerade* durch den Nullpunkt

$$x = y \rightarrow \frac{i}{\hat{I}} = \frac{u}{\hat{U}}; \quad u = \frac{\hat{U}}{\hat{I}} i = Ri .$$

Für $\varphi = \pm\pi/2$, d. h. u und i um 90° phasenverschoben (Zweipol besteht aus einem reinen Blindwiderstand), ergibt sich

$$x^2 + y^2 = 1 ,$$

also ein *Kreis*

Ergebnis

Die Strom-Spannungs-Kennlinie eines beliebigen passiven linearen Zweipols bei sinusförmiger Aussteuerung ist eine Ellipse, die bei R zu einer Geraden und bei L und C bzw. Zusammenschaltungen von L und C zu einem Kreis entartet.

1.3.5.3. Netzwerkberechnung mit Hilfe des Widerstandsoperators (Transformation der Schaltung in den Bildbereich)

Im vorigen Abschnitt – insbesondere in der Zusammenfassung und durch das Beispiel – ist gezeigt worden, daß man

1. jedem linearen Bauelement bei sinusförmiger Aussteuerung einen Widerstandsoperator (Leitwertoperator) zuordnen kann: Gln. (1.58), (1.60), (1.62) bzw. (1.64), (1.66), (1.68)
2. den Widerstandsoperator jeder Reihen- bzw. Parallelschaltung von R, L, C mit den Gln. (1.70), (1.71) berechnen kann.

Ist aber $\underline{Z}$ (bzw. $\underline{Y}$) bekannt, so kann man auf Grund der Definitionsgleichungen (1.45) und (1.57) bei vorgegebener Spannung u den Strom $\underline{i}$ oder umgekehrt bei eingespeistem Strom i den Spannungsabfall $\underline{u}$ im Bildbereich berechnen. Der entscheidende Punkt dabei ist offensichtlich, daß man im Bildbereich die Gleichung für Strom oder Spannung erhält, ohne im Originalbereich eine Gleichung aufgestellt zu haben, d. h., daß man die Berechnungsansätze sofort im Bildbereich erhält, die Programmpunkte 1 und 2 im Lösungsprogramm Abschn. 1.3.4. also entfallen können, dafür ein Punkt „Aufstellen des Gleichungssystems im Bildbereich“ einzusetzen ist.

Wir wollen dies an unserer einfachen „Exerzierschaltung“ Bild 1.26a (wie Bilder 1.6 und 1.11a) näher erläutern. Die Berechnung im Abschn. 1.3.4. begann mit Aufstellen der DGl. im Originalbereich, dann erfolgte die Transformation

$$Ri + \frac{1}{C} \int i \, \mathrm{d}t = \hat{U} \sin(\omega t + \varphi_u)$$

$$\Big\downarrow T$$

$$R\underline{i} + \frac{1}{\mathrm{j}\omega C} \underline{i} \quad = \hat{U} \, \mathrm{e}^{\mathrm{j}(\omega t + \varphi_u)}.$$

Die letztere Gleichung erhalten wir nun sofort ohne die erstere, indem wir den beiden Bauelementen je seinen Widerstandsoperator zuordnen, die vorgegebene EMK (Klemmenspannung u) und den Strom i als Bildfunktionen $\underline{u}$ bzw. $\underline{i}$ einführen (Bild 1.26b). Wir wollen dies

die Transformation der Schaltung in den Bildbereich nennen.

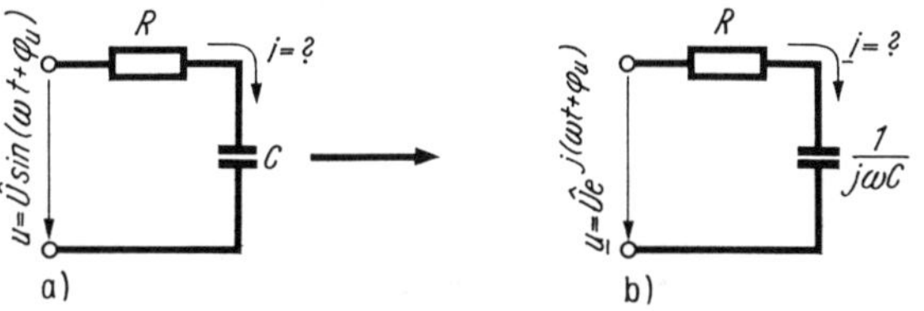

$u = Ri + \frac{1}{C} \int i \, \mathrm{d}t$ — Originalbereich

$\underline{u} = R\underline{i} + \frac{1}{\mathrm{j}\omega C} \underline{i}$ — Bildbereich

Bild 1.26. Transformation der Schaltung

Dann kann man gemäß Gl. (1.45) den Spannungsabfall über jedem Element berechnen:

$$\underline{u} = \underline{Z}\,\underline{i}: \quad \underline{u}_R = R\underline{i} \quad \text{und} \quad \underline{u}_C = \frac{1}{\mathrm{j}\omega C} \underline{i}$$

und die Maschengleichung im Bildbereich hinschreiben:

$$\underline{u}_R + \underline{u}_C \quad = \hat{U} \, \mathrm{e}^{\mathrm{j}(\omega t + \varphi_u)}$$

$$R\underline{i} + \frac{1}{\mathrm{j}\omega C} \underline{i} = \hat{U} \, \mathrm{e}^{\mathrm{j}(\omega t + \varphi_u)}.$$

Die Weiterrechnung erfolgt nun wie im Abschn. 1.3.4.
Damit ergibt sich das folgende Lösungsprogramm.

Lösungsprogramm RP 10: komplexe Wechselstromrechnung mit Widerstandsoperator

1. Transformation der Schaltung in den Bildbereich:
   a) Jedes Bauelement wird durch seinen Widerstandsoperator (Leitwertoperator) gekennzeichnet: Gln. (1.58), (1.60), (1.62).
   b) Alle Ströme und Spannungen werden als Bildfunktionen eingeführt.
2. Aufstellen des vollständigen Gleichungssystems im Bildbereich:
   Kirchhoffsche Gleichungen komplex
   Strom-Spannungs-Beziehungen für R, L, C im Bildbereich: Tafel 1.6.
3. Auflösung nach gesuchter Größe im Bildbereich.
4. Rücktransformation des Ergebnisses von Punkt 3 in den Originalbereich: Gln. (1.44a) bzw. (1.44b), Tafel 1.4.

Beispiele

Zweigstromanalyse; Spannungsteilerregel

Berechne die Spannung u_C in Schaltung Bild 1.27a!

Wir transformieren die Schaltung (Bild 1.27b) und können die komplexen Gleichungen aufstellen.

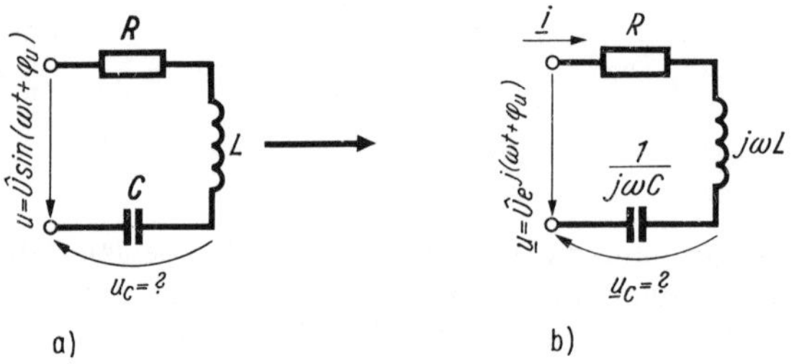

Bild 1.27. Spannungsteilerregel im Bildbereich

Wären statt L und C Widerstände R_2 und R_3 und statt der Sinusspannung eine Gleichspannung U vorgegeben, so würde man für die gesuchte Gleichspannung U_3 schreiben $U_3 = R_3 I$ und $U = (R + R_2 + R_3)\,I$; also ergibt sich die Spannungsteilerregel

$$\frac{U_3}{U} = \frac{R_3}{R + R_2 + R_3}.$$

Hier haben wir im Bildbereich $j\omega L$ und $1/(j\omega C)$ und komplexe Funktionen für Strom und Spannungen eingeführt und „lesen" aus der Schaltung im Bildbereich ab:

$$\underline{u}_C = \frac{1}{j\omega C}\,\underline{i}, \quad \underline{u} = \left(R + j\omega L + \frac{1}{j\omega C}\right)\underline{i},$$

also

$$\frac{\underline{u}_C}{\underline{u}} = \frac{\dfrac{1}{j\omega C}}{R + j\omega L + \dfrac{1}{j\omega C}}.$$

Das ist die *Spannungsteilerregel im Bildbereich:*

Die komplexen Spannungen über Zweipolen, die von gleichem Strom durchflossen werden, verhalten sich wie die Widerstandsoperatoren (Impedanzen) dieser Zweipole:

$$\frac{\underline{u}_1}{\underline{u}_2} = \frac{\underline{Z}_1}{\underline{Z}_2}. \tag{1.72}$$

Wir wollen nach $\underline{u}_C$ auflösen:

Erweiterung mit $j\omega C$ bringt

$$\underline{u}_C = \underline{u}\frac{1}{1 - \omega^2 LC + j\omega CR} = \frac{\hat{U}\,e^{j(\omega t + \varphi_u)}}{\sqrt{(1 - \omega^2 LC)^2 + (\omega CR)^2}\;e^{j\psi}}$$

$$\text{mit } \psi = \arctan\frac{\omega CR}{1 - \omega^2 LC} \quad \text{nach Gl. (1.28)}$$

$$\underline{u}_C = \frac{\hat{U}}{\sqrt{(1 - \omega^2 LC)^2 + (\omega CR)^2}}\,e^{j(\omega t + \varphi_u - \psi)}.$$

Damit ist Programmpunkt 3 erfüllt, und wir können zurücktransformieren nach Gl. (1.44a):

$$u_C = \mathrm{Im}\,(\underline{u}_C) = \frac{\hat{U}}{\sqrt{(1-\omega^2 LC)^2 + (\omega CR)^2}} \sin(\omega t + \varphi_u - \psi).$$

Zweigstromanalyse; Stromteilerregel

Gesucht ist der Strom i_R durch den Widerstand R bei gegebener Klemmenspannung $\underline{u}$ im Bild 1.28a. Nach Transformation der Schaltung (Bild 1.28b) und Einführen aller komplexen

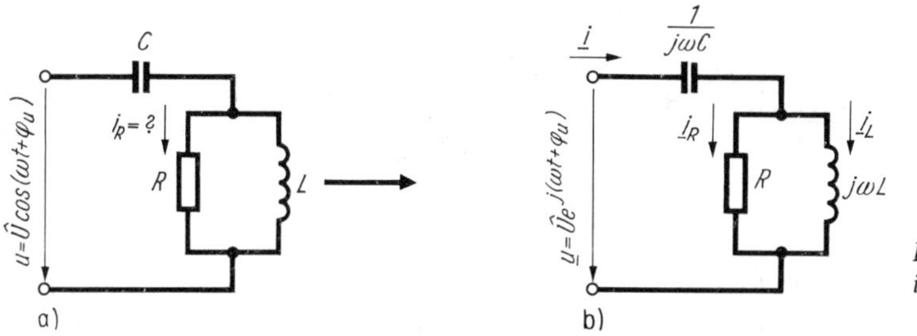

Bild 1.28. Stromteilerregel im Bildbereich

Zweigströme können wir die Kirchhoffschen Gleichungen im Bildbereich angeben:

$$\underline{u}_C + \underline{u}_R = \underline{u}, \qquad \frac{1}{j\omega C}\underline{i} + R\underline{i}_R = \underline{u} \tag{a}$$

$$\underline{u}_L - \underline{u}_R = 0, \qquad j\omega L\underline{i}_L - R\underline{i}_R = 0 \tag{b}$$

$$\underline{i}_L + \underline{i}_R = \underline{i}, \qquad \underline{i}_L + \underline{i}_R = \underline{i}. \tag{c}$$

Wir erhalten ein lineares algebraisches Gleichungssystem[1]). Wir lösen z. B. Gln. (a) nach $\underline{i}$ und Gln. (b) nach $\underline{i}_L$ auf und setzen beide erhaltenen Ausdrücke in Gln. (c) ein; das gibt eine Gleichung für $\underline{i}_R$:

$$\underline{i}_R = \frac{\underline{u}}{R\left(1 - \frac{1}{\omega^2 LC}\right) + \frac{1}{j\omega C}}.$$

Diese Gleichung kann man einfacher ohne das Gleichungssystem (a) bis (c) bei Kenntnis der Stromteilerregel gewinnen. Zu deren Ableitung gehen wir von der Maschengleichung (b) aus. Diese ergibt

$$\frac{\underline{i}_R}{\underline{i}_L} = \frac{j\omega L}{R} = \frac{1/R}{1/j\omega L}.$$

Mit Gl. (c) ergibt sich durch korrespondierende Addition des Zählers im Nenner

$$\frac{\underline{i}_R}{\underline{i}} = \frac{j\omega L}{j\omega L + R}. \tag{d}$$

Diese beiden Gleichungen geben die von der Gleichstromtechnik her bekannte Stromteilerregel wieder.

Stromteilerregel im Bildbereich:

$$\frac{\underline{i}_1}{\underline{i}_2} = \frac{\underline{Y}_1}{\underline{Y}_2} \quad \textbf{(1.73a)} \qquad \frac{\underline{i}_1}{\underline{i}} = \frac{\underline{Z}_2}{\underline{Z}_1 + \underline{Z}_2}. \quad \textbf{(1.73b)}$$

[1]) Zur Matrixschreibweise siehe Beispiel „Zweigstromanalyse“ in 1.3.5.4. (S. 73).

Die komplexen Ströme in zwei Zweigen, über denen gleiche Spannungen liegen, verhalten sich wie die Leitwertoperatoren (Admittanzen) der Zweige [Gl. (1.73a)]. Der komplexe Teilstrom durch einen Zweig verhält sich zum komplexen Gesamtstrom wie der Widerstandsoperator des anderen Zweiges zum Widerstandsoperator des Umlaufs beider Zweige [Gl. (1.73b)].

Wendet man die Stromteilerregel an, so erhält man mit Gl. (d), dem Gesamtstrom $\underline{i} = \underline{u}/\underline{Z}_{ges}$ und

$$\underline{Z}_{ges} = \frac{1}{j\omega\underline{C}} + R /\!/ j\omega L$$

$$\underline{i}_R = \frac{\underline{u}}{\dfrac{1}{j\omega C} + \dfrac{j\omega LR}{j\omega L + R}} \frac{j\omega L}{j\omega L + R} = \frac{\underline{u}\, j\omega L}{\dfrac{L}{C} + j\left(\omega LR - \dfrac{R}{\omega C}\right)}$$

$$\underline{i}_R = \frac{\underline{u}}{\dfrac{1}{j\omega C} + R\left(1 - \dfrac{1}{\omega^2 LC}\right)}.$$

Die Rücktransformation erfolgt nach Umrechnung des Nenners in die Exponentialform wie im vorigen Beispiel. Beim Vorzeichen für die Phase des Nenners ist die Beziehung $1/j = -j$ zu beachten.

Das Ergebnis ist

$$i_R = \mathrm{Re}\,(\underline{i}_R) = \frac{\hat{U}}{\sqrt{R^2\left(1 - \dfrac{1}{\omega^2 LC}\right)^2 + \left(\dfrac{1}{\omega C}\right)^2}} \cos\left(\omega t + \varphi_u + \arctan\frac{1}{\omega CR\left(1 - \dfrac{1}{\omega^2 LC}\right)}\right).$$

1.3.5.4. Analogie der Berechnungsmethoden zu denen der Gleichstromnetzwerke

Aus der Zusammenfassung im Abschn. 1.3.5.2. und den letzten beiden Beispielen, in denen die Spannungs- und Stromteilerregel abgeleitet worden sind, erkennen wir eine Analogie der Ausgangsgleichungen und der daraus ableitbaren Berechnungsmethoden für Gleichstromkreise im Originalbereich zu denen für Wechselstromkreise im Bildbereich.

Die Analogie wird besonders deutlich, wenn wir im Bildbereich anstelle der komplexen Momentanwerte $\underline{u}$, $\underline{i}$ usw. mit *komplexen Effektivwerten* $\underline{U}$, $\underline{I}$ usw. rechnen, die sich nach Division mit $\sqrt{2}\,e^{j\omega t}$ rechts und links der Gleichungen ergeben [s. beispielsweise Gl. (1.45)]. Das hat sich eingebürgert. Man muß dabei nur beachten, daß man vor der Rücktransformation des Ergebnisses [Gln. (1.44a) bzw. (1.44b)] den Zeitfaktor $\sqrt{2}\,e^{j\omega t}$ wieder auf beiden Seiten der Gleichung hinzufügt.

In der Gegenüberstellung Tafel 1.7 seien die Beziehungen zusammengefaßt.

Beispiele

1. Maschenstromanalyse

Wir wollen den Strom i_R in der Schaltung Bild 1.28a, der im vorigen Abschnitt mittels der Zweigstromanalyse berechnet worden ist, mit Hilfe der Maschenstromanalyse berechnen.

Gemäß RP 2 (Anhang) wählen wir die beiden unabhängigen Maschen mit ihren Maschenströmen so aus, daß der gesuchte Zweigstrom i_R gleich einem (und nur einem) Maschenstrom ist (Bild 1.29a). Die beiden Maschengleichungen ordnen wir bei der Aufstellung nach den Strömen, indem wir zunächst den gesamten Spannungsabfall des umlaufenden Maschenstroms bilden (Maschenstrom mal Umlaufimpedanz der Masche) und dann die Spannungsabfälle hinzufügen, die die anderen Maschenströme in betrachteter Masche erzeugen (anderer Maschenstrom mal gemeinsam „durchflossene" Teilimpedanz der Masche).

Tafel 1.7

Gleichstromtechnik		Wechselstromtechnik im Bildbereich	
Knotengleichung	$\sum_{\downarrow} I_\nu = \sum_{\uparrow} I_\mu$	$\sum_{\downarrow} \underline{I}_\nu = \sum_{\uparrow} \underline{I}_\mu$ oder $\sum_{\downarrow} \underline{i}_\nu = \sum_{\uparrow} \underline{i}_\mu$	
Maschengleichung	$\sum_{\circ} U_\nu = \sum_{\circ} E_\mu$	$\sum_{\circ} \underline{U}_\nu = \sum_{\circ} \underline{E}_\mu$ oder $\sum_{\circ} \underline{u}_\nu = \sum_{\circ} \underline{e}_\mu$	
Passiver Zweipol	$U = RI$	$\underline{U} = \underline{Z}\,\underline{I}$ oder $\underline{u} = \underline{Z}\,\underline{i}$	(1.45)
Reihenschaltung	$R = \sum R_\nu$	$\underline{Z} = \sum \underline{Z}_\nu$	(1.70)
Parallelschaltung	$G = \sum G_\nu$	$\underline{Y} = \sum \underline{Y}_\nu$	(1.71)
Spannungsteilerregel	$\frac{U_1}{U_2} = \frac{R_1}{R_2}$	$\frac{\underline{u}_1}{\underline{u}_2} = \frac{\underline{U}_1}{\underline{U}_2} = \frac{\underline{Z}_1}{\underline{Z}_2}$	(1.72)
Stromteilerregel	$\frac{I_1}{I_2} = \frac{G_1}{G_2} = \frac{R_2}{R_1}$	$\frac{\underline{i}_1}{\underline{i}_2} = \frac{\underline{I}_1}{\underline{I}_2} = \frac{\underline{Y}_1}{\underline{Y}_2} = \frac{\underline{Z}_2}{\underline{Z}_1}$	(1.73)
Mit den Kirchhoffschen Gleichungen und der Strom-Spannungs-Beziehung für den Widerstand R ergeben sich die Stromkreisberechnungsmethoden Zweigstromanalyse Maschenstromanalyse Knotenspannungsanalyse und für lineare Kreise (R = konst.) Überlagerungsmethode Methode der Ersatzschaltungen. Die Lösungsprogramme für diese Methoden sind im Anhang zusammengestellt (RP 1 bis 7).		Auf Grund analoger Beziehungen im Bildbereich kann man die gleichen Berechnungsmethoden für die Wechselstromtechnik im Bildbereich ableiten wie für die Gleichstromtechnik im Originalbereich. Man kann also die gleichen Lösungsprogramme anwenden, schreibt jedoch die zeitabhängigen Größen komplex und für die Elemente R, L, C deren Operatoren.	

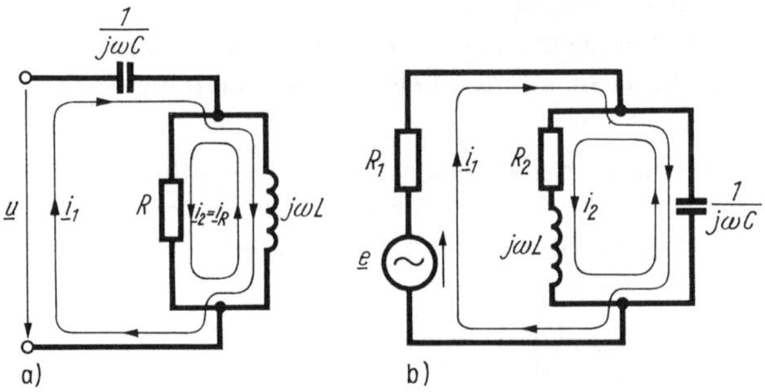

Bild 1.29. Maschenstromanalyse im Bildbereich

Es ergeben sich dann folgende Gleichungen:

$$\left(\frac{1}{\mathrm{j}\omega C} + \mathrm{j}\omega L\right)\underline{i}_1 - \mathrm{j}\omega L\underline{i}_2 = \underline{u} \tag{a}$$

$$-\mathrm{j}\omega L\underline{i}_1 \qquad + (R + \mathrm{j}\omega L)\,\underline{i}_2 = 0 \tag{b}$$

$$\underline{i}_\mathrm{R} = \underline{i}_2 .$$

Elimination von $\underline{i}_1$ ergibt den gleichen Ausdruck für $\underline{i}_2$ wie im Beispiel des vorigen Abschnitts:

$$\underline{i}_2 = \underline{i}_R = \frac{\underline{u}}{R\left(1 - \frac{1}{\omega^2 LC}\right) + \frac{1}{\mathrm{j}\omega C}} .$$

2. Impedanzmatrix der Maschenstromanalyse

Die Koeffizienten der Ströme $\underline{i}_1$ und $\underline{i}_2$ in den Gln. (a) und (b) sind die Impedanzen der Maschenstromanalyse. Diese sind – wie in der Gleichstromtechnik die Widerstandsmatrix[1]) –, nach folgendem Schema geordnet, relativ einfach anzugeben:

Masche \ Maschenstrom	$\underline{i}_a$	$\underline{i}_b$	$\underline{i}_c$	$\underline{i}_d$	…
a	$+\underline{Z}_{aa}$	$\pm\underline{Z}_{ab}$	$\pm\underline{Z}_{ac}$	$\pm\underline{Z}_{ad}$	…
b	$(\underline{Z}_{ba})$	$+\underline{Z}_{bb}$	$\pm\underline{Z}_{bc}$	$\pm\underline{Z}_{bd}$	…
c	$(\underline{Z}_{ca})$	$(\underline{Z}_{cb})$	$+\underline{Z}_{cc}$	$\pm\underline{Z}_{cd}$	…
d	$(\underline{Z}_{da})$	$(\underline{Z}_{db})$	$(\underline{Z}_{dc})$	$\pm\underline{Z}_{dd}$	…
⋮	⋮	⋮	⋮	⋮	⋮

Die einzelnen Z-Parameter bedeuten folgendes:

$\underline{Z}_{ii}$ die Umlaufimpedanz der Masche i
(Das +-Zeichen setzt voraus, daß man den Umlauf in Zählrichtung des Maschenstroms wählt.)

$\underline{Z}_{ik}$ die für Maschen i und k gemeinsame Impedanz (Koppelimpedanz), wobei $\underline{Z}_{ik} = \underline{Z}_{ki}$ +-Zeichen erhält, falls Ströme $\underline{i}_i$ und $\underline{i}_k$ gleiche Orientierung und −-Zeichen, falls Ströme $\underline{i}_i$ und $\underline{i}_k$ entgegengesetzte Orientierung durch $\underline{Z}_{ik}$ haben.

Die Matrix ist spiegelsymmetrisch zur Hauptdiagonale ($\underline{Z}_{ik} = \underline{Z}_{ki}$). Die Impedanzen unterhalb dieser Diagonale sind eingeklammert, da sie aus den Feldern oberhalb ohne weiteres übernommen werden können.

Zur Übung für das „Ablesen" der Impedanzmatrix der Maschenstromanalyse wählen wir die Schaltung 1.7 mit den im Streckenkomplex Bild 1.7b eingeführten Maschenströmen. Die transformierte Schaltung mit den Bildparametern ist im Bild 1.29b dargestellt.

	$\underline{i}_1$	$\underline{i}_2$
1	$R_1 + \dfrac{1}{j\omega C}$	$-\dfrac{1}{j\omega C}$
2	$-\dfrac{1}{j\omega C}$	$R_2 + j\omega L + \dfrac{1}{j\omega C}$

Erweitert man diese Matrix noch mit den aufgeprägten Größen (EMK bzw. Einströmungen), so kann man mit ihr die Rechnung zum Eliminieren aller unerwünschten Variablen durchführen.

Beispielsweise würden sich in Masche 1 (Bild 1.29b) die Ergänzung $\underline{e}$ und in Masche 2 eine Null ergeben. Die „erweiterte" Matrix sieht dann folgendermaßen aus:

[1]) s. beispielsweise [1], Abschn. 1.2.2.1.

$$
\begin{array}{cc|c}
\underline{i}_1 & \underline{i}_2 & \\
\hline
R_1 + \dfrac{1}{\mathrm{j}\omega C} & -\dfrac{1}{\mathrm{j}\omega C} & \underline{e} \\
-\dfrac{1}{\mathrm{j}\omega C} & R_2 + \mathrm{j}\omega L + \dfrac{1}{\mathrm{j}\omega L} & 0
\end{array}
$$

Zur Berechnung von $\underline{i}_2$ muß $\underline{i}_1$ eliminiert werden, d. h., die Überlagerung der Glieder in Spalte 1 muß Null ergeben. Das gelingt (entsprechend Gaußschem Algorithmus) durch Erweiterung der zweiten Zeile mit

$$\frac{R_1 + \dfrac{1}{\mathrm{j}\omega C}}{\dfrac{1}{\mathrm{j}\omega C}} = 1 + \mathrm{j}\omega C R_1$$

und Addition beider Zeilen. Das ergibt

$$\underline{i}_2 = \frac{\underline{e}}{(R_1 + R_2 - \omega^2 LCR_1) + \mathrm{j}\,(\omega CR_1R_2 + \omega L)} = \frac{\underline{e}}{A + \mathrm{j}B},$$

wobei die beiden Klammerausdrücke im Nenner durch A bzw. B ersetzt worden sind. Für die Rücktransformation bilden wir im Nenner die Exponentialform

$$\underline{i}_2 = \frac{\underline{e}}{\sqrt{A^2 + B^2}\,\mathrm{e}^{\mathrm{j}\psi}} = \frac{\hat{E}\,\mathrm{e}^{\mathrm{j}(\omega t + \varphi_u - \psi)}}{\sqrt{A^2 + B^2}}$$

und transformieren in den Zeitbereich zurück:

$$i_2 = \mathrm{Im}\,(\underline{i}_2) = \frac{\hat{\mathrm{E}}}{\sqrt{A^2 + B^2}} \sin(\omega t + \varphi_u - \psi)$$

mit

$$\psi = \arctan \frac{\omega CR_1R_2 + \omega L}{R_1 + R_2 - \omega^2 LCR_1},$$

was mit dem Ergebnis Gl. (ε) im Beispiel Abschn. 1.1.3. übereinstimmt.

3. Schaltungen mit magnetischen Verkopplungen

Magnetische Verkopplung zwischen zwei Induktivitäten L_μ und L_ν wird durch die Gegenin-

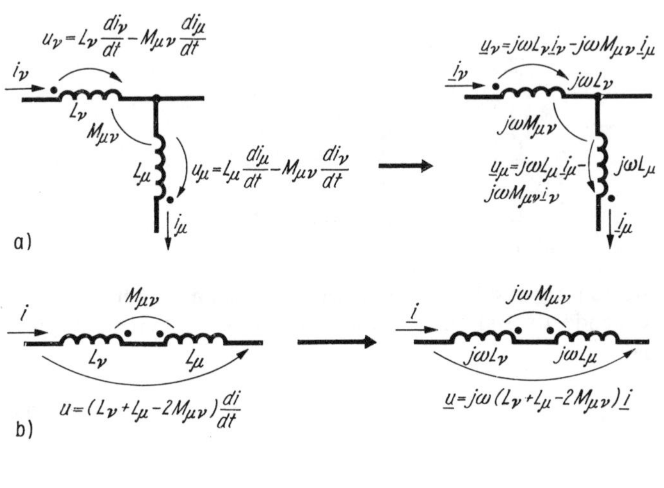

Bild 1.30. Magnetische Kopplung im Zeit- und Bildbereich

duktion $M_{\mu\nu}$ ausgedrückt:

$$M_{\mu\nu} = k\sqrt{L_\mu L_\nu}, \tag{1.74}$$

wobei k der sog. Kopplungsfaktor ist (s. beispielsweise [1], Abschn. 3.3.6.).

Die beiden Induktivitäten können in verschiedenen Zweigen liegen (Bild 1.30a) und von verschiedenen Strömen oder in einem gemeinsamen Zweig von gleichem Strom durchflossen werden (Bild 1.30b). Die induzierten Spannungsabfälle (in Richtung des Stroms durch die Spule) sind von Stromrichtung und gegenseitiger Spulenorientierung abhängig. Die Spulenorientierung markieren wir durch einen Punkt, der aussagt, daß selbst- und gegeninduzierte Spannung gleiche Vorzeichen erhalten, wenn die Ströme in beiden Spulen gleich orientiert sind (auf beide Punkte zu- bzw. von beiden Punkten wegfließen). In den Bildern 1.30a und b sind die Spulen bezüglich der Ströme entgegengesetzt orientiert. Deshalb ergeben sich negative Vorzeichen:

$$u_\nu = L_\nu \frac{\mathrm{d}i_\nu}{\mathrm{d}t} - M_{\mu\nu} \frac{\mathrm{d}i_\mu}{\mathrm{d}t} \tag{1.75}$$

und für Bild 1.30b:

$$u = (L_\nu + L_\mu - 2M_{\mu\nu}) \frac{\mathrm{d}i}{\mathrm{d}t}. \tag{1.76}$$

Bei sinusförmigen Vorgängen ergeben sich im Bildbereich für beliebige Spulenorientierung die komplexen Gleichungen

$$\underline{u}_\nu = \mathrm{j}\omega L_\nu \underline{i}_\nu \pm \mathrm{j}\omega M_{\mu\nu} \underline{i}_\mu \tag{1.77}$$

$$\underline{u} = \mathrm{j}\omega (L_\nu + L_\mu \pm 2M_{\mu\nu})\, \underline{i}. \tag{1.78}$$

Für die Anordnungen Bild 1.30 gelten die −-Zeichen.

Die magnetische Verkopplung wird also im Bildbereich durch den Operator $\mathrm{j}\omega M_{\mu\nu}$ ausgedrückt.

Beispiel

In der Schaltung Bild 1.31 sind L_1 und L_2 mit L_3 magnetisch und galvanisch verkoppelt. Das Gleichungssystem für die Schaltung soll mit Hilfe der Zweigstromanalyse, der Maschenstromanalyse und der Impedanzmatrix der Maschenstromanalyse aufgestellt werden.

Zweigstromanalyse. Wir führen gemäß RP 1 (Anhang) in jedem Zweig der in den Bildbereich transformierten Schaltung einen Strom ein (Bild 1.32) und stellen für die drei Unbekannten $\underline{i}_1$, $\underline{i}_2$ und $\underline{i}_3$ drei unabhängige Gleichungen auf: zwei Maschengleichungen und eine Knotengleichung.

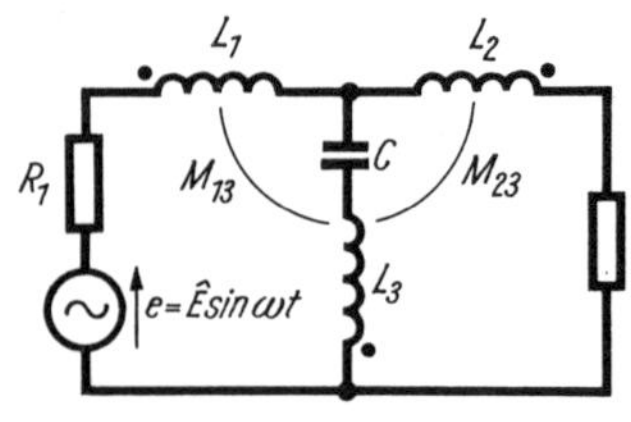

Bild 1.31

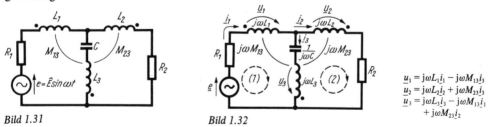

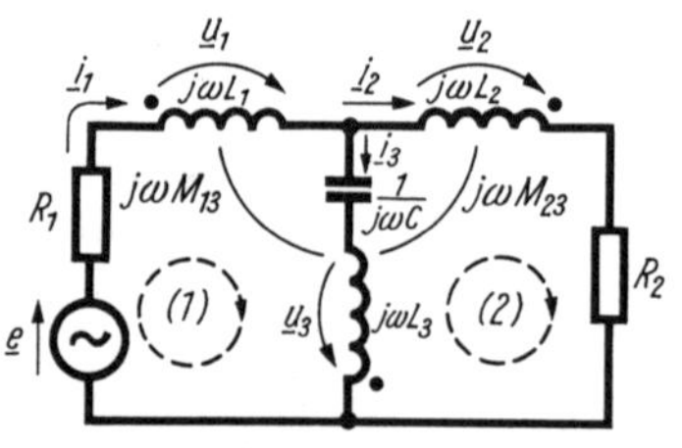

Bild 1.32

$\underline{u}_1 = \mathrm{j}\omega L_1 \underline{i}_1 - \mathrm{j}\omega M_{13} \underline{i}_3$
$\underline{u}_2 = \mathrm{j}\omega L_2 \underline{i}_2 + \mathrm{j}\omega M_{23} \underline{i}_3$
$\underline{u}_3 = \mathrm{j}\omega L_3 \underline{i}_3 - \mathrm{j}\omega M_{13} \underline{i}_1 + \mathrm{j}\omega M_{23} \underline{i}_2$

Um Fehler zu vermeiden, schreiben wir uns die Spannungsabfälle über den Induktivitäten $\underline{u}_1$, $\underline{u}_2$ und $\underline{u}_3$ getrennt heraus (Legende zu Bild 1.32). Damit können wir das Gleichungssystem besser nach Strömen ordnen:

$$\underline{e} = R_1 \underline{i}_1 + \underline{u}_1 + \frac{1}{\mathrm{j}\omega C} \underline{i}_3 + \underline{u}_3 \tag{1}$$

$$0 = \underline{u}_2 + R_2\underline{i}_2 - \underline{u}_3 - \frac{1}{\mathrm{j}\omega C}\underline{i}_3 \tag{2}$$

$$0 = \underline{i}_1 - \underline{i}_2 - \underline{i}_3 . \tag{3}$$

$\underline{u}_1$, $\underline{u}_2$ und $\underline{u}_3$ in die Gln. (1) und (2) eingesetzt und geordnet:

$$\underline{e} = (R_1 + \mathrm{j}\omega L_1 - \mathrm{j}\omega M_{13})\,\underline{i}_1 + \mathrm{j}\omega M_{23}\underline{i}_2 + \left(\frac{1}{\mathrm{j}\omega C} + \mathrm{j}\omega L_3 - \mathrm{j}\omega M_{13}\right)\underline{i}_3 \tag{1}$$

$$0 = \mathrm{j}\omega M_{13}\underline{i}_1 + (R_2 + \mathrm{j}\omega L_2 - \mathrm{j}\omega M_{23})\,\underline{i}_2 - \left(\frac{1}{\mathrm{j}\omega C} + \mathrm{j}\omega L_3 - \mathrm{j}\omega M_{23}\right)\underline{i}_3 \tag{2}$$

$$0 = \underline{i}_1 \qquad - \underline{i}_2 \qquad\qquad - \underline{i}_3 \tag{3}$$

Man erkennt an diesem Schema, daß man auch bei der Zweigstromanalyse eine Widerstandsmatrix aus der Schaltung „ablesen“ kann, indem man in einer Masche (Zeile) die jeweils mit dem Zweigstrom (Spalte) verkoppelte Impedanz angibt (mit „−“-Zeichen, wenn der Strom entgegen der Umlaufrichtung fließt).

Für die Knotengleichungen stehen auf den Matrixplätzen die Koeffizienten +1 bzw. −1 oder 0.

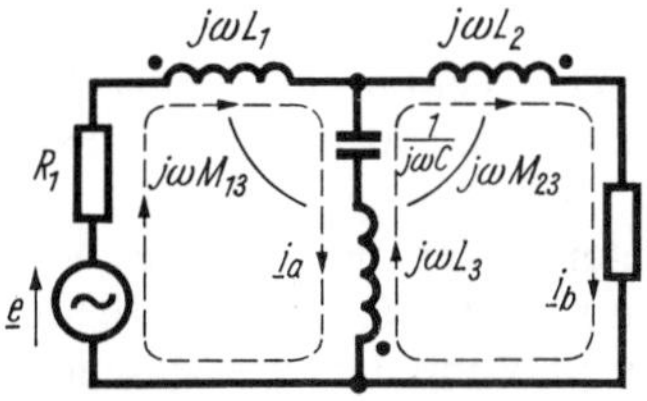

Bild 1.33

Maschenstromanalyse. Wir führen gemäß RP 2 (Anhang) in jede unabhängige Masche (hier zwei) einen Maschenstrom ein. Wäre der Strom i_1 oder i_2 (Bild 1.32) gesucht, würde man den Verlauf der Maschenströme wie im Bild 1.33 wählen. Wir stellen nun die beiden Maschengleichungen auf. Um diese sofort nach Strömen zu ordnen, bilden wir als erstes Glied den Spannungsabfall, den der Maschenstrom allein längs des Umlaufs erzeugt (Maschenstrom mal Ringwiderstandsoperator der Masche). Dabei ist zu beachten, daß z. B. $\underline{i}_a$ die magnetisch gekoppelten Induktivitäten L_1 und L_2 in Reihe durchfließt, also Gl. (1.78) gilt. Das Glied für $\underline{i}_a$ lautet somit:

$$\underline{i}_a\left[R_1 + \frac{1}{\mathrm{j}\omega C} + \mathrm{j}\omega(L_1 + L_3 - 2M_{13})\right].$$

Nun werden die Spannungsabfälle hinzugefügt, die die *anderen* Maschenströme (hier nur $\underline{i}_b$) in der Masche *a* hervorrufen. $\underline{i}_b$ erzeugt als erstes einen Spannungsabfall im Mittelzweig entgegengesetzt zu dem von $\underline{i}_a$:

$$-\underline{i}_b\left(\mathrm{j}\omega L_3 + \frac{1}{\mathrm{j}\omega C}\right).$$

Zweitens induziert $\underline{i}_b$ von L_2 her über M_{23} in L_3 eine Spannung mit positivem Vorzeichen, da sowohl $\underline{i}_b$ in L_2 als auch i_a in L_3 (bezüglich der Punkte) gleich orientiert sind:

$$+\underline{i}_b\mathrm{j}\omega M_{23}.$$

Drittens induziert i_b von L_3 her über M_{13} in L_1 eine Spannung (ebenfalls positives Vorzeichen, da i_a und i_b bezüglich L_1 bzw. L_3 gleich orientiert sind):

$+ \underline{i}_b \mathrm{j}\omega M_{13}.$

Die erste Maschengleichung lautet also:

$$\underline{e} = \left[R_1 + \frac{1}{\mathrm{j}\omega C} + \mathrm{j}\omega(L_1 + L_3 - 2M_{13})\right]\underline{i}_a + \left[\mathrm{j}\omega(M_{23} + M_{13} - L_3) - \frac{1}{\mathrm{j}\omega C}\right]\underline{i}_b.$$

Mit entsprechenden Überlegungen erhalten wir die zweite Maschengleichung:

$$0 = \left[\mathrm{j}\omega(M_{13} + M_{23} - L_3) - \frac{1}{\mathrm{j}\omega C}\right]\underline{i}_a + \left[R_2 + \mathrm{j}\omega(L_2 + L_3 - 2M_{23}) + \frac{1}{\mathrm{j}\omega C}\right]\underline{i}_b.$$

Spannungsabfälle des Stroms $\underline{i}_a$ in Masche b — Ringwiderstandsoperator der Masche b

Impedanzmatrix der Maschenstromanalyse

Das eben erläuterte Verfahren für die Ermittlung der einzelnen Spannungsabfälle kann man sich erleichtern, indem man nur das Operatorenschema der Maschenströme aufschreibt, wie es im vorhergehenden Beispiel 2 erläutert worden ist.

Hier sind die Impedanzen, die die magnetische Verkopplung ausdrücken, mit einzubeziehen:

Sind in einer Masche zwei Induktivitäten magnetisch verkoppelt, so gilt für die Umlaufimpedanz (Hauptdiagonale der Matrix) Gl. (1.78), d. h., das $\mathrm{j}\omega M$-Glied tritt immer mit Faktor 2 auf.
Auf den Matrixplätzen außerhalb der Hauptdiagonalen treten außer den für zwei Maschenströme gemeinsamen Zweigimpedanzen (vgl. Schema Seite 70) noch Glieder $\pm \mathrm{j}\omega M_{\mu\nu}$ gemäß Gl. (1.77) auf, wobei das +-Zeichen zu setzen ist, wenn der eine Maschenstrom in L_ν und der andere Maschenstrom in L_μ gleich orientiert sind. Bei entgegengesetzter Orientierung steht das −-Zeichen.

In unserem Beispiel Bild 1.33 besteht die Impedanzmatrix aus zwei Zeilen und zwei Spalten (man kann zur Vervollständigung als dritte Spalte die in der entsprechenden Masche wirkende EMK anfügen, wie schon im vorigen Beispiel erläutert). Die Impedanz $\underline{Z}_{ab}$ im allgemeinen Schema S. 70 sagt aus; über welchen Widerstandsoperatoren der Maschenstrom $\underline{i}_b$ die Masche a beeinflußt wird. Es ergibt sich

$$-\left(\mathrm{j}\omega L_3 + \frac{1}{\mathrm{j}\omega C}\right) + \mathrm{j}\omega M_{23} + \mathrm{j}\omega M_{13}$$

↑ $\underline{i}_a$ entgegen $\underline{i}_b$ im Zweig $L_3 - C$; ↑ ↑ $\underline{i}_a$ und $\underline{i}_b$ gleich orientiert in L_2 und L_3 bzw, L_1 und L_3.

Für $\underline{Z}_{ba}$ erhält man den gleichen Ausdruck, wie leicht überprüft werden kann.

Damit ergibt sich für die „erweiterte" Matrix:

$\underline{i}_a$	$\underline{i}_b$	
$R_1 + \frac{1}{\mathrm{j}\omega C} + \mathrm{j}\omega(L_1 + L_3 - 2M_{13})$	$\mathrm{j}\omega(M_{13} + M_{23} - L_3) - \frac{1}{\mathrm{j}\omega C}$	$\underline{e}$
$\mathrm{j}\omega(M_{13} + M_{23} - L_3) - \frac{1}{\mathrm{j}\omega C}$	$R_2 + \frac{1}{\mathrm{j}\omega C} + \mathrm{j}\omega(L_2 + L_3 - 2M_{23})$	0

Wollen wir z. B. i_b berechnen (vgl. Seite 71), dann multiplizieren wir die zweite Zeile mit den entsprechenden Ausdrücken von $\underline{Z}_{aa}/\underline{Z}_{ba}$ und subtrahieren von der ersten Zeile. Dann erhalten wir als Gleichung

$$\underline{i}_b\left(\underline{Z}_{ab} - \underline{Z}_{bb}\frac{\underline{Z}_{aa}}{\underline{Z}_{ab}}\right) = \underline{e}.$$

4. Zweipoltheorie

In der Zweipoltheorie werden Netzwerkteile (Zweipole) durch einfachere Schaltungen ersetzt, *die an den Klemmen* dasselbe Strom-Spannungs-Verhalten im Bildbereich aufweisen wie die Originalschaltungen *(Ersatzschaltungen).*

Zunächst sollen die Berechnungsmethoden der Ersatzschaltungen passiver und aktiver Zweipole erläutert werden.

Ersatzschaltungen passiver Zweipole im Bildbereich

Wie bei Gleichstromkreisen kann man in Wechselstromkreisen im Bildbereich bei linearen Schaltelementen Schaltungsteile zu Zweipolersatzschaltungen zusammenfassen. So konnten im Abschn. 1.3.5.2. Zusammenschaltungen von R, L, C durch einen Widerstandsoperator ersetzt werden, d. h., jeder passive Zweipol ist an seinen Klemmen AB durch einen Ausdruck

$$\underline{Z}_{AB} = R + \mathrm{j}X \quad \text{oder} \quad \underline{Y}_{AB} = G + \mathrm{j}B$$

beschreibbar und damit durch *zwei* elementare Ersatzschaltungen darstellbar; denn $R + \mathrm{j}X$ bedeutet die Reihenschaltung eines Wirk- und eines Blindwiderstands, und $G + \mathrm{j}B$ bedeutet die Parallelschaltung eines Wirk- und eines Blindleitwerts (Bild 1.34). Häufig muß man die eine Schaltung in die andere umrechnen. Wir wollen die Umrechnungsbeziehungen angeben.

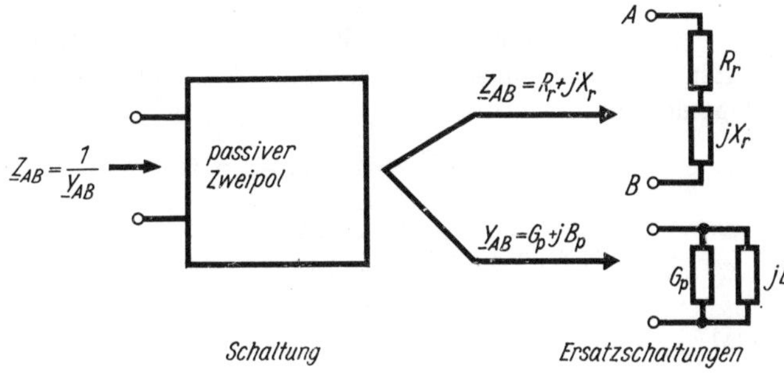

Kennzeichnen wir die Elemente der Reihenschaltung mit Index r und die der Parallelschaltung mit Index p, so muß für die *Gleichheit des Klemmenverhaltens* beider Zweipole gelten:

$$\underline{Y}_p = \frac{1}{\underline{Z}_r}, \quad G_p + \mathrm{j}B_p = \frac{1}{R_r + \mathrm{j}X_r} = \frac{R_r - \mathrm{j}X_r}{R_r^2 + X_r^2},$$

$$G_p = \frac{R_r}{|\underline{Z}_r|^2} \quad \text{und} \quad B_p = -\frac{X_r}{|\underline{Z}_r|^2}. \tag{1.79}$$

Umgekehrt ist

$$\underline{Z}_r = \frac{1}{\underline{Y}_p}, \quad R_r + \mathrm{j}X_r = \frac{1}{G_p + \mathrm{j}B_p} = \frac{G_p - \mathrm{j}B_p}{G_p^2 + B_p^2},$$

$$R_r = \frac{G_p}{|\underline{Y}_p|^2} \quad \text{und} \quad X_r = -\frac{B_p}{|\underline{Y}_p|^2}. \tag{1.80}$$

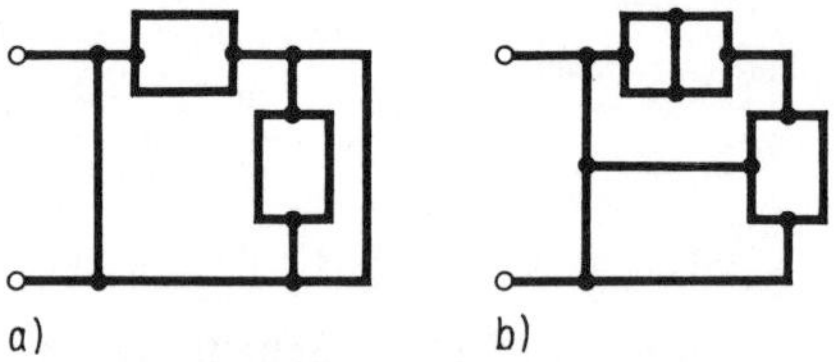

Bild 1.35. Streckenkomplexe passiver Zweipole

a) $\underline{Z}_{AB}$ kann mittels Reihen- und Parallelschaltungsformeln berechnet werden.
b) überbrückte Schaltung

Passive Zweipole, die nur aus Reihen- und Parallelschaltungen von Zweigen bestehen (Strekkenkomplex Bild 1.35a), kann man mit den Gln. (1.70) und (1.71) berechnen (vgl. RP 5, Anhang). Enthält jedoch die Zusammenschaltung der Elemente *R, L, C* auch Brückenstrukturen (Streckenkomplex Bild 1.35b), so berechnet man z. B. $\underline{Z}_{AB}$,

- indem man einen beliebigen Klemmenstrom $\underline{i}$ annimmt und mit Hilfe der Stromkreisberechnungsmethoden die Klemmenspannung $\underline{u}$ als Funktion von $\underline{i}$ berechnet (dann ist $\underline{Z}_{AB} = \underline{u}/\underline{i}$)
- indem man eine Umwandlung einer Dreieckschaltung in einen Stern oder umgekehrt durchführt.

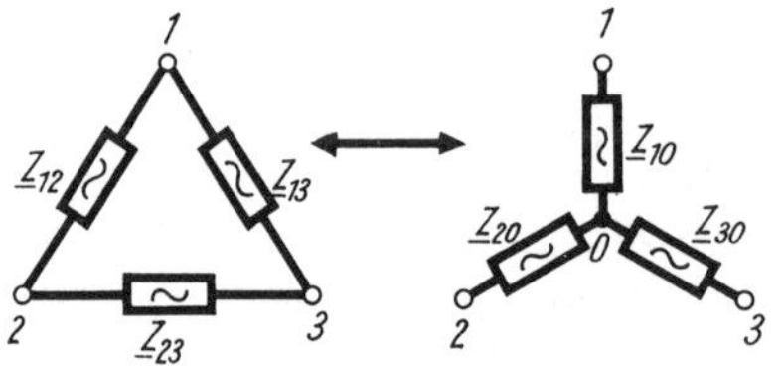

Bild 1.36. Umwandlung Dreieckschaltung in Sternschaltung und umgekehrt

Gleiches Strom-Spannungs-Verhalten im Bildbereich an den Klemmen 1 und 2 ist erfüllt, wenn
$\underline{Z}_{12} \| (\underline{Z}_{13} + \underline{Z}_{23}) = \underline{Z}_{10} + \underline{Z}_{20}$
(Analog für die anderen Klemmen).

Die Umrechnungsformeln werden – wie in Legende zu Bild 1.36 angedeutet – analog denen der Gleichstromtechnik abgeleitet (s. beispielsweise [1], Abschn. 1.2.2.4.) und ergeben analoge Ausdrücke mit $\underline{Z}$- bzw. $\underline{Y}$-Operatoren:

Umrechnung $\triangle \rightarrow \curlywedge$

$$\underline{Z}_{10} = \frac{\underline{Z}_{12}\underline{Z}_{13}}{\sum \underline{Z}_{\mu\nu}}$$

$$\underline{Z}_{20} = \frac{\underline{Z}_{21}\underline{Z}_{23}}{\sum \underline{Z}_{\mu\nu}} \qquad (1.81)$$

$$\underline{Z}_{30} = \frac{\underline{Z}_{31}\underline{Z}_{32}}{\sum \underline{Z}_{\mu\nu}}$$

Dabei sind

$$\underline{Z}_{\mu\nu} = \underline{Z}_{\nu\mu}$$

$$\sum \underline{Z}_{\mu\nu} = \underline{Z}_{12} + \underline{Z}_{13} + \underline{Z}_{23}.$$

Umrechnung $\curlywedge \rightarrow \triangle$

$$\underline{Y}_{12} = \frac{\underline{Y}_{10}\underline{Y}_{20}}{\sum \underline{Y}_{\nu 0}}$$

$$\underline{Y}_{13} = \frac{\underline{Y}_{10}\underline{Y}_{30}}{\sum \underline{Y}_{\nu 0}} \qquad (1.82)$$

$$\underline{Y}_{23} = \frac{\underline{Y}_{20}\underline{Y}_{30}}{\sum \underline{Y}_{\nu 0}}$$

Dabei sind

$$\underline{Y}_{\nu 0} = \frac{1}{\underline{Z}_{\nu 0}}$$

$$\sum \underline{Y}_{\nu 0} = \underline{Y}_{10} + \underline{Y}_{20} + \underline{Y}_{30}.$$

Ersatzschaltungen aktiver Zweipole im Bildbereich

Auch hier sollen Gleich- und Wechselstromschaltungen gegenübergestellt werden, um die in Tafel 1.7 angegebene gleiche Berechnungsmethode hervorzuheben.

In der Gleichstromtechnik gilt für einen beliebigen linearen aktiven Zweipol die lineare Beziehung zwischen Klemmenstrom und Klemmenspannung (Bild 1.37a):

$$U = A + BI.$$

Die Zweipolkoeffizienten *A* (eine Spannung) und *B* (ein Widerstand) ergeben sich aus den beiden Betriebszuständen

$I = 0$	(Leerlauf)	$U \equiv U_l$	*Leerlaufspannung;*	$A = U_l$
$U = 0$	(Kurzschluß)	$I \equiv I_k$	*Kurzschlußstrom;*	$B = -\dfrac{U_l}{I_k}$
Definition		$\dfrac{U_l}{I_k} = R_i$	*Innenwiderstand;*	$B = -R_i$.

Damit wird

$$U = U_l - R_i I.$$

Daraus ergeben sich die beiden Zweipolersatzschaltungen (Bild 1.37b) [1]) und das Rechenprogramm RP 6 (Anhang) zur Ermittlung der Zweipolparameter.

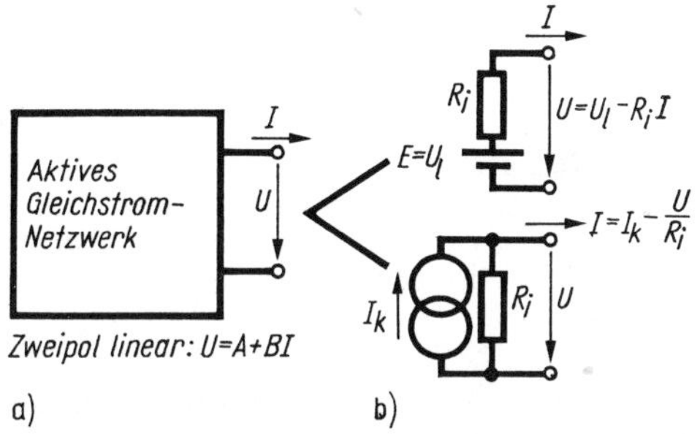

Bild 1.37
a) aktiver Zweipol
b) Ersatzschaltungen

Für lineare Zweipole mit *R, L, C* und Generatoren sinusförmiger Spannungen bzw. Ströme erhält man im Bildbereich ebenso eine lineare Beziehung zwischen den Bildfunktionen von Strom und Spannung, wobei die Koeffizienten i. allg. komplex sind:

$$\underline{u} = \underline{A} + \underline{B}\,\underline{i}. \tag{1.83}$$

Die komplexen Zweipolparameter $\underline{A}$ und $\underline{B}$ bestimmt man wie oben aus der Leerlauf- und Kurzschlußbedingung. Es ergeben sich damit folgende Beziehungen:

$$\underline{A} = \underline{u}_l$$

$$\underline{B} = -\frac{\underline{u}_l}{\underline{i}_k} = -\underline{Z}_i$$

mit

$$\frac{\underline{u}_l}{\underline{i}_k} = \underline{Z}_i \quad \textit{komplexer Innenwiderstand,} \tag{1.84}$$

also mit Gl. (1.83)

$$\underline{u} = \underline{u}_l - \underline{Z}_i \underline{i} \tag{1.85}$$

bzw. nach Kürzen von $\sqrt{2}\,e^{j\omega t}$ (komplexe Effektivwerte)

$$\underline{U} = \underline{U}_l - \underline{Z}_i \underline{I} \tag{1.85a}$$

Die Schaltung Bild 1.38b erfüllt diese Gleichung, also ist sie eine Ersatzschaltung für die im Bild 1.38a.

Wir dividieren Gl. (1.85) durch $\underline{Z}_i$ und erhalten mit Gl. (1.84)

$$\underline{i} = \underline{i}_k - \frac{\underline{u}}{\underline{Z}_i}. \tag{1.86}$$

[1]) Siehe [1], Abschn. 1.2.2.4.

Führt man $\underline{i}_k$ als Einströmung ein (Symbol o–⦶–o, Zweipol mit unendlich großem Innenwiderstand – Tafel 0.1) und schaltet die Impedanz $\underline{Z}_i$ parallel (Bild 1.38c), so wird Gl. (1.86) als Knotengleichung erfüllt. Schaltung Bild 1.38c ist also ebenfalls eine Ersatzschaltung für die im Bild 1.38a. Beide Ersatzschaltungen lassen sich mittels Gl. (1.84) ineinander umrechnen. $\underline{Z}_i$ ist die Eingangsimpedanz an den Klemmen des Zweipols. Man ermittelt sie als Impedanz im Zweipol zwischen den Zweipolklemmen, wobei man die inneren Quellen durch ihre Impedanzen ersetzt (d. h. Kurzschluß bei Spannungsquelle und Unterbrechung bei Einströmung).

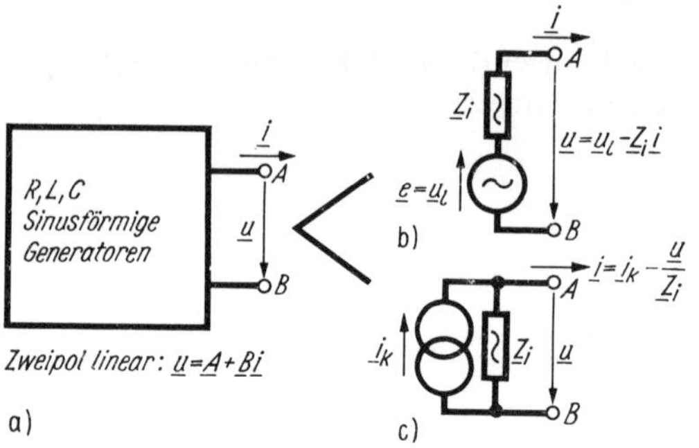

Bild 1.38

a) aktiver Zweipol; b), c) Ersatzschaltungen Umrechnung von b) und c) und umgekehrt durch die Beziehung $\underline{i}_k = \underline{u}_l/\underline{Z}_i$

Die Parameter der Zweipolersatzschaltungen werden wie bei Gleichstromkreisen nach den Berechnungsprogrammen RP 5 und 6 ermittelt (Anhang), wobei man für Ströme und Spannungen die Bildfunktionen und anstelle der Widerstände Widerstandsoperatoren einsetzt.

Beispiel

Gegeben sei die in die Bildebene transformierte Schaltung Bild 1.39a. Gesucht sind die Ersatzschaltbilder 1.39b. Wir gehen nach Lösungsprogramm RP 6 (Anhang) vor.

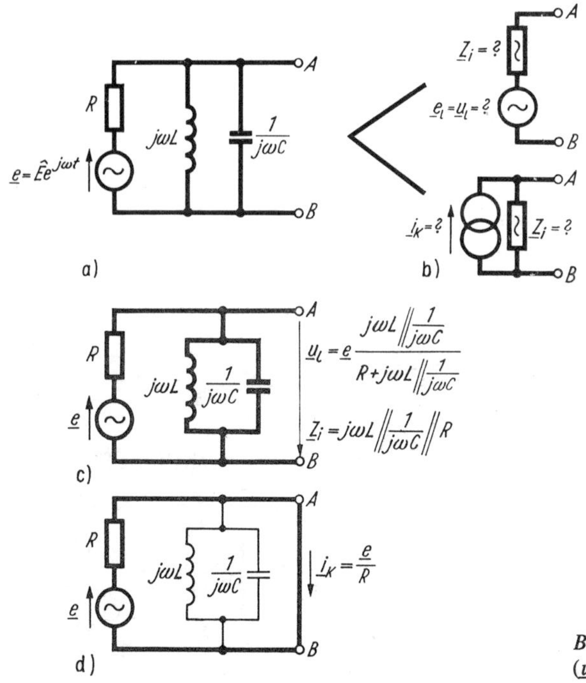

Bild 1.39. Berechnung der Parameter ($\underline{u}_l$, $\underline{Z}_i$, $\underline{i}_k$) einer Zweipolersatzschaltung

a) Leerlaufspannung $\underline{u}_l$

$\underline{u}_l$ ist die Klemmenspannung $\underline{u}_{AB}$ bei Leerlauf. Wie Bild 1.39c zeigt, kann man diesen Spannungsabfall mittels der Spannungsteilerregel in „Kurzschrift-Schreibweise" ohne weiteres angeben. Mit Gl. (1.71a) ergibt sich aus den Beziehungen in Bild 1.39c:

$$\underline{u}_l = \underline{e}\frac{\frac{L}{C}}{\frac{L}{C} + \mathrm{j}\left(\omega L - \frac{1}{\omega C}\right)R} = \underline{e}\frac{1}{1 + \mathrm{j}R\left(\omega C - \frac{1}{\omega L}\right)}.$$

b) Innenwiderstand $\underline{Z}_i$

$\underline{Z}_i$ ist der komplexe Innenwiderstand an den Klemmen AB, wobei $\underline{e}$ durch Kurzschluß ersetzt wird. Es ist eine Parallelschaltung der drei Impedanzen, die man am besten über die komplexen Leitwerte (Admittanzen) berechnet:

$$\underline{Z}_i = \frac{1}{\sum \underline{Y}_\nu} = \frac{1}{\frac{1}{R} + \mathrm{j}\left(\omega C - \frac{1}{\omega L}\right)} = \frac{R}{1 + \mathrm{j}R\left(\omega C - \frac{1}{\omega L}\right)}.$$

c) Kurzschlußstrom $\underline{i}_k$

Der Kurzschlußstrom $\underline{i}_k$ ist sofort ablesbar, wenn man erkennt, daß die Elemente L und C durch den Kurzschluß unwirksam werden (Bild 1.39d). Der Quotient der beiden berechneten Ausdrücke von $\underline{u}_l$ und $\underline{Z}_i$ ergibt ebenfalls

$$\underline{i}_k = \frac{\underline{e}}{R}.$$

Man überlege sich also, ob die eine oder andere Größe leichter aus der Schaltung berechenbar ist, und ermittle die dritte Größe über Gl. (1.84).

Damit sind die Elemente der Ersatzschaltungen berechnet.

Welche der beiden Ersatzschaltungen (Stromquellen- oder Spannungsquellen-Ersatzschaltung) man wählt, hängt von der Weiterrechnung ab (s. die folgenden Ausführungen).

Zweipoltheorie

Die Zweipoltheorie erlaubt die Berechnung von Netzwerken mittels Ersatzschaltungen. Wie im Lösungsprogramm RP 7 (Anhang) hervorgehoben, gilt sie nur für lineare Schaltungen und kann nur angewendet werden, wenn die Schaltung an geeigneter Stelle so aufgetrennt werden kann, daß sie in zwei Zweipole „zerfällt". Man berechnet die Ersatzparameter der Zweipole

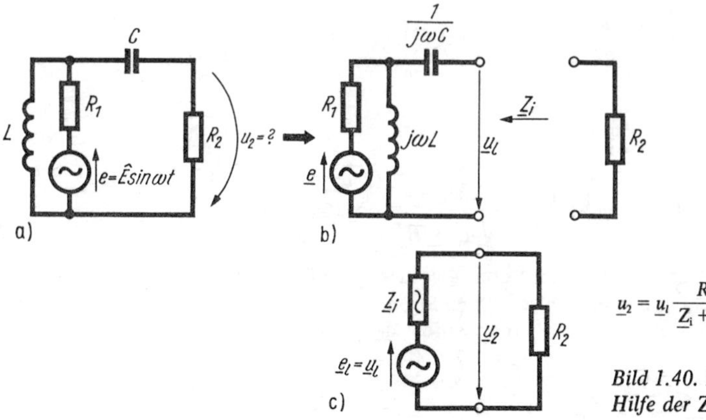

$$\underline{u}_2 = \underline{u}_l \frac{R_2}{\underline{Z}_i + R_2}$$

Bild 1.40. Berechnung einer Spannung mit Hilfe der Zweipoltheorie

und mit deren Hilfe die gesuchte Größe der Schaltung als Klemmengröße der zusammengeschalteten Ersatzzweipole.

Beispiele

Gegeben sei die Schaltung Bild 1.40a und gesucht die Spannung u_2 über R_2. Wir trennen R_2 ab und erhalten im Bildbereich die beiden Zweipole Bild 1.40b, deren Parameter $\underline{u}_l$ und $\underline{Z}_i$ berechnet werden müssen. Mit diesen können wir das Ersatzschaltbild 1.40c zeichnen (Zweipole wieder zusammengeschaltet), und man „liest" durch Anwendung der Spannungsteilerregel ab

$$\underline{u}_2 = \underline{u}_l \frac{R_2}{\underline{Z}_i + R_2}$$

Berechnung von $\underline{u}_l$ (Bild 1.40b):
Spannungsteilerregel

$$\underline{u}_l = \underline{e} \frac{j\omega L}{R_1 + j\omega L}.$$

Beachte: Bei *Leerlauf* wird C von keinem Strom durchflossen, also ist die Leerlaufklemmenspannung gleich der Spannung über L.

Berechnung von $\underline{Z}_i$ (Bild 1.40b):

$$\underline{Z}_i = \frac{1}{j\omega C} + R_1 /\!/ j\omega L = \frac{1}{j\omega C} + \frac{j\omega L R_1}{R_1 + j\omega L}$$

Damit wird

$$\underline{u}_2 = \underline{u}_l \frac{R_2}{\underline{Z}_i + R_2} = \underline{e} \frac{j\omega L R_2}{(R_1 + j\omega L)\left(R_2 + \frac{1}{j\omega C} + \frac{j\omega L R_1}{R_1 + j\omega L}\right)}$$

$$= \underline{e} \frac{j\omega L R_2}{\underbrace{R_1 R_2 + \frac{L}{C}}_{A} + j \underbrace{\left[\omega L (R_1 + R_2) - \frac{R_1}{\omega C}\right]}_{B}}$$

$$= \underline{e} \frac{j\omega L R_2}{\sqrt{A^2 + B^2}\, e^{j\psi}} \quad \text{mit} \quad \psi = \arctan \frac{B}{A}\,; \; \underline{e} = \hat{\underline{E}} e^{j\omega t}, \text{ also}$$

$$\underline{u}_2 = \frac{\hat{E} \omega L R_2}{\sqrt{A^2 + B^2}} j e^{j(\omega t - \psi)} \quad \text{mit Gl. (1.29):} \quad \underline{u}_2 = \frac{\hat{E} \omega L R_2}{\sqrt{A^2 + B^2}} e^{j\left(\omega t - \psi + \frac{\pi}{2}\right)}.$$

Rücktransformation:

$$u_2 = \operatorname{Im}(\underline{u}_2)$$

$$u_2 = \frac{\hat{E} \omega L R_2}{\sqrt{A^2 + B^2}} \sin\left(\omega t - \psi + \frac{\pi}{2}\right) = \frac{\hat{E} \omega L R_2}{\sqrt{A^2 + B^2}} \cos(\omega t - \psi).$$

In einem zweiten Beispiel (Bild 1.41a) sei der Strom $\underline{i}_2$ gesucht. Wir formen den linken Zweig in eine Stromquellenersatzschaltung um, um dann den gesuchten Strom mittels der Stromleiterregel angeben zu können. In einem Kurzschlußbügel zwischen × und × fließt der Strom

$$\underline{i}_0 = \frac{\underline{e}}{R_1 + j\omega L}.$$

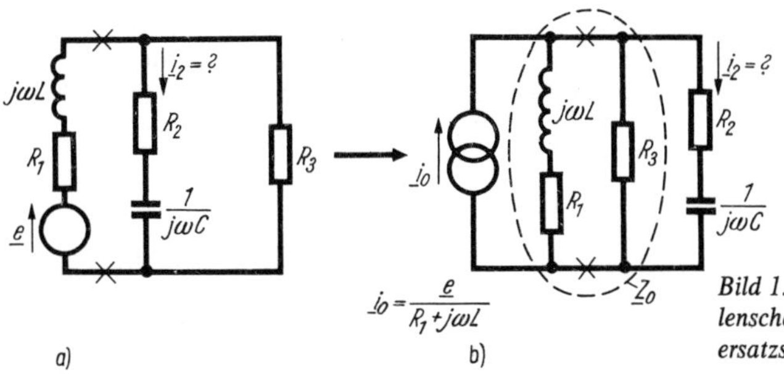

Bild 1.41. Umformung einer Spannungsquellenschaltung (× ... ×) in einer Stromquellenersatzschaltung

Der komplexe Innenwiderstand dieses Zweiges ist $R_1 + \mathrm{j}\omega L$. Damit ergibt sich im Bild 1.41b die Ersatzschaltung (links von × ... ×). Die Stromteilergleichung zwischen $\underline{i}_2$ und $\underline{i}_0$ lautet, wenn wir die Impedanz der beiden mittleren Zweige im Bild 1.41b zu $\underline{Z}_0$ zusammenfassen, gemäß Gl. (1.73b):

$$\underline{i}_2 = \underline{i}_0 \frac{\underline{Z}_0}{\underline{Z}_0 + R_2 + \dfrac{1}{\mathrm{j}\omega C}}.$$

Mit

$$\underline{Z}_0 = R_3 /\!/ (R_1 + \mathrm{j}\omega L_1) = \frac{R_3 (R_1 + \mathrm{j}\omega L_1)}{R_1 + R_3 + \mathrm{j}\omega L_1}$$

wird nach Zwischenrechnung, die zur Übung durchgeführt werden sollte,

$$\underline{i}_2 = \frac{\underline{e} R_3}{\underbrace{(R_1 + R_3) R_2 + R_1 R_3 + \frac{L_1}{C}}_{A} + \mathrm{j} \underbrace{\left[\omega L_1 (R_2 + R_3) - \frac{R_1 + R_3}{\omega C} \right]}_{B}}.$$

Die Weiterrechnung und Rücktransformation erfolgt wie im vorigen Beispiel.

Unter Umständen ist es möglich und eine Vereinfachung der Rechnung, wenn man in einem komplizierten Netzwerk an verschiedenen Stellen auftrennt und Zweipolersatzschaltungen einsetzt und damit das Netzwerk stufenweise so vereinfacht, daß die Gleichung für die gesuchte Größe relativ leicht angebbar ist. Der Effekt ist der, daß man anstelle eines umfangreichen Gleichungssystems mehrere einfachere Rechnungen an Teilnetzwerken durchführt und deren Ergebnisse in die Endgleichung der gesuchten Größe einsetzt.

Beispiel

Die Schaltung Bild 1.42a enthält sechs Zweige (Einströmung $\underline{i}_0$ mit unendlich großem Innenwiderstand nicht als Zweig gerechnet). Zur Berechnung des Stroms $\underline{i}$ mit der Zweigstromanalyse wären sechs Gleichungen erforderlich, mit Maschenstromanalyse drei Gleichungen. Die Zweige sind numeriert; deren Impedanzen tragen den entsprechenden Index. Man kann nun

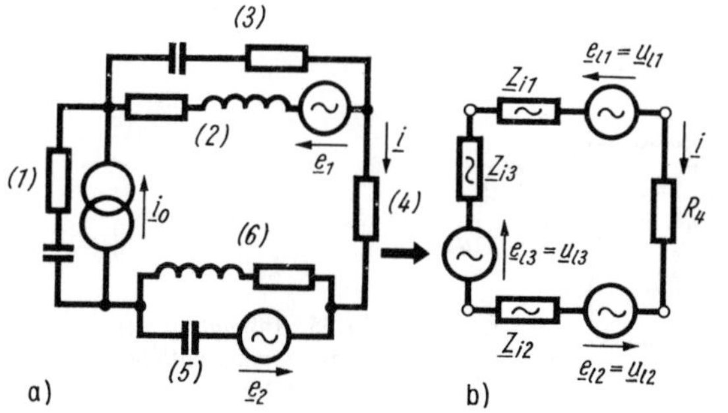

$$\underline{i} = \frac{\underline{u}_{l3} - \underline{u}_{l1} - \underline{u}_{l2}}{\underline{Z}_{i1} + \underline{Z}_{i2} + \underline{Z}_{i3} + R_4}$$

Bild 1.42. Mehrfache Anwendung der Zweipolersatzschaltung zur Vereinfachung eines komplizierten Netzwerks

die Netzteile aus den Zweigen 2–3, 0–1 und 5–6 durch je eine Spannungsquellenersatzschaltung ersetzen, wodurch eine einzige Masche entsteht (Bild 1.42b) und der Strom $\underline{i}$ leicht angegeben werden kann. Mit den Bezeichnungen für die Ersatzparameter der Zweipole nach Bild 1.42b wird

$$\underline{i} = \frac{\underline{u}_{l3} - \underline{u}_{l1} - \underline{u}_{l2}}{\underline{Z}_{i1} + \underline{Z}_{i2} + \underline{Z}_{i3} + R_4}.$$

Die einzelnen Zweipolparameter sind aus der Originalschaltung Bild 1.42a zu berechnen und relativ leicht angebbar:

$$\underline{u}_{l1} = \underline{e}_1 \frac{\underline{Z}_3}{\underline{Z}_2 + \underline{Z}_3} \quad \text{(Spannungsteilerregel)}$$

$$\underline{Z}_{i1} = \underline{Z}_2 /\!/ \underline{Z}_3$$

$$\underline{u}_{l2} = \underline{e}_2 \frac{\underline{Z}_6}{\underline{Z}_5 + \underline{Z}_6} \quad \text{(Spannungsteilerregel)}$$

$$\underline{Z}_{i2} = \underline{Z}_6 /\!/ \underline{Z}_5$$

$$\underline{u}_{l3} = \underline{Z}_1 \underline{i}_0 \quad \text{nach Gl. (1.84)}$$

$$\underline{Z}_{i3} = \underline{Z}_1 .$$

Wir erkennen an diesem Beispiel, daß man den Strom $\underline{i}$ in wenigen Schritten in expliziter Form erhält und die Rechnung bis hierher sehr übersichtlich ist.

Das Einsetzen der komplexen Ausdrücke für $\underline{u}_{l\nu}$ und $\underline{Z}_\nu$ führt dann allerdings auch zu komplizierten Gleichungen.

5. Knotenspannungsanalyse

Bei Anwendung der Knotenspannungsanalyse spart man für die Berechnung eines Stroms gegenüber der Zweigstromanalyse so viele Gleichungen ein, wie das Netzwerk unabhängige Maschen hat. Man stellt nur die Gleichungen für die unabhängigen Knoten auf, wobei man die Zweigströme durch die Knotenspannungen ausdrückt, vgl. Lösungsprogramm RP 3 (Anhang). Die Knotenspannungsanalyse gilt allgemein für jedes Netzwerk und wird der Maschenstromanalyse vorzuziehen sein, wenn das Netzwerk weniger unabhängige Knoten als Maschen besitzt. Ist das Netzwerk linear (konstante Bauelemente), so ist es zweckmäßig, Zweige mit EMK und Reihenimpedanzen in Stromquellenersatzschaltungen umzuwandeln (Bilder 1.38b und c).

Beispiel

Wir wählen die Schaltung Bild 1.43, die schon mit Maschenstromanalyse (Bild 1.29) und anderen Verfahren (vgl. Bild 1.7) berechnet worden ist. Gesucht wird der Strom durch den Zweig R_2–L, den wir $\underline{i}_2$ nennen. Wir formen den linken Zweig in eine Parallelschaltung, bestehend aus

$$\underline{i}_0 = \frac{\underline{e}}{R_1} \quad \text{und} \quad R_1,$$

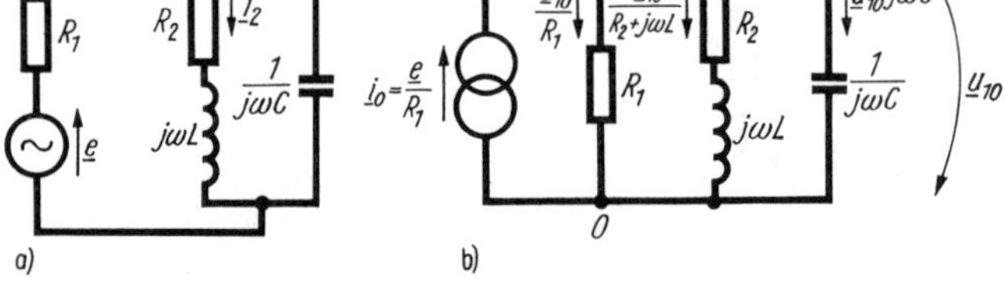

Bild 1.43. Anwendung der Knotenspannungsanalyse (vgl. Bild 1.29)

um und wählen den unteren Knoten als Bezugsknoten für das Knotenpotential. Da nur noch ein Knoten existiert, gibt es nur ein Knotenpotential $\underline{u}_{10}$, und die einzelnen vom Knoten 1 wegfließend eingeführten Zweigströme sind

$$\underline{i}_{\nu 0} = \frac{\underline{u}_{10}}{\underline{Z}_{\nu 0}} = \underline{u}_{10}\underline{Y}_{\nu 0}.$$

Also ergibt sich nur eine Knotengleichung:

$$\underline{u}_{10}\left(\frac{1}{R_1} + \frac{1}{R_2 + \mathrm{j}\omega L} + \mathrm{j}\omega C\right) = \frac{\underline{e}}{R_1}.$$

Diese gestattet $\underline{u}_{10}$ zu berechnen, und damit wird

$$\underline{i}_2 = \frac{\underline{u}_{10}}{R_2 + \mathrm{j}\omega L} = \frac{\underline{e}}{R_1\left(\frac{1}{R_1} + \frac{1}{R_2 + \mathrm{j}\omega L} + \mathrm{j}\omega C\right)(R_2 + \mathrm{j}\omega L)},$$

also

$$\underline{i}_2 = \frac{\underline{e}}{R_1 + R_2 - \omega^2 LCR_1 + \mathrm{j}[\omega L + \omega CR_1R_2]} \quad \text{(vgl. Zwischenergebnis S. 71).}$$

Als etwas komplizierteres Beispiel berechnen wir die Schaltung Bild 1.42a, wobei wir uns mit der allgemeinen Bezeichnung der Zweigadmittanzen $\underline{Y}_\nu$ begnügen, da es uns nur auf die Berechnungsmethode der Knotenspannungsanalyse ankommt.

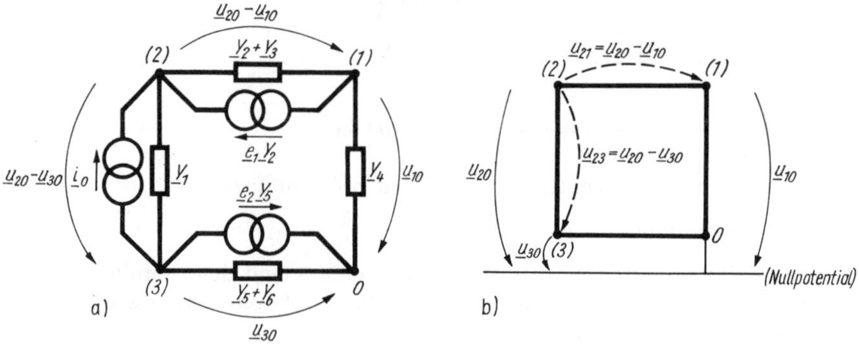

Bild 1.44. Schaltung Bild 1.42 umgeformt zur Anwendung der Knotenspannungsanalyse

Im Bild 1.44a ist die Schaltung im Bildbereich gezeichnet, wobei Zweige mit Spannungsquellen in Stromquellenersatzschaltungen umgerechnet und parallelliegende Zweige zu einem Schaltsymbol mit der Summe der Admittanzen zusammengefaßt worden sind. Als Bezugsknoten ist der eine Endpunkt des Zweiges (4) gewählt worden, da dieser Zweigstrom gesucht wird. Damit ergeben sich die Knotenpotentiale $\underline{u}_{10}$, $\underline{u}_{20}$ und $\underline{u}_{30}$ (Bild 1.44b). Die Zweigspannungen vom Knoten (2) sind, wie am Streckenkomplex Bild 1.44b veranschaulicht, $\underline{u}_{21} = \underline{u}_{20} - \underline{u}_{10}$ und $\underline{u}_{23} = \underline{u}_{20} - \underline{u}_{30}$. Die Zweigströme sind als Produkt von Zweigspannung und Zweigadmittanz angebbar, weshalb im Bild 1.42a Admittanzen (komplexe Leitwerte) statt Impedanzen (komplexe Widerstände) eingetragen worden sind.

Wir schreiben nun die Knotengleichungen auf, wobei die vom Knoten wegfließenden Ströme positiv, die zum Knoten fließenden Ströme negativ gezählt werden. Die aufgeprägten Ströme $\underline{i}_{0\nu}$ bzw. $\underline{e}_\nu\underline{Y}_\nu$ schreiben wir auf die andere Seite der Gleichung, kehren also ihre Vorzeichen um:

$$\begin{aligned}
&\text{Knoten (1)} && \underline{u}_{10}\underline{Y}_4 - (\underline{u}_{20} - \underline{u}_{10})(\underline{Y}_2 + \underline{Y}_3) && = -\underline{e}_1\underline{Y}_2\\
&\text{(2)} && + (\underline{u}_{20} - \underline{u}_{10})(\underline{Y}_2 + \underline{Y}_3) + (\underline{u}_{20} - \underline{u}_{30})\underline{Y}_1 && = \underline{i}_0 + \underline{e}_1\underline{Y}_2\\
&\text{(3)} && \underline{u}_{30}(\underline{Y}_5 + \underline{Y}_6) - (\underline{u}_{20} - \underline{u}_{30})\underline{Y}_1 && = -\underline{i}_0 - \underline{e}_2\underline{Y}_5\,.
\end{aligned}$$

Wir ordnen nach den Knotenspannungen $\underline{u}_{10}$, $\underline{u}_{20}$, $\underline{u}_{30}$:

$$\begin{aligned}
&(1) && (\underline{Y}_2 + \underline{Y}_3 + \underline{Y}_4)\,\underline{u}_{10} - (\underline{Y}_2 + \underline{Y}_3)\,\underline{u}_{20} && = -\underline{e}_1\underline{Y}_2\\
&(2) && -(\underline{Y}_2 + \underline{Y}_3)\,\underline{u}_{10} + (\underline{Y}_2 + \underline{Y}_3 + \underline{Y}_1)\,\underline{u}_{20} - \underline{Y}_1\underline{u}_{30} && = \underline{e}_1\underline{Y}_2 + \underline{i}_0\\
&(3) && -\underline{Y}_1\,\underline{u}_{20} + (\underline{Y}_1 + \underline{Y}_5 + \underline{Y}_6)\underline{u}_{30} && = -\underline{e}_2\underline{Y}_2 - \underline{i}_0
\end{aligned}$$

Aus diesem Gleichungssystem erkennen wir, daß das Schema der Koeffizienten von $\underline{u}_{\nu 0}$ (Admittanzen) einem Algorithmus gehorcht, der erlaubt, diese sog. *Admittanzmatrix* der Knotenspannungsanalyse aus der Schaltung direkt „abzulesen“:

Wir ordnen den Spalten der Matrix die Knotenspannungen $\underline{u}_{\nu 0}$ und den Zeilen die Knoten (ν) zu:

	$\underline{u}_{10}$	$\underline{u}_{20}$	$\underline{u}_{30}$		Aufgeprägte Ströme
(1)	$+\sum \underline{Y}_1$	$-\sum \underline{Y}_{12}$	$-\sum \underline{Y}_{13}$	…	zufließend + wegfließend −
(2)	$-\sum \underline{Y}_{21} = -\sum \underline{Y}_{12}$	$+\sum \underline{Y}_2$	$-\sum \underline{Y}_{23}$	…	
(3)	·	·	$+\sum \underline{Y}_3$	…	
⋮	⋮	⋮	⋮		

In den Feldern der *Hauptdiagonalen* (dick gezeichnet) stehen

$+\sum \underline{Y}_\nu$ die Summe der mit dem Knoten (ν) verbundenen Admittanzen.

Auf den übrigen Feldern stehen

$-\sum \underline{Y}_{\nu\mu}$ die Summe der Admittanzen, die zwischen Knoten ν und dem unmittelbar benachbarten Knoten μ (entsprechend der Spalte $\underline{u}_{\mu 0}$) liegen (Minuszeichen auf Grund der Bezugspfeilrichtungen).

Dabei gilt $\underline{Y}_{\nu\mu} = \underline{Y}_{\mu\nu}$, d. h.,

die Matrix ist symmetrisch zur Hauptdiagonale.

Zusätzlich schreiben wir (getrennt durch ein gedachtes =-Zeichen des zugehörigen Gleichungssystems) die aufgeprägten Ströme in weitere Spalten ein. Dann können wir dieses erweiterte System zur Weiterrechnung (Gaußscher Algorithmus) benutzen.

Stelle zur Übung nach diesen Vorschriften das (erweiterte) Admittanzschema für die Schaltung Bild 1.44a auf und vergleiche mit dem über die Knotengleichungen abgeleiteten Gleichungssystem.

Aufgaben

A. 1.13 In einem unbekannten passiven Zweipol wird ein Strom $i = \hat{I} \sin \omega t$ ($\hat{I} = 1$ mA, $f = 50$ Hz) eingespeist.
Man stellt eine Spannung $u = \hat{U} \sin(\omega t + \varphi)$ fest ($\hat{U} = 1$ V, $\varphi = 60°$).
a) Durch welchen Widerstandsoperator ist der Zweipol darstellbar?

b) Durch welche Schaltelemente kann man den Zweipol ersetzen
   b_1) in Reihe
   b_2) parallel?

(Lösung AB: 1.3./8)

A. 1.14 Gegeben sei eine Sternschaltung nach Bild A 1.9. Berechne die Leitwertoperatoren der Dreieckersatzschaltung!
Gib die Ausdrücke für die Schaltelemente der Ersatzschaltung an und zeichne die Ersatzschaltung!
(Lösung AB: 1.3./12)

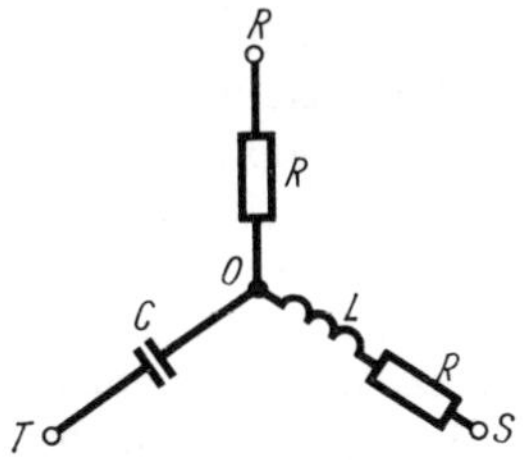

Bild A 1.9

A. 1.15 Berechne in der Schaltung Bild A 1.10 den Momentanwert des Stroms durch R_2 mit Hilfe der
a) Zweigstromanalyse
b) Stromteilerregel
c) Spannungsteilerregel!

(Lösung AB: 1.3./15)

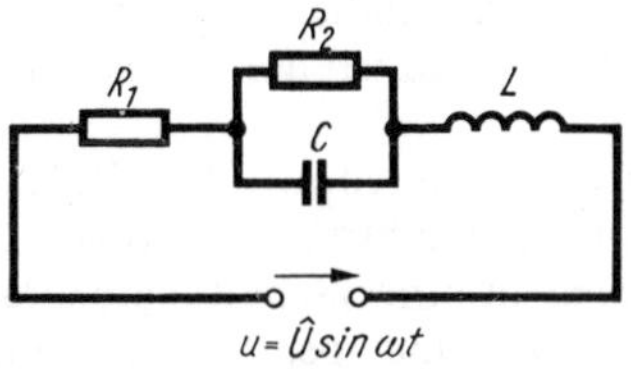

Bild A 1.10

A. 1.16 Berechne mit Hilfe der Zweipoltheorie den Strom durch R_2 in Schaltung Bild A 1.11!

(Lösung AB: 1.3./23)

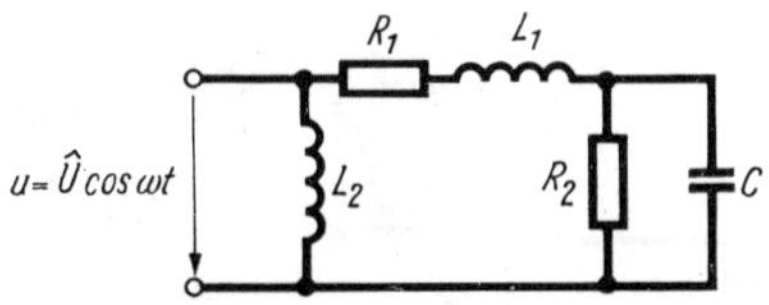

Bild A 1.11

A. 1.17 Stelle für die Schaltung A 1.12
a) die Impedanzmatrix der Maschenstromanalyse
b) die Admittanzmatrix der Knotenspannungsanalyse auf!
Gib in zusätzlichen Spalten die aufgeprägten Größen an!

(Lösung AB: 1.3./21)

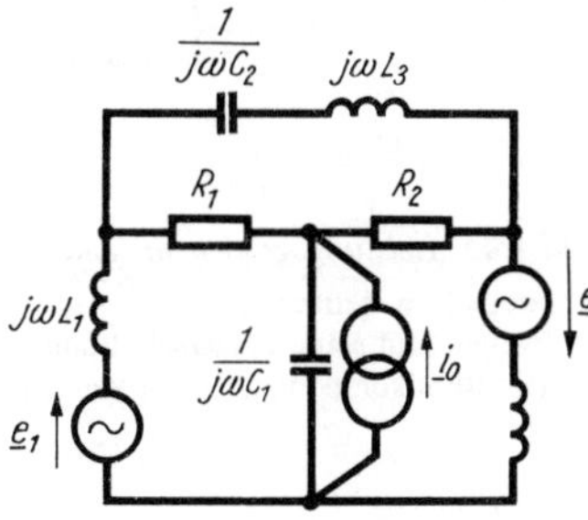

Bild A 1.12

1.4. Leistungsgrößen der Wechselstromtechnik

Während in der Gleichstromtechnik die Leistung eines Zweipols mit den Klemmengrößen U, I, R eindeutig durch

$$P = UI = RI^2 = GU^2$$

bestimmt ist, sind in der Wechselstromtechnik Strom i und Spannung u Sinusfunktionen; das Produkt ergibt also eine zeitabhängige Leistung

$$p = ui.$$

Mit diesem *Momentanwert der Leistung p* rechnet man aber meist nicht, sondern man führt mehrere Leistungsbegriffe ein. Das hat folgenden Grund: Der Energiefluß in einem Gleichstromkreis ist zeitunabhängig. Beispielsweise nimmt ein passiver Zweipol (bei $U, I \neq 0$) ständig gleiche elektromagnetische Energie je Zeiteinheit auf und setzt sie in andere Energieform (Wärme) um. In Wechselstromkreisen gilt letzteres nur für passive Zweipole, die sich ausschließlich aus Wirkwiderständen zusammensetzen (Phasenverschiebung zwischen Spannung und Strom $\varphi = 0$). Enthält jedoch der Zweipol auch Kapazitäten und Induktivitäten, so wird Energie gespeichert (Tafel 0.1). Diese Energie kann (z. B. bei Stromabnahme durch Induktivität) wieder zurückfließen, d. h., der „passive" Zweipol ist kurzzeitig ein Energielieferant für den „aktiven" Zweipol. So kann man zwei Leistungsanteile unterscheiden:
- einen Leistungsanteil, den im zeitlichen Mittel ein Zweipol aufnimmt und durch Abstrahlung (Wärme, elektromagnetische Wellen) an die Umgebung abgibt: *Wirkleistung P*
- einen Leistungsanteil, der durch zeitweilige Energiespeicherung zwischen Zweipolen hin- und herpendelt – dieser Anteil charakterisiert und gibt die Definition für die sog. *Blindleistung Q.*

Neben den Begriffen Momentanwert der Leistung, Wirk- und Blindleistung gibt es noch eine weitere Leistungsgröße, die als reine Rechengröße zu betrachten ist: die *Scheinleistung S.* Sie setzt sich aus Wirk- und Blindleistung zusammen.
Die Begriffe Wirk-, Blind- und Scheinleistung sind eng verbunden mit den Widerstandsbegriffen Wirk-, Blind- und Scheinwiderstand und gleichlautenden Strom- und Spannungskomponenten (vgl. Bilder 1.22 und 1.23). Der *Wirkwiderstand* in einer Schaltung charakterisiert die *Wirkleistung,* ein *Blindwiderstand* die Energiespeicherung und -pendelung, die durch die *Blindleistung* zum Ausdruck kommt. In Bild 1.45 ist ein allgemeiner passiver Zweipol im Zeitbereich a) und im Bildbereich mit den beiden Ersatzschaltungen b) und der Zuordnung der verschiedenen Strom-, Spannungs-, Widerstands- und Leistungsbegriffe (die Blindkomponente wurde induktiv angenommen, könnte aber auch kapazitiv sein) dargestellt.

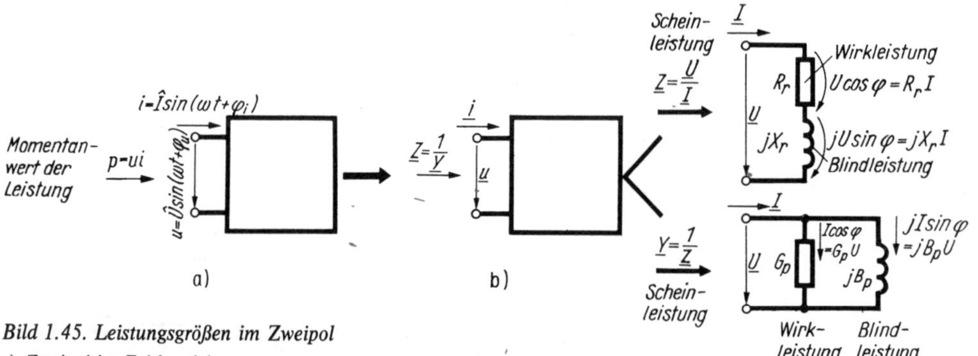

Bild 1.45. *Leistungsgrößen im Zweipol*

a) Zweipol im Zeitbereich
b) Zweipol und seine Ersatzschaltungen im Bildbereich
(Die Blindkomponente kann kapazitiv oder induktiv sein.)

1.4.1. Momentanwert der Leistung *p*

Der Momentanwert der Leistung ist definiert als Produkt der Momentanwerte von Strom *i* und Spannung *u*. Mit den allgemeinen Ansätzen im Bild 1.45a wird

$$p = ui = \hat{U}\hat{I}\,\sin(\omega t + \varphi_u)\,\sin(\omega t + \varphi_i)\,. \tag{1.87a}$$

$\sin\alpha \cdot \sin\beta = \cos(\alpha-\beta) - \cos(\alpha+\beta)$

Das Produkt kann umgeformt werden

$$p = \frac{\hat{U}\hat{I}}{2}\left[\cos(\varphi_u - \varphi_i) - \cos(2\omega t + \varphi_u + \varphi_i)\right].$$

Mit $\hat{U}\hat{I}/2 = UI$ (Effektivwerte) und $\varphi_u - \varphi_i = \varphi$ wird

$$p = UI\,\cos\varphi - UI\,\cos(2\omega t + \varphi_u + \varphi_i)\,. \tag{1.87b}$$

zeitlich konstant — mit doppelter Frequenz schwankend.

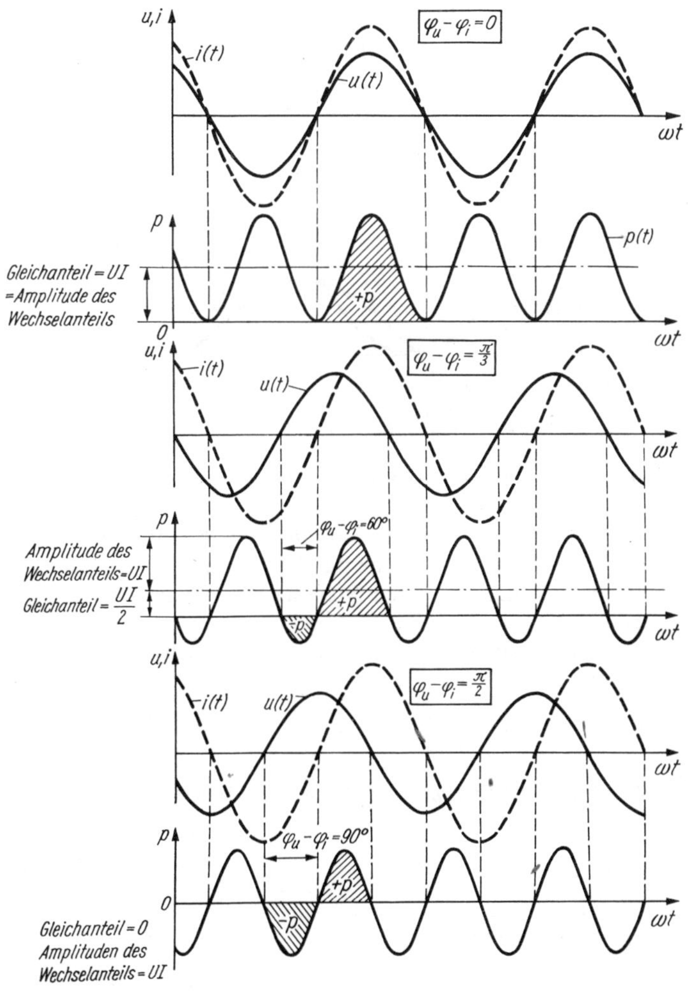

Bild 1.46. Momentanwert von Strom, Spannung und Leistung in Abhängigkeit von der Zeit für verschiedene Phasenverschiebungen $\varphi = \varphi_u - \varphi_i$

Im Bild 1.46 ist der Zeitverlauf von *u*, *i* und *p* für verschiedene Werte φ dargestellt. Man erkennt:

Bei $\varphi = 0$ (Zweipol enthält nur Wirkwiderstand) pendelt die Leistung nur im positiven Bereich, d. h., der Zweipol nimmt immer Energie auf.
Bei $\varphi \neq 0$ (Zweipol enthält Wirk- und Blindwiderstand) gibt es Zeitintervalle mit negativer Leistung, die mit zunehmender Phasenverschiebung größer und bei $\varphi = \pm\pi/2$ maximal ein Viertel einer Periodendauer von Strom und Spannung werden. Während dieser Zeit liefert der Zweipol Energie an den Generator zurück. Der Mittelwert der Energiependelung $UI \cos\varphi$ wird immer kleiner und schließlich Null. Dieser Mittelwert ist definitionsgemäß die *Wirkleistung* (s. Abschn. 1.4.2.). p schwankt um diesen Mittelwert unabhängig von φ mit gleicher Amplitude UI; dieser charakteristische Amplitudenwert ist als *Scheinleistung* definiert (s. Abschn. 1.4.4.).

Man kann den Ausdruck für die schwankende Leistung in Gl. (1.87b) umschreiben in $UI \cos[2(\omega t + \varphi_u) - \varphi]$ und zerlegen in

$$UI \cos\varphi \cos 2(\omega t + \varphi_u) + UI \sin\varphi \sin 2(\omega t + \varphi_u).$$

Damit wird aus Gl. (1.87b)

$$p = \underbrace{UI \cos\varphi[1 + \cos 2(\omega t + \varphi_u)]}_{\text{wird nie negativ}} + \underbrace{UI \sin\varphi \sin 2(\omega t + \varphi_u)}_{\text{schwankt um Nullachse}}. \tag{1.88}$$

Die beiden Terme auf der rechten Seite sind im Bild 1.47 dargestellt.

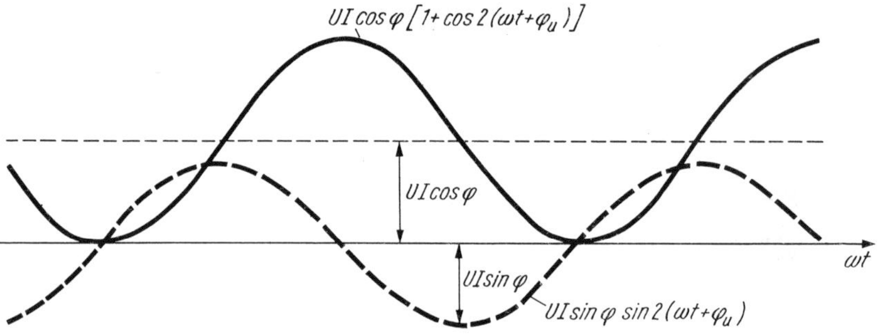

Bild 1.47. Zerlegung der Funktion p(t) in zwei um 90° phasenverschobene Schwingungen

Während das durchgehende Liniendiagramm die im Zweipol umgesetzte Leistung darstellt, deren Mittelwert also wieder die Wirkleistung ist, stellt die um die Nullinie schwankende Sinuskurve (gestrichelt) die Energiependelung dar, deren Maximalwert $UI \sin\varphi$ beträgt. Da man die ***Blindleistung*** durch diesen Ausdruck definiert (s. Abschn. 1.4.3.), erfährt sie durch diese Darstellung im Zeitbereich eine anschauliche Deutung als Maximalwert des um die Nullinie schwankenden Leistungsanteils.

1.4.2. Wirkleistung *P*

Die Wirkleistung ist definiert als zeitlicher Mittelwert der Leistung. Mit Gl. (1.2) folgt

$$P \equiv \overline{p} = \frac{1}{T}\int_{t_0}^{t_0+T} p\,dt = \frac{1}{T}\int_{t_0}^{t_0+T} ui\,dt. \tag{1.89}$$

Die Integration der Gl. (1.89) ergibt mit Gl. (1.87)

$$P = UI \cos\varphi \tag{1.90}$$
Einheit 1 W (Watt).

In Gl. (1.87b) und Bild 1.46 ist P der Gleichanteil, um den die Leistung p schwankt.

Die Wirkleistung ist maximal bei $\varphi = 0$ (reiner Wirkwiderstand) $P = UI$ und Null bei $\varphi = \pm\pi/2$ (reiner Blindwiderstand). $\cos\varphi$ nennt man den *Leistungsfaktor* oder *Wirkfaktor.*

In den Ausdruck (1.90) kann man, wie Bild 1.45b zeigt, den Wirkwiderstand bzw. Wirkleitwert der Schaltung einführen:

$$U \cos\varphi = U_w = R_r I \quad \text{(Wirkspannung, s. Zeigerbild 1.22)}$$

oder

$$I \cos\varphi = I_w = G_p U \quad \text{(Wirkstrom, s. Zeigerbild 1.23)}$$

ergibt

$$P = UI \cos\varphi = I^2 R_r = U^2 G_p, \tag{1.91}$$

wobei i. allg. $G_p \neq 1/R_r$ ist [vgl. (1.79) und (1.80)].

Allgemein ist mit dem Begriff Wirkleistung folgende physikalische Vorstellung zu verbinden:

Wirkleistung ist der Anteil, der dem Zweipol unwiederbringlich verlorengeht (z. B. in Form von Wärme, Schall, Licht); die Energie löst sich von dem Schaltelement.

Wirkleistungen treten also bei Wechselstrom nicht nur auf, wenn das Schaltelement einen Leitungswiderstand hat (Energieabstrahlung in Form von Wärme), sondern allgemein, wenn dieses Energie in beliebiger Form abstrahlt. Denken wir uns eine ideale Spule mit dem Drahtwiderstand Null, dann nimmt diese bei Gleichstrom keine Wirkleistung auf, bei Wechselstrom dann nicht, wenn (bei tiefen Frequenzen) keine elektromagnetische Energie abgestrahlt wird. Bei höheren Frequenzen strahlt die Spule Energie ab (z. B. Antenne), d. h., der mit der Spule verbundene Generator muß Wirkleistung liefern. Auf den Generator wirkt dann die Spule nicht als reiner Blindwiderstand, sondern auch als Wirkwiderstand. Ebenso ist es, wenn wir in die an sich ideale Spule Eisen hineinbringen. Im Eisen entsteht bei Wechselstrom durch das dauernde Ummagnetisieren Wärme, das bedeutet Wirkleistung, die der Generator aufbringen muß.

Ein Lautsprecher – mit Tonfrequenzspannung erregt – wird eine andere Phasenlage zwischen Strom und Spannung zeigen, wenn die Membran festgebremst ist (keine Schallabstrahlung), als wenn die Membran schwingt (Wirkleistung).

Die Ersatzschaltung eines Energieabstrahlers ändert sich also mit den Betriebsbedingungen, der Frequenz usw.

1.4.3. Blindleistung Q

Die Blindleistung ist die hin- und herpendelnde Leistung (Bild 1.47, gestrichelt), deren zeitlicher Mittelwert Null ist. Definitionsgemäß ist die Blindleistung der Amplitudenwert dieser Schwingung:

$$Q = UI \sin\varphi \tag{1.92}$$

Einheit 1 var (var Voltampere reaktiv).

Sie ist Null in Zweipolen, deren Eingangsimpedanz den Phasenwinkel $\varphi = 0$ hat (ohmscher Widerstand), und sie ist maximal $\pm UI$ für $\varphi = \pm\pi/2$ (reines Blindschaltelement).

Gl. (1.92) kann man durch Blindwiderstand ($U \sin\varphi = U_x = X_r I$ Blindspannung) oder durch Blindleitwert [$I \sin\varphi = -I_b = -B_p U$ Blindstrom nach Gln. (1.54) und (1.56)] ausdrücken (s. Bild 1.45b):

$$Q = UI \sin\varphi = -I_b U = I^2 X_r = -U^2 B_p, \tag{1.93}$$

wobei i. allg. $X_r \neq -1/B_p$ ist [vgl. Gln. (1.79) und (1.80)].

1.4.4. Scheinleistung S

Die Scheinleistung ist definiert als das Produkt aus den Effektivwerten von Spannung und Strom:

$$S = UI$$
Einheit 1 VA (Voltampere). **(1.94)**

In Gl. (1.87b) tritt sie als Amplitudenwert der um den Mittelwert schwankenden Leistung auf.
Die Scheinleistung kann man durch Wirk- und Blindleistung oder durch Scheinwiderstand bzw. Scheinleitwert ausdrücken (Bilder 1.22, 1.23 und 1.45b):

Mit

$$U = \sqrt{U_w^2 + U_b^2}$$

wird

$$S = \sqrt{(IU_w)^2 + (IU_b)^2} = \sqrt{(I^2R_r)^2 + (I^2X_r)^2} = \sqrt{P^2 + Q^2},$$

oder

$$I = \sqrt{I_w^2 + I_b^2}$$

ergibt

$$S = \sqrt{(UI_w)^2 + (UI_b)^2} = \sqrt{(U^2G_p)^2 + (U^2B_p)^2} = \sqrt{P^2 + Q^2},$$

also

$$S = UI = \sqrt{P^2 + Q^2} = I^2Z = U^2Y. \tag{1.95}$$

1.4.5. Komplexe Leistung $\underline{S}$

Man kann Wirk-, Blind- und Scheinleistung mit Hilfe der Bildfunktionen von u und i berechnen. Die Ausdrücke (1.90), (1.92) und (1.94) erhält man durch Definition einer komplexen Leistung:

$$\underline{S} = \underline{U}\,\underline{I}^*, \tag{1.96}$$

d. h., man multipliziert im Bildbereich die komplexe Spannung mit dem konjugiert komplexen Strom (Effektivwerte). Schreibt man Gl. (1.96) in Exponentialform aus, so erhält man

$$\underline{S} = \underline{U}\,\underline{I}^* = U e^{j\varphi_u} I e^{-j\varphi_i} = UI e^{j(\varphi_u - \varphi_i)} = UI e^{j\varphi} = S e^{j\varphi}.$$

Damit wird

$$\underline{S} = UI \cos\varphi + jUI \sin\varphi = P + jQ;$$
$$S = \sqrt{P^2 + Q^2} \quad \text{Scheinleistung}$$
$$P = \mathrm{Re}(\underline{S}) \quad \text{Wirkleistung} \tag{1.97}$$
$$Q = \mathrm{Im}(\underline{S}) \quad \text{Blindleistung.}$$

Der Zeiger $\underline{S}$ hat die Länge $S = UI$ und den Winkel $\varphi = \varphi_u - \varphi_i$.

Wirk- und Blindleistung ergeben sich aus der reellen bzw. imaginären Komponente von $\underline{S}$ (Bild 1.48).

Man kann also die drei Leistungen im Bildbereich durch *einen* Rechengang ermitteln, wenn $\underline{U}$ und $\underline{I}$ bekannt sind. Gl. (1.96) kann man auch durch Widerstands- und Leitwertoperatoren ausdrücken:

Mit $\underline{I}^* = \underline{U}^*/\underline{Z}^*$ und $\underline{U}\,\underline{U}^* = U^2$ sowie $\underline{I}\,\underline{I}^* = I^2$ nach Gl. (1.33) wird

$$\underline{S} = \underline{U}\,\underline{I}^* = I^2\underline{Z} = \frac{U^2}{\underline{Z}^*}\,. \tag{1.98}$$

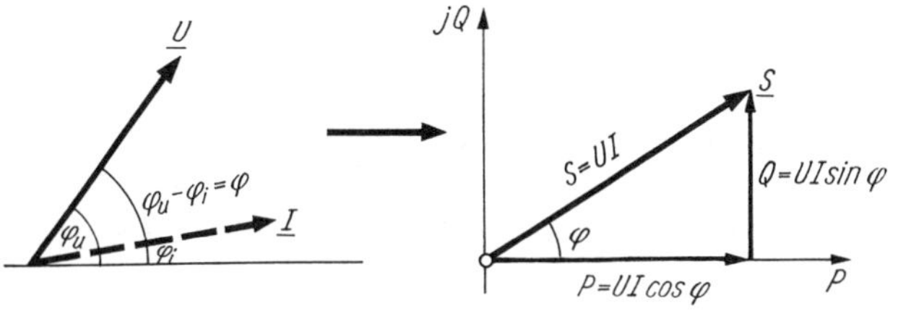

Bild 1.48. Zeigerbilder von Strom, Spannung und komplexer Leistung

Zusammenfassung

Vergleicht man die Ergebnisse der Gln. (1.91), (1.93), (1.95), so erkennt man die für jede Leistungsart geltende Beziehung:

Leistung = Strom · Spannung
= Stromquadrat · Widerstand
= Spannungsquadrat · Leitwert.

Man muß für die entsprechende Leistungsart die zugehörigen Komponenten von Strom, Spannung, Widerstand und Leitwert einsetzen:

Wirkleistung = Strom durch den Wirkwiderstand
× Spannung über dem Wirkwiderstand = ...

Scheinleistung = Strom durch den Scheinwiderstand
× Spannung über den Klemmen des Scheinwiderstands = ...

usw.

Beispiel

Es sollen Wirk-, Blind- und Scheinleistung der Schaltung Bild 1.49 bei gegebener Klemmenspannung berechnet werden.

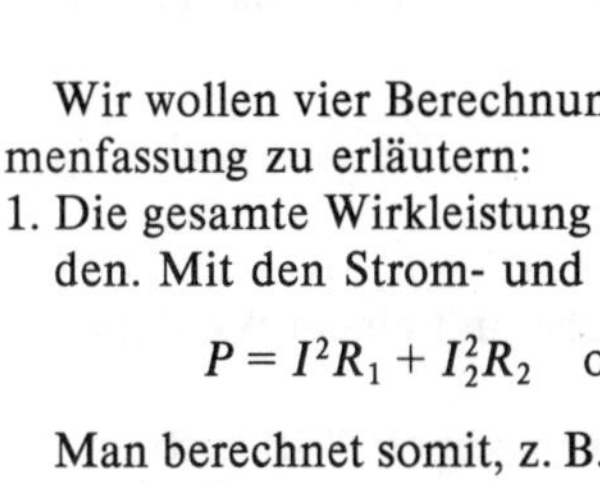

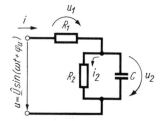

Bild 1.49

Wir wollen vier Berechnungsmöglichkeiten angeben, um die Feststellungen in der Zusammenfassung zu erläutern:

1. Die gesamte Wirkleistung ist die Summe der Leistungen in den einzelnen Wirkwiderständen. Mit den Strom- und Spannungsbezeichnungen im Bild 1.49 ergibt sich also

$$P = I^2R_1 + I_2^2R_2 \quad \text{oder} \quad P = U_1^2/R_1 + U_2^2/R_2 \quad \text{und} \quad Q = -U_2^2\omega C.$$

Man berechnet somit, z. B. U_1 und U_2 bei gegebener Gesamtspannung U (Spannungsteilerregel). Dabei interessieren nur die Betragsquadrate. So ist

$$\underline{U}_2 = \underline{U}\frac{R_2 /\!/ 1/\mathrm{j}\omega C}{R_1 + R_2 \bigg/\!\!\bigg/ \dfrac{1}{\mathrm{j}\omega C}} = \underline{U}\frac{R_2}{R_1 + R_2 + \mathrm{j}\omega C R_1 R_2}$$

also

$$U_2^2 = U^2 \frac{R_2^2}{(R_1 + R_2)^2 + (\omega C R_1 R_2)^2}$$

(analog für U_1^2 oder I^2).

2. Man rechnet die Parallelschaltung C, R_2 in eine Reihenschaltung um [Gln. (1.80)] und erhält nach Hinzufügen von R_1 den Reihenersatzwiderstand $\underline{Z} = R_r + jX_r$ der Schaltung Bild 1.49. Dann fließt durch beide Ersatzelemente gleicher Klemmstrom, und es ergibt sich

$$P = I^2 R_r, \quad Q = I^2 X_r.$$

3. Man berechnet die Parallelersatzschaltung des Zweipols $\underline{Y} = G_p + jB_p$. Dann ist beiden Elementen die Klemmenspannung gemeinsam, und es gilt

$$P = U^2 G_p, \quad Q = -U^2 B_p.$$

Die Scheinleistung S ergibt sich immer aus $S = \sqrt{P^2 + Q^2}$ oder $S = U^2/Z = U^2 Y$.

4. Man rechnet mit der komplexen Leistung und erhält in einem Ausdruck S, P und Q. Mit $\underline{I}^* = \underline{U}^*/\underline{Z}^*$ und $\underline{U}\,\underline{U}^* = U^2$ wird

$$\underline{S} = \underline{U}\,\underline{I}^* = U^2/\underline{Z}^*.$$

U ist gegeben. Man berechnet also $\underline{Z}$ und multipliziert die Phase bzw. den Imaginärteil von $\underline{Z}$ mit -1.

Dann sind $|\underline{S}|$ die Scheinleistung, $\mathrm{Re}(\underline{S})$ die Wirkleistung und $I_m(\underline{S})$ die Blindleistung.

Zur Übung und Vertiefung sollten die vier Möglichkeiten durchgeführt werden. Das Ergebnis ist

$$P = U^2 \frac{R_1 + R_2 + (\omega C R_2)^2 R_1}{(R_1 + R_2)^2 + (\omega C R_1 R_2)^2}, \quad Q = -U^2 \frac{\omega C R_2^2}{(R_1 + R_2)^2 + (\omega C R_1 R_2)^2},$$

$$S = \frac{U^2}{Z} = U^2 \frac{\sqrt{1 + (\omega C R_2)^2}}{\sqrt{(R_1 + R_2)^2 + (\omega C R_1 R_2)^2}}.$$

Aufgaben

A 1.18 In einem passiven Zweipol fließt bei einer sinusförmigen Spannung von 50 Hz mit 220 V Effektivwert ein ebensolcher Strom mit einem Effektivwert von 10 A. Der Strom eilt 30° vor.

a) Berechne und zeichne das Ersatzschaltbild des Zweipols mit Reihen- bzw. Parallelschaltung zweier Schaltelemente!

b) Wie groß sind Wirk-, Blind- und Scheinleistung?

(Lösung AB: 1.4./1)

A 1.19 An einen aktiven Zweipol mit einer Leerlaufspannung $e(t) = \hat{E} \cos \omega t$ und einem komplexen Innenwiderstand $R_i + jX_i$ wird ein Verbraucher mit einem Widerstandsoperator $R_a + jX_a$ angeschlossen.

Wie sind R_a und X_a auszulegen, damit der Verbraucher maximale Wirkleistung aus gegebenem Generatorzweipol aufnimmt?

Wie groß ist dann der Wirkungsgrad (abgegebene Wirkleistung dividiert durch erzeugte Leistung)?

Diskutiere die Lösung!

(Lösung AB: 1.4./5)

1.5. Inversion, Ortskurven, Kreisdiagramm

Ziel dieses Abschnitts: Bei der Konstruktion von Zeigerbildern (Abschn. 1.2.) haben wir erkannt, daß das Zeigerbild der Ströme und Spannungen eines Netzwerks eine anschauliche Darstellung der Phasenbeziehungen ist, zwar auch alle quantitativen Auswertungen im Prinzip ermöglicht, diese jedoch recht umständlich sind, so daß dafür die komplexe Rechnung der Wechselstromtechnik vorzuziehen ist.

Wir kommen in diesem Abschnitt auf diese grafische Darstellung zurück und erweitern sie auf variable Parameter. Wir stellen uns also die Aufgabe, eine Schaltung mit einer meist kontinuierlichen Änderung eines Parameters (z. B. Frequenz, ein Widerstand R, ein Kapazitätswert C od. ä.) zu untersuchen und die damit verbundene Änderung einer uns interessierenden Größe (z. B. des komplexen Eingangswiderstands des Zweipols usw.) anzugeben. Die grafische Darstellung dieser Größe für die verschiedenen Parameterwerte ergibt eine Kurve *(Ortskurve)*. Natürlich kann man die Funktion, z. B. $\underline{Z}(\omega)$, analytisch mit Hilfe der komplexen Rechnung gewinnen. Wenn es auf den exakten funktionellen Zusammenhang ankommt, wird man i. allg. dies auch vorziehen. Für eine Orientierung über den grundsätzlichen Verlauf und die eventuelle Auswahl interessierender Bereiche der Parameterwerte eignet sich jedoch die direkte Ortskurvenkonstruktion aus der Schaltung sehr gut. Die Ortskurvendarstellung hat die gleiche Bedeutung für Netzwerke mit variablem Parameter wie das Zeigerbild für Netzwerke mit festen Werten.

Wir haben bisher nur die Zeigerbilder für die Operatoren der Grundschaltelemente und auch für eine Reihen- und Parallelschaltung abgeleitet (Tafel 1.6). Jedoch fehlt die Konstruktion für eine Schaltung, in der sowohl Reihen- als auch Parallelelemente vorliegen. Hierzu benötigt man noch eine weitere Konstruktionsregel, die *Inversion.*

Soll z. B. zu der Schaltung Bild 1.49 der Zeiger des Widerstandsoperators mit Hilfe der Zeiger der einzelnen Elemente konstruiert werden, so wird man mit der Parallelschaltung beginnen, d. h. nach Spalte 5 der Tafel 1.6 die Leitwerte addieren. Man erhält damit den komplexen Leitwert der Parallelschaltung. Um den in Reihe liegenden Widerstand hinzufügen zu können, muß man den Leitwert in den zugehörigen Widerstandsoperator umwandeln. Mathematisch geschieht das durch Reziprokwertbildung, $\underline{Z} = 1/\underline{Y}$, auch Inversion genannt.

Die konstruktive Durchführung der Inversion erfolgt im Abschn. 1.5.1.

Um die Ortskurve z. B. von $\underline{Z}(C)$ einer solchen Schaltung zu konstruieren, zeichnet man analog zum Zeigerbild zunächst die Ortskurve des komplexen Leitwerts der Parallelschaltung (Abschn. 1.5.2.). Diese muß man invertieren, um die Ortskurve des zugehörigen Widerstandsoperators zu erhalten. Dieser Schritt, die *Inversion einer Ortskurve,* wird im Abschn. 1.5.3. behandelt. Schließlich soll im Abschn. 1.5.4. ein *Kreisdiagramm* abgeleitet und erläutert werden, das für die Analyse von Schaltungen sehr nützlich ist.

1.5.1. Inversion eines Zeigers

Zwei Punkte in der komplexen Ebene (komplexe Zahlen), die die Endpunkte der Zeiger $\underline{A}$ und $\underline{C}$ sind, sind invers, wenn sie die Beziehung

$$\underline{C} = \frac{\underline{B}^2}{\underline{A}} \tag{1.99}$$

erfüllen. $\underline{B}^2$ ist die sog. Inversionspotenz; auf den uns besonders interessierenden Sonderfall $\underline{B}^2 = 1$ (Reziprokwertbildung) wird noch eingegangen.

Definitionsgleichung (1.99) liefert uns die Konstruktionsvorschrift, mit der wir $\underline{C}$ erhalten, wenn $\underline{A}$ und $\underline{B}$ bekannt sind. Hierfür berechnen wir Betrag und Phase von $\underline{C}$, indem wir die einzelnen Größen in Exponentialform schreiben:

$$C\mathrm{e}^{\mathrm{j}\gamma} = \frac{B^2\mathrm{e}^{\mathrm{j}2\beta}}{A\,\mathrm{e}^{\mathrm{j}\alpha}} = \frac{B^2}{A}\,\mathrm{e}^{\mathrm{j}(2\beta-\alpha)} \tag{1.100}$$

Betrag $C = B^2/A$, Phase $\gamma = 2\beta - \alpha$.

Wir gehen in der Konstruktion von den gegebenen Zeigern $\underline{A}$ und $\underline{B}$ mit Winkeln α bzw. β aus (Bild 1.50a) und stellen aus obigen Ergebnissen fest: Der Winkel für den Fahrstrahl des Zeigers $\underline{C}$ ist $2\beta - \alpha = \beta + (\beta - \alpha)$, d. h., addiere zum Winkel β den Differenzwinkel $\beta - \alpha$, mit anderen Worten: *Spiegle den Zeiger A am Fahrstrahl des Zeigers $\underline{B}$.* Man erhält den gespiegelten Zeiger $\underline{A}^0$.

Um die auf diesem Fahrstrahl abzutragende Länge (Betrag von $\underline{C}$) konstruktiv zu erhalten, schreiben wir die Betragsgleichung um:

$$\frac{C}{B} = \frac{B}{A}.$$

Diese Proportionen werden dann erfüllt, wenn man den Zeiger $\underline{A}^0$ am Kreis um den Nullpunkt mit dem Radius B spiegelt. Diesen Kreis nennt man den *Inversionskreis.* Die *Spiegelung am Inversionskreis* geschieht durch die folgenden Konstruktionsschritte (Bild 1.50b).

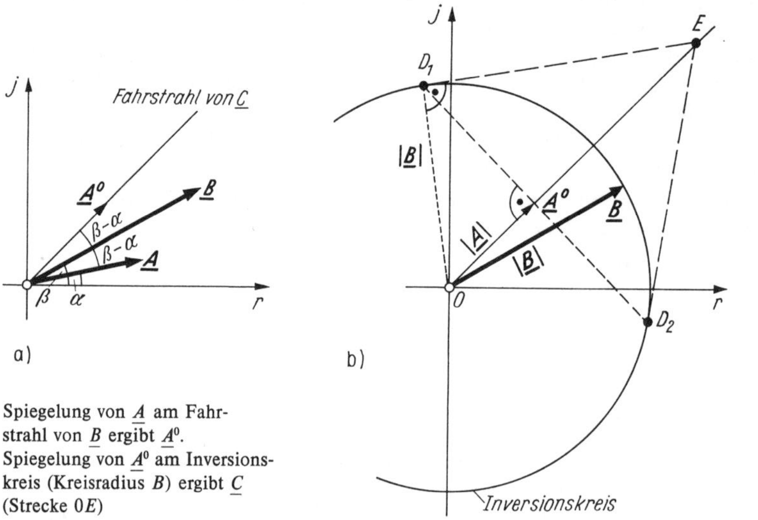

Spiegelung von $\underline{A}$ am Fahrstrahl von $\underline{B}$ ergibt $\underline{A}^0$.
Spiegelung von $\underline{A}^0$ am Inversionskreis (Kreisradius B) ergibt $\underline{C}$ (Strecke $0E$)

Bild 1.50. Inversion eines Zeigers (Inversionspotenz $\underline{B}^2$)

Konstruktionsprogramm KP 1: Spiegelung eines Zeigers am Inversionskreis

1. Fälle das Lot auf den Fahrstrahl von $\underline{A}^0$ durch den Endpunkt von $\underline{A}^0$! Dieses schneidet den Inversionskreis i. allg. in zwei Punkten (im Bild 1.50b D_1 und D_2).
2. Zeichne in diesen Punkten Tangenten an den Inversionskreis! Beide schneiden den Fahrstrahl von $\underline{A}^0$ in einem Punkt E. Dieser Punkt ist der Endpunkt des gesuchten Zeigers $\underline{C}$.
3. Ist $|\underline{A}| > |\underline{B}|$, so sind die beiden Konstruktionsschritte umzukehren: Tangenten an Kreis vom Endpunkt $\underline{A}^0$ und Lot von den Tangierungspunkten auf Fahrstrahl von $\underline{A}^0$ ergibt Länge des gesuchten Zeigers $\underline{C}$.

Aus der Ähnlichkeit der Dreiecke $0A°D_1$ und $0D_1E$ ist die Erfüllung obiger Proportion leicht nachzuweisen.

Zusammengefaßt besteht die Konstruktion zur Ermittlung der beiden Bestimmungsstücke Betrag und Winkel des Zeigers der invertierten Größe aus zwei Schritten:

- Spiegelung von $\underline{A}$ am Fahrstrahl des Zeigers $\underline{B}$ (Inversionspotenz) ergibt $\underline{A}^0$ auf Fahrstrahl mit dem *Winkel* des inversen Zeigers $\underline{C}$.

- Spiegelung von $\underline{A}^0$ am Inversionskreis (Kreisradius $\hat{=} |\underline{B}|$) ergibt gesuchte *Länge* des inversen Zeigers $\underline{C}$.

Mit der Vorstellung der zweifachen Spiegelung kann man sich leicht den Winkel des inversen Zeigers und dessen Längenverhältnis zum Ausgangszeiger vorstellen: Ist der Ausgangszeiger $\underline{A}$ sehr kurz gegenüber $\underline{B}$, so wird $\underline{C}$ sehr weit nach außen gespiegelt. Ist $|\underline{A}| \approx |\underline{B}|$, so unterscheiden sich die Längen der inversen Zeiger $\underline{C}$ und $\underline{A}$ kaum. Zeiger mit der Länge des Inversionsradius ändern ihre Länge bei Inversion nicht.

Spezialfall: $\underline{B} = 1$ (reell)

Dann gilt $\underline{C} = 1/\underline{A}$, **(1.101)**

d. h.,

$$C e^{j\gamma} = \frac{1}{A e^{j\alpha}}, \quad C = \frac{1}{A} \quad \text{und} \quad \gamma = -\alpha \quad \text{(Reziprokwertbildung).}$$

$\underline{B}$ liegt also längs der reellen Achse und hat die Länge 1. Die beiden Konstruktionsschritte lauten jetzt:

Konstruktionsprogramm KP 2: Inversion $\underline{C} = 1/\underline{A}$

1. Spiegelung von $\underline{A}$ an der reellen Achse. Man erhält einen Zeiger der gleichen Länge, aber mit negativem Winkel – es ist also der Zeiger der konjugiert komplexen Größe $\underline{A}^*$ [vgl. Gl. (1.32)].
2. Spiegelung $\underline{A}^*$ am Inversionskreis mit Radius *1 (Einheitskreis)* nach KP 1.

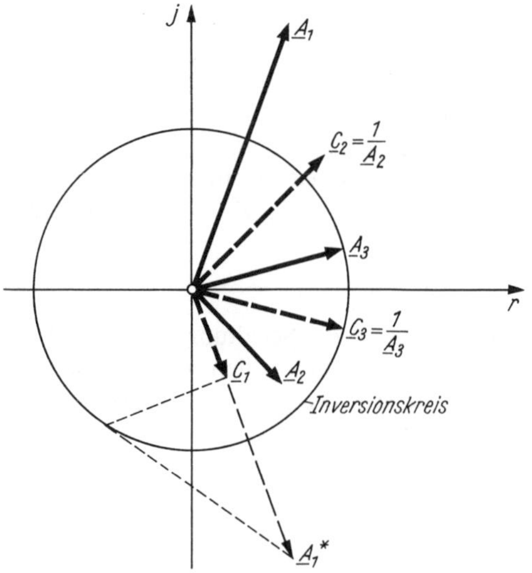

Bild 1.51. Inversion $\underline{C} = 1/\underline{A}$

Bei A_1 sind beide Konstruktionsschritte ausgeführt. Der Radius des Inversionskreises ist gleich der Länge von A_3, also ist die inverse Größe C_3 gleich lang.

Im Bild 1.51 sind einige Zeiger $\underline{A}_\nu$ invertiert. Bei $\underline{A}_1$ sind beide Konstruktionsschritte ausgeführt.

Die Rolle des „Einheitskreises" soll noch näher erläutert werden. Mit der Radiuslänge legen wir das Maßstabsverhältnis zwischen $\underline{A}$ und $\underline{C}$ fest. Wird z. B. die Radiuslänge gleich $|\underline{A}|$ gewählt ($\underline{A}_3$ im Bild 1.51), so ist $\underline{C}$ ebenso lang; ist jedoch $\underline{A}$ halb so lang wie der Radius, so hat $\underline{C}$ die doppelte Länge des Kreisradius und umgekehrt – das Produkt der beiden Längenverhältnisse zum Radius ist nach Gl. (1.101) immer 1.

Die häufigste Reziprokwertbildung in der Elektrotechnik im Zusammenhang mit Ortskurven ist die Umrechnung von Widerstand in Leitwert und umgekehrt:

$$\underline{Z} = \frac{1}{\underline{Y}}.$$

Hier handelt es sich um Größen mit Zahlenwert und Einheit. Beim Übergang von $\underline{Y}$ nach $\underline{Z}$ (d. h. von einer „Leitwertebene" in eine „Widerstandsebene") müssen die verschiedenen Einheiten (die natürlich auch im reziproken Verhältnis stehen: 1 S = 1/(1 Ω) einander zugeordnet werden, d. h., es muß festgestellt werden, welche Ω-Werte und welche S-Werte einer bestimmten Länge entsprechen. Dieses Maßstabsverhältnis legt man mit der Wahl des Inversionskreises fest: Entspricht die Radiuslänge z. B. 0,1 S für Y, so ist die gleiche Länge im Z-Maßstab 1/(0,1 S) = 10 Ω; hätten wir der Radiuslänge den Wert Y = 1 S zugeordnet, so entspräche diese gleiche Länge im Z-Maßstab dem Wert 1 Ω.

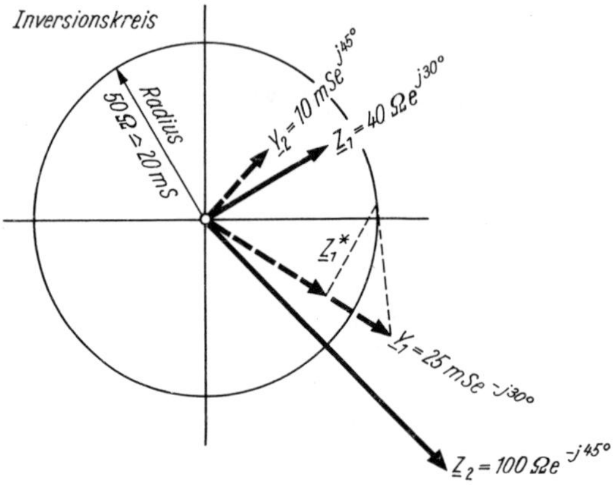

Bild 1.52. Inversion $\underline{Y}_\nu = 1/\underline{Z}_\nu$

Im Bild 1.52 sind zwei Zeiger $\underline{Z}_1 = 40\,\Omega e^{j\pi/6}$ und $\underline{Z}_2 = 100\,\Omega e^{-j\pi/4}$ invertiert.
Der Inversionsradius ist entsprechend der Strecke 50 Ω gewählt worden; diese Strecke entspricht also im Leitwertmaßstab 1/(50 Ω) = 20 mS. $\underline{Z}_1$ wird nach außen und $\underline{Z}_2$ nach innen gespiegelt. Aus der Konstruktion (bei $\underline{Y}_1 = 1/\underline{Z}_1$ dünn gestrichelt eingetragen) ergibt sich durch Ausmessen $Y_1 = 25$ mS und $Y_2 = 10$ mS (halbe Radiusstrecke, da Z_2 doppelte Radiusstrecke).

Zeigerbild für Schaltungen

Mit der Inversion können wir nun das Zeigerbild für $\underline{Z}$ bzw. $\underline{Y}$ von Schaltungen, die aus Reihen- und Parallelelementen bestehen, konstruieren. Als Beispiel wollen wir dies für die Schaltung Bild 1.53 tun. Es sei $\underline{Y}_{AB}$ für die Kreisfrequenz $\omega = 5\,000\,\text{s}^{-1}$ (das entspricht einer Frequenz $f = \omega/2\pi$ von etwa 800 Hz) gesucht. Bei $L = 0{,}06$ H und $C = 2\,\mu$F ergeben sich $\omega L = 300\,\Omega$ und $1/\omega C = 100\,\Omega$ bzw. $\omega C = 10$ mS.

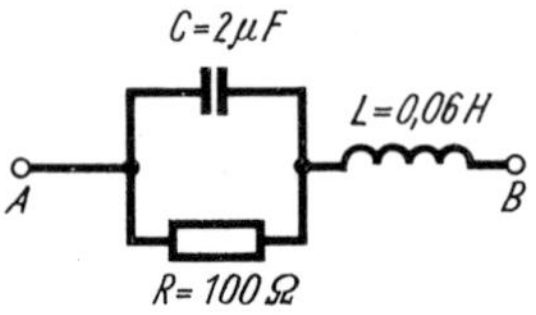

Bild 1.53

Die Konstruktionsschritte sind folgende:

1. Zeigerbild für die Parallelschaltung
   Addiere die Zeiger für $1/R = 10$ mS und $j\omega C = j\,10$ mS! Wähle hierzu eine Strecke für 10 mS! Es ergibt sich ein Zeiger $\underline{Y}_1$ (Bild 1.54a).
2. Invertiere den Zeiger $\underline{Y}_1$ (Bild 1.54a)!
   a) Zeichne einen Inversionskreis mit zweckmäßig gewähltem Radius! Wir wählen die Strecke 10 mS.

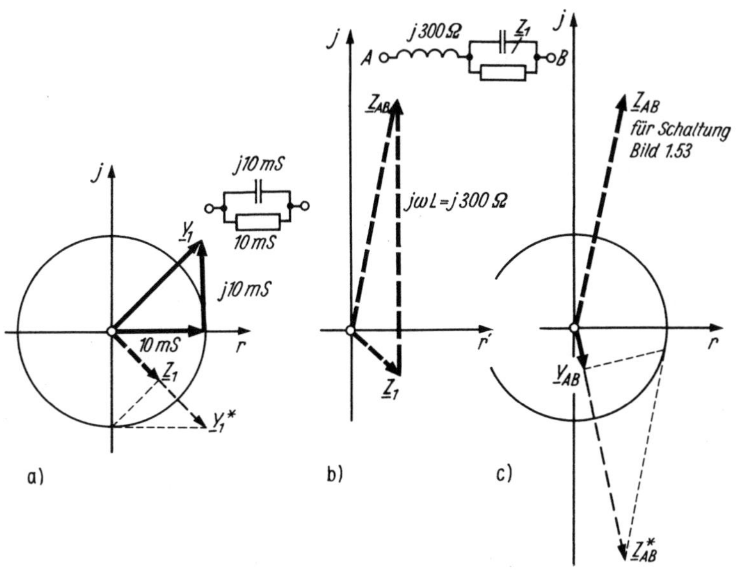

Bild 1.54. Konstruktion des Zeigerdiagramms für $\underline{Z}_{AB}$ und $\underline{Y}_{AB}$ der Schaltung Bild 1.53
Radius des Inversionskreises 10 mS ≙ 100 Ω

Diese Strecke entspricht also in der Widerstandsebene dem Wert 100 Ω.
b) Spiegle $\underline{Y}_1$ an reeller Achse $\rightarrow \underline{Y}_1^*$!
c) Spiegle $\underline{Y}_1^*$ am Inversionskreis $\rightarrow \underline{Z}_1 = 1/\underline{Y}_1$!

3. Addiere den Zeiger für den Widerstandsoperator $\mathrm{j}\omega L = \mathrm{j}\ 300\ \Omega$; d. h., trage die 3fache Radiusstrecke senkrecht nach oben an den Zeiger $\underline{Z}_1$ an $\rightarrow \underline{Z}_{AB}$ (Bild 1.54b)!
4. Invertiere $\underline{Z}_{AB} \rightarrow \underline{Y}_{AB}$ (Bild 1.54c)!
Wir behalten den in Punkt 2 gewählten Inversionskreis bei. Damit bleibt das dort gewählte Maßstabsverhältnis bestehen. Die Ausmessung ergibt $|\underline{Y}_{AB}| \approx 4$ mS.

Aufgabe

A 1.20 Gegeben sei die Schaltung Bild A 1.13. Zeichne das Zeigerbild für $\underline{Z}_{AB}$, ermittle Real- und Imaginärteil und prüfe das Ergebnis durch Rechnung nach! Konstruiere das Zeigerbild für doppelte und 4fache Frequenz!

(Lösung AB: Aufg. 1.5./1)

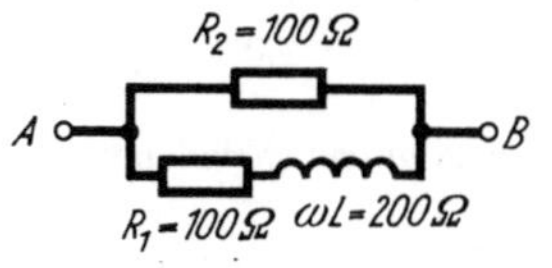

Bild A 1.13

1.5.2. Ortskurven

Stellt man in der komplexen Ebene die Abhängigkeit einer komplexen Größe von einem Parameter als Kurvenzug dar, so ergibt sich eine Ortskurve. Die variable komplexe Größe ist durch einen Zeiger darstellbar, der sich nach Betrag (Länge) oder/und Phase (Winkel) ändert. Die Ortskurve ist die Spur des Zeigerendpunktes. Kennzeichnen wir den reellen Parameter, der die Änderung z. B. der Frequenz oder eines Schaltelements R, L, C beschreiben kann, durch p und die komplexe Größe durch $\underline{A} = A_1 + \mathrm{j}A_2 = A\,\mathrm{e}^{\mathrm{j}\alpha}$, so gilt allgemein

$$\underline{A}(p) = A(p)\exp \mathrm{j}\alpha(p) = A_1(p) + \mathrm{j}A_2(p). \qquad (1.102)$$

Beispiel

Für eine Reihenschaltung aus R und L gilt der Widerstandsoperator

$$\underline{Z} = R + \mathrm{j}\omega L.$$

Ist beispielsweise die Frequenz (Kreisfrequenz) die Variable, so schreiben wir diese als Vielfache p einer beliebigen festen Frequenz f_1 (Kreisfrequenz ω_1):

$$\omega = p\omega_1 .$$

Dann wird

$$\underline{Z}(p) = R + \mathrm{j}p\omega_1 L = \omega_1 L\left(\frac{R}{\omega_1 L} + \mathrm{j}p\right) = Z(p)\,\mathrm{e}^{\mathrm{j}\varphi(p)},$$

wobei

$$Z(p) = \omega_1 L\sqrt{\left(\frac{R}{\omega_1 L}\right)^2 + p^2} \quad \text{und} \quad \varphi(p) = \arctan\left(p\frac{\omega_1 L}{R}\right).$$

Ähnlich könnte man verfahren, wenn R oder L als Variable einzuführen sind. $\underline{Z}(p)$ ist in der komplexen Ebene eine Gerade, die nicht durch den Nullpunkt geht. p ist nach dieser Definition eine bezogene Größe mit Dimension 1.

$\underline{A}(p)$kann man auf drei verschiedene Weisen darstellen:
- als Ortskurve in der komplexen Ebene (Bild 1.55a)
- getrennt Real- und Imaginärteil als Funktion des Parameters (Bilder 1.55b)
- getrennt Betrag und Phase als Funktion des Parameters (Bilder 1.55c).

Die beiden letzteren kann man aus der Ortskurve entnehmen.

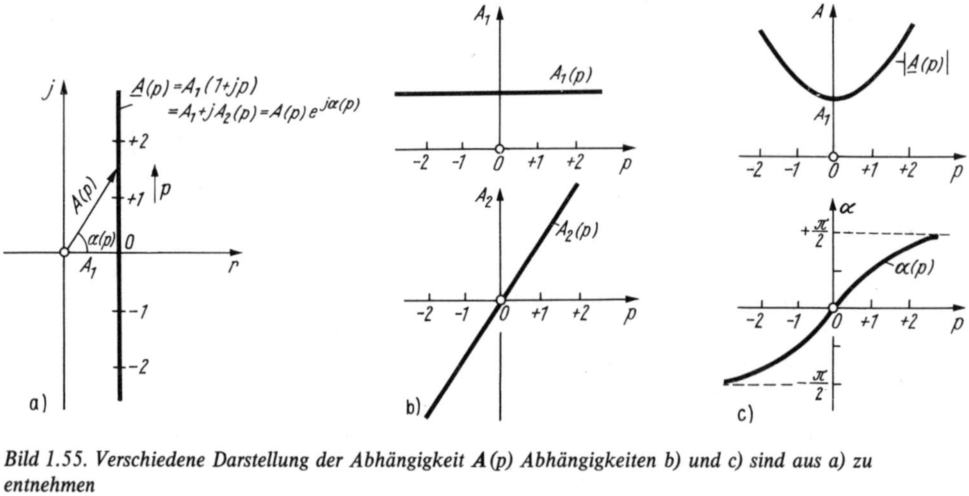

Bild 1.55. Verschiedene Darstellung der Abhängigkeit $\boldsymbol{A}(p)$ *Abhängigkeiten b) und c) sind aus a) zu entnehmen*

Einige einfache Ortskurven sollen angegeben werden:

I. *Gerade durch Nullpunkt*

$$\underline{A}(p) = p\underline{B}^{1)} \tag{1.103}$$

$\underline{B}$ ist eine gegebene komplexe Größe. Die Gerade läuft entlang dem Fahrstrahl von $\underline{B}$ (Bild 1.56a).

Konstruktion: Trage auf dem Fahrstrahl von $\underline{B}$ die Länge $|\underline{B}|$ p-mal ab![1]

[1]) Statt p kann auch eine beliebige reelle Funktion $f(p)$ stehen, z.B. $(p - 1/p)$. Das ändert lediglich die Parameterstaffelung auf der Ortskurve.

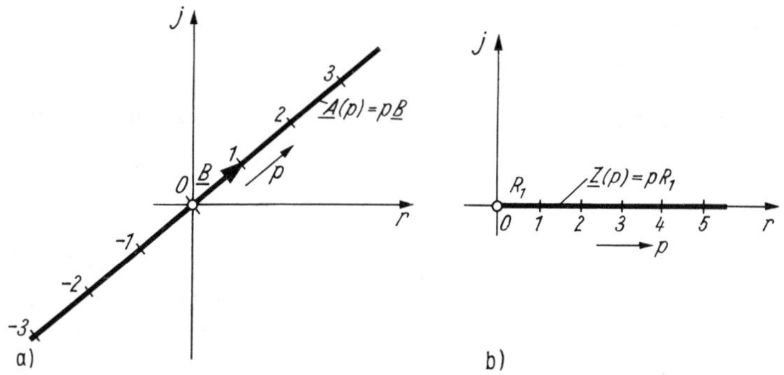

Bild 1.56

Beispiel

$Z(p) = pR_1$ ($p \geqq 0$); Gerade entlang positiver reeller Achse (Bild 1.56b).

II. *Gerade nicht durch den Nullpunkt*

$$\underline{A}(p) = \underline{C} + p\underline{B}^{1)} \tag{1.104}$$

$\underline{B}$ und $\underline{C}$ sind gegebene komplexe Größen (feste Zeiger). Die Gerade hat die Richtung von $\underline{B}$ und ist um $\underline{C}$ aus dem Nullpunkt verschoben.

Man kann die Gerade nicht durch den Nullpunkt auch folgendermaßen formulieren:

$$\underline{A}(p) = \underline{N}[1 + \mathrm{j}Df(p)]. \tag{1.104a}$$

Dabei ist $\underline{N}$ ein fester Zeiger im Nullpunkt. $\mathrm{j}Df(p)\underline{N}$ ist ein Fahrstrahl senkrecht zu $\underline{N}$ (j≙90°-Drehung). $\underline{N}$ ist also die Normale durch den Nullpunkt an $\underline{A}(p)$ (gestrichelt im Bild 1.57a).

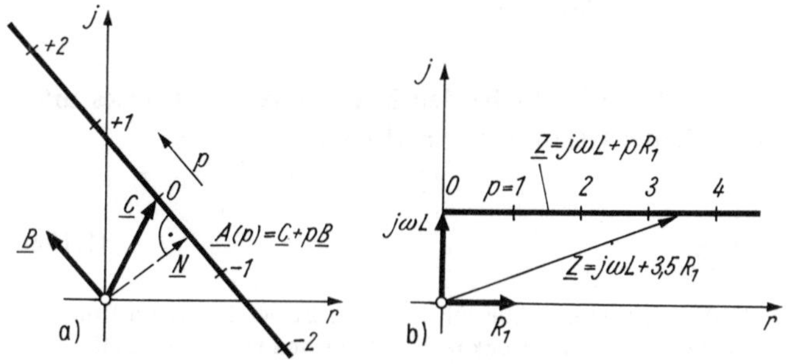

Bild 1.57

Konstruktion: Der Endpunkt des Zeigers $\underline{C}$ ist der Ortskurvenpunkt $p = 0$. Man addiert den Zeiger $\underline{B}$ p-mal und erhält die Ortskurvenpunkte p (Bild 1.57a).

Beispiel

$\underline{Z}(p) = \mathrm{j}\omega L + pR_1$ ($p \geqq 0$); Gerade parallel zur reellen Achse im Abstand ωL (fester Wert, Bild 1.57b).

III. *Kreis um den Nullpunkt*

$$\underline{A}(p) = \underline{B}\mathrm{e}^{\mathrm{j}\varphi(p)} \tag{1.105}$$

$\underline{B}$ ist eine feste komplexe Größe, deren Betrag B den Kreisradius und deren Phase β die Lage des Zeigers $\underline{A}(p)$ bei $\varphi(p) = 0$ festlegen. Die Phase $\varphi(p)$ kann eine beliebige Funktion von p sein, d. h., ein Zeiger konstanter Länge $|\underline{B}|$ ändert seine Winkellage. Der Endpunkt des Zeigers beschreibt einen Kreisbogen um den Nullpunkt (Bild 1.58).

[1]) Siehe Fußnote S. 98

Konstruktion: Zeichne Zeiger $\underline{B}$ und schlage Kreisbogen um Nullpunkt mit Länge B!

Beispiel

$\underline{A}(p) = \underline{B}e^{jp}$ ist für $p = \omega t$ der uns bekannte mit t umlaufende Zeiger (Bildfunktion der Sinusfunktion, s. beispielsweise Bild 1.20).

IV. *Kreis durch den Nullpunkt*

$$\underline{A}(p) = \underline{B}(1 + e^{j\varphi(p)}) \tag{1.106}$$

Diese Ortskurve gewinnt man durch Verschiebung des Kreises um den Nullpunkt $\underline{B}e^{j\varphi(p)}$ um die Radiuslänge (allgemein in beliebiger Richtung, wenn anstelle der 1 ein beliebiger konstanter Winkelfaktor $e^{j\varphi}$ steht).

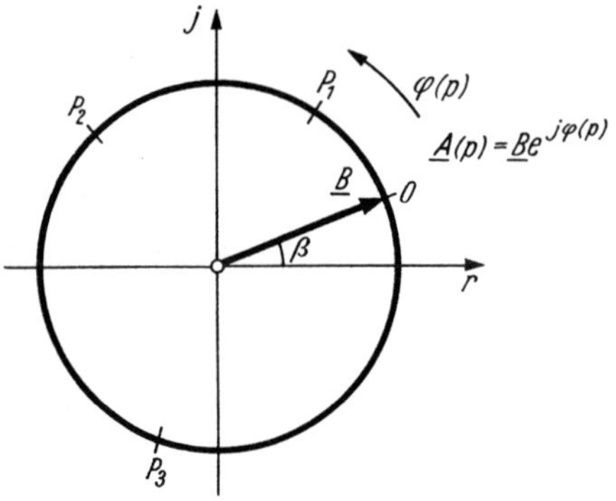

Bild 1.58

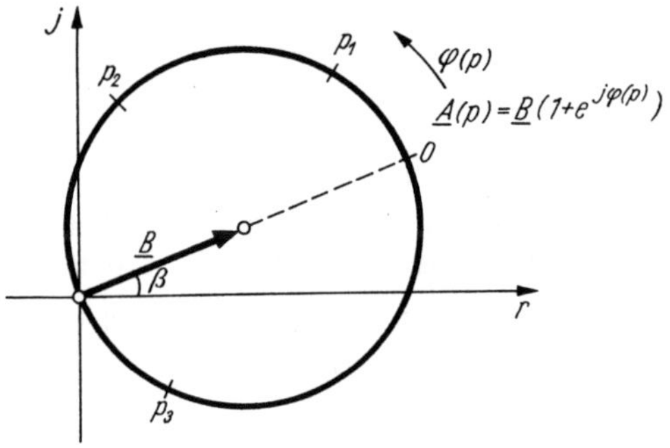

Bild 1.59

Konstruktion: Zeichne $\underline{A}(p)e^{j\varphi(p)}$ (Typ III)! Verschiebe den Mittelpunkt des Kreises um $\underline{B}$ (bzw. $\underline{B}e^{j\varphi}$) oder verschiebe das Koordinatensystem um $-\underline{B}$ (Bild 1.59)!
Andere Schreibweise:

$$\underline{A}(p) = \frac{1}{\underline{C} + p\underline{E}} = \frac{1}{\underline{N}[1 + jDf(p)]}. \tag{1.106a}$$

Daß die beiden Ausdrücke in Gl. (1.106a) ineinander überführbar sind, ist bei Typ II im Bild 1.57a grafisch gezeigt worden. Wir können nun den letzten Ausdruck rechts in den von Gl. (1.106) umformen:

$$\frac{1}{\underline{N}}\frac{1}{1 + jDf(p)} = \frac{1}{2\underline{N}}\frac{2}{1 + jDf(p)} = \frac{1}{2\underline{N}}\left(1 + \frac{1 - jDf(p)}{1 + jDf(p)}\right)$$

$$= \frac{1}{2\underline{N}}[1 + \exp(-j\,2\arctan Df(p))].$$

Es ergibt sich also eine Gleichung vom Typ IV [Gl. 1.106)].

Vergleichen wir Gln. (1.104) und (1.104a) mit den beiden Ausdrücken in Gl. (1.106a), so erkennen wir, daß sie durch Reziprokwertbildung ineinander überführbar sind. Die Gerade nicht durch den Nullpunkt und der Kreis durch den Nullpunkt sind inverse Ortskurven [vgl. Gl. (1.101)]. Wir kommen deshalb im Abschn. 1.5.3. bei der Inversion von Ortskurven auf die Konstruktion des Kreises, der durch den Ausdruck $\underline{A}(p) = 1/(\underline{C} + p\underline{B})$ beschrieben wird, zurück.

Dort werden auch Beispiele angeführt.

V. *Kreis nicht durch den Nullpunkt*

$$\underline{A}(p) = \underline{C} + \underline{B}e^{j\varphi(p)} \tag{1.107}$$

Diese Ortskurve geht aus Typ IV hervor. Die Verschiebung des Kreises $\underline{B}e^{j\varphi(p)}$ erfolgt nicht genau um die Radiuslänge, d. h. $C \neq B$. Ist $C > B$, so liegt der Nullpunkt außerhalb des Kreises, und ist $C < B$, so schließt der Kreis den Nullpunkt ein (Bild 1.60).

Konstruktion: analog Typ IV.

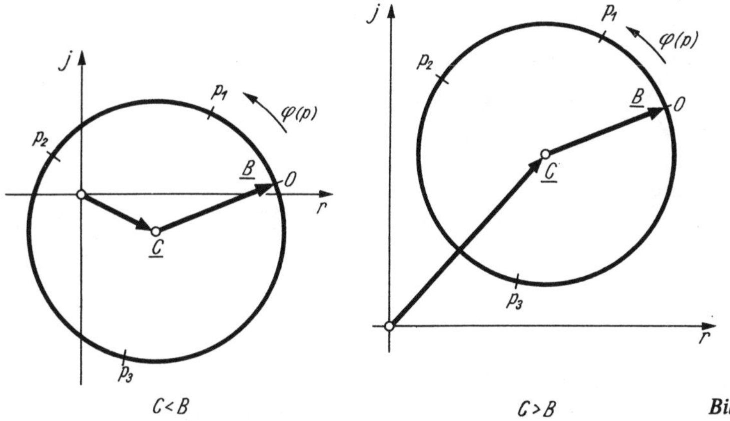

Bild 1.60. $\underline{A}(p) = \underline{C} + \underline{B}\,e^{j\varphi(p)}$

Andere Schreibweisen:

$$\underline{A}(p) = \underline{D} + \frac{1}{\underline{G} + p\underline{H}} = \frac{\underline{E} + p\underline{F}}{\underline{G} + p\underline{H}}. \tag{1.107a}$$

Auch auf diesen Ortskurventyp kommen wir im Abschn. 1.5.3. mit Beispielen zurück.

1.5.3. Inversion von Ortskurven

Die Inversion einer *allgemeinen Ortskurve* $\underline{A}(p)$ nach Gl. (1.101)

$$\underline{A}'(p) = \frac{1}{\underline{A}(p)},$$

wobei $\underline{A}'(p)$ die inverse Größe zu $\underline{A}(p)$ ist, erfolgt konstruktiv durch Inversion charakteristischer Zeiger der Ortskurve $\underline{A}(p)$. Hierzu werden die Konstruktionsschritte von KP 2 (Zeigerinversion) auf Ortskurven übertragen.

Konstruktionsprogramm KP 3:

1. Spiegle die Ortskurve $\underline{A}(p)$ an der reellen Achse! Dies ergibt eine Ortskurve $\underline{A}^*(p)$. Mit diesem Konstruktionsschritt sind die Phasen aller Zeiger der inversen Ortskurve $\underline{A}'(p)$ bestimmt: Winkel der Fahrstrahlen durch die Parameterpunkte der gespiegelten Ortskurve $\underline{A}^*(p)$ (gestrichelt in Bild 1.61a und b P_1 bis P_4).
2. Wähle einen Inversionsradius und zeichne den Inversionskreis!
3. Spiegle charakteristische Zeiger der Ortskurve $\underline{A}^*(p)$ am Inversionskreis nach KP 1! Damit wird die Betragsbeziehung $A' = 1/A$ erfüllt. Der Inversionsradius legt das Maßstabsverhältnis zwischen den Größen $\underline{A}'$ und $\underline{A}$ fest (Bild 1.61b).
4. Verbinde die Endpunkte der so erhaltenen Zeiger, die hinsichtlich Anzahl und Lage so ausgewählt sein müssen, daß ein kontinuierlicher Kurvenzug gezeichnet werden kann (durchgehender Kurvenzug in Bild 1.61b)!

Sind die Ortskurven $\underline{A}(p)$ *Geraden* oder *Kreise*, so kann man die Konstruktion aus der Kenntnis der im Abschn. 1.5.2. beschriebenen Ortskurventypen wesentlich vereinfachen. Wir wollen dies zunächst in drei Inversionssätzen formulieren, anschließend mathematisch be-

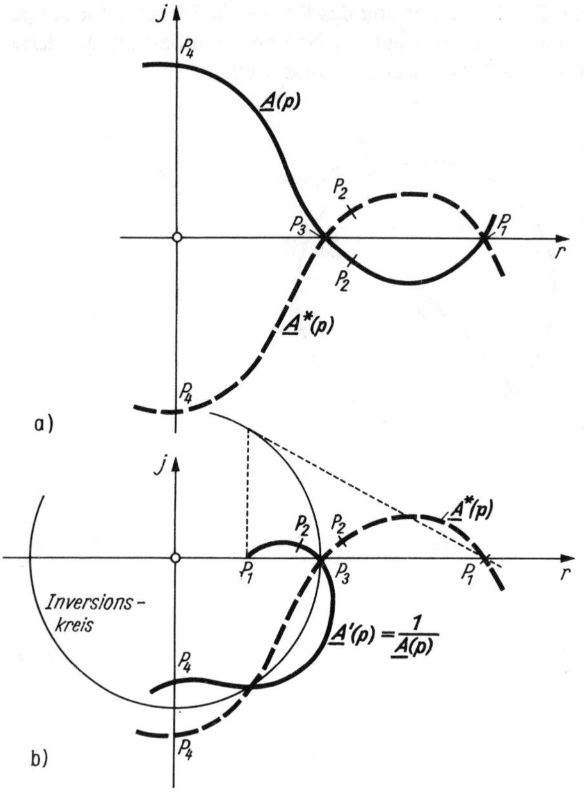

Bild 1.61. Inversion einer allgemeinen Ortskurve

a) Spiegelung an reeller Achse $\rightarrow \underline{A}^*(p)$

b) Spiegelung am Inversionskreis $\rightarrow \underline{A}'(p)$
Punkte auf dem Inversionskreis bleiben erhalten (z. B. P_3 in $\underline{A}^*$ und $\underline{A}'$).

gründen und gegenüber den Punkten 2 und 3 von KP 3 vereinfachte Konstruktionsregeln aufstellen.

Inversionssätze

I. Eine Gerade durch den Nullpunkt ergibt durch Inversion wieder eine Gerade durch den Nullpunkt.
II. Eine Gerade nicht durch den Nullpunkt ergibt durch Inversion einen Kreis durch den Nullpunkt und umgekehrt.
III. Ein Kreis nicht durch den Nullpunkt ergibt durch Inversion wieder einen Kreis nicht durch den Nullpunkt.

Erläuterungen und Konstruktion

Zu I: Mit Gl. (1.103) wird

$$\underline{A}'(p) = \frac{1}{f(p)\,\underline{B}}.$$

Dafür können wir auch schreiben

$$\underline{A}'(p) = \frac{\underline{B}^*}{f(p)\,B^2} = g(p)\,\underline{C}.$$

Es ergibt sich also der gleiche Ortskurventyp wie für $f(p)\,\underline{B}$. $\underline{B}^*$ erhält man durch Spiegelung an reeller Achse, und $g(p) = 1/f(p)$ sagt aus, daß die Parameterskale nach einer reziproken Funktion verläuft.

Konstruktionsprogramm KP 4: Inversion einer Geraden durch den Nullpunkt

1. Spiegle die Gerade $\underline{A}(p)$ an der reellen Achse mit Parameterskale! Dies ergibt: $\underline{A}^*(p)$ (Bild 1.62a).
2. Zeichne einen Inversionskreis und spiegle die Parameterpunkte von $\underline{A}^*(p)$ an diesem (Bild 1.62b)!

Im Bild 1.62b wurde der Inversionskreis durch den Parameterpunkt $p = 2$ gewählt. Alle $p > 2$ werden in den Kreis hinein und alle $p < 2$ nach außen gespiegelt. $p = 0$ liegt im Unendlichen, $p = \infty$ im Nullpunkt.

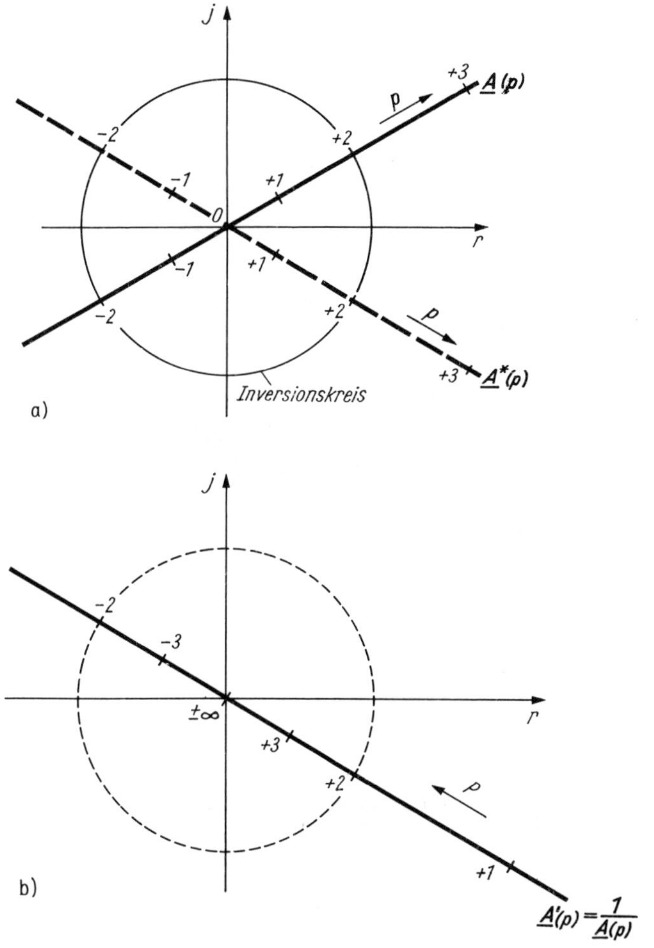

Bild 1.62. Inversion einer Geraden durch den Koordinatennullpunkt

a) Spiegelung an reeller Achse $\rightarrow \underline{A}^*(p)$ und Inversionskreis durch $p = 2$
b) Spiegelung am Inversionskreis

Zu II: Wie schon bei Erläuterungen des Ortskurventyps IV bewiesen, sind Gerade nicht durch den Nullpunkt [Gl. (1.104)] und Kreis durch den Nullpunkt [Gl. (1.106a)] inverse Funktionen.

$$\left.\begin{array}{ll} \text{Gerade} & \underline{A}(p) = \underline{C} + p\underline{B} \\ \text{Kreis} & \underline{A}'(p) = \dfrac{1}{\underline{C} + p\underline{B}} \end{array}\right\} \underline{A}'(p) = \frac{1}{\underline{A}(p)} = \frac{1}{\underline{C} + p\underline{B}}.$$

Zur Konstruktion: Wir spiegeln zunächst die Gerade $\underline{C} + p\underline{B}$ an der reellen Achse und erhalten $\underline{A}^*(p)$ mit gespiegelten Parameterpunkten p (Bild 1.63a). Für die weitere Konstruktion (Spiegelung an gewähltem Inversionskreis) kennen wir das Ergebnis: Die gespiegelten Punkte liegen auf einem Kreis durch den Nullpunkt. Wir benötigen also nur noch zwei Punkte, um den Kreis zu zeichnen. Diese erhalten wir am einfachsten, indem wir die Normale $\underline{N}$ (vgl. Bild 1.57a) vom Nullpunkt auf $\underline{A}^*$ zeichnen. Da diese Normale den kürzesten Zeiger $|\underline{A}^*|_{\min}$ bildet, durch Spiegelung am Inversionskreis (Reziprokwertbildung) auf diesem Fahrstrahl also der längste Zeiger $|\underline{A}'|_{\max} = 1/|\underline{A}^*|_{\min}$ liegen muß und die längste Sehne in einem Kreis der Durchmesser ist, muß auf diesem Fahrstrahl der Mittelpunkt des gesuchten Kreises liegen. Man könnte nun diesen Punkt $\underline{N}$ an einem gewählten Inversionskreis spiegeln, womit man den Durchmesser des Kreises und den Mittelpunkt erhält und damit der Kreis durch den Nullpunkt bestimmt ist. Einfacher jedoch wählen wir anstelle des Inversionsradius gleich auf dem Fahrstrahl $\underline{N}$ den Kreismittelpunkt und zeichnen den Kreis (Bild 1.63b). Die Mittelpunkt-, d. h. Durchmesserwahl ist die Festlegung des Maßstabsverhältnisses zwischen $\underline{A}'$ und $\underline{A}$. Die Parameterpunkte auf diesem Kreis erhalten wir durch die Schnittpunkte mit den Fahrstrahlen $\underline{A}^*(p)$ (Bild 1.63c). Damit formulieren wir das folgende Konstruktionsprogramm.

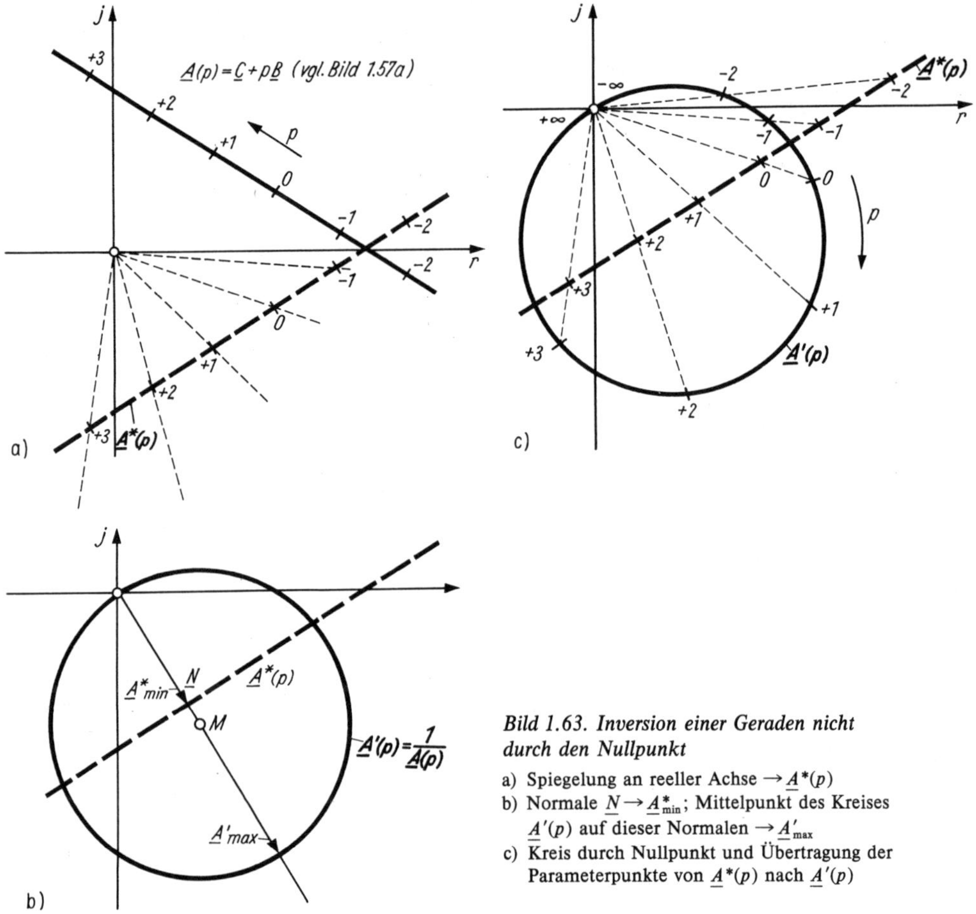

Bild 1.63. Inversion einer Geraden nicht durch den Nullpunkt

a) Spiegelung an reeller Achse $\rightarrow \underline{A}^*(p)$
b) Normale $\underline{N} \rightarrow \underline{A}^*_{\min}$; Mittelpunkt des Kreises $\underline{A}'(p)$ auf dieser Normalen $\rightarrow \underline{A}'_{\max}$
c) Kreis durch Nullpunkt und Übertragung der Parameterpunkte von $\underline{A}^*(p)$ nach $\underline{A}'(p)$

Konstruktionsprogramm KP 5: Inversion einer Geraden nicht durch den Nullpunkt in einen Kreis durch den Nullpunkt und umgekehrt.

1. Spiegle die gegebene Gerade $\underline{A}(p) = \underline{C} + p\underline{B}$ an der reellen Achse! Man erhält die Gerade $\underline{A}^*(p)$.
   Damit liegen die Winkel aller Zeiger der inversen Ortskurve fest (gestrichelte Fahrstrahlen im Bild 1.63a).

2. Fälle das Lot vom Nullpunkt auf die Gerade $\underline{A}^*(p)$! Das ergibt Normale $\underline{N}$, deren Länge $|\underline{A}^*|_{min}$ entspricht.
3. Wähle auf dem Fahrstrahl des Lotes $\underline{N}$ den Kreismittelpunkt! Der Kreisdurchmesser auf diesem Fahrstrahl ergibt den Zeiger $\underline{A}'_{max}$. Zeichne den Kreis durch den Nullpunkt mit dem gewählten Durchmesser (Bild 1.63b)!
4. Die Schnittpunkte der gestrichelten Fahrstrahlen (s. Punkt 1) mit dem Kreis ergeben die Parameterpunkte (Bild 1.63c).

   Die Inversion eines Kreises durch den Nullpunkt ergibt eine Gerade nicht durch den Nullpunkt und wird in rückläufiger Reihenfolge des obigen Programms konstruiert.

Beispiel

Wir wollen die Ortskurve $\underline{Z} = \mathrm{j}\omega L + pR_1$ (Bild 1.57b) nach KP 5 invertieren, d. h., wir wollen die Ortskurve $\underline{Y} = 1/(\mathrm{j}\omega L + pR_1)$ erhalten.

1. Spiegelung von $\underline{Z}(p)$ an reeller Achse (Bild 1.64a).
2. Das Lot vom Nullpunkt ist die imaginäre Achse, da die Ortskurve $\underline{Z}(p)$ parallel zur reellen Achse verläuft.
3. Kreis um gewählten Mittelpunkt auf negativer j-Achse durch Nullpunkt (Bild 1.64b).
4. Parameterpunktübertragung $p = \infty$ (d. h. $R = \infty$) liegt im Nullpunkt; denn $R = \infty$ ergibt Leitwert Null. $p = 0$ (d. h. $R = 0$) ergibt rein imaginären Leitwertoperator, den Kehrwert von $\mathrm{j}\omega L \rightarrow -\mathrm{j} \cdot 1/\omega L$; der Kreisdurchmesser entspricht der Länge von $1/\omega L$. Ist z. B. $\omega L = 20\,\Omega$ gegeben, so entspricht der Kreisdurchmesser einem Leitwert von 50 mS. Der Wert $p = 1$ ergibt für $R_1 = \omega L$ in $\underline{Z}$-Ebene einen Zeiger mit Phase 45°. In der inversen Ortskurve ist $p = 1$ ein Zeiger mit Phase −45°.

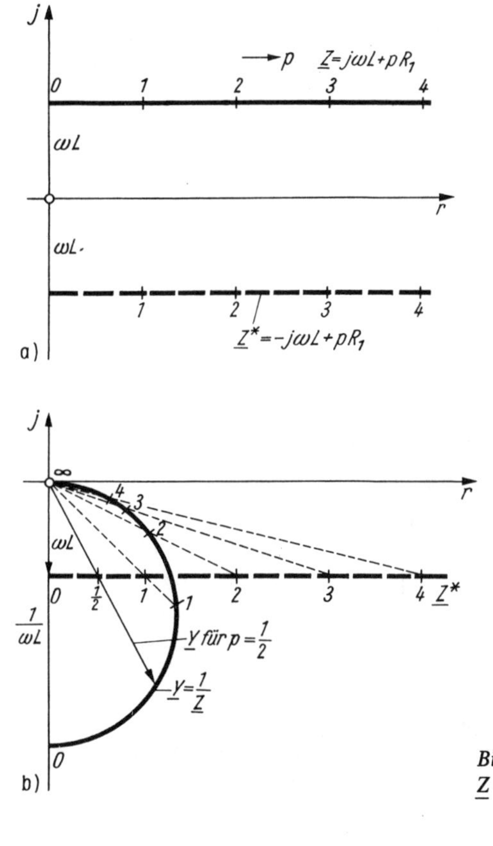

Bild 1.64. Inversion der Geraden $\underline{Z} = \mathrm{j}\omega L + pR_1$

Zu III: Der rechte Ausdruck der Gl. (1.107a) zeigt, daß der Kehrwert den gleichen Funktionstyp, also auch einen Kreis nicht durch den Nullpunkt, ergibt.

Die vereinfachte Konstruktion ist unterschiedlich, je nachdem, ob der Kreis den Nullpunkt aus- oder einschließt (Bilder 1.60).

In beiden Fällen spiegelt man als erstes den gegebenen Kreis an der reellen Achse (Bilder 1.65a und 1.66a).

Wir suchen nun drei geeignete Zeiger aus, die invertiert den Kreis bestimmen, wobei der Maßstab der Inversion noch gewählt werden kann. Liegt der Koordinatennullpunkt außerhalb des Ausgangskreises $\underline{A}(p)$, wählen wir z. B. die beiden Berührungspunkte der Tangenten vom Nullpunkt (Bild 1.65a) an den Kreis $\underline{A}^*(p)$. Der gesuchte Kreis $\underline{A}'(p)$ muß diese Tangenten ebenfalls berühren – an welchen Stellen, ist eine Frage des gewählten Maßstabs. Der Kreismittelpunkt liegt also auf der Winkelhalbierenden zwischen beiden Tangenten. Bei der Übertragung der Parameterpunkte auf den gewählten Kreis beachte die Gegenläufigkeit der Parameterskale: Der zum Parameterpunkt p_1 gehörende Zeiger $\underline{A}^*(p_1)$ ist länger als der Zeiger $\underline{A}^*(p_2)$. Also ist auf gleichem Fahrstrahl in der Ortskurve $\underline{A}'(p)$ der Zeiger $\underline{A}'(p_1)$ der kürzere gegenüber $\underline{A}'(p_2)$ usw. (Bild 1.65b).

Damit ergibt sich das folgende Konstruktionsprogramm.

Konstruktionsprogramm KP 6: Inversion eines Kreises außerhalb des Nullpunktes

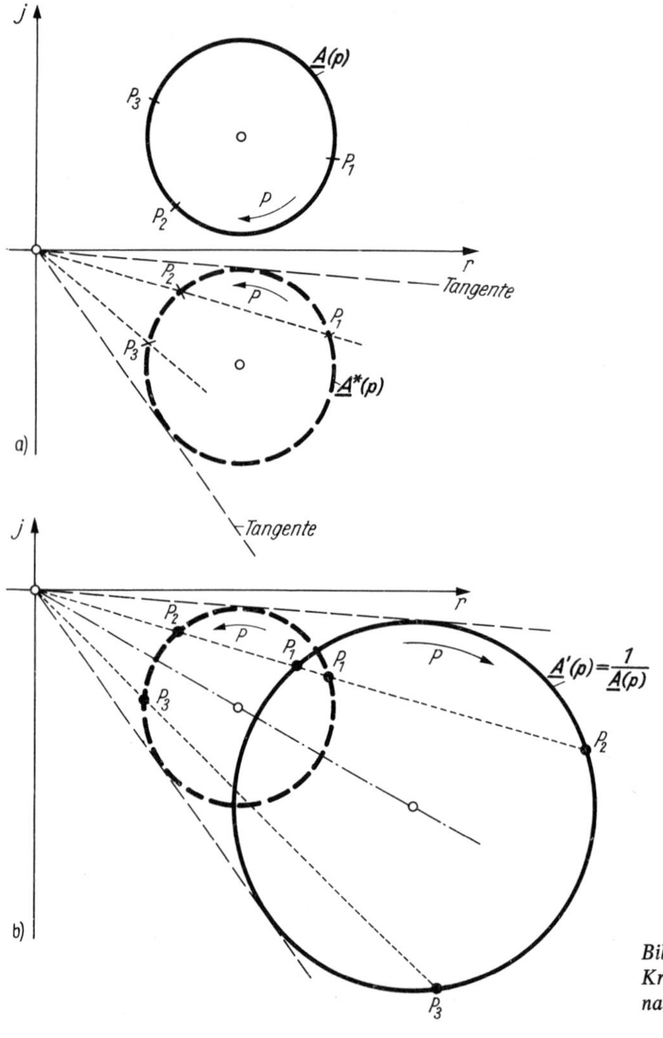

Bild 1.65. Inversion eines Kreises nicht durch Nullpunkt nach KP 6

1. Spiegle die gegebene Ortskurve $\underline{A}(p)$ an der reellen Achse! Man erhält die Ortskurve $\underline{A}^*(p)$. Damit sind die Phasen aller Ortskurvenpunkte $\underline{A}'(p)$ festgelegt (gestrichelte Geraden im Bild 1.65a).
2. Zeichne die Tangenten an $\underline{A}^*(p)$!
3. Wähle Mittelpunkt auf Winkelhalbierender zwischen den Tangenten und zeichne Kreis, der beide Tangenten berührt: Ortskurve $\underline{A}'(p)$ (Bild 1.65b)!
4. Übertrage Parameterpunkte, wobei die kürzeren Zeiger in $\underline{A}^*(p)$ die längeren in der Ortskurve $\underline{A}'(p)$ werden!

Liegt der Koordinatennullpunkt innerhalb des Kreises, so betrachten wir z. B. den Fahrstrahl vom Nullpunkt durch den Mittelpunkt M' des an der reellen Achse gespiegelten Kreises $\underline{A}^*(p)$ (Bild 1.66a). Dieser ergibt einerseits den Zeiger maximaler Länge $\underline{A}^*_{\max}$ und andererseits den Zeiger minimaler Länge $\underline{A}^*_{\min}$. Der Mittelpunkt des gesuchten Kreises $\underline{A}'(p)$ liegt auf diesem Fahrstrahl. Wir spiegeln also an einem Inversionskreis diese beiden Punkte und erhalten aus $\underline{A}^*_{\max}$ die Größe $\underline{A}'_{\min}$ bzw. aus $\underline{A}^*_{\min}$ die Größe $\underline{A}'_{\max}$ (Bild 1.66b). Diese beiden Punkte begrenzen den Kreisdurchmesser. Man kann also den gesuchten Kreis um den Mittelpunkt M'' zeichnen und die Parameterpunkte vom Kreis $\underline{A}^*(p)$ über Fahrstrahlen durch den Nullpunkt (punktiert) übertragen. Beachte, daß der Fahrstrahl durch den Mittelpunkt M'' der an der *imaginären* Achse gespiegelte Fahrstrahl durch den Mittelpunkt M des Ausgangskreises ist!

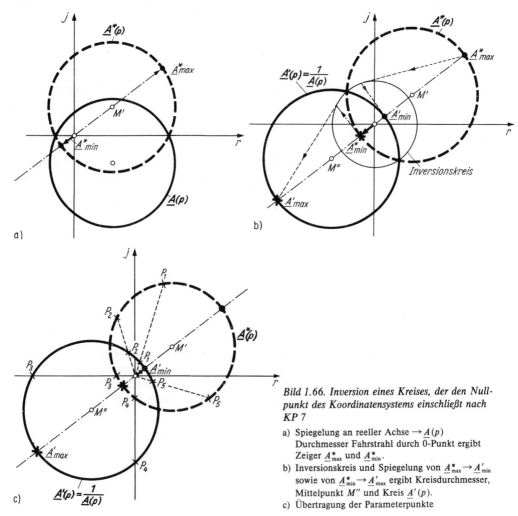

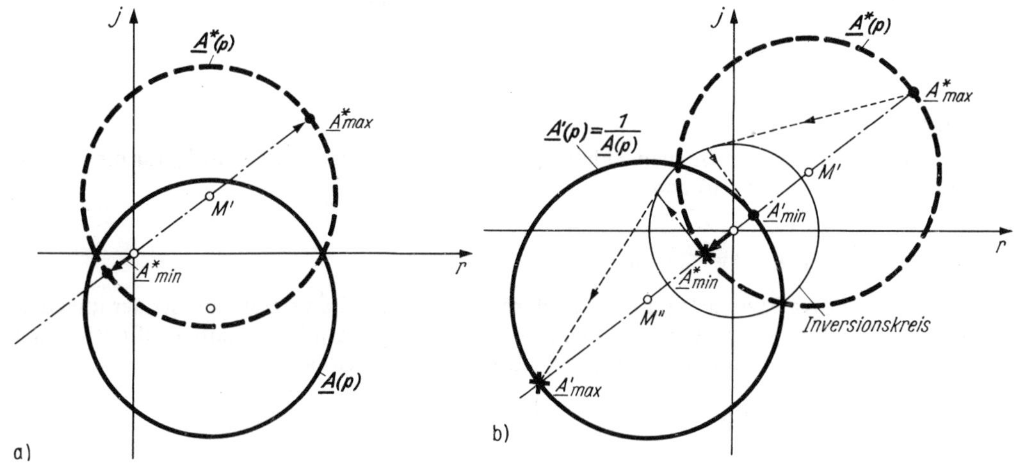

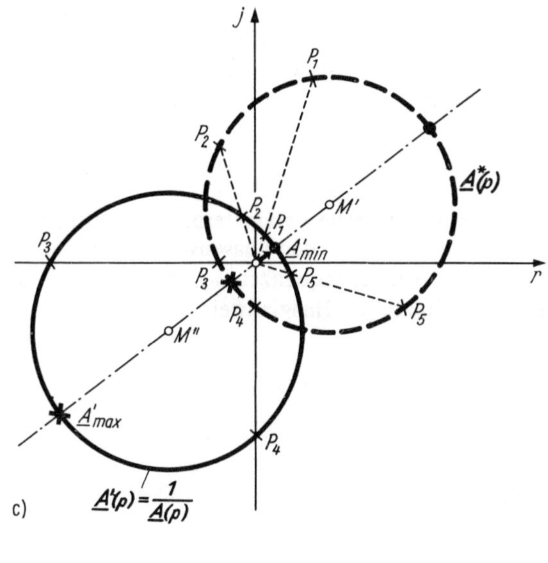

Bild 1.66. Inversion eines Kreises, der den Nullpunkt des Koordinatensystems einschließt nach KP 7

a) Spiegelung an reeller Achse → $\underline{A}(p)$
Durchmesser Fahrstrahl durch 0-Punkt ergibt Zeiger $\underline{A}^*_{\max}$ und $\underline{A}^*_{\min}$.
b) Inversionskreis und Spiegelung von $\underline{A}^*_{\max} \rightarrow \underline{A}'_{\min}$ sowie von $\underline{A}^*_{\min} \rightarrow \underline{A}'_{\max}$ ergibt Kreisdurchmesser, Mittelpunkt M'' und Kreis $\underline{A}'(p)$.
c) Übertragung der Parameterpunkte

Damit ergibt sich das folgende Konstruktionsprogramm.

Konstruktionsprogramm KP 7: Inversion eines den Nullpunkt umschließenden Kreises

1. Spiegele gegebene Ortskurve $\underline{A}(p)$ an reeller Achse! Man erhält Kreis $\underline{A}^*(p)$ um Mittelpunkt M' (Bild 1.66a).
2. Zeichne Durchmesserfahrstrahl durch Nullpunkt des Koordinatensystems! Man erhält $\underline{A}^*_{\max}$ und $\underline{A}^*_{\min}$.
3. Zeichne Inversionskreis mit gewähltem Radius!
4. Spiegele die Punkte $\underline{A}^*_{\max}$ und $\underline{A}^*_{\min}$ am Inversionskreis nach KP 1! Das ergibt $\underline{A}'_{\min}$ bzw. $\underline{A}'_{\max}$ (Bild 1.66b). Die Summe beider Strecken ist der Durchmesser des gesuchten Kreises.
5. Zeichne den Kreis und übertrage die Parameterpunkte (Bild 1.66c).

Beispiel 1

Gesucht ist die Ortskurve $\underline{Y}(\omega)$ für $0 \leqq \omega \leqq \infty$ der Schaltung Bild 1.67.

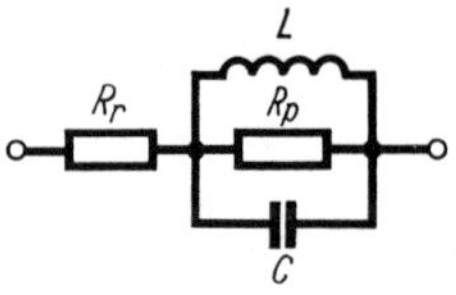

Bild 1.67. Gesucht ist die Ortskurve für $\underline{Y}(\omega)$ bei sinusförmiger Aussteuerung dieser Schaltung

Konstruktionsschritte:

1. Wir beginnen mit den frequenzabhängigen Gliedern der Parallelschaltung, für die wir die Leitwerte (Admittanzen) addieren:

$$\mathrm{j}\omega C + \frac{1}{\mathrm{j}\omega L} = \mathrm{j}\left(\omega C - \frac{1}{\omega L}\right).$$

Diese Ortskurve ist vom Typ I (Gerade durch Nullpunkt). Sie verläuft entlang der imaginären Achse. Der Parameter ω (Frequenz $f = \omega/2\pi$) kann von 0 bis ∞ laufen. Offensichtlich liegt $\omega = 0$ bei $-\infty$ und $\omega = \infty$ bei $+\infty$. Die Admittanz ist Null bei

$$\omega_0 C - \frac{1}{\omega_0 L} = 0, \quad \text{d.h.} \quad \omega_0 = \frac{1}{\sqrt{LC}}.$$

Damit haben wir zunächst drei charakteristische Parameterwerte (Bild 1.68a).

2. Wir verschieben diese Ortskurve um die Strecke des Leitwerts $1/R_p$ nach rechts. Damit erhalten wir die Ortskurve für $\underline{Y}_1$ der Parallelschaltung:

$$\underline{Y}_1 = \frac{1}{R_p} + \mathrm{j}\left(\omega C - \frac{1}{\omega L}\right)$$

(Bild 1.68b). Wir können nun zwei weitere charakteristische Parameterpunkte einführen: Wir wählen die Kreisfrequenzen aus, bei denen der Zeiger $\underline{Y}_1$ den Phasenwinkel $+45°$ bzw. $-45°$ hat. Wegen der 45°-Winkel nennen wir diese Kreisfrequenzen ω_{+45} bzw. ω_{-45}. Wir können diese leicht berechnen; denn für sie gilt Realteil = Imaginärteil:

$$\pm\left(\omega_{\pm 45}\, C - \frac{1}{\omega_{\pm 45}\, L}\right) = \frac{1}{R_p}.$$

Daraus wird

$$\omega_{\pm 45} = \pm\frac{1}{2CR_p} + \sqrt{\frac{1}{LC} + \left(\frac{1}{2CR_p}\right)^2}.$$

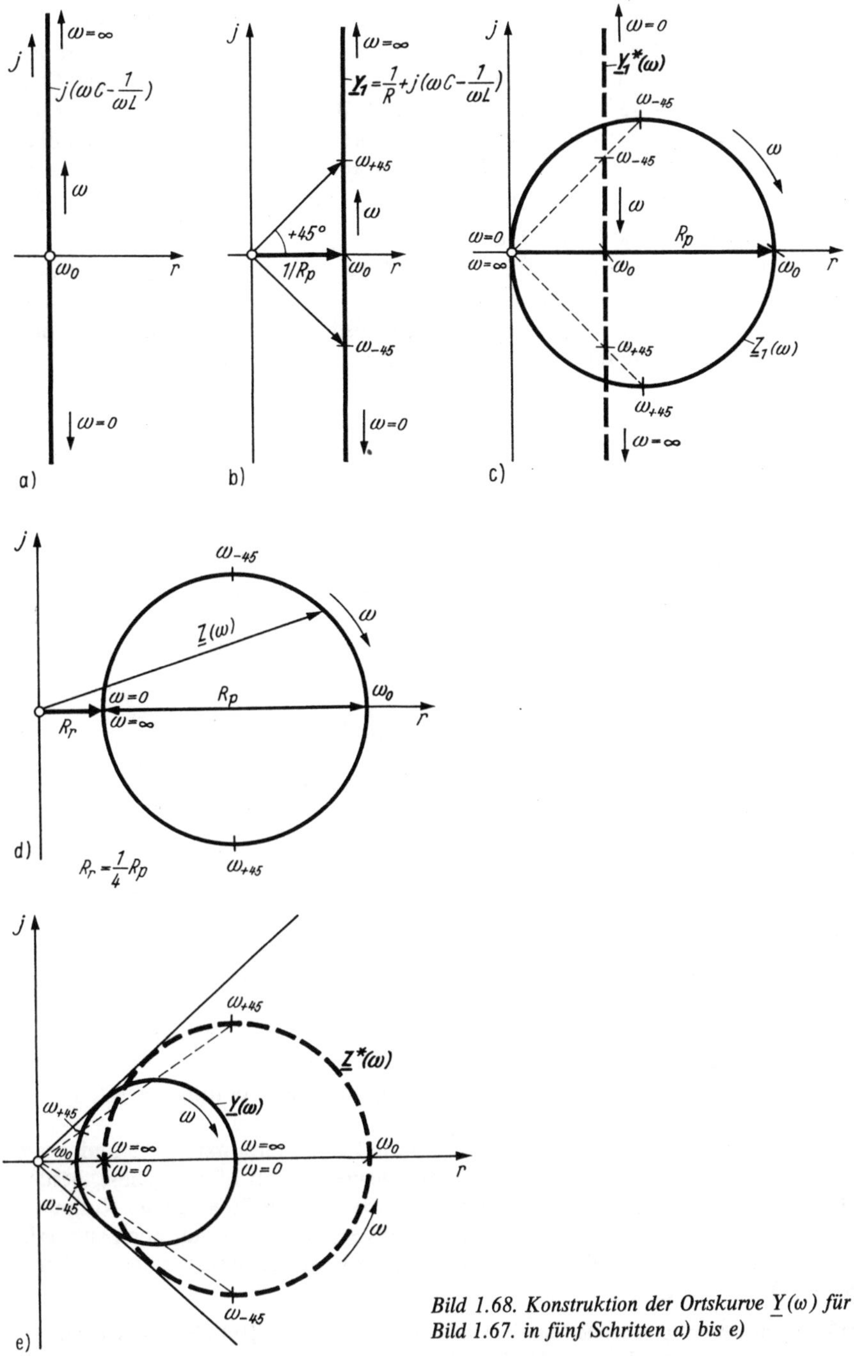

Bild 1.68. Konstruktion der Ortskurve $\underline{Y}(\omega)$ für die Schaltung Bild 1.67. in fünf Schritten a) bis e)

Der negative Wurzelwert entfällt, da negative Frequenzen physikalisch nicht real sind.

3. Um den Reihenwiderstand R_r einzubeziehen, müssen wir $\underline{Z}_1 = 1/\underline{Y}_1$ bilden; denn es gilt $\underline{Z} = \underline{Z}_1 + R_r$. Wir invertieren also die Ortskurve $\underline{Y}_1(\omega)$. Das ergibt nach dem II. Inversionssatz einen Kreis durch den Nullpunkt.

Nach KP 5 spiegeln wir die Gerade an der reellen Achse (gestrichelt im Bild 1.68c). Dadurch kommt an die Stelle des Parameterpunktes ω_{-45} (Bild 1.68b) der Parameterwert ω_{+45} und umgekehrt; ω_0 bleibt auf der reellen Achse; 0 und ∞ werden vertauscht. Der Mittelpunkt des gesuchten Kreises liegt auf der reellen Achse. Wir wählen den Mittelpunkt, womit wir das Maßstabsverhältnis zwischen Y und Z festlegen, zeichnen den Kreis und übertragen die gespiegelten Parameterpunkte (Bild 1.68c). Damit erhalten wir $\underline{Z}_1(p)$: Bei $\omega = 0$ und $\omega = \infty$ ist $Z_1 = 0$, da ωL bzw. $1/\omega C$ Null werden. Bei $\omega = \omega_0 = 1/\sqrt{LC}$ ist Z_1 maximal $Z_1 = R_p$; bei $\omega = \omega_{+45}$ sinkt Z auf $R_p/\sqrt{2}$ ab.

4. Wir verschieben den Kreis um $+R_r$. Maßstabsgerecht ermittelt man das folgendermaßen: Ist z. B. $R_p = 200\,\Omega$ gegeben, so entspricht diesen $200\,\Omega$ die Strecke des Kreisdurchmessers; ist $R_r = 20\,\Omega$, so wird der Kreis um 1/10 des Kreisdurchmessers nach rechts (oder u. U. einfacher: der Koordinatennullpunkt nach links) verschoben (Bild 1.68d).
   Damit erhalten wir $\underline{Z}(\omega)$.
5. $\underline{Y}(\omega)$ ergibt sich durch Inversion der Ortskurve $\underline{Z}(\omega)$. Es ist ein Kreis außerhalb des Koordinatennullpunktes, also wenden wir RP 6 an: Spiegelung an reeller Achse erfolgt einfach durch Vertauschen der Parameter ω_{+45} mit ω_{-45}, $\omega = 0$ mit $\omega = \infty$; ω_0 bleibt wieder auf reeller Achse (Bild 1.68e gestrichelt).
   Dann ziehen wir die Tangenten.
   Wenn wir das gewählte Maßstabsverhältnis von Punkt 3 nicht beibehalten wollen, wählen wir wiederum einen Mittelpunkt auf der reellen Achse, ziehen einen Kreis an die Tangenten und übertragen die Parameterpunkte (Bild 1.68e).
   Beachte: ω_{+45} und ω_{-45} liegen auf der *linken* Kreishälfte (vgl. p_1 und p_2 im Bild 1.65).

Beispiel 2

Ortskurve für $\underline{Z}(R)$ der Schaltung Bild 1.69.

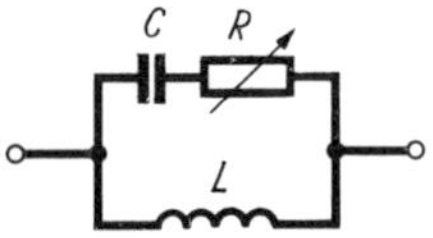

Bild 1.69

Konstruktionsschritte:

1. Ortskurve für den *C-R*-Zweig: $\underline{Z}_1 = R - \mathrm{j} \cdot 1(\omega C)$ analog Bild 1.64a. Wir setzen $R = pR_1$, wobei wir $R_1 = 1(\omega C)$ wählen. Damit wird $\underline{Z}_1 = (\mathrm{p} - \mathrm{j})/(\omega\mathrm{C})$ (Bild 1.70a).
2. Inversion $\rightarrow \underline{Y}_1(p) = 1/\underline{Z}_1$; ergibt Kreisbogen mit Mittelpunkt auf imaginärer Achse, vgl. Beispiel zu KP 5 (Bild 1.70b).
3. Addiere Admittanz $-\mathrm{j} \cdot 1/(\omega L)$, d. h., verschiebe Nullpunkt des Koordinatensystems um $+\mathrm{j}1/(\omega L)$ (Bild 1.70c)! Ergibt $\underline{Y}(p) = \underline{Y}_1(p) - \mathrm{j}/(\omega L)$.
4. Invertiere $\underline{Y}(p)$! Das ergibt $\underline{Z}(p)$: KP 7. Wir spiegeln die Parameterpunkte $p = 0$ und $p = \infty$ der Ortskurve $\underline{Y}^*(p)$ an einem gewählten Inversionskreis (Bild 1.70d). Diese beiden Punkte schließen den Durchmesser des Halbkreises $\underline{Z}(p)$ ein. Die Strecke vom Nullpunkt bis zum Parameterpunkt $p = \infty$ (d. h., die Schaltung besteht bei $R = \infty$ nur noch aus $\mathrm{j}\,\omega L$) entspricht dem Ohmwert der gegebenen Größe ωL. Damit ist der Maßstab der Ortskurve $\underline{Z}(p)$ festgelegt (Bild 1.70d).

Beachte, daß man durch entsprechende Maßstabswahl als Ortskurve für $\underline{Z}(p)$ die gleiche erhält wie die von $\underline{Y}(p)$, nur mit an reeller Achse gespiegelten Parameterpunkten!

Beispiel 3

In der Schaltung Bild 1.71 ist die Ortskurve des Zeigers für den Effektivwert des Gesamtstroms gesucht, wobei bei unveränderter Spannungsamplitude die Frequenz von Null bis unendlich verändert werden soll.

Da die Amplitude der Spannung bei Änderung der Frequenz konstant bleiben soll, gilt für

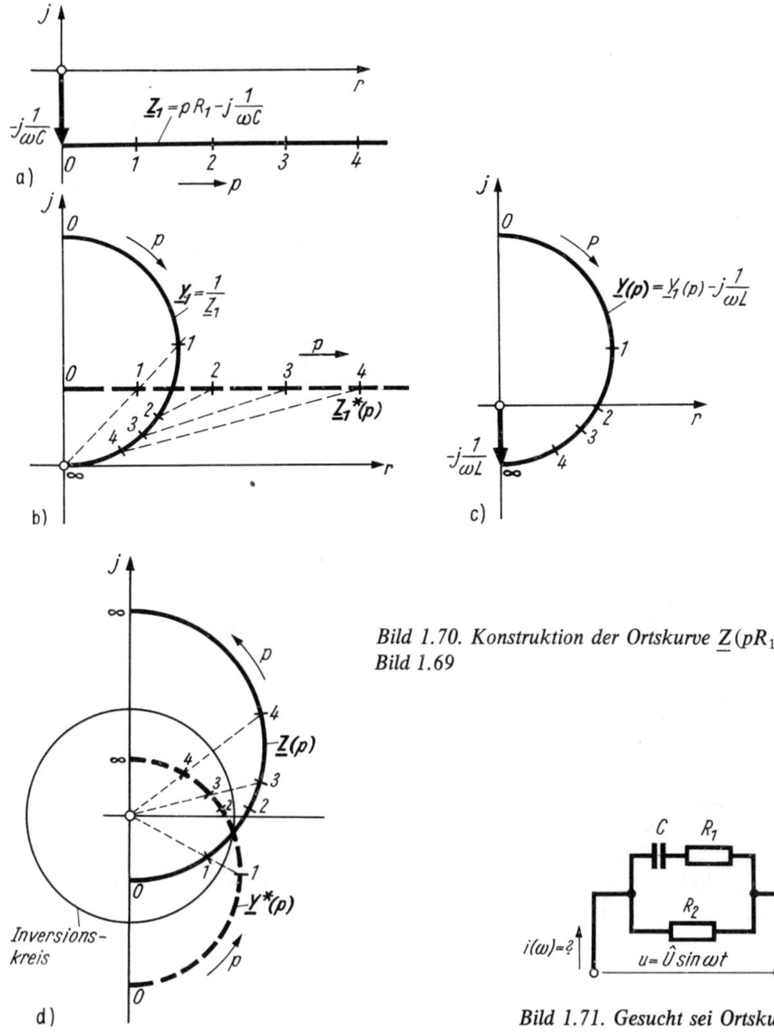

Bild 1.70. Konstruktion der Ortskurve $\underline{Z}(pR_1)$ für die Schaltung Bild 1.69

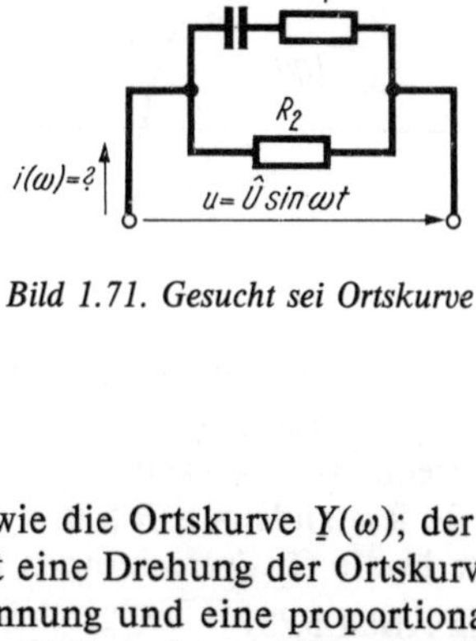

Bild 1.71. Gesucht sei Ortskurve $\underline{I}(\omega)$; $0 \leqq \omega \leqq \infty$

den komplexen Effektivwert des Gesamtstroms

$$\underline{I}(\omega) = \underline{U}\underline{Y}(\omega) = \text{konst.}\ \underline{Y}(\omega),$$

d. h., die Ortskurve von $\underline{I}(\omega)$ verläuft qualitativ wie die Ortskurve $\underline{Y}(\omega)$; der konstante komplexe Proportionalitätsfaktor $\underline{U} = U\,e^{j\varphi_u}$ bedeutet eine Drehung der Ortskurve um den Koordinatennullpunkt um die Nullphase φ_u der Spannung und eine proportionale Längenänderung, die man durch den Maßstabsfaktor berücksichtigen kann. Wir nehmen $\varphi_u = 0$ an und setzen $\underline{I} \sim \underline{Y}$.

Konstruktionsschritte:

1. Ortskurve für Zweig R_1, C:

$$\underline{Z}_1 = R_1 - j\frac{1}{\omega C}.$$

Wir definieren den Parameter p durch die Gleichung $\omega = p\omega_1$, wobei wir willkürlich ω_1 durch $1/\omega_1 C = R$ festlegen, d. h. $\omega_1 = 1/CR_1$. $f_1 = \omega_1/2\pi$ ist diejenige Frequenz, bei der der Zeiger $\underline{Z}_1$ den Winkel 45° besitzt; daher wird f_1 auch „45°-Frequenz" genannt. Damit kann man schreiben:

$$\underline{Z}_1 = R_1\left(1 - \mathrm{j}\frac{1}{p}\right) \qquad \text{(Bild 1.72 a).}$$

2. Inversion der Ortskurve $\underline{Z}_1(p)$ ergibt Ortskurve für $\underline{Y}_1(p)$: Halbkreis durch Nullpunkt (KP 5) mit Mittelpunkt auf reeller Achse (Bild 1.72 b).
3. Addition des Leitwerts $1/R_2$ verschiebt diesen Halbkreis um den Wert dieses Leitwerts aus Nullpunkt (Bild 1.72 c) längs der reellen Achse.

Verfolgt man den Zeiger $\underline{Y}(p)$ bei Änderung von p, so kann man die Phasenwinkel- und Betragsänderung von $\underline{I}$ erkennen.

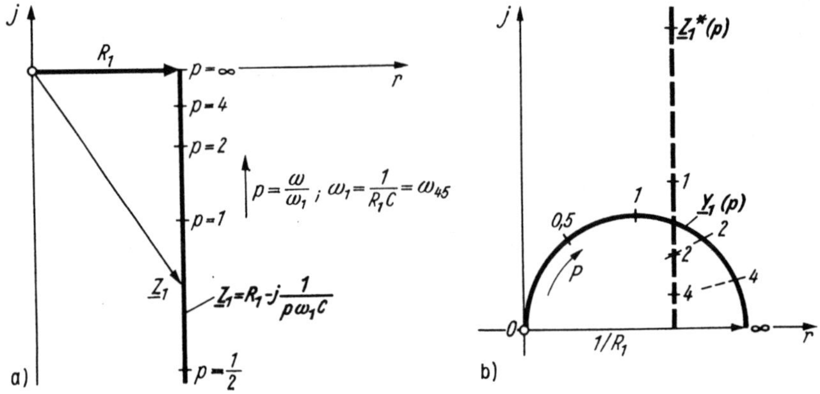

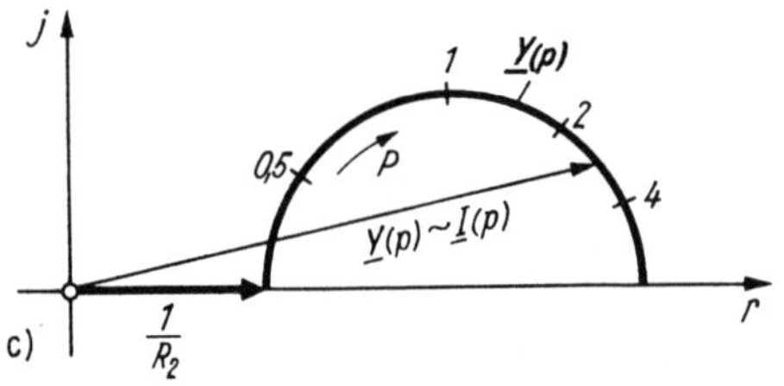

Bild 1.72. Ortskurve $\underline{I}(\omega) \sim \underline{Y}(\omega)$ für Schaltung Bild 1.71

Aufgaben

A 1.21 Gegeben sind die Schaltungen Bild A 1.14. Gesucht sind die Ortskurven für $\underline{Z}_{AB}$ und $\underline{Y}_{AB}$ bei Änderung
a) der Frequenz $\infty \geqq f \geqq 0$
b) des Widerstands $\infty \geqq R \geqq 0$.
Zeichne in die Ortskurven einen Parametermaßstab ein!
(Lösung AB: 1.5./3)

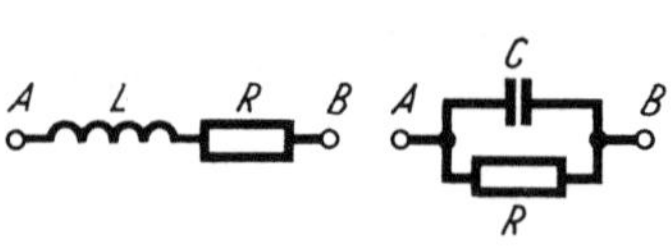

Bild A 1.14

A 1.22 Zeichne die Ortskurve $\underline{Z}_{AB}(R)$ und $\underline{Z}_{AB}(\omega)$ der Schaltung Bild A 1.15!
(Lösung AB: 1.5./4)

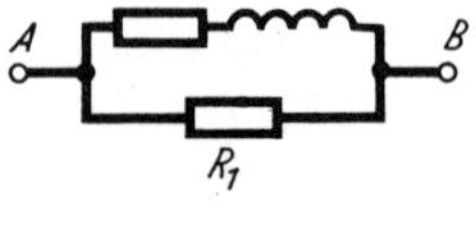

Bild A 1.15

1.5.4. Kreisdiagramm

Das Kreisdiagramm ist eine Überlagerung von Kreisscharen. Es gestattet durch Ablesen von Wertepaaren die Umrechnung von $\underline{Y}$ in $\underline{Z}$ und umgekehrt sowie die grafische Lösung einfacher Widerstandstransformationen.

Wir wollen zunächst die *Entstehung des Kreisdiagramms* besprechen.

Wir gehen von der Parallelschaltung eines festen Wirkleitwerts $G = G_1$ mit einem variablen Blindleitwert $\pm \mathrm{j} B$ aus. Die Ortskurve ist in der $\underline{Y}$-Ebene eine Parallele zur imaginären Achse im Abstand G_1 vom Nullpunkt (vgl. Bild 1.68b mit Bild 1.73a). Deren Inversion liefert $\underline{Z} = 1/\underline{Y}$ und ergibt in der $\underline{Z}$-Ebene einen Kreis durch den Nullpunkt mit Mittelpunkt auf der reellen Achse (vgl. Bild 1.68c). Dieser Kreis ist also die Ortskurve für alle $\underline{Z}$ eines passiven Zweipols, dessen Wirkleitwert G konstant ist.

Man nennt diesen Kreis deshalb einen G-Kreis und beschriftet ihn $G = G_1$ (Bild 1.73a).

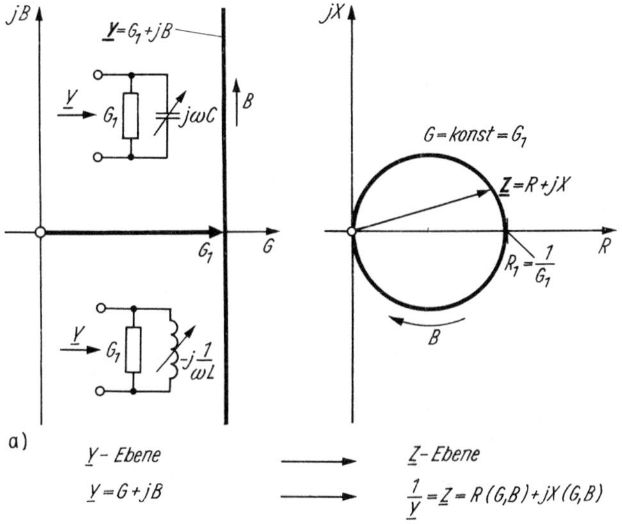

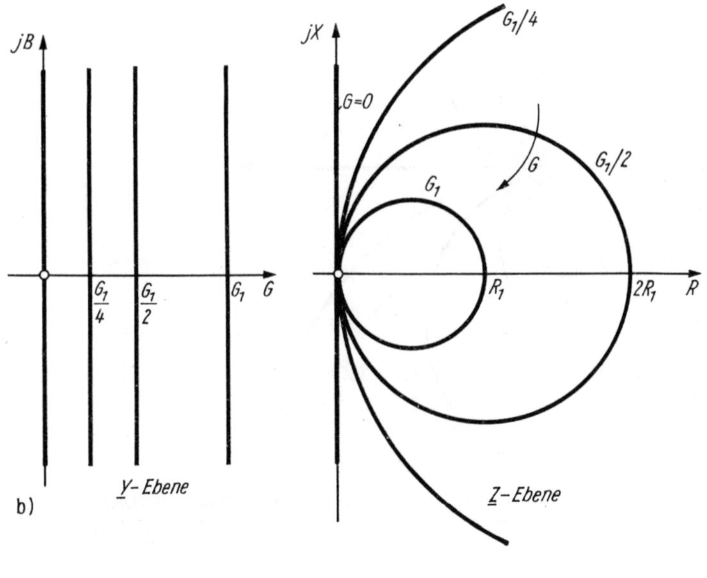

Bild 1.73. Ortskurven für G konst. in $\underline{Y}$ und $\underline{Z}$-Ebene

Der Schnittpunkt des G_1-Kreises mit der reellen Achse liefert den Wert $\underline{Z} = R_1 = 1/G_1$; denn er ist der Endpunkt des invertierten Zeigers $\underline{Y} = G_1$.

Wiederholt man nun die Betrachtung mit $G_2 = G_1/2$, so entsteht in der $\underline{Z}$-Ebene ein G-Kreis mit doppeltem Durchmesser $R_2 = 2/G_1 = 2R_1$ und der Bezeichnung $G_1/2$. Die Parallelenschar in der $\underline{Y}$-Ebene wird also in eine Kreisschar in der $\underline{Z}$-Ebene abgebildet. Alle Mittelpunkte liegen auf der reellen Achse (Bild 1.73b).

Nun kann man weiterhin den Blindleitwert der Parallelschaltung konstant halten und den Wirkleitwert variieren. Das gibt in der $\underline{Y}$-Ebene für $+\mathrm{j}B_1 = \mathrm{j}\omega C =$ konst. bzw. bei induktivem

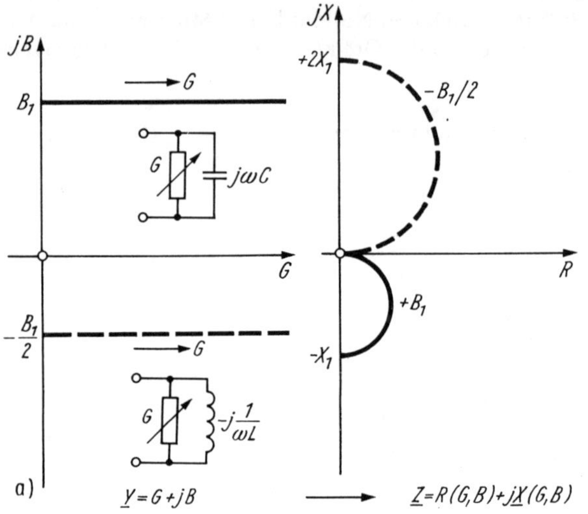

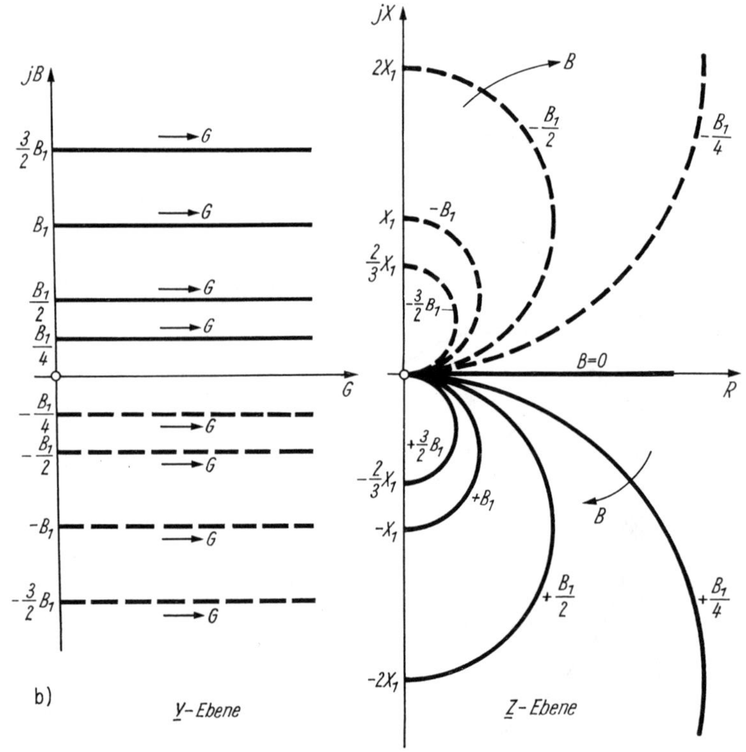

Bild 1.74. Ortskurven $\underline{Y}$ und $\underline{Z} = 1/\underline{Y}$ für B konst.

Blindleitwert, z. B. $jB = -j \cdot 1/(\omega L) = -j \cdot B_1/2$ (Bild 1.74a), Parallele zur reellen Achse und invertiert in der $\underline{Z}$-Ebene Halbkreise durch den Nullpunkt mit Mittelpunkt auf der imaginären Achse (vgl. Bilder 1.70a und b). Diese Halbkreise geben also alle $\underline{Z}$-Werte an für eine Schaltung, deren Blindleitwert B konstant ist.

Man nennt deshalb die Halbkreise B-Kreise und kennzeichnet sie mit $+B_1$, $-B_1/2$ usw. (Bild 1.74a).

Andere konstante Blindleitwerte ergeben B-Halbkreise in der $\underline{Z}$-Ebene mit entsprechend anderen Durchmessern. Analog den G-Kreisen schneiden die B-Kreise die imaginäre Achse im Abstand $X = -1/B$ (Bild 1.74b).

Nach dieser Erläuterung können wir zusammenfassen:

Kreisdiagramm

Man bildet eine Schar von orthogonalen Geraden der $\underline{Y}$-Ebene $\underline{Y} = G + jB$ in der $\underline{Z}$-Ebene ab und erhält eine Schar von orthogonalen Kreisen $\underline{Z} = R(G, B) + jX(G, B)$ (Bild 1.75 sowie die Bucheinlage Bild 1.76). Exakte Berechnung von R und X mittels Gln. (1.80).

Anwendung des Kreisdiagramms

a) Umrechnung $\underline{Y} \rightleftharpoons \underline{Z}$

Jeder Punkt der $\underline{Y}$-Ebene ist als Schnittpunkt jeweils zweier Geraden (G- und B-Gerade) eindeutig einem entsprechenden Punkt in der $\underline{Z}$-Ebene als Schnittpunkt der entsprechenden G-

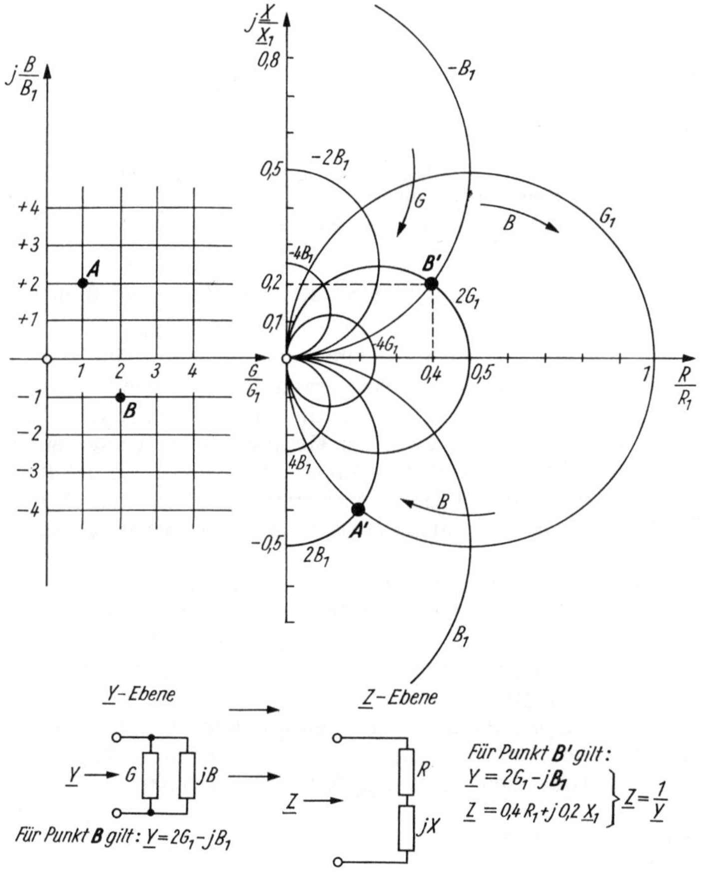

Bild 1.75. Kreisdiagramm in $\underline{Z}$-Ebene

und B-Kreise zugeordnet, z. B. Punkte A und B in der $\underline{Y}$-Ebene den Punkten A' bzw. B' in der $\underline{Z}$-Ebene (Bild 1.75).

Ein solches möglichst genau gezeichnetes Kreisdiagramm mit Beschriftung der G- und B-Kreise in einem rechtwinkligen Koordinatensystem mit Beschriftung der R- und X-Achse (siehe Bucheinlage) erlaubt also den Leitwertoperator $\underline{Y} = G + \mathrm{j}B$ eines komplexen Zweipols in den Widerstandsoperator $\underline{Z} = R + \mathrm{j}X$ (oder umgekehrt) umzurechnen. Dazu suchen wir den entsprechenden G-Kreis und B-Halbkreis auf. Der Schnittpunkt beider liefert die Koordinaten von $\underline{Z}$ auf Abszisse (R) bzw. Ordinate (X). Bei umgekehrter Umrechnung gehen wir von den bekannten R- und X-Werten aus. Der Punkt $\underline{Z} = R + \mathrm{j}X$ ist der Schnittpunkt eines G-Kreises mit einem B-Kreis, deren Werte wir ablesen.

Ein Punkt des Kreisdiagramms ergibt also die Elemente der beiden einfachsten Ersatzschaltungen eines passiven komplexen Zweipols (Bild 1.34): Parallelschaltung und Reihenschaltung von Wirk- und Blindkomponente.

Die exakte Berechnung erfolgt durch Lösung der Gln. (1.79) bzw. (1.80).

Zum Beispiel kennzeichnet der Punkt P im Bild 1.76 einen komplexen Zweipol, der aus einer Parallelschaltung eines Wirkleitwerts $G_p = 0{,}4\ G_1$ mit einem negativen Blindleitwert $-1/\omega L_p = -0{,}2\ G_1$[1]) besteht, was hinsichtlich des Klemmenverhaltens des Zweipols gleichbedeutend ist einer Reihenschaltung eines Wirkwiderstands $R_r = 2\ R_1$[1]) mit einem positiven Blindwiderstand $\omega L_r = 1\ R_1$. Dabei ist $G_1 = 1/R_1$ eine beliebige Bezugsgröße, die jede Maßstabsänderung zuläßt: z. B. $R_1 = 1\ \Omega$. $G_1 = 1$ S oder $R_1 = 100\ \Omega$ und damit $G_1 = 0{,}01$ S. Im letzteren Fall ergeben sich

$$\underline{Y} = \mathrm{G_p} - \mathrm{j}\frac{1}{\omega L_p} = 4\ \mathrm{mS} - \mathrm{j}\,2\ \mathrm{mS} \quad \text{bzw.} \quad \underline{Z} = R_r + \mathrm{j}\omega L_r = 200\ \Omega + \mathrm{j}\,100\ \Omega.^{1)}$$

Für eine Frequenz $f = 800$ Hz ($\omega \approx 5000\ \mathrm{s}^{-1}$) betragen die Induktivitäten $L_p = 1/\omega B \approx 0{,}1$ H, $L_r = X/\omega = 20$ mH (Bild 1.77).

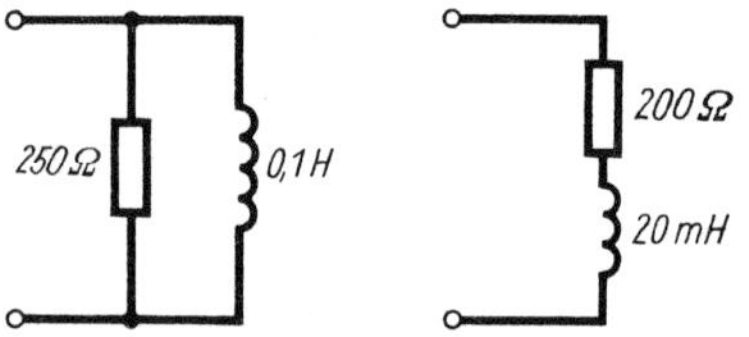

Bild 1.77. Die beiden Zweipolersatzschaltungen für den Punkt P im Kreisdiagramm Bild 1.76 (bei $R_1 = 100\ \Omega$ und $f = 800$ Hz)

b) Widerstandstransformation durch Reihen- und Parallelschalten von Wirk- und Blindwiderständen

Eine Widerstandstransformation, durch die z. B. eine Klemmenimpedanz $\underline{Z}$ in eine andere erwünschte Impedanz $\underline{Z}'$ übersetzt wird – und zwar ohne wesentlichen Wirkleistungsverlust –, kann man mit einem Übertrager (Transformator) durchführen. Das ist bereits früher im Zusammenhang mit dem physikalischen Verhalten der Gegeninduktivität angedeutet worden[2]) und wird im Abschn. 1.8.3.d näher erläutert. Man kann dies jedoch auch durch Reihen- und Parallelschalten von Induktivitäten und Kapazitäten erreichen. Zur Veranschaulichung der Möglichkeiten hierfür und auch für quantitative Auswertung ist das Kreisdiagramm hervorragend geeignet.

Wir beantworten zunächst die Frage: Wohin „wandert" z. B. der Punkt P im Kreisdiagramm Bild 1.76 bei einer Ergänzung des entsprechenden Zweipols in Form einer Reihen- oder Parallelschaltung von R, L oder C?

Die zum Punkt P im Bild 1.76 gehörenden einfachsten Zweipolschaltungen sind entsprechend obiger Berechnung im Bild 1.77 angegeben.

Für *Reihenschaltung* eines weiteren Schaltelements betrachten wir zweckmäßigerweise die Reihenersatzschaltung (Bild 1.78 a) des Ausgangszweipols. Schalten wir einen Wirkwiderstand R in Reihe, so bleibt der Blindwiderstand $\mathrm{j}X_0$ unverändert, d. h., der Punkt P wird hori-

[1]) Die Indizes p und r bedeuten Parallel- bzw. Reihenschaltung.

[2]) Gl. (1.191), s. a. [1], Abschn. 3.3.9.

zontal nach rechts (zu größeren R-Werten) verschoben. Bei Reihenschaltung einer Induktivität bleibt der Wirkwiderstand R_0 unverändert, und der Punkt P wird vertikal verschoben, und zwar nach oben auf Grund der Addition von $+j\omega L$. Analog verschiebt sich der Punkt P vertikal nach unten bei Reihenschaltung einer Kapazität wegen Subtraktion $-j \cdot 1/\omega C$. Im Bild 1.78a sind die Verschiebungsrichtungen eingetragen.

Für *Parallelschaltungen* zusätzlicher Schaltelemente gehen wir von der Parallelersatzschaltung des Ausgangszweipols aus (Bild 1.78b). So kann man bei Parallelschalten eines Wirkwiderstands (Wirkleitwerts) sofort folgern, daß der Blindleitwert des Zweipols dadurch nicht verändert wird. Der Punkt P wird also auf einem Kreis $B =$ konst. (hier $B = -B_0$) verschoben, und zwar zum Koordinatennullpunkt zu, da durch die Parallelschaltung G vergrößert wird (gemäß Pfeilrichtungen in den Bildern 1.75 und 1.76). Schaltet man L oder C parallel, so muß der Punkt P auf einem Kreis $G =$ konst. (hier $G = G_0$) verschoben werden, und zwar zu größeren B-Werten, d.h. im Uhrzeigersinn bei kapazitivem Blindleitwert $(+j\omega C)$ und entgegen dem Uhrzeigersinn bei induktiven Blindleitwerten $(-j \cdot 1/\omega L)$ gemäß Pfeilrichtungen für B in den Bildern 1.75 und 1.76. Im Bild 1.78b sind diese Verschiebungen angegeben.

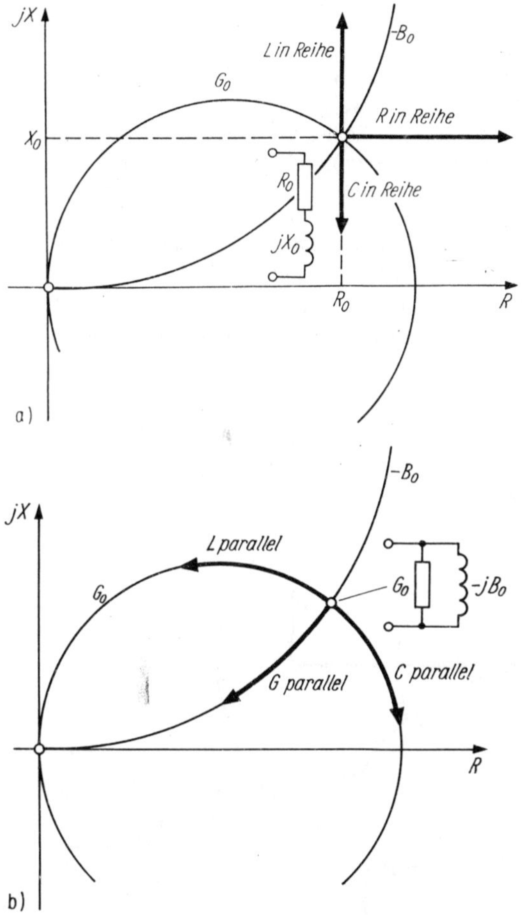

Bild 1.78. Veranschaulichung der Reihenschaltung (a) und Parallelschaltung (b) von Zusatzschaltelementen an einem Zweipol

$$R_0 + jX_0 = \frac{1}{G_0 - jB_0}$$

Außer den eben erläuterten Verschiebungs*richtungen* benötigen wir für quantitative Auswertungen noch die Verschiebungs*länge*. Hierzu wird das zugeschaltete Element bei Reihenschaltung in Ω-Werten bzw. bei Parallelschaltung in S-Werten angegeben und die entsprechende Strecke im Kreisdiagramm unter Berücksichtigung des Maßstabsfaktors $R_1 = 1/G_1$ berechnet.

Beispiel

Wir erweitern die Schaltung Bild 1.77, die zum Punkt P im Bild 1.76 (Bucheinlage) gehört ($R_1 = 100\,\Omega$, $G_1 = 10$ mS) um jeweils ein Schaltelement:

Der Punkt P ist durch die bezogenen Z-Koordinaten 2; j · 1 (rot im Bild 1.76) bzw. durch die bezogenen Y-Koordinaten 0,4; −j · 0,2 (schwarze Kreise im Bild 1.76) gegeben.

a) Reihenschaltung von $R_r = 100\,\Omega$: auf $R_1 = 100\,\Omega$ bezogen wird $R_r/R_1 = 100\,\Omega/100\,\Omega = 1$; P wird also um 1 nach rechts verschoben und erhält die Koordinaten (3,0; j · 1,0).
b) Reihenschaltung von C: Gegeben sei $-1/\omega C = -250\,\Omega$ auf R_1 bezogen −2,5, d. h. P erhält die Koordinaten (2,0; −j · 1,5).
c) Parallelschalten von $R_p = 100\,\Omega$: Der Leitwert beträgt also $G_p = 1/100\,\Omega = 10$ mS; die Verschiebung auf B-Kreis mit Bezeichnung −0,2 beträgt damit $G_p/G_1 = 10\,\text{mS}/10\,\text{mS} = 1$, d. h. von $G/G_1 = 0{,}4$ nach $G/G_1 = 1{,}4$.
d) Parallelschalten von $C = 2\,\mu\text{F}$: Bei $\omega = 5\,000\,\text{s}^{-1}$ beträgt der kapazitive Leitwert $\omega C_p = 5 \cdot 10^3 \cdot 1/\text{s} \cdot 2 \cdot 10^{-6}\,\text{As/V} = 10^{-2}\,\text{S} = 10$ mS; die Verschiebung auf dem G-Kreis mit Bezeichnung $G/G_1 = 0{,}4$ beträgt also $\omega C_p/G_1 = 1$, d. h. von $B/G_1 = -0{,}2$ nach $B/G_1 = 0{,}8$.
Die neuen Koordinaten des Punktes P in Leitwertkreisen lauten also $G/G_1 = 0{,}4$; $B/G_1 = +0{,}8$. In diesem Punkt lesen wir ab: $\underline{Z}/R_1 = 0{,}5 - \text{j} \cdot 1$, d. h. $\underline{Z} = (50 - \text{j} \cdot 100)\,\Omega$.
Zeichne zur Übung die Schaltungen a) bis d) und berechne die Schaltelemente der jeweiligen Ersatzschaltung in Reihen- und Parallelschaltung bei $\omega = 5\,000\,\text{s}^{-1}$

Mit diesen sechs Konstruktionsschritten im Kreisdiagramm (Bild 1.76) können wir die Änderungen von Impedanz und Admittanz eines passiven Zweipols verfolgen, die u. U. durch mehrere Reihen- bzw. Parallelschaltelemente entstehen. So ist die Schaltung Bild 1.79 im Kreisdiagramm Bild 1.80 „entwickelt". Die Beträge der einzelnen Widerstände und Leitwerte sind willkürlich gewählt worden. Die Pfeile sollen andeuten, wie die Schaltung von innen nach außen bis zu den Klemmen aufgebaut wird. An den Punkten ist die jeweilige Schaltung angegeben. Man erkennt: Bei Reihenschaltungen treten Verschiebungen horizontal oder vertikal und bei Parallelschaltungen längs eines G- oder B-Kreises auf.

Man kann sich nun bei Betrachtung des dick gezeichneten „Transformationswegs" im Bild 1.80 leicht vorstellen, daß man von einem bestimmten Punkt des Kreisdiagramms, dem

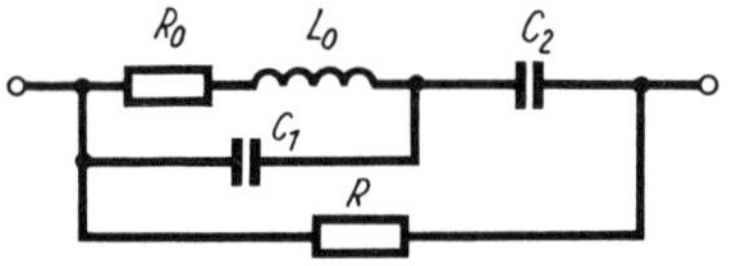

Bild 1.79

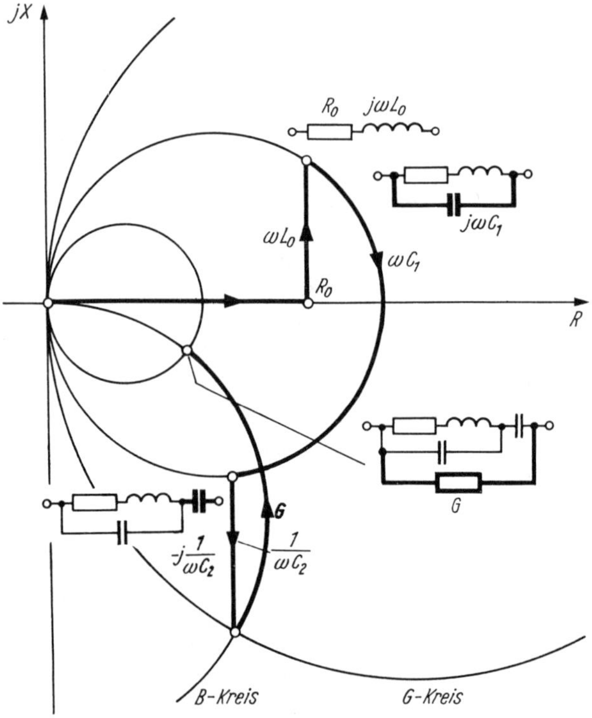

Bild 1.80. Ermittlung des Widerstands- und Leitwertoperators für die Klemmen der Schaltung Bild 1.79 bei gewählter Frequenz

Die Pfeile deuten an, wie im Kreisdiagramm der Klemmenoperator bestimmt wird. Das jeweilig hinzukommende Schaltelement ist dick gezeichnet.

eine bestimmte Schaltung zugeordnet ist, jeden beliebigen Punkt der $\underline{Z}$-Ebene durch entsprechend zugeschaltete Elemente erreichen kann. Das bedeutet, wir können mit Hilfe des Kreisdiagramms eine Schaltung entwerfen bzw. so verändern, daß diese eine gewünschte Eingangsimpedanz erhält (Impedanztransformation). Dabei kann man ohne Mühe mehrere Möglichkeiten erkennen, mit denen der „Zielpunkt" erreicht werden kann. So ist z. B. im Bild 1.81 eine Parallelschaltung G_0 und $\mathrm{j}\omega C_0$ gegeben (Punkt P). Sie soll so ergänzt werden, daß an den Klemmen der neuen Schaltung der Eingangswiderstand reell wird und den Wert R_a erreicht. Es sind drei Möglichkeiten angegeben, die mit je zwei Elementen auskommen. Die Schaltungen sind an den Transformationsweg gezeichnet. Die beiden Schaltungen, die diese Impedanztransformation nur mit Blindwiderständen erreichen (Blindwiderstandstransformation), erfüllen das Ziel mit kleineren Verlusten. Man kann sich noch viele andere Wege und entsprechende Schaltungen ausdenken (auch mit mehr als zwei Zusatzelementen). Im allgemeinen wird die Schaltung ausgewählt, die die wenigsten Elemente benötigt. Man muß dabei beachten, daß die Schaltung den „Zielpunkt" nur bei der betrachteten Frequenz genau erreicht. Die Frequenzabhängigkeit der jeweiligen Schaltung kann man im Kreisdiagramm überprüfen, indem man z.B. mit halber und mit doppelter Frequenz den Transformationsweg neu entwirft. Allgemein kann man sagen, daß diejenige Schaltung weniger frequenzabhängig ist (aus dem „Zielpunkt wegläuft"), die den kürzeren Transformationsweg hat.

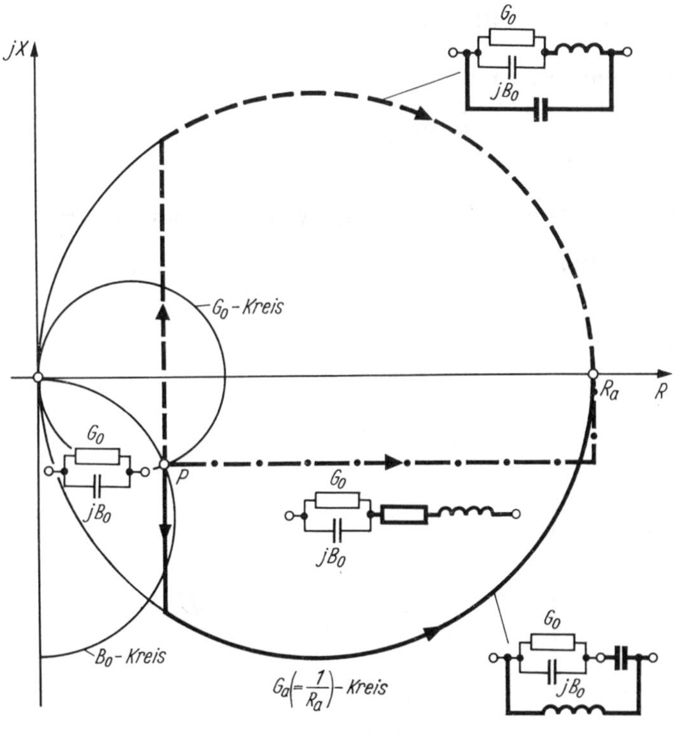

Bild 1.81. Drei Möglichkeiten, die Schaltung $\underline{Y}_0 = G_0 + jB_0$ mit zwei Schaltelementen so umzuformen, daß an deren Klemmen der unerwünschte Eingangswiderstand R_a erscheint.

Aufgaben

A 1.23 Gegeben sei die Schaltung Bild A 1.16.

a) Bestimme mit der möglichen Genauigkeit mit Hilfe des Kreisdiagramms Bild 1.76 $\underline{Z}_{AB}$ und $\underline{Y}_{AB}$!

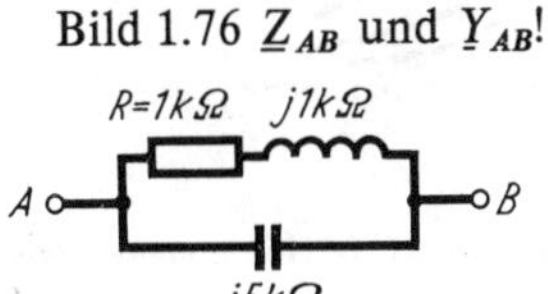

Bild A 1.16

b) Wie groß muß R sein, damit $\underline{Z}_{AB}$ reell wird, und welchen Wert hat dann Z_{AB}?
c) Prüfe das Ergebnis b durch Rechnung nach!

(Lösung AB: 1.5./7)

A 1.24 Zeichne mit Hilfe des Kreisdiagramms den Transformationsweg der Impedanz für Schaltung Bild A 1.17 und bestimme $\underline{Z}_{AB}$ mit der Genauigkeit, die das grob unterteilte Kreisdiagramm zuläßt!

(Lösung AB: 1.5./8)

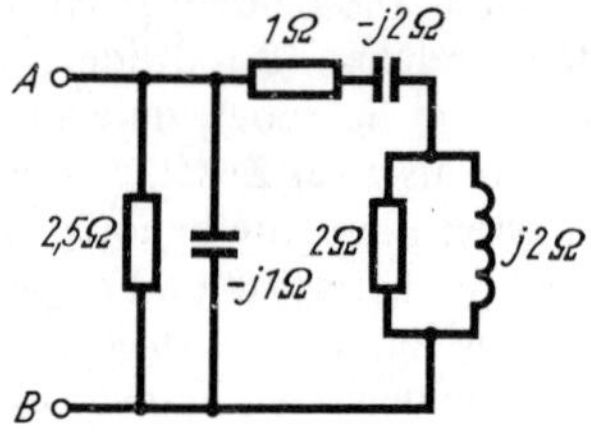

Bild A 1.17

1.6. Wechselstromverhalten spezieller Zweipolschaltungen und technischer Schaltelemente

Mit den bisher behandelten Analysemethoden soll in den folgenden Abschnitten das Verhalten der Grundzweipole und spezieller Schaltungen in Zweipol- und Vierpolstruktur insbesondere in Abhängigkeit von der Frequenz beschrieben und diskutiert werden.

1.6.1. Frequenzverhalten der Grundzweipole: Scheinwiderstandsdiagramme

Die Impedanzen (Widerstandsoperatoren) der Grundzweipole R, L, C sind nach den Gln. (1.58), (1.60), (1.62)

$$\underline{Z} = R, \quad \underline{Z} = \mathrm{j}\omega L, \quad \underline{Z} = \frac{1}{\mathrm{j}\omega C}.$$

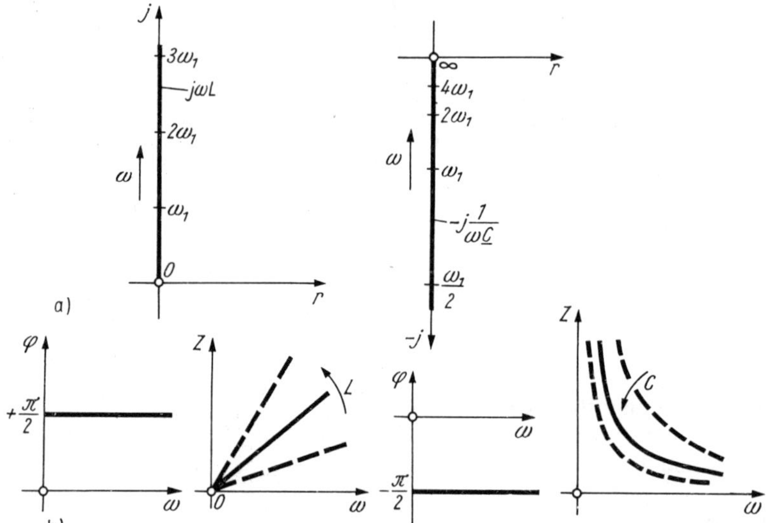

Bild 1.82. Ortskurven, Betrag und Phasenwinkel der Impedanzen von L und C in Abhängigkeit von der Frequenz

Der Scheinwiderstand (Betrag) von R ist also frequenzunabhängig; bei einer Induktivität L ergibt sich $Z = \omega L$, und für die Kapazität C wird $Z = 1/(\omega C)$. Ändern wir die Frequenz $f = \omega/2\pi$, so ergeben sich für L und C Ortskurven längs der imaginären Achse (Bild 1.82a). Der Parameter ω verläuft bei ωL nach einem proportionalen und bei $1/(\omega C)$ nach einem reziproken Maßstab (es wurde ein Bezugswert ω_1 gewählt). Betrag $Z(\omega)$ und Phasenwinkel $\varphi(\omega)$ von $\underline{Z}$ sind im Bild 1.82b dargestellt. Bei linearem Maßstab auf Abszisse (ω) und Ordinate (Z) ergibt sich für L eine Gerade durch den Nullpunkt, deren Steigung mit größerem L größer wird; für C ergeben sich Hyperbeln. Eine wesentlich zweckmäßigere Darstellung dieser Scheinwiderstände in Abhängigkeit von der Frequenz erhält man bei logarithmischer Unterteilung der Koordinaten („doppelt logarithmischer Maßstab"), d. h., wir ordnen einem Abschnitt in einem linear unterteilten Maßstab nicht den Zahlenwert der Größe selbst, sondern dessen Logarithmus zu.

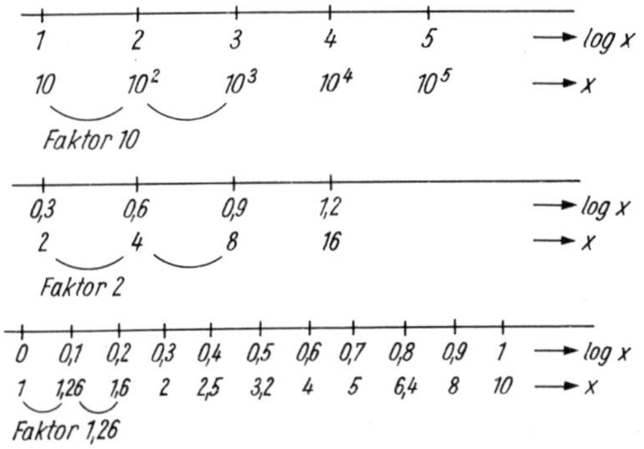

Bild 1.83. log x linear aufgetragen

Im Bild 1.83 sind einige Maßstäbe angegeben, die man selbst schnell zeichnen kann. Wird z. B. für log x der Maßstab 1 – 2 – 3 ... gewählt, so steigt x nach der geometrischen Folge 10 – 10^2 – 10^3, d. h. mit Faktor 10; wählt man für log x die Folge 0,3 – 0,6 – 0,9 ..., so sind die zugehörigen x-Werte 2 – 4 – 8 ... Der letzte Maßstab im Bild 1.83 ist noch feiner unterteilt; die Größe x ändert sich von Teilstrich zu Teilstrich etwa um 25 %. Die logarithmische Darstellung hat also den Vorteil, daß ein großer Wertebereich der entsprechenden Größe erfaßt werden kann (z. B. jeder Teilstrich eine Dekade). Außerdem wird eine Potenzfunktion $a = b^n$ durch Logarithmieren $\log a = n \log b$ als Gerade $y = mx$ dargestellt, deren Steigungsmaß m den Exponenten n der Funktion wiedergibt.

Da wir die Logarithmen nur von Zahlen, aber nicht von physikalischen Größen bilden können, müssen wir vorher die Größen auf die anzugebenden Einheiten beziehen und erhalten die zugeschnittenen Größengleichungen

$$Z_{/\Omega} = 2\,\pi f_{/\mathrm{Hz}} L_{/\mathrm{H}} \quad \text{bzw.} \quad Z_{/\Omega} = \frac{1}{2\,\pi f_{/\mathrm{Hz}} C_{/\mathrm{F}}}.$$

Damit wird

$$\begin{aligned} \log(Z_{/\Omega}) &= \log(f_{/\mathrm{Hz}}) + \log(2\,\pi L_{/\mathrm{H}}) \\ y &= x + a. \end{aligned}$$

Z = $f(\omega)$ ist also im logarithmischen Maßstab eine steigende Gerade mit Steigungsmaß 1 bei gleichen Abständen für Abszisse und Ordinate, die bei Änderung von L parallel verschoben wird (Bild 1.84a).

Merke: $L = 1$ H, $f = 50$ Hz ($\omega = 314\ \mathrm{s}^{-1}$), $Z = 314\ \Omega$.

Analog ergibt

$$\log(Z_{/\Omega}) = -\log(f_{/\mathrm{Hz}}) - \log(2\,\pi C_{/\mathrm{F}})$$

eine fallende Gerade, die z. B. bei 10facher Kapazität um eine Dekade von $Z_{/\Omega}$ nach unten verschoben wird (Bild 1.84b).

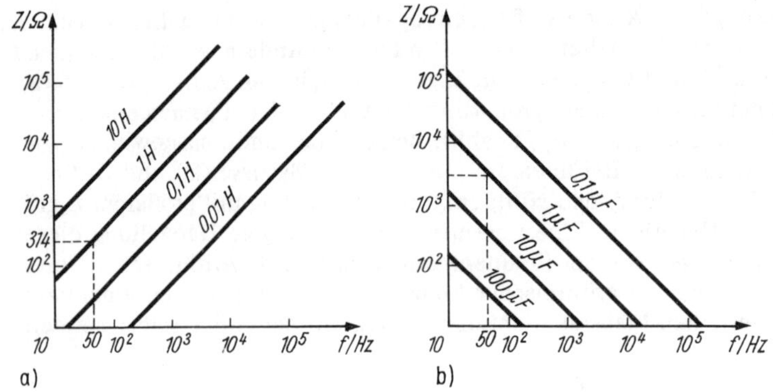

Bild 1.84. Scheinwiderstände L und $1/\omega C$ in doppelt logarithmischem Maßstab

Merke: $C = 1\ \mu\text{F}$, $f = 50\ \text{Hz}$ ($\omega = 314\ \text{s}^{-1}$), $Z \approx 3{,}2\ \text{k}\Omega$.

Legt man beide Darstellungen übereinander, so erhält man das sog. *Scheinwiderstandsdiagramm*, das es gestattet, über weite Frequenz-, *L*- und *C*-Bereiche die Scheinwiderstände abzulesen.

1.6.2. Duale Schaltungen

Unter *Dualität* im netzwerktheoretischen Sinne versteht man eine Verwandtschaft zweier Schaltungen (Schaltelemente), die darin besteht, daß die Funktion $\underline{Z}_1(\text{j}\omega)$ (Impedanzfunktion) der Schaltung 1 bis auf eine reelle Konstante gleich ist der Funktion $\underline{Y}_2(\text{j}\omega)$ (Admittanzfunktion) einer Schaltung 2, als Gleichung:

$$\underline{Z}_1(\text{j}\omega) = R_0^2 \underline{Y}_2(\text{j}\omega) \qquad \textbf{(1.108)}$$

oder

$$\underline{Z}_1(\text{j}\omega)\ \underline{Z}_2(\text{j}\omega) = R_0^2. \qquad \textbf{(1.108 a)}$$

R_0^2 ist die reelle Konstante, die aus Dimensionsgründen ein Widerstand im Quadrat sein muß; man nennt R_0 *die Dualitätsinvariante.*

Tafel 1.8. Duale Schaltelemente

Schaltelement	Impedanz	Dualitätsbeziehung $\underline{Y}_2 = \frac{\underline{Z}_1}{R_0^2}$ [Gl. (1.108)]	Duales Schaltelement	allgemein
R	$\underline{Z}_1 = R_1$	$\underline{Y}_2 = \frac{R_1}{R_0^2} = G_2$	$G_2 = \frac{R_1}{R_0^2}$	G
L	$\underline{Z}_1 = \text{j}\omega L$	$\underline{Y}_2 = \text{j}\omega \frac{L}{R_0^2} = \text{j}\omega C$	$C = \frac{L}{R_0^2}$	C
C	$\underline{Z}_1 = \frac{1}{\text{j}\omega C}$	$\underline{Y}_2 = \frac{1}{\text{j}\omega C R_0^2} = \frac{1}{\text{j}\omega L}$	$L = CR_0^2$	L
Reihenschaltung				Parallelschaltung
R und L	$\underline{Z}_1 = R_1 + \text{j}\omega L$	$\underline{Y}_2 = \frac{R_1}{R_0^2} + \text{j}\omega \frac{L}{R_0^2} = G_2 + \text{j}\omega C$		G und C

Kennt man also $\underline{Z}(\mathrm{j}\omega)$ einer Schaltung und die zu dieser Schaltung duale Schaltung, so kann man ohne Rechnung die Admittanzfunktion der dualen Schaltung angeben. Die Dualitätsbetrachtung erleichtert also u. U. die Rechnung. Um dies näher zu erläutern, wenden wir die Definitionsgleichung (1.108) auf die drei Grundschaltelemente und einige Zusammenschaltungen an (s. Tafel 1.8).

In Tafel 1.8 ist in der mittleren Spalte der Ausdruck L/R_0^2 durch C ersetzt worden, da L/R_0^2 die physikalische Dimension einer Kapazität hat und eine für $\underline{Y}_2$ sich ergebende positive imaginäre Admittanz die einer Kapazität ist. Analog wird für CR_0^2 eine Induktivität L gesetzt.

Aus Tafel 1.8 erkennt man, daß das duale Schaltelement eines Widerstands R_1 ein gleichfalls reeller Widerstand $R_2 = R_0^2/R_1$ (bzw. ein Leitwert $G_2 = R_1/R_0^2$) ist; das duale Schaltelement zu einer Induktivität ist eine Kapazität und umgekehrt. Schließlich sagt die letzte Zeile der Tafel aus, daß die duale Schaltung zur Reihenschaltung aus R und L eine Parallelschaltung der dualen Schaltelemente, also G und C, ist. Ebenso kann man umgekehrt beweisen, daß die duale Schaltung einer Parallelschaltung die Reihenschaltung der dualen Schaltelemente ist.

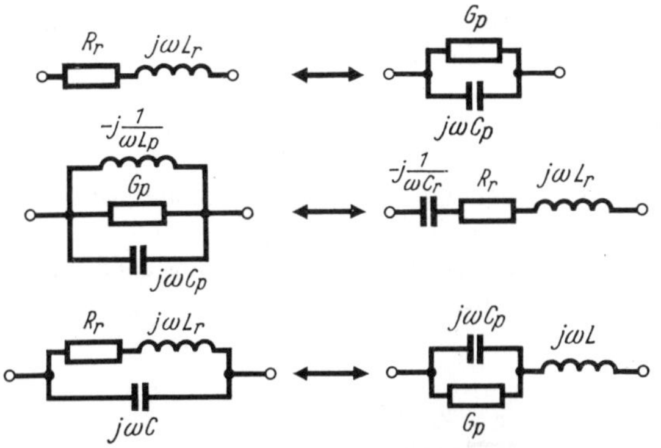

Bild 1.85. Duale Schaltungen

Im Bild 1.85 sind duale Schaltungsstrukturen angegeben. In diesen wurden parallelliegende Elemente (Index p) durch Leitwertoperatoren und Reihenelemente (Index r) durch Widerstandsoperatoren gekennzeichnet. Beachte die dritte Schaltung: Die Reihenschaltung von R_r und L_r liegt parallel zu C und ergibt dual eine Parallelschaltung von G_p und C_p in Reihe zu L.

Für die linke Schaltung der dritten Zeile (Bild 1.85) ergibt sich

$$\underline{Y}_1 = \mathrm{j}\omega C + \frac{1}{R_r + \mathrm{j}\omega L_r} \tag{a}$$

und für die rechte Schaltung

$$\underline{Z}_2 = \mathrm{j}\omega L + \frac{1}{G_p + \mathrm{j}\omega C_p}. \tag{b}$$

Setzt man nach Tafel 1.8 in Gl. (a) $C = L/R_0^2$, $R_r = R_0^2 G_p$ und $L_r = C_p R_0^2$, so ergibt sich

$$R_0^2 \underline{Y}_1 = \underline{Z}_2,$$

d. h., die Dualitätsbeziehung ist erfüllt.

Die gleiche Frequenzabhängigkeit der Gln. (a) und (b) wie auch allgemein Gl. (1.108) machen deutlich:

| Duale Schaltungen haben gleiche Zeigerbilder und Ortskurven für $\underline{Y}$ bzw. $\underline{Z}$.

Außerdem gilt für Gl. (a) $\dfrac{\underline{I}_1}{\underline{U}_1} = \underline{Y}_1(\mathrm{j}\omega)$.

Wir stellen uns vor, daß wir an die Schaltung einen Spannungsgenerator mit variabler Frequenz, aber konstantem Effektivwert anlegen [$U_1(\omega) = \text{konst.}$]. Dann ändert sich der Effektivwert des Klemmenstroms $I_1(\omega)$ wie der Scheinleitwert $Y_1(\omega)$, s. auch Beispiel 3 S. 111:

$$I_1(\omega) = \text{konst.}\ Y_1(\omega). \qquad \textbf{(1.109)}$$

Für die duale Schaltung gilt Gl. (b)

$$\frac{\underline{U}_2}{\underline{I}_2} = \underline{Z}_2(\mathrm{j}\omega).$$

Legen wir an diese Schaltung eine Einströmung variabler Frequenz, so wird bei konstantem Effektivwert [$I_2(\omega) = \text{konst.}$]

$$U_2(\omega) = \text{konst.}\ Z_2(\omega). \qquad \textbf{(1.110)}$$

Da $Y_1(\omega)$ und $Z_2(\omega)$ gleichen Frequenzgang haben, kann man mit den Gln. (1.109) und (1.110) sagen:

> Die Frequenzabhängigkeit des Stroms einer Schaltung bei konstanter Spannung ist gleich der Frequenzabhängigkeit der Klemmenspannung der dualen Schaltung bei konstanter Stromeinspeisung.

Beispiel

Wir berechnen zwei Schaltungen (Bild 1.86), von denen wir wissen, daß sie duale Strukturen aufweisen (Reihenschaltung durch Parallelschaltung , G_p durch R_r sowie L_p durch C_r ersetzt). Um die Verwandtschaft beider Schaltungen im Sinne der Dualität zu unterstreichen, geben wir die Gleichungen und grafischen Darstellungen nebeneinander an:

Bild 1.86

Schaltung a
Zeigerbild der Ströme,
(vgl. Bild 1.11)

Schaltung b
der Spannungen
(vgl. Bild 1.12)

Bild 1.87

Admittanz (komplexer Leitwert)

$$\underline{Y} = G_p - \mathrm{j}\frac{1}{\omega L_p} = Y\mathrm{e}^{\mathrm{j}\gamma}$$

$$Y = \sqrt{G_p^2 + \left(\frac{1}{\omega L_p}\right)^2}$$

$$\gamma = -\arctan\frac{1}{\omega L_p G_p}$$

Impedanz (komplexer Widerstand)

$$\underline{Z} = R_r - \mathrm{j}\frac{1}{\omega C_r} = Z\mathrm{e}^{\mathrm{j}\varphi}$$

$$Z = \sqrt{R_r^2 + \left(\frac{1}{\omega C_r}\right)^2}$$

$$\varphi = -\arctan\frac{1}{\omega C_r R_r}.$$

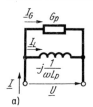

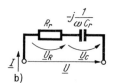

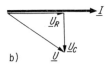

Zeigerbild (vgl. Tafel 1.6)
des komplexen Leitwerts | des komplexen Widerstands

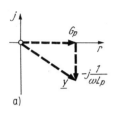

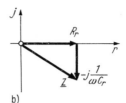

Bild 1.88

Normierte Form

$$\frac{\underline{Y}}{G_p} = 1 - j\frac{1}{\omega L_p G_p} \qquad\qquad \frac{\underline{Z}}{R_r} = 1 - j\frac{1}{\omega C_r R_r}.$$

Charakteristische Kreisfrequenz ω_{45} (Realteil gleich Imaginärteil):

$$\frac{1}{\omega_{45} L_p G_p} = 1, \quad \omega_{45} = \frac{1}{L_p G_p}, \qquad\qquad \frac{1}{\omega_{45} C_r R_r} = 1, \quad \omega_{45} = \frac{1}{C_r R_r}.$$

Damit entsteht gleiche normierte Form für duale Größen der dualen Schaltungen:

$$\frac{\underline{Y}}{G_p} = 1 - j\frac{\omega_{45}}{\omega} = \frac{\underline{Z}}{R_r}. \qquad (*)$$

Ortskurven

Bild 1.89 zeigt die Ortskurven der komplexen Leitwerte (gestrichelt) und Widerstände (ausgezogen) beider Schaltungen für variable Frequenz. Durch Vergleich der ausgezogenen und gestrichelten Ortskurven beider Schaltungen erkennt man sehr anschaulich die Dualitätsbeziehung. Wie obige normierte Gleichung (*) zeigt, ergibt sich für $\underline{Y}(j\omega)/G_p$ und $\underline{Z}(j\omega)/R_r$ die gleiche Ortskurve (Gerade). Die Halbkreise entstehen durch Inversion dieser Geraden. Mit den Gln. (1.109) und (1.110) kann man auch sagen: Die gestrichelten Ortskurven sind die Ortskurven des Klemmenstroms bei konstanter Klemmenspannung; die ausgezogenen Ortskurven geben die Änderung des Zeigers der Klemmenspannung mit der Frequenz bei konstantem Strom wieder.

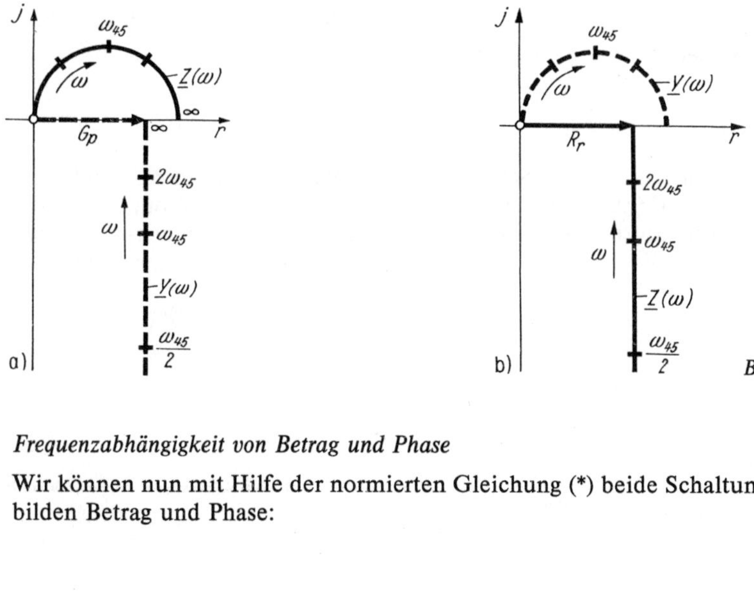

Bild 1.89

Frequenzabhängigkeit von Betrag und Phase

Wir können nun mit Hilfe der normierten Gleichung (*) beide Schaltungen beschreiben. Wir bilden Betrag und Phase:

$$\text{Betrag}\ \frac{Y}{G_p}\quad \text{bzw.}\quad \frac{Z}{R_r} = \sqrt{1 + \left(\frac{\omega_{45}}{\omega}\right)^2}$$

$$\text{Phase}\ \gamma\quad \text{bzw.}\quad \varphi = -\arctan\frac{\omega_{45}}{\omega}\quad \text{(Imaginärteil negativ).}$$

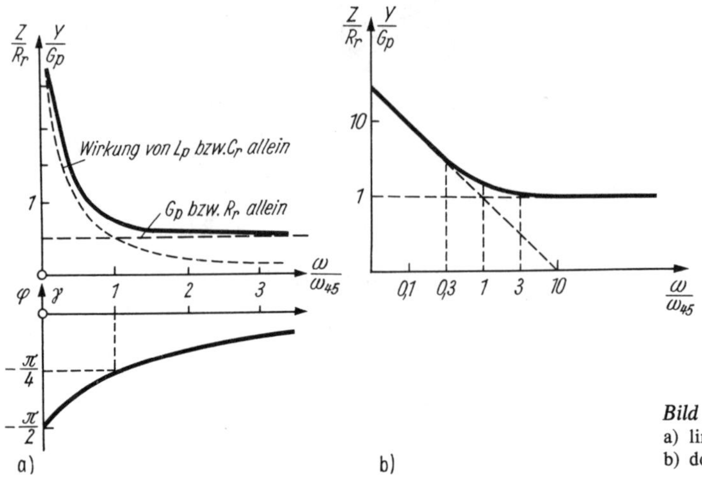

Bild 1.90
a) linearer Maßstab
b) doppelt logarithmischer Maßstab

Diese beiden Frequenzabhängigkeiten sind im Bild 1.90 dargestellt. Besonders anschaulich erkennt man in doppeltlogarithmischer Darstellung (Bild 1.90b), daß der Betrag

für $\omega < \omega_{45}/3$ allein durch das Blindschaltelement,

$$\text{z.B.}\quad \frac{Z}{R_r} = \sqrt{1 + \left(\frac{\omega_{45}}{\omega}\right)^2} \approx \frac{\omega_{45}}{\omega},\quad \text{d.h.}\quad Z \approx \frac{1}{\omega C_r},$$

für $\omega > 3\omega_{45}$ allein durch die ohmsche Komponente,

$$\text{z.B.}\quad \frac{Z}{R_r} = \sqrt{1 + \left(\frac{\omega_{45}}{\omega}\right)^2} \approx 1,\quad \text{d.h.}\quad Z \approx R_r,$$

festgelegt wird. Im Zwischenbereich (also etwa eine Dekade der Frequenz) erfolgt der Übergang zwischen beiden Verläufen. Bei $\omega = \omega_{45}$ wird z.B. $Z/R_r = \sqrt{2}$, $Z \approx 1{,}4\,R_r$.

1.6.3. Resonanzkreise

Unter Resonanzkreisen wollen wir *R-L-C*-Schaltungen verstehen, bei denen mit Änderung der Frequenz ein Extremwert (Maximum oder Minimum) des Betrags von Strom oder Spannung, Scheinwiderstand usw. auftreten kann. Zunächst behandeln wir die Reihen- und Parallelschaltung von *R, L, C,* wobei wir auf Grund der dualen Struktur beide nebeneinander betrachten.

1.6.3.1. R-L-C-Reihen- und -Parallelschaltung

Reihenresonanzkreis

$(L + R + C)$

Parallelresonanzkreis

$(L//R//C)$

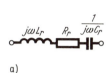

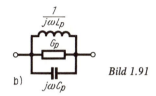

Bild 1.91

Zeigerbild der Ströme und Spannungen

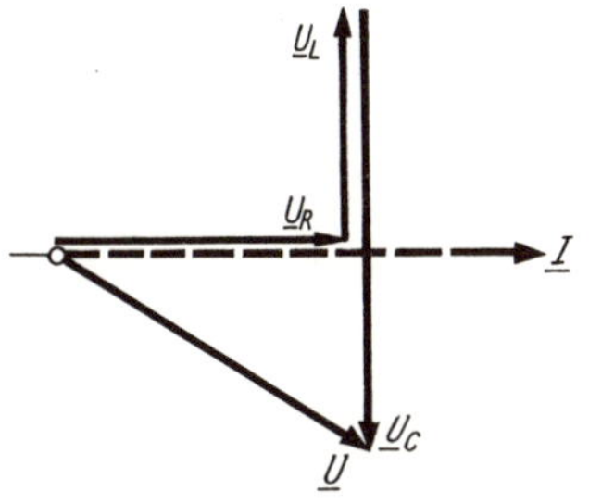

Bild 1.92. Zeigerbild des Stroms und der Spannungen des Reihenresonanzkreises

Für den Parallelkreis gilt das gleiche Zeigerbild, wenn man den Zeigern die dualen Größen zuordnet (z. B. $\underline{I} \to \underline{U}$, $\underline{U}_R \to \underline{I}_G$, $\underline{U}_C \to \underline{I}_L$ usw.).

Impedanz

$$\underline{Z}_r = R_r + j\left(\omega L_r - \frac{1}{\omega C_r}\right)$$

$$Z_r = \sqrt{R_r^2 + \left(\omega L_r - \frac{1}{\omega C_r}\right)^2}$$

$$\varphi_r = \arctan \frac{\omega L_r - \frac{1}{\omega C_r}}{R_r}$$

Admittanz

$$\underline{Y}_p = G_p + j\left(\omega C_p - \frac{1}{\omega L_p}\right)$$

$$Y_p = \sqrt{G_p^2 + \left(\omega C_p - \frac{1}{\omega L_p}\right)^2}$$

$$\gamma = \arctan \frac{\omega C_p - \frac{1}{\omega L_p}}{G_p}$$

Ortskurven (Bild 1.93)

Die Ortskurven $\underline{Z}_r(\omega)$ und $\underline{Y}_p(\omega)$ haben gleichen Verlauf (Gerade parallel zur imaginären Achse, Bild 1.93a). Als Frequenzmaßstab wurden die charakteristischen Kreisfrequenzen $\omega = 0$, ω_{-45}, ω_0, ω_{+45}, ∞ eingetragen, die anschließend erläutert werden. Die Inversion dieser Ortskurve ergibt einen Kreis durch den Nullpunkt (Mittelpunkt auf reeller Achse); Durchmesser entsprechend $1/R_r$ bzw. $1/G_p$ (Bild 1.93b). Beachte Bilder 1.68a, b und c!

Frequenzabhängigkeit von Betrag und Phase

Bild 1.93c zeigt am Beispiel des Reihenkreises die Frequenzabhängigkeit der Scheinwiderstände von L und C (gestrichelt) und deren Differenz $|\omega L_r - 1/\omega C_r|$ (dünne Linie) sowie R_r. Die dick ausgezogene Kurve stellt die Überlagerung im Sinne der Gleichung für Z_r dar. Wir erkennen: $Z_r(\omega)$ läuft durch ein Minimum [$Y_r(\omega)$ also durch ein Maximum]. Das Minimum beträgt R_r und liegt bei der Frequenz $f_0 = \omega_0/2\pi$, bei der $\omega L_r - 1/\omega C_r = 0$ ist, wie auch aus der Gleichung für Z_r leicht erkennbar.

Der Phasenverlauf (Bild 1.93d) zeigt $\varphi_r = 0$ sowie $Z_r = R$ (Minimum) bei ω_0; bei $\omega < \omega_0$ ist $1/\omega C_r > \omega L_r$, der Kreis ist kapazitiv; bei $\omega > \omega_0$ ist der Reihenkreis induktiv, da ωL_r überwiegt.

Beim Parallelkreis gelten die gleichen Beziehungen und Verläufe, wenn man die dualen Größen einsetzt.

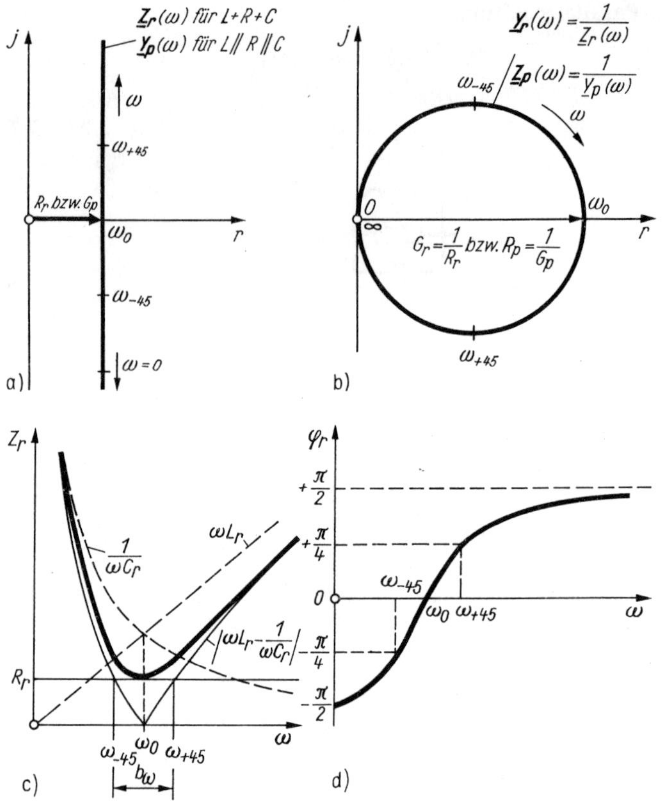

Bild 1.93

a) und b) Ortskurven für $\underline{Z}$ und $\underline{Y}$ des Reihen- und Parallelresonanzkreises

c) Scheinwiderstand und d) Phasenwinkel des Reihenresonanzkreises in Abhängigkeit von der Frequenz. Gleiche Verläufe aller Kurven gelten für die dualen Größen des Parallelkreises.

Für die Resonanzkreise ergeben sich folgende charakteristische Größen:

Resonanzfrequenz f_0

Definition: Frequenz, bei der $\underline{Z}_\mathrm{r}$ bzw. $\underline{Y}_\mathrm{p}$ reell, d. h. deren Imaginärteile Null sind. Diese Definition ergibt für beide Kreise:

$$\omega_0 = \frac{1}{\sqrt{LC}}. \qquad \textbf{(1.111)}$$

Bei Resonanzfrequenz sind die kapazitive und induktive Blindkomponente betragsgemäß gleich ($\omega_0 L = 1/\omega_0 C$). Beim Reihenkreis sind also die Beträge der Spannungsabfälle über L und C ebenfalls gleich.

Ihre Amplitudenwerte betragen $\hat{U}_L = \hat{I}\omega_0 L_\mathrm{r}$, $\hat{U}_C = \hat{I}/(\omega_0 C_\mathrm{r})$ und u_L und u_C sind gegenphasig; s. Bild 1.92.

Die Energie im Kondensator bei diesen Amplitudenwerten berechnet sich damit zu

$$W_{C0} = \frac{C_\mathrm{r}\hat{U}_C^2}{2} = \frac{C_\mathrm{r}\hat{I}^2}{2\,\omega_0^2 C_\mathrm{r}^2} = \frac{L_\mathrm{r}\hat{I}^2}{2} \quad \text{mit Gl. (1.111).}$$

Wir erkennen:

Bei Resonanzfrequenz ist die bei Maximalwert des Stroms im Magnetfeld (Induktivität) gespeicherte Energie gleich der bei maximaler Spannung im elektrischen Feld (Kapazität) gespeicherten Energie.

Da i und u_C um $\pi/2$ phasenverschoben sind, ist die Energie in der Spule Null, wenn die Kondensatorenergie maximal ist, und umgekehrt. Gleich große Energie pendelt also zwischen Spule und Kondensator. Der an den Kreis angeschlossene Generator (Frequenz f_0) „merkt" von der Energiependelung nichts; er liefert nur die Wirkleistung $I^2 R_r$ (*Blindleistungskompensation*). Diese Betrachtung gilt analog für den Parallelkreis.

Ist der ohmsche Widerstand (Wärmeverlust) Null (Idealisierung), so fließt kein Generatorstrom mehr; man kann den Generator abtrennen, und der Kreis schwingt ewig, wie ein Pendel ohne Reibungsverluste, wenn es einmal angestoßen ist. Im Bild 1.94 sind zur Veranschaulichung der Strom-Spannungs- und Energieverläufe im Zeitabstand von je $T/4$ „Momentaufnahmen" gezeichnet, wobei die Schaltbilder (bzw. Pendellagen) den Augenblickswerten der Zeitverläufe zugeordnet sind: Bei $u = \hat{U}$ ist $i = 0$ (aber di/dt ist maximal); der Kondensator ist maximal aufgeladen; die gesamte Energie ist im elektrischen Feld. Beim Pendel entspricht dies einer Lage maximaler potentieller Energie (Geschwindigkeit $v = 0$). $T/4$ später ist die Spannung Null, und der Strom hat sein Maximum erreicht ($di/dt = 0$); die gesamte Energie ist im Magnetfeld. Beim Pendel ist $v = v_{max}$, und die kinetische Energie hat ihr Maximum. Weitere $T/4$ ist der Kondensator entgegengesetzt aufgeladen, und weitere $T/4$ später ($t = 3T/4$) fließt maximaler Strom entgegengesetzt dem zur Zeit $t = T/4$ usw.

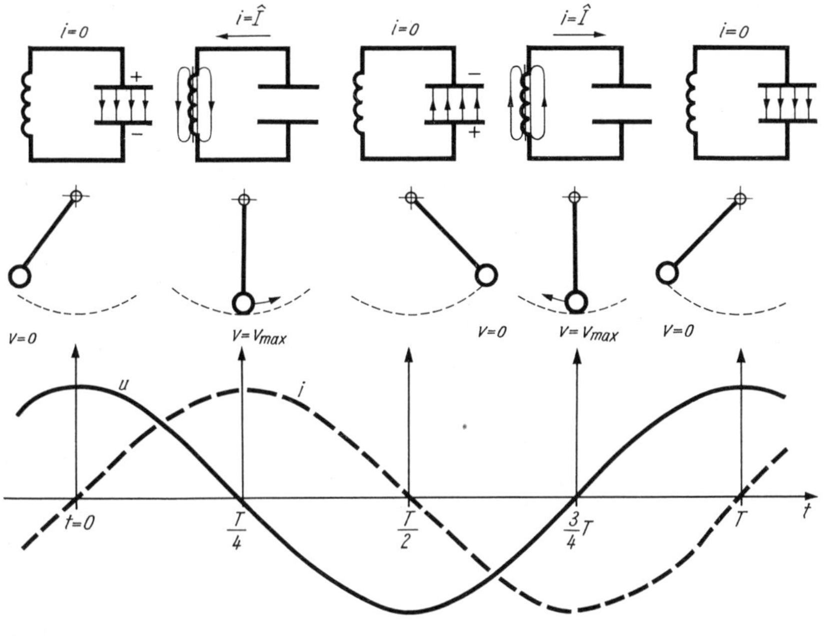

Bild 1.94. Strom und Spannung in einem Parallelresonanzkreis verglichen mit Geschwindigkeit und Auslenkung einer Pendelschwingung

Resonanzschärfe oder *Güte* ϱ

Definition:

$$\varrho = \left(\frac{\text{Betrag der induktiven oder kapazitiven Komponente}}{\text{Wirkkomponente}}\right)_{(\omega = \omega_0)}$$

$$\varrho = \frac{\omega_0 L_r}{R_r} = \frac{1}{\omega_0 C_r R_r} = \frac{1}{R_r}\sqrt{\frac{L_r}{C_r}}\,; \qquad \varrho = \frac{\omega_0 C_p}{G_p} = \frac{1}{\omega_0 L_p G_p} = \frac{1}{G_p}\sqrt{\frac{C_p}{L_p}} \qquad (1.112)$$

Reihenresonanzkreis — Parallelresonanzkreis

ϱ ist also um so größer, je kleiner die Wirkkomponente (R_r bzw. G_p) ist, d.h., je weniger Wirkleistung der Kreis aufnimmt. Im Bild 1.93c kann man erkennen, daß mit kleinerem R_r-Wert das Minimum immer kleiner, die Resonanzerscheinung also immer ausgeprägter wird.

45°-Frequenzen: $f_{\pm 45}$

Definition: Frequenzen, bei denen die Blindkomponente gleich der Wirkkomponente ist.

$$\omega_{\pm 45} L_r - \frac{1}{\omega_{\pm 45} C_r} = \pm R_r \qquad \text{bzw.} \qquad \omega_{\pm 45} C_p - \frac{1}{\omega_{\pm 45} L_p} = \pm G_p$$

ergibt

$$\omega_{\pm 45} = \sqrt{\frac{1}{L_r C_r} + \left(\frac{R_r}{2L_r}\right)^2} \pm \frac{R_r}{2L_r} \qquad \text{bzw.} \qquad \omega_{\pm 45} = \sqrt{\frac{1}{L_p C_p} + \left(\frac{G_p}{2C_p}\right)^2} \pm \frac{G_p}{2C_p}.$$

Mit den Gln. (1.111) und (1.112) wird für beide Kreise

$$\omega_{\pm 45} = \omega_0 \left(\sqrt{1 + \left(\frac{1}{2\varrho}\right)^2} \pm \frac{1}{2\varrho} \right). \tag{1.113}$$

Die 45°-Frequenzen f_{+45} *und* f_{-45} rücken also immer näher aneinander und unterscheiden sich um so weniger von f_0, je größer ϱ ist, d. h., je kleiner die Wirkkomponente des Kreises ist.

Bandbreite b_f

Definition: Die Bandbreite ist das Frequenzintervall zwischen beiden 45°-Frequenzen:

$$b_f = f_{+45} - f_{-45} \tag{1.114}$$

oder

$$b_\omega = \omega_{+45} - \omega_{-45}.$$

Mit Gl. (1.113) ergibt sich

$$b_\omega = \frac{\omega_0}{\varrho}. \tag{1.115}$$

Die *relative Bandbreite* ist also

$$\frac{b_\omega}{\omega_0} = \frac{1}{\varrho}. \tag{1.116}$$

Verstimmung v

Definition:

$$v = \frac{\omega}{\omega_0} - \frac{\omega_0}{\omega}. \tag{1.117}$$

Bei $\omega = \omega_0$ ist $v = 0$. Die Verstimmung gibt die relative Frequenzabweichung von der Resonanzfrequenz an. Für $\omega < \omega_0$ wird v negativ und für $\omega > \omega_0$ positiv.

Setzt man für ω in Gl. (1.117) $\omega_{\pm 45}$ nach Gl. (1.113) ein, so erhält man die

$$45°\text{-}\textit{Verstimmung}\ v_{\pm 45} = \pm \frac{1}{\varrho}. \tag{1.118}$$

Im Bild 1.95 ist dem ω-Maßstab der v-Maßstab zugeordnet.

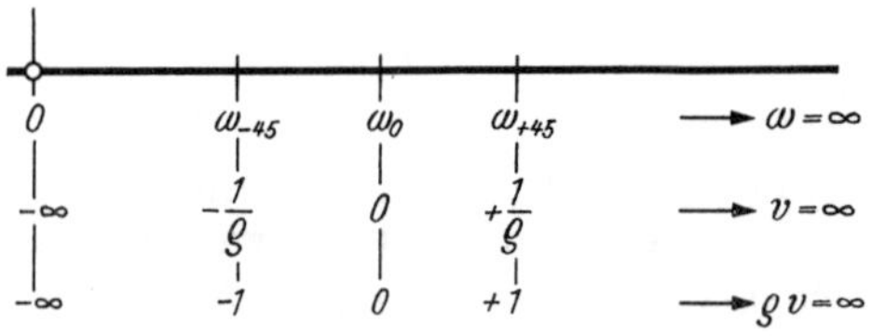

Bild 1.95. Zuordnung der Verstimmung v und des Produkts ϱv zu charakteristischen Kreisfrequenzen der Resonanzkreise

Die Gln. (1.111) und (1.118) spiegeln einen wichtigen Zusammenhang wider: Je größer die Resonanzschärfe ϱ, d.h. nach Gl. (1.112) je kleiner R_r bzw. G_p ist, desto kleiner ist die erforderliche Verstimmung, um die 45°-Frequenzen zu erreichen, desto kleiner ist also die Bandbreite. Mit Gl. (1.116) ist die 45°-Verstimmung gleich der relativen Bandbreite.

Normierte Form der Impedanz bzw. Admittanz:

In der Ausgangsgleichung

$$\underline{Z}_r = R_r + j\left(\omega L_r - \frac{1}{\omega C_r}\right)$$

erweitern wir beide Ausdrücke in der Klammer mit $\omega_0 \sqrt{L_r C_r}$ [= 1 nach Gl. (1.111)]:

$$\underline{Z}_r = R_r + j\left(\frac{\omega L_r}{\omega_0 \sqrt{L_r C_r}} - \frac{\omega_0 \sqrt{L_r C_r}}{\omega C_r}\right) = R_r + j\sqrt{\frac{L_r}{C_r}}\left(\frac{\omega}{\omega_0} - \frac{\omega_0}{\omega}\right)$$

$$= R_r\left[1 + j\frac{1}{R_r}\sqrt{\frac{L}{C}}\left(\frac{\omega}{\omega_0} - \frac{\omega_0}{\omega}\right)\right].$$

Mit Gln. (1.112) und (1.117) ergibt sich also

$$\underline{Z}_r = R_r(1 + j\varrho v), \qquad \text{dual:} \quad \underline{Y}_p = G_p(1 + j\varrho v).$$

In bezogener Form entsteht wiederum eine gemeinsame Gleichung für die dualen Größen der dualen Kreise

$$\underset{\text{Reihenkreis}}{\frac{\underline{Z}_r}{R_r}} = 1 + j\varrho v = \underset{\text{Parallelkreis}}{\frac{\underline{Y}_p}{G_p}}. \tag{1.119}$$

Betrag und Phasenwinkel:

$$\frac{Z_r}{R_r} = \frac{Y_p}{G_p} = \sqrt{1 + (\varrho v)^2} \tag{1.120}$$

$$\varphi_r = \gamma_p = \arctan \varrho v. \tag{1.121}$$

Der Phasenwinkel von $\underline{Z}_r$ bzw. $\underline{Y}_p$ ist ±45°, wenn Realteil gleich Imaginärteil ist, d.h. nach Gl. (1.119) $\varrho v = \pm 1$. Damit ergibt sich in Übereinstimmung mit Gl. (1.118) $v_{\pm 45} = \pm 1/\varrho$.

Der Betrag Z_r bzw. Y_p wächst gegenüber dem Resonanzfall ($\omega = \omega_0$, d.h. $\varrho v = 0$) auf das $\sqrt{2}$-(= 1,4-)fache an; zwischen diesen Frequenzen liegt definitionsgemäß die Bandbreite.

Frequenzabhängigkeit von Strom und Spannung

Bei sinusförmiger Aussteuerung der *R-L-C*-Kreise mit variabler Frequenz treten Besonderheiten im Strom- und Spannungsverhalten auf, die eine vielseitige Anwendung finden.

Wir interessieren uns hier nur für die Beträge (Effektivwerte) von Strom und Spannung, diskutieren also nur Betragsgleichungen. Das Verhalten leiten wir am Beispiel des Reihenresonanzkreises ab. Für Parallelkreise gilt das gleiche Verhalten für die duale Größe, d.h., ersetze Strom durch Spannung, (Schein-)Widerstand durch (Schein-)Leitwert, Induktivität durch Kapazität und umgekehrt. In normierter Form ergeben sich dann dieselben Gleichungen.

Um das Charakteristische hervorzuheben, soll bei Änderung der Frequenz der Effektivwert einer der beiden Klemmengrößen, Spannung oder Strom, konstant gehalten werden:

Voraussetzung
für Reihenkreis $U(\omega) = \text{konst.}$
für Parallelkreis $I(\omega) = \text{konst.}$

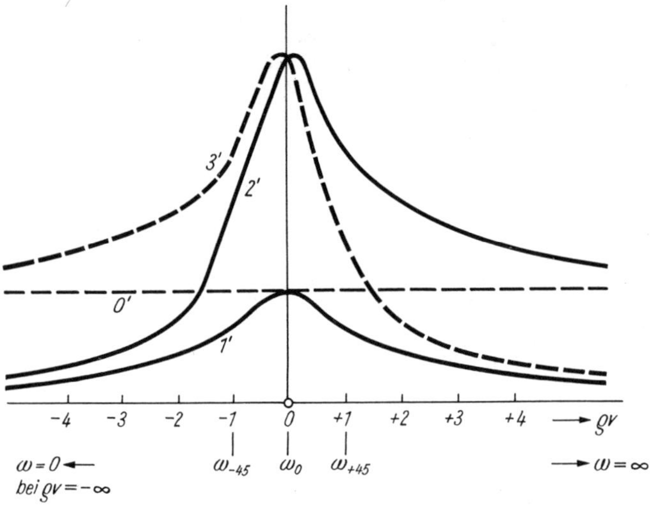

Bild 1.96. Verhalten der Resonanzkreise

Reihenkreis bei	Kurve	Parallelkreis bei
U = konst.	0'	I = konst.
$\frac{I(\omega)}{I_0}$	1'	$\frac{U(\omega)}{U_0}$
$\frac{U_R(\omega)}{U}$	1'	$\frac{I_G(\omega)}{I}$
$\frac{U_L(\omega)}{U}$	2'	$\frac{I_C(\omega)}{I}$
$\frac{U_C(\omega)}{U}$	3'	$\frac{I_L(\omega)}{I}$

Im Bild 1.96 ist dieser konstante Wert in Abhängigkeit von der Frequenz durch die Horizontale 0' dargestellt. Dann gilt für den *Klemmenstrom*

$$\underline{I}(\omega) = \underline{U}/\underline{Z}(\omega) = \text{konst.}\ \underline{Y}(\omega) \quad \text{[vgl. Gl. (1.109)]}.$$

Die Ortskurve von $\underline{I}(\omega)$ ist beim Reihenkreis für $U(\omega)$ = konst. ein Kreis durch den Nullpunkt (Bild 1.93b).

Die Betragsgleichung lautet mit Gl. (1.120)

$$I(\omega) = \frac{U}{R_r\sqrt{1 + (\varrho v)^2}}. \tag{1.122a}$$

Dabei ist

$$\frac{U}{R_r} = (I)_{\varrho v = 0} = I_0$$

der Strom bei Resonanzfrequenz.

Größer kann der Effektivwert des Stroms im Reihenkreis nicht werden. Er ist so groß, als wären L_r und C_r nicht und nur R_r vorhanden. Das ist auch verständlich, da im Resonanzfall (s. „Resonanzfrequenz" und Zeigerbild 1.92) $\underline{U}_L$ und $\underline{U}_C$ gleich groß und gegenphasig sind: $(\underline{U}_L + \underline{U}_C)_{\omega_0} = 0$.

Beim *Parallelkreis* gilt der gleiche Verlauf für $U(\omega)$ bei $I(\omega)$ = konst. Hier durchläuft die Spannung ein Maximum bei $\omega = \omega_0$, da der Generator (Einströmung $\underline{I}$) keinen Blindstrom mehr „zu liefern braucht", der Gesamtstrom durch $G_p = 1/R_p$ fließt und $U(\omega_0) = IR_p = U_0$ erzeugt.

Wir können also schreiben:

$$\underset{\text{Reihenkreis}}{\frac{I(\omega)}{I_0}} = \frac{1}{\sqrt{1 + (\varrho v)^2}} = \underset{\text{Parallelkreis}}{\frac{U(\omega)}{U_0}}. \tag{1.122}$$

Dieser Verlauf ist im Bild 1.96 als Kurve 1' dargestellt. Bei $\varrho v = 0$ ($\omega = \omega_0$) ist $I = I_0 = U/R_r$; bei $\varrho v = \pm 1$ ist $I = I_0/\sqrt{2}$ (zwischen diesen Werten $v_{\pm 45} = \pm 1/\varrho$ liegt im f-Maßstab die Bandbreite); bei $\varrho v = \pm 5$ ist $I \approx I_0/5$ usw. Es ergibt sich also im ϱv-Maßstab eine symmetrische Kurve.

Teilspannungen (Reihenkreis), *Teilströme* (Parallelkreis):

Die Spannung über dem Widerstand R_r verläuft wie der Strom:

$$U_R(\omega) = RI(\omega) = \frac{U}{\sqrt{1+(\varrho v)^2}},$$

also

$$\frac{U_R(\omega)}{U} = \frac{1}{\sqrt{1+(\varrho v)^2}} = \frac{I_G(\omega)}{I} \tag{1.123}$$

Reihenkreis Parallelkreis

(Verlauf im Bild 1.96 Kurve 1′).

Die Spannung über R durchläuft ein Maximum: bei ω_0 ist $U_R(\omega_0) = U$ (Klemmenspannung). Wie oben erläutert, fällt die gesamte Klemmenspannung über R_r ab (bzw. fließt der gesamte Klemmenstrom durch G_p).

Die Gleichheit der Spannungen über R_r und über dem Gesamtkreis kann als Meßmethode für die Resonanzfrequenz dienen.

Teilspannungen über L und C bzw. Teilströme durch C- und L-Zweige:

$$U_C(\omega) = \frac{1}{\omega C} I(\omega) \quad \text{und} \quad U_L(\omega) = \omega L I(\omega).$$

Der Frequenzgang von $U_C(U_L)$ unterscheidet sich also von $I(\omega)$ dadurch, daß noch ein $1/\omega$-Gang (ω-Gang) überlagert wird. Das Maximum verschiebt sich so zu etwas niedrigeren (höheren) Frequenzen. Bei $\omega = 0$ ($\omega = \infty$) ergibt sich nicht der Wert Null, sondern $U_C(0) = U[U_L(\infty) = U]$, da bei $\omega = 0$ ($\omega = \infty$) $I = 0$ ist und über L und R (C und R) kein Spannungsabfall entstehen kann, die Gesamtspannung U also über $C(L)$ abfällt.

Diskutiere diese Aussagen für die „dualen" Größen $I_L(\omega)$ und $I_C(\omega)$ des Parallelkreises bei $I = \text{konst.}$!

Mit Gl. (1.122a) wird

$$U_C(\omega) = U \frac{\frac{1}{\omega C R_r}}{\sqrt{1+(\varrho v)^2}}.$$

Wir erweitern den Zähler mit ω_0 und setzen Gl. (1.112) ein:

$$U_C(\omega) = \varrho U \frac{\frac{\omega_0}{\omega}}{\sqrt{1+(\varrho v)^2}}.$$

Ebenso schreiben wir die Spannung über L um:

$$U_L(\omega) = U \frac{\frac{\omega L}{R_r}}{\sqrt{1+(\varrho v)^2}} = \varrho U \frac{\frac{\omega}{\omega_0}}{\sqrt{1+(\varrho v)^2}}.$$

Für beide Spannungsabfälle gilt bei $\omega = \omega_0$, d. h. $\varrho v = 0$:

$$U_L(\omega_0) = U_C(\omega_0) = \varrho U \quad \text{(Reihenkreis)}$$

bzw.

$$I_C(\omega_0) = I_L(\omega_0) = \varrho I \quad \text{(Parallelkreis)}, \tag{1.124}$$

d. h., bei Resonanzfrequenz sind die beiden gegenphasigen Blindkomponenten ($\underline{U}_L$ und $\underline{U}_C$ bzw. $\underline{I}_C$ und $\underline{I}_L$) ϱ-mal größer als die Klemmengröße.

In normierter Form können wir schreiben:

$$\frac{U_C(\omega)}{\varrho U} = \frac{\frac{\omega_0}{\omega}}{\sqrt{1+(\varrho v)^2}} = \frac{I_L(\omega)}{\varrho I} \tag{1.125}$$

$$\frac{U_L(\omega)}{\varrho U} = \frac{\dfrac{\omega}{\omega_0}}{\sqrt{1+(\varrho v)^2}} = \frac{I_C(\omega)}{\varrho I}. \qquad \textbf{(1.126)}$$

Reihenkreis Parallelkreis

Diese Verläufe sind für $\varrho = 3$ im Bild 1.96 als Kurven 2′ und 3′ dargestellt.

Bei $\omega = \omega_0$ ($\varrho v = 0$) ist für den Reihenkreis die induktive Spannung gleich der kapazitiven und ϱ-mal so groß wie die Gesamtspannung. Da ϱ-Werte von 100 durchaus möglich sind, entsteht über L und C bei einer Klemmenspannung von 50 V je eine Spannung von 5 000 V. Die Bauelemente sind also entsprechend spannungsfest auszulegen.

Wie bereits erwähnt, ist die Frequenz des Maximalwerts von U_C und U_L nicht genau gleich der Resonanzfrequenz f_0. Diese Verschiebung und auch der Unterschied des Maximalwerts vom Wert bei f_0 sind jedoch i. allg. unbedeutend. Berechnet man beispielsweise den Maximalwert von $U_L(\omega)$ durch Differentiation und Nullsetzen, so erhält man die

Kreisfrequenz des Maximalwerts

$$\omega_\text{m} = \frac{\omega_0}{\sqrt{1 - \dfrac{1}{2\varrho^2}}}.$$

Setzt man diesen Wert in $U_L(\omega)$ ein, so erhält man dessen

Maximalwert

$$\frac{U_{L\max}}{U} = \frac{\varrho}{\sqrt{1 - \left(\dfrac{1}{2\varrho}\right)^2}}.$$

Diskussion: ω_m ist reell nur für $\varrho \geqq 1/\sqrt{2}$, d. h., für $\varrho < 1/\sqrt{2}$ gibt es überhaupt kein Maximum, U_L steigt monoton mit ω an. Für größere ϱ-Werte nähert sich ω_m immer mehr ω_0 und erreicht ω_0 bis auf 5 % bereits bei der relativ kleinen Güte $\omega_0 L/R = \varrho \approx 3$. Für $\varrho \geqq 3$ kann man also mit guter Näherung $\omega_\text{m} = \omega_0$ setzen und ebenso $U_{L\max} = \varrho U$. Ein „Anheben" von U_L über U, d. h. eine merkliche Resonanzerscheinung, tritt erst bei $\varrho > 1$ auf. Die Resonanzerscheinung mit zunehmenden ϱ-Werten und das Hinwandern von ω_m nach ω_0 ($v = 0$) sind im Bild 1.97 für U_L dargestellt. Dieses typische Verhalten bei Änderung der Frequenz ist jedem schwingungsfähigen System eigen, wobei die Vergrößerung von ϱ eine Verminderung der Dämpfung bedeutet.

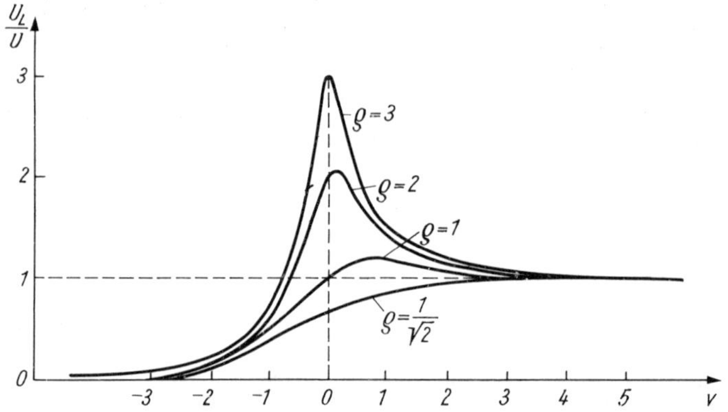

Bild 1.97. U_L/U *für Reihenresonanzkreis bei verschiedenen Resonanzschärfen* $\varrho = \omega_0 L/R$

Bisher sind die Resonanzkreise bei $U(\omega)$ = konst. (Reihenkreis) und $I(\omega)$ = konst. (Parallelkreis) betrachtet worden. Das dabei auftretende frequenzselektive Verhalten der Teilspannungen über L und C (Reihenkreis) bzw. der Spannung über Parallelkreis wird in der Technik viel ausgenutzt.

Wir wollen nun noch das Verhalten im anderen Betriebszustand diskutieren: $I(\omega) = \text{konst.}$ für Reihenkreis bzw. $U(\omega) = \text{konst.}$ für Parallelkreis. Hier ergeben sich folgende Beziehungen:

für Reihenkreis ($I(\omega) = \text{konst.}$)

$$U(\omega) = Z(\omega)I = \text{konst.}\, Z(\omega)$$
$$U_R = RI = \text{konst.}\, R$$
$$U_L = \omega L I = \text{konst.}\, \omega L$$
$$U_C = \frac{1}{\omega C} I = \text{konst.} \frac{1}{\omega C}$$

für Parallelkreis ($U(\omega) = \text{konst.}$)

$$I(\omega) = UY(\omega) = \text{konst.}\, Y(\omega)$$
$$I_G(\omega) = \text{konst.}\, G$$
$$I_C(\omega) = \text{konst.}\, \omega C$$
$$I_L(\omega) = \text{konst.} \frac{1}{\omega L}.$$

Die Frequenzabhängigkeit dieser Verläufe ist im Prinzip im Bild 1.93c dargestellt. Die Gesamtspannung im Reihenkreis (dick ausgezogene Kurve) durchläuft ein Minimum; die Spannung über L steigt monoton; über C fällt sie ständig mit zunehmender Frequenz (gestrichelt); über R bleibt sie konst. Man erkennt durch Vergleich im Bild 1.96 das völlig andere Betriebsverhalten.

1.6.3.2. Parallelkreis (R + L) ∥ C

Die Form der reinen Parallelschaltung (Bild 1.91b) kommt in der Praxis höchstens angenähert vor, da eine Spule immer einen Wicklungswiderstand hat, der im Ersatzschaltbild der Spule in Reihe zur Induktivität liegt. Wie ein solcher Reihenwiderstand den Parallelresonanzkreis beeinflußt, soll untersucht werden.

Hierzu wollen wir zunächst eine Spulenkenngröße einführen, die *Spulengüte* g_L. Im Bild 1.98a ist die einfachste Ersatzschaltung einer technischen Spule mit Wicklungswiderstand R_L dargestellt (vgl. Abschn. 1.6.4.).

Man definiert als Spulengüte

$$g_L = \frac{\omega L}{R_L}, \qquad \textit{Spulengüte} \tag{1.127}$$

g_L ist eine frequenzabhängige Größe, und sie ist 1 bei $\omega L = R$. Wir schalten eine Kapazität C_p parallel (Bild 1.99a) und berechnen den komplexen Leitwert dieses Resonanzkreises:

$$\underline{Y}_p = j\omega C_p + \frac{1}{R_L + j\omega L}. \tag{1.128}$$

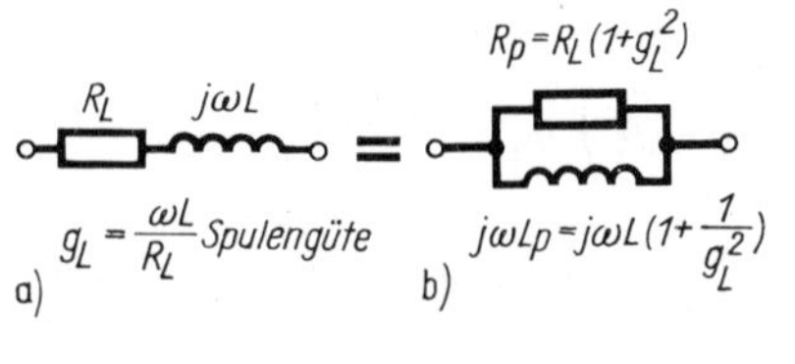

Bild 1.98

a) technische Spule mit Wicklungswiderstand R_L
b) Umrechnung in äquivalenten Parallelzweipol

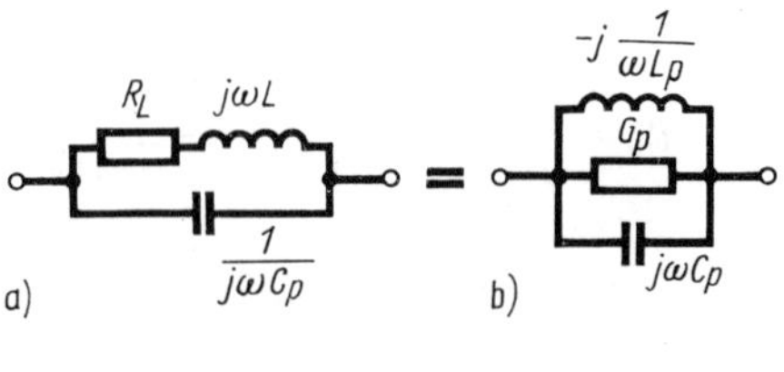

Bild 1.99

a) Resonanzkreis
b) Umrechnung gemäß Bild 1.98

Um Real- und Imaginärteil von $\underline{Y}_p$ angeben zu können, machen wir den Nenner durch Erweitern des Bruches mit dem konjugiert komplexen Ausdruck reell [Gl. (1.33)]:

$$\underline{Y}_p = j\omega C_p - \frac{j\omega L}{R_L^2 + (\omega L)^2} + \frac{R_L}{R_L^2 + (\omega L)^2},$$

d.h., wir ersetzen die Reihenschaltung Bild 1.98a durch eine an den Klemmen äquivalente

Parallelschaltung [Bild 1.98b, s. Gln. (1.79)]. Wirk- und Blindkomponente dieser äquivalenten Parallelschaltung können wir mittels Gl. (1.127) umschreiben, und wir erhalten

$$\underline{Y}_p = j\omega C_p - j\frac{1}{\omega L\left(1+\frac{1}{g_L^2}\right)} + \frac{1}{R_L(1+g_L^2)}. \quad \textbf{(1.129)}$$

Mit den Parallelgrößen (Bild 1.99b)

$$L_p = L\left(1+\frac{1}{g_L^2}\right) \quad \textbf{(1.130a)}$$

$$R_p = R_L(1+g_L^2) = \frac{1}{G_p} \quad \textbf{(1.130b)}$$

erhalten wir

$$\underline{Y}_p = j\left(\omega C_p - \frac{1}{\omega L_p}\right) + G_p,$$

die Admittanzgleichung für die „reine" Parallelschaltung Bild 1.91b.

Sie unterscheidet sich jedoch u. U. wesentlich von dieser, da hier die Elemente L_p und G_p nach Gln. (1.130) selbst frequenzabhängig sind.

Die *Kreisgüte* ϱ ergibt sich nach Gln. (1.112) zu

$$\varrho = \frac{1}{\omega_0 L_p G_p} = \frac{R_p}{\omega_0 L_p} = \frac{R_L(1+g_L^2)}{\omega_0 L\left(1+\frac{1}{g_L^2}\right)} = g_L^2\frac{R_L}{\omega_0 L}.$$

Die Spulengüte g_L ist für $\omega = \omega_0$ anzusetzen:

$$(g_L)_{\omega_0} = \frac{\omega_0 L}{R_L},$$

also wird

$$\varrho = (g_L)_{\omega_0}. \quad \textbf{(1.131)}$$

Kreisgüte ist gleich der Spulengüte bei Resonanzfrequenz.

Die *Resonanzfrequenz* wird nach Gl. (1.111)

$$\omega_0 = \frac{1}{\sqrt{L_p C_p}} = \frac{1}{\sqrt{LC_p}\,\sqrt{1+1/g_L^2}} \approx \frac{1}{\sqrt{LC_p}}\left(1-\frac{1}{2}\,\frac{1}{g_L^2}\right)^{1)} \qquad \text{für } g_L \gg 1.$$

Auch hier ist g_L für ω_0 einzusetzen: $(g_L)_{\omega_0} = \varrho$. Ist nun $\varrho > 3$, so ergibt sich mit höchstens 5 % Fehler

$$\omega_0 \approx \frac{1}{\sqrt{LC_p}}. \quad \textbf{(1.132)}$$

Der *Resonanzwiderstand* (Widerstand bei $\omega = \omega_0$) ist mit Gl. (1.130b)

$$Z_{res} = \left|\frac{1}{\underline{Y}_p}\right|_{\omega_0} = \frac{1}{G_p(\omega_0)} = R_p(\omega_0) = R_L(1+g_L^2)_{\omega_0}.$$

[1]) Näherung $(1+\varepsilon)^n \approx 1 + n\varepsilon$ für $\varepsilon \ll 1$; hier ist $n = -1/2$.

Mit Gl. (1.131) und $\varrho \gg 1$ wird

$$Z_{res} = \varrho^2 R_L. \qquad \textbf{(1.133)}$$

Der i. allg. relativ kleine Widerstand R_L wird also durch das Reihen-L und Parallel-C in einen sehr hochohmigen Eingangswiderstand der Schaltung transformiert. Dies kann man sich im Kreisdiagramm veranschaulichen (s. beispielsweise Bild 1.81 für $B_0 = 0$ und Aufgabe A 1.23).

Schließlich sollen noch die *Ortskurven* $\underline{Y}_p(\omega)$ und $\underline{Z}(\omega)$ konstruiert werden, wobei wir erstmalig von einer „elementaren“ Ortskurve (Gerade, Kreis) abkommen.

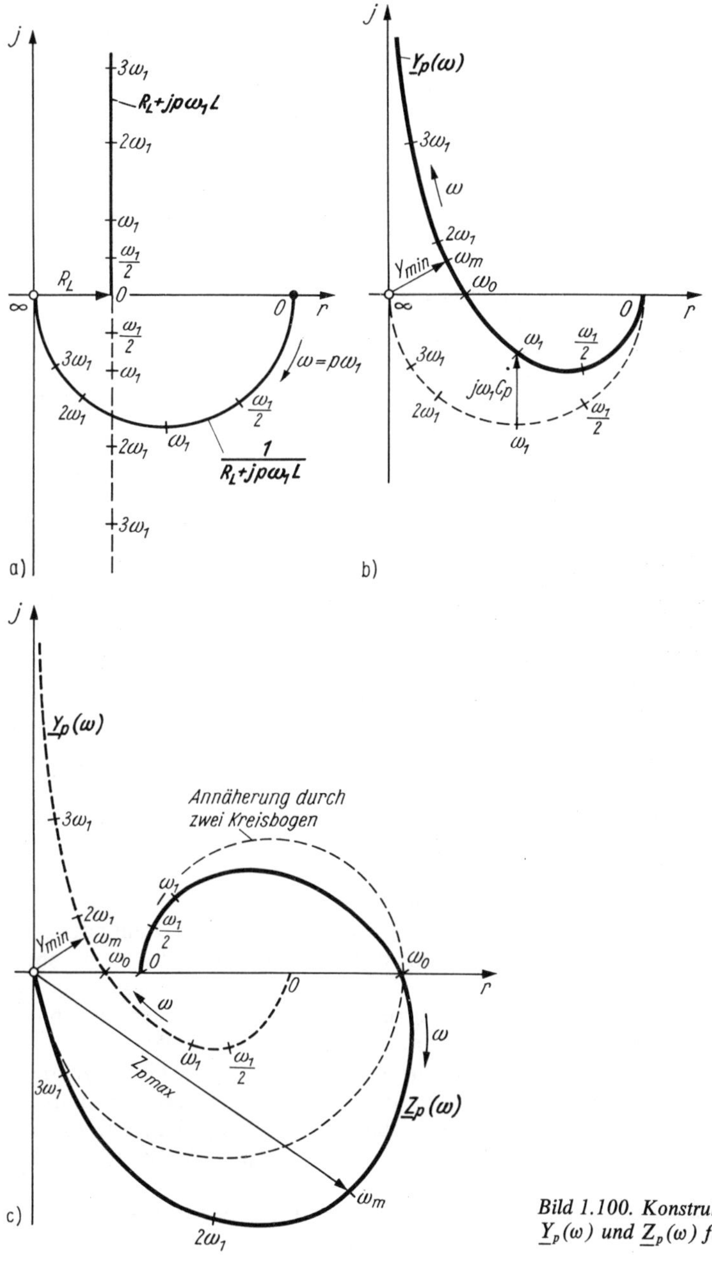

Bild 1.100. Konstruktion der Ortskurven $\underline{Y}_p(\omega)$ und $\underline{Z}_p(\omega)$ für Resonanzkreis Bild 1.99a

Konstruktionsschritte

Wir gehen von der ursprünglichen Gl. (1.128) aus:

1. Konstruktion der Ortskurve: $R_L + j\omega L$. Dabei führen wir für ω einen Parameter $\omega = p\omega_1$ ein. ω_1 sei definiert durch die Gleichung $\omega_1 L = R_L$ analog Bild 1.72a (Bild 1.100a).
2. Inversion dieser Ortskurve, ergibt Ortskurve für komplexen Leitwert
$$\frac{1}{R_L + j\omega L} = \frac{1}{R_L(1 + jp)}$$
(Halbkreis durch Nullpunkt, Mittelpunkt auf reeller Achse, Durchmesser $1/R_L$, Bild 1.100a).
3. Addition der imaginären Größe $j\omega C_p$ an verschiedenen Ortskurvenpunkten ergibt Punkte der Ortskurve $\underline{Y}_p(\omega)$. Hierfür nehmen wir im Ortskurvenpunkt ω_1 $(p = 1)$ eine Zeigerlänge $\omega_1 C_p$ an. Dann ist im Ortskurvenpunkt $2\omega_1$, $4\omega_1$, $\omega_1/2$ die doppelte, vierfache bzw. halbe Strecke nach oben abzutragen. Der Punkt $\omega = 0$ bleibt erhalten, und der Punkt $\omega = \infty$ wandert ins Unendliche (Bild 1.100b).
4. Inversion dieser Ortskurve ergibt $1/\underline{Y}_p = \underline{Z}_p(\omega)$. Da dies keine elementare Ortskurve ist, muß KP 3 (Abschn. 1.5.3., S. 101) angewendet werden, d. h., wir suchen uns nach Spiegelung an reeller Achse charakteristische Zeiger heraus und invertieren diese am gewählten Inversionskreis.

In grober Näherung können wir die Inversion wie folgt durchführen: Zwischen den beiden Ortskurvenpunkten auf der reellen Achse ($\omega = 0$ und $\omega = \omega_0$) nähern wir die Ortskurve $\underline{Y}_p(\omega)$ als Halbkreis im IV. Quadranten an. Die Inversion ergibt einen Halbkreis im I. Quadranten mit umgekehrten Parameterpunkten. Den Rest der $\underline{Y}_p$-Ortskurve ($\omega > \omega_0$) nähern wir durch eine Gerade außerhalb des Nullpunktes an. Durch Inversion erhalten wir einen Kreisbogen durch den Nullpunkt ($\omega = \infty$), der im Ortskurvenpunkt ω_0 ansetzt (Bild 1.100c, dünn gestrichelt). Die genauere Konstruktion liefert eine demgegenüber etwas „verbeulte" Kurve. So liegt z.B. der kürzeste Zeiger $\underline{Y}_{min}$ bei $\omega_m > \omega_0$ nicht längs der reellen Achse, also wird das Maximum $\underline{Z}_{p\,max}$ etwas oberhalb ω_0 auftreten.

Wir haben die Resonanzkreise ausführlicher behandelt, erstens weil sie in der Elektrotechnik – vor allem in der analogen Nachrichtentechnik – ein sehr wichtiges Grundelement darstellen und zweitens um die Diskussion des Verhaltens elektrischer Stromkreise mit Hilfe der in den vorherigen Abschnitten behandelten analytischen und grafischen Methoden vorzuführen.

1.6.4. Technische Schaltelemente

Die Bauelemente Widerstand, Kondensator, Spule sollen zwar möglichst gut den reellen Widerstand, eine Kapazität bzw. eine Induktivität (d. h. die drei Grundschaltelemente *R, C, L*) realisieren, können dies jedoch nicht ideal erreichen. Die Elemente *R, C, L* symbolisieren je eine bestimmte Form der Energieumformung (Tafel 0.1).

In dem Bauelement *Widerstand* wird aber bei Stromdurchfluß nicht nur Wärme erzeugt. Der durchfließende Strom ist von einem Magnetfeld umgeben, das sich mit dem Strom zeitlich ändert und Spannungen induziert. Ist der Widerstand ein aufgewickelter Draht oder eine gewendelte Kohleschicht, so wird dieser induktive Effekt noch gesteigert. Außerdem haben verschiedene Stellen des Widerstands unterschiedliches Potential, weshalb in der nichtleitenden Umgebung zeitlich sich ändernde elektrische Felder existieren, also in der Umgebung des Widerstands zusätzliche Verschiebungsströme auftreten (kapazitiver Effekt).

Der Strom in einer technischen *Spule* baut nicht nur in gewünschter Stärke ein Magnetfeld auf, sondern erzeugt auch eine Erwärmung der Spule infolge des Wicklungswiderstands (s. auch Abschn. 1.4.2.). Potentialunterschiede ergeben auch hier Verschiebungsströme im Nichtleiter bei zeitlicher Änderung. Im Eisenkern kann Wärme durch Wirbelströme und Ummagnetisierungsverluste entstehen.

Ein technischer *Kondensator* hat schon bei Gleichspannung nicht nur den erwünschten Verschiebungsfluß, sondern auch einen „Leckstrom", wenn das Dielektrikum nicht ideal isoliert. Dieser Strom erzeugt Wärme. Bei zeitlicher Änderung der Spannung entstehen neben dem erwünschten Verschiebungsstrom im Nichtleiter, der im Leiter durch den Ladungsstrom fortgesetzt wird, u. U. Umelektrisierungsverluste (Wärme) im Dielektrikum, d. h., außer dem Blindstrom tritt eine Wirkkomponente des Stroms auf. Beide Ströme sind von einem Magnetfeld umgeben. Ein solcher Kondensator hat also nicht nur kapazitive, sondern auch ohmsche und induktive Eigenschaften.

Konstruktion und Materialparameter werden so ausgelegt, daß die erwünschte Wirkung des Bauelements weit überwiegt. Das ist jedoch auch eine Frage der Einsatzbedingungen (Spannung, Frequenz, Temperatur usw.). Der Schaltungstechniker muß bei Einsatz der Bauelemente die Gesamtwirkung berücksichtigen und benötigt entsprechende Kenndaten für die Netzwerkberechnung.

Die physikalischen Vorgänge im wahren Bauelement, wie sie oben angedeutet worden sind, gestatten, ein *Ersatzschaltbild* zu entwerfen, das die elektrischen und magnetischen Felder (C und L) und die Energieabstrahlung (R) veranschaulicht. Durch Messungen kann man den Elementen des Ersatzschaltbilds bestimmte Werte zuordnen, deren Abhängigkeit von Frequenz, Spannung, Temperatur usw. zu untersuchen ist.

Als *Kenngröße* für die technische Unvollkommenheit eines Bauelements wird in erster Näherung der *Fehlwinkel* δ bzw. der *Verlustfaktor* d angegeben. Diese sollen anhand der einfachsten Ersatzschaltbilder erläutert werden:

Technischer Widerstand

In Reihe zu dem Schaltelement R ist eine Induktivität zu legen; denn eine zeitliche Änderung des Stroms (Magnetfeldes) bewirkt eine zusätzliche induzierte Spannung. Der Verschiebungsstrom hingegen tritt in einem „Nebenzweig", z. B. im Widerstandskörper, auf. (Kohleschichtwiderstände bestehen aus einer auf einem Porzellankörper thermisch niedergeschlagenen Glanzkohleschicht, mit eingeschliffener Wendel. Porzellan hat $\varepsilon_r \approx 5$.) Damit ergibt sich das Ersatzschaltbild 1.101 a.

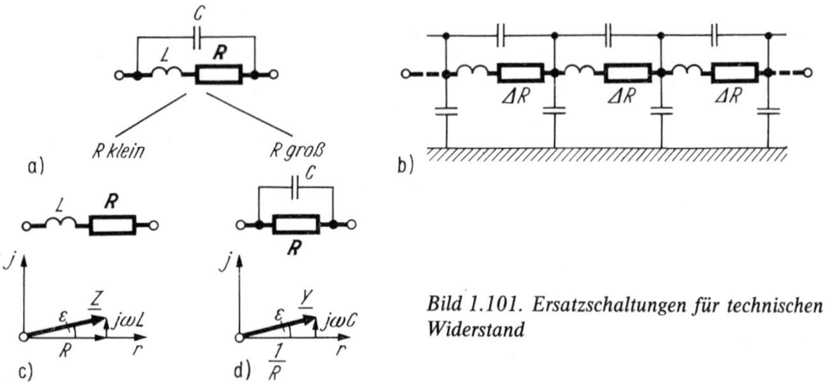

Bild 1.101. Ersatzschaltungen für technischen Widerstand

Dabei wird angenommen, daß der Verschiebungsfluß nur zwischen den Widerstandsendpunkten (maximale Potentialdifferenz) konzentriert auftritt. In Wirklichkeit ist er verteilt. Man müßte in genauerer Näherung sich den Widerstandskörper in Scheiben zerlegt denken (z. B. bei Kohleschichtwiderständen jeweils eine Windung) und die Ersatzschaltbilder aller Scheiben in Reihe schalten (Bild 1.101 b). Dabei werden noch verteilte „Erdkapazitäten" hinzugefügt, für den Fall, daß der Widerstandskörper in der Schaltung Potentialunterschiede gegenüber dem Chassis aufweist, durch die ebenso Verschiebungsströme entstehen können. Dieses komplizierte Ersatzschaltbild ist das eines Kettenleiters. Diese Struktur ist jedoch nur bei sehr hohen Frequenzen zu berücksichtigen, wenn das Querglied ωC einen merklichen Strom führt und das induktive Längsglied ωL eine merkliche Spannung gegenüber Ri aufnimmt. Das ist bei gewendelten Kohleschichtwiderständen im Gebiet über 100 MHz der Fall.

Bild 1.101 a zeigt, daß ein technischer Widerstand die Wirkung eines Parallelschwingungskreises haben kann (Bilder 1.99 a und 1.97). Man muß jedoch beachten, daß i. allg. $R \gg \omega L$ ist und nach Gl. (1.131) kein Resonanzeffekt entsteht. Nur bei kleinen Widerstandswerten tritt der induktive Effekt hervor; dann ist jedoch der kapazitive von untergeordneter Bedeutung (Bild 1.101 c). Umgekehrt überwiegt von den Nebeneffekten bei großen Widerstandswerten und höheren Frequenzen der Verschiebungsstrom (Bild 1.101 d). Beispielsweise ist bei einem Widerstand von 10 kΩ, der 1 pF Kapazität aufweisen möge, die Bedingung $\omega C = 1/R$ für $f \approx 10$ MHz erfüllt. Man erkennt aber an dem Beispiel, daß diese Betrachtungen zumindest für Kohleschichtwiderstände erst bei relativ hohen Frequenzen interessieren.

Zu den Ersatzschaltbildern 1.101 c und d sind die Zeigerbilder der Impedanz bzw. Admittanz angegeben und je ein Winkel ε eingetragen, der die Abweichung von dem erwünschten reellen Widerstand angibt.

Technischer Kondensator

Leckstrom und Erwärmung des Dielektrikums durch innere Verluste bei wechselnder Polarisation sind, da deren Größe von der Spannung bestimmt wird, durch Parallelwiderstände zum idealen Kondensator im Ersatzschaltbild zu berücksichtigen. Hinzu kommen noch Widerstand und Induktivität der Zuleitung als Reihenelemente (Bild 1.102 a). Wir erkennen wiederum, daß auch ein technischer Kondensator bei entsprechend hohen Frequenzen wie ein Schwingkreis wirkt. Oberhalb der Serienresonanzfrequenz f_r wirkt der Kondensator wie eine Spule. (Beispielsweise möge ein Kondensator mit einer Kapazität $C = 0{,}1\ \mu F$ eine Induktivität $L = 0{,}1\ \mu H$ aufweisen. Dann ist $f_r \approx 1{,}6$ MHz.)

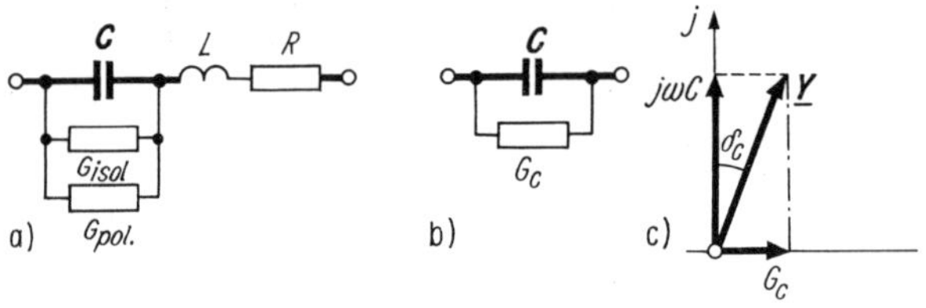

Bild 1.102. Ersatzschaltungen für technischen Kondensator

G_{isol} Isolationsleitwert
G_{pol} Polarisationsverluste
$G_C = G_{isol} + G_{pol}$
$\tan \delta_C = \frac{G_c}{\omega C} = d_c$

Dieses schon vereinfachte Ersatzschaltbild (bei sehr hohen Frequenzen ist u. U. eine Aufteilung der hier konzentrierten Elemente erforderlich analog Bild 1.101 b für den Widerstand) kann man für nicht zu hohe Frequenzen (unterhalb der Serienresonanzfrequenz) weiter vereinfachen (Bild 1.102 b). In dem dazugehörigen Zeigerbild ist der Fehlwinkel δ_C eingetragen, um den der komplexe Leitwert $\underline{Y} = j\omega C + G_C$ vom idealen Leitwert $j\omega C$ abweicht. Mit diesem kann man mit $G_C = 1/R_p$ schreiben

$$\tan \delta_C = \frac{G_C}{\omega C} = \frac{1}{\omega C R_p} = d_C, \quad \text{d.h.} \quad G_C = d_C\,\omega C. \tag{1.134}$$

Diesen Quotienten nennt man den

Verlustfaktor $d_C = \tan \delta_C \approx \delta_C$.

Allgemein lautet die

Definition des Verlustfaktors $d = \dfrac{\text{Wirkleistung}}{\text{Blindleistung}}$, **(1.135)**

die für das vereinfachte Ersatzschaltbild 1.102 b zu Gl. (1.134) führt.

Die Näherung gilt für $\delta_C \ll 1$ (Fehlwinkel einige Grad), die meist berechtigt ist; denn die Verlustfaktoren liegen in der Größenordnung 10^{-3}. G_C ist u. U. frequenzabhängig; das ist verständlich, da Polarisationsverluste mit der Frequenz zunehmen, was die Wirkung des ebenfalls mit der Frequenz zunehmenden Nenners mindestens teilweise kompensiert. Daher ist d_C für bestimmte Materialien in begrenzten Frequenzbereichen unabhängig von der Frequenz.

Beispiel

Wir wollen den Verlustfaktor eines kapazitiven Zweipols berechnen, der a) aus einer Parallelschaltung

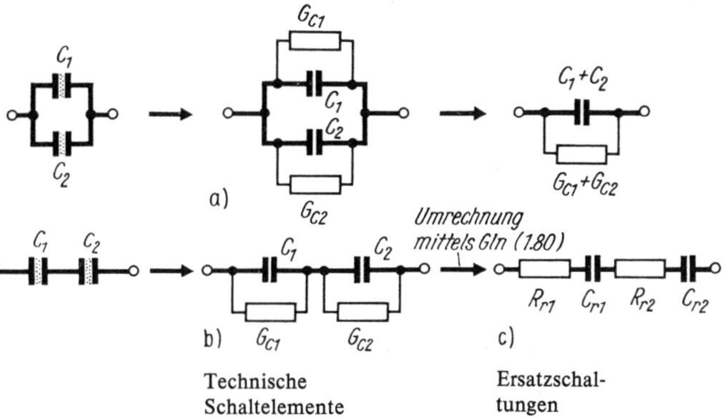

Bild 1.103. Parallel- und Reihenschaltung technischer Kondensatoren

und b) aus einer Reihenschaltung zweier Kondensatoren C_1 und C_2 mit den Verlustfaktoren d_{C1} bzw. d_{C2} besteht.

Zu a): Die Ersatzschaltung zeigt Bild 1.103a. Aus der Definition des Verlustfaktors Gl. (1.135) ergibt sich Gl. (1.134)

$$d_C = \frac{G_{C1} + G_{C2}}{\omega(C_1 + C_2)} = \frac{d_{C1} C_1 + d_{C2} C_2}{C_1 + C_2}.$$

Zu b): Die Ersatzschaltung ist im Bild 1.103b dargestellt. Auf Grund der allgemeinen Definition des Verlustfaktors als Quotient von Wirk- und Blindleistung – Gl. (1.135) – können wir eine reine Parallelschaltung oder eine reine Reihenschaltung von Ersatzschaltelementen zugrunde legen:

$$d_C = \frac{\text{Wirkleistung}}{\text{Blindleistung}} = \frac{U^2 G_p}{U^2 B_p} = \frac{I^2 R_r}{I^2 X_r}, \quad d_C = \frac{G_p}{B_p} = \frac{R_r}{X_r}. \qquad (*)$$

Bei einer Reihen-Parallel-Schaltung, wie sie hier vorliegt, berechnet man entweder $\underline{Z} = R_r + jX_r$ oder $\underline{Y} = G_p + jB_p$ und bildet die entsprechenden Quotienten von Blind- zu Wirkkomponente.
Bei der Umrechnung der Parallel- in Reihenschaltungen (Bild 1.103c) verwendet man mit Vorteil die Umrechnungsbeziehungen (1.79) und (1.80).

Aus Bild 1.103b ergibt sich:

$$\underline{Y} = \frac{1}{\dfrac{1}{G_{C1} + j\omega C_1} + \dfrac{1}{G_{C2} + j\omega C_2}} = \frac{1}{\dfrac{1}{\omega C_1 (j + d_{C1})} + \dfrac{1}{\omega C_2 (j + d_{C2})}}.$$

Mit $d_{C\nu} \ll 1$ wird mit Gl. (1.33)

$$\underline{Y} = \frac{1}{\dfrac{d_{C1} - j}{\omega C_1} + \dfrac{d_{C2} - j}{\omega C_2}} = \frac{\omega^2 C_1 C_2}{\underbrace{\omega(d_{C1} C_2 + d_{C2} C_1)}_{A} - \underbrace{j\omega(C_1 + C_2)}_{jB}} = \frac{\omega^2 C_1 C_2}{A - jB} = \frac{\omega^2 C_1 C_2}{A^2 + B^2} (A + jB),$$

und mit Gl. (*) ergibt sich

$$d_C = \frac{A}{B} = \frac{d_{C1} C_2 + d_{C2} C_1}{C_1 + C_2}.$$

Technische Spule

In einer *Spule ohne Eisenkern* (Bild 1.104a) sind bei sinusförmiger Aussteuerung Strom i und Fluß Φ in Phase. (Der magnetische Widerstand der Luft – Proportionalitätsfaktor zwischen Fluß und Strom – ist eine konstante Größe.) Die induzierte Spannung ist nach dem Induktionsgesetz

$$u_L = \frac{d\Psi}{dt} \xrightarrow{T} \underline{U}_L = j\omega\underline{\Psi} = j\omega L\underline{I} \qquad \textbf{(1.136a)}$$

90° voreilend zum Induktionsfluß Ψ[1]) und zum Strom i. Den Wicklungswiderstand kann man in Näherung als konzentriertes Schaltelement R_L darstellen. Dieser liegt in Reihe zu L, da er einen zusätzlichen Spannungsabfall $R_L i$ hervorruft:

$$u = u_L + u_R = \frac{\mathrm{d}\Psi}{\mathrm{d}t} + R_L i$$

$$\downarrow T$$

$$\underline{U} = (\mathrm{j}\omega L + R_L)\,\underline{I} \tag{1.136b}$$

(Ersatzschaltung Bild 1.104e).

Beachte den Zusammenhang zwischen den Effektivwerten von Spannung und Fluß: Für eine Spule hoher Güte ist nach Gl. (1.127) R_L vernachlässigbar, und mit Gl. (1.136a) ergibt Gl. (1.136b) eine Betragsgleichung

$$U \approx \omega\Psi = \omega w \Phi\text{}^{1})$$

d. h., für eine vorgegebene Spule und Frequenz wird der Fluß Φ durch die angelegte Spannung bestimmt. Der Fluß muß so groß werden, daß die von ihm induzierte Spannung gleich der angelegten Spannung wird. Bei halber Windungszahl (und ebenso bei halb so hoher Frequenz) wird der Fluß doppelt so groß. Wird ein Eisenkern in die Spule geschoben, so ändert sich bei *gleicher Spannung* der Fluß *nicht*, aber der Strom wird kleiner, da L größer wird und nach Gl. (1.136a) LI konstant bleiben muß.

Wird jedoch ein Strom eingespeist (d.h., nicht die Klemmenspannung U, sondern I ist vorgegeben), so wird bei Verdopplung der Frequenz die Spannung auch doppelt so groß; bei doppelter Windungszahl wird der Fluß Φ doppelt so groß ($\Phi \sim Iw$), und die induzierte Spannung vervierfacht sich nach

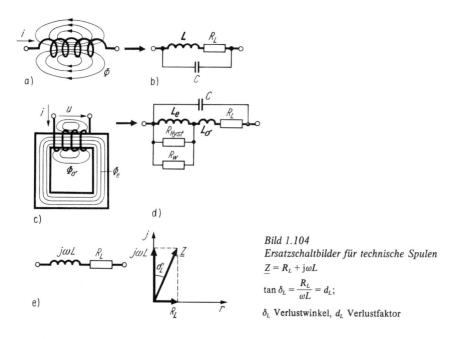

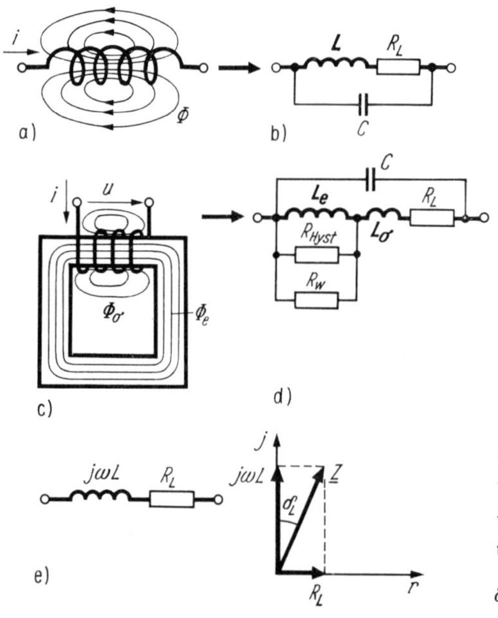

Bild 1.104
Ersatzschaltbilder für technische Spulen

$\underline{Z} = R_L + \mathrm{j}\omega L$

$\tan \delta_L = \frac{R_L}{\omega L} = d_L;$

δ_L Verlustwinkel, d_L Verlustfaktor

[1]) Im allgemeinen werden (vor allem bei einer „Luftspule“) nicht alle w Windungen den gleichen Fluß Φ umfassen (s. z. B. Feldlinien Bild 1.104c). Man muß also mit dem Induktionsfluß

$$\Psi = \sum_{\nu=1}^{w} \Phi_\nu$$

rechnen. Bei Eisenkernspule oder flacher „Luftspule“ kann man u. U. in Näherung Φ_ν für alle Windungen gleich annehmen. Dann wird $\Psi = w\Phi$ (s. beispielsweise [1], Abschn. 3.3.1.).

Gl. (1.136a), da $L \sim w^2$ viermal so groß wird. Stromeinspeisung liegt z. B. beim Stromwandler oder bei einer Siebdrossel im Netzgerät vor.

Im Bild 1.104b ist eine *Spulenkapazität* C eingezeichnet. Diese Kapazität setzt sich aus verschiedenen Teilkapazitäten zusammen. So haben je nach Ausführung der Wicklung einzelne Windungen sowie Windungslagen untereinander und u. U. auch gegen „Erde" (Chassis) Potentialdifferenzen, die Quelle von Verschiebungsflüssen sind. Das verfeinerte Ersatzschaltbild ist dann (wie auch beim technischen Widerstand und dem technischen Kondensator) eine Zusammenschaltung vieler Schwingkreise und ergibt einen Frequenzgang des Scheinwiderstands mit mehreren Resonanzstellen.

Eisenkernspule (Bild 1.104c)

Hier gelten natürlich auch die Gesetzmäßigkeiten der „Luftspule", jedoch treten zusätzliche Effekte auf, die u. U. im Ersatzschaltbild berücksichtigt werden müssen:

Streuinduktivität L_σ. Der Fluß Φ schließt sich nicht vollständig längs des Eisenwegs, sondern ein Teil Φ_σ bildet sich um die Spule im Luftraum (Bild 1.104c). Wie groß dieser Streufluß ist, hängt von der Konstruktion und dem Material (Permeabilität μ) des Eisenkerns ab. Der vom Strom I erzeugte Gesamt-Induktionsfluß Ψ ist in Effektivwerten

$$\Psi = \Psi_e + \Psi_\sigma,$$

wobei Ψ_e der Induktionsfluß im Eisen ist. Wir dividieren durch den Strom I und erhalten definitionsgemäß die Induktivität

$$L = L_e + L_\sigma$$

als *Reihen*schaltung der „Eiseninduktivität" L_e und Streuinduktivität L_σ.

Eisenverluste. Eine Erwärmung des Eisens entsteht durch die ständige Ummagnetisierung (Umklappen der Weißschen Bezirke) – *Hystereseverluste* – und durch Wirbelströme *(Wirbelstromverluste).* Beide werden durch die zeitliche Änderung nur des „Eisenflusses" Φ_e erzeugt. Die reellen Widerstände R_{Hyst} und R_w, die diese Wärmeverluste ins Ersatzschaltbild einbeziehen, liegen also parallel zur Induktivität L_e (Bild 1.104d).

Die beiden Verlustleistungen, d. h. auch die beiden Widerstände, sind unterschiedlich von der Frequenz abhängig. Dies gestattet es, die beiden Verlustleistungen meßtechnisch zu trennen:

- Der Energieverlust je Volumeneinheit des Eisenkerns bei einmaligem Ummagnetisieren ist proportional dem Flächeninhalt der Hysteresisschleife $[B = f(H)]$ des Eisens. Bei f-maligem Ummagnetisieren je Sekunde steigt also die Verlustleistung proportional der Frequenz an: $P_{Hyst} = k_1 \omega$.
- Die Wirbelströme werden von der im Eisen induzierten EMK angetrieben, deren Effektivwert gemäß Gl. (1.136a) proportional der Frequenz ist.
  Die Wärmeleistung des Wirbelstroms ist

$$P_e = \frac{U_e^2}{R_e} = k_2 \omega^2.$$

Der Index e soll andeuten, daß die entsprechende Größe im Eisen auftritt.
Mißt man also die Wirkleistung einer Eisenkernspule in Abhängigkeit von der Frequenz, so erhält man bei Vernachlässigung der Wicklungsverluste ($I^2 R_L$)

$$P = P_{Hyst} + P_e = k_1 \omega + k_2 \omega^2.$$

Dividiert man durch ω und trägt dies $P/\omega = k_1 + k_2 \omega$ über ω auf, so erhält man eine Gerade, die extrapoliert nach $\omega \to 0$ als Ordinatenabschnitt den Wert k_1 und als Steigung k_2 und damit eine Unterscheidungsmöglichkeit der Verlustarten ergibt.

Der Verlustfaktor einer technischen Spule ist mit Gl. (1.135) für das vereinfachte Ersatzschaltbild 1.104e

$$d_L = \tan \delta_L = \frac{R_L}{\omega L}, \qquad \textbf{(1.137)}$$

wobei δ_L der Verlustwinkel ist.

Durch Vergleich mit der Spulengüte Gl. (1.127) kann man schreiben

$$d_L = \frac{1}{g_L}.$$

Aufgaben

A 1.25 Die technischen Schaltelemente eines Parallelschwingungskreises seien mit folgenden Kennwerten gegeben:
$L = 0{,}45$ mH, $\tan \delta_L = d_L = 9 \cdot 10^{-3}$, $C = 260$ pF, $\tan \delta_C = d_C = 10^{-3}$.

Die Verlustwinkel sind strenggenommen frequenzabhängig, was unberücksichtigt bleiben soll.
a) Berechne und zeichne das Ersatzschaltbild!
b) Konstruiere qualitativ die Ortskurve $\underline{Y}(\omega)$!
c) Berechne ω_0, ϱ, Bandbreite und Resonanzwiderstand:
  c₁) allgemein als Funktion der gegebenen Größen
  c₂) zahlenmäßig!
(Lösung AB: 1.6./4)

A 1.26 Eine verlustbehaftete Spule wird zu einem Kondensator von 0,1 μF parallelgeschaltet. Bei $f_0 = 800$ Hz sind die Resonanzschärfe $\varrho = 100$ und der Verlustfaktor $d_c = \tan \delta_c = 10^{-3}$.
a) Wie groß sind Bandbreite und Resonanzwiderstand?
b) Zeichne das Ersatzschaltbild des Kreises und berechne die Größen der einzelnen Elemente! Wie groß ist die Spulengüte bei $f = f_0$?
(Lösung AB: 1.6./5)

1.6.5. Wechselstrombrücken

Die *Abgleichbrücken* (Abgleich auf Nulleinstellung des Indikators im Diagonalzweig) dienen zur Messung von *R, L, C* bei Wechselstrom, der Frequenz, des Verlustfaktors tan δ usw.[1]). Die Abgleichbedingung für eine Brücke mit Wechselstromaussteuerung wird abgeleitet wie die der Gleichstrombrücke (Wheatstonesche Brücke), lediglich wird anstelle der Gleichstromwiderstände mit Widerstandsoperatoren im Bildbereich gerechnet. Es ergibt sich „Brükken-Null", wenn für die Schaltung Bild 1.105 die Beziehung

$$\frac{\underline{Z}_x}{\underline{Z}_N} = \frac{\underline{Z}_1}{\underline{Z}_2} \tag{1.138}$$

erfüllt ist. (Ableitung vgl. Legende zu Bild 1.105.)

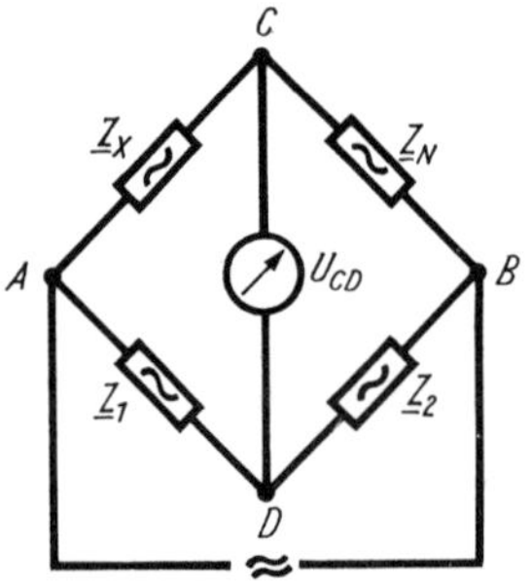

Bild 1.105. Abgleichbedingung für Wechselstrombrücke
Abgleichbedingung: $\underline{U}_{CD} = 0$, d. h. $\underline{U}_{AC} - \underline{U}_{AD} = 0$

$$\underline{U}_{AB}\left(\frac{\underline{Z}_x}{\underline{Z}_x + \underline{Z}_N} - \frac{\underline{Z}_1}{\underline{Z}_1 + \underline{Z}_2}\right) = 0;$$

also

$$\frac{\underline{Z}_x}{\underline{Z}_N} = \frac{\underline{Z}_1}{\underline{Z}_2}$$

[1]) Eine Übersicht über Wechselstrombrücken ist im „Taschenbuch Elektrotechnik" Bd. 1 [2] enthalten.

Diese Gleichung können wir in Exponentialform (Betrag und Phasenwinkel) umschreiben:

$$\frac{Z_x}{Z_N} e^{j(\varphi_x - \varphi_N)} = \frac{Z_1}{Z_2} e^{j(\varphi_1 - \varphi_2)}.$$

Das gibt *zwei notwendige Abgleichbedingungen:*

$$\frac{Z_x}{Z_N} = \frac{Z_1}{Z_2} \quad \text{und} \quad \varphi_x - \varphi_N = \varphi_1 - \varphi_2, \tag{1.139}$$

oder wir lösen Gl. (1.138) nach Real- und Imaginärteil auf:

$$\frac{R_x + jX_x}{R_N + jX_N} = \frac{R_1 + jX_1}{R_2 + jX_2}.$$

Auf beiden Seiten müssen sowohl die Realteile als auch die Imaginärteile übereinstimmen. Das gibt die beiden Abgleichbedingungen

$$R_x R_2 - X_x X_2 = R_1 R_N - X_1 X_N \tag{1.140}$$

und

$$R_x X_2 + X_x R_2 = X_1 R_N + R_1 X_N.$$

Wir nehmen an, daß $\underline{Z}_x = R_x + jX_x$ unbekannt und $\underline{Z}_N = R_N + jX_N$ einstellbare Normale sind.

Zur gleichzeitigen Erfüllung beider Abgleichbedingungen benötigen wir zwei voneinander unabhängige Einstellmöglichkeiten (z. B. R_N und X_N oder R_1 und X_2 usw.). Wir können also bei Entwurf der Brückenschaltung über weitere Größen frei verfügen, z. B. über die Auslegung von $\underline{Z}_1$ und $\underline{Z}_2$. Wählen wir $\underline{Z}_1$ und $\underline{Z}_2$ reell, so sind X_1 und X_2 Null, und es ergeben sich vereinfachte Gleichungen (1.140):

$$\frac{R_x}{R_N} = \frac{R_1}{R_2} \quad \text{und} \quad \frac{X_x}{X_N} = \frac{R_1}{R_2}. \tag{1.140 a}$$

Wir können also, da nur das Verhältnis von R_1 und R_2 auftritt, $R_1 + R_2$ als Schleifdraht ausbilden; der Schleifer stellt dann (wie bei der Wheatstoneschen Brücke) das Verhältnis R_1/R_2 ein.

Damit kann man eine der beiden Bedingungen erfüllen. Zur Erfüllung der zweiten Bedingung benötigt man eine zweite Einstellmöglichkeit (R_N oder X_N). Man beachte dabei, daß X_x und X_N gleiche Vorzeichen haben müssen, also beide kapazitive oder induktive Blindwiderstände sind. Das erkennt man auch an den Abgleichbedingungen (1.139), die für reelle $\underline{Z}_1$ und $\underline{Z}_2$ lauten:

$$\frac{Z_x}{Z_N} = \frac{R_1}{R_2} \quad \text{und} \quad \varphi_x = \varphi_N. \tag{1.139 a}$$

Zur Messung eines kapazitiven komplexen Widerstands $\underline{Z}_x$ muß also die allgemeine Schaltung Bild 1.105 im N-Zweig einen Normalkondensator aufweisen (Bild 1.106).

Will man jedoch einen unbekannten induktiven komplexen Widerstand mit Hilfe eines kapazitiven Normalzweigs messen (Kapazitäten lassen sich einstellbar und als Normalelemente leichter herstellen als Induktivitäten), so braucht man nur die Zweige N und 2 zu vertauschen (Bild 1.107). Dann wird aus Gl. (1.139) mit Vertauschen der Indizes

$$\frac{Z_x}{R_2} = \frac{R_1}{Z_N} \quad \text{und} \quad \varphi_x = -\varphi_N. \tag{1.141}$$

Als Nullindikatoren für Wechselstrom können Transistor-Voltmeter eingesetzt werden, deren Empfindlichkeit durch Einstellung der Verstärkung erhöht werden kann. Bei Tonfrequenzen ist ein Kopfhörer sehr geeignet (und billig). Das menschliche Ohr hat eine erstaunliche Empfindlichkeit (vor allem bei etwa 800 Hz). Für tiefere Frequenzen eignen sich Vibrationsgalvanometer, bei denen die Empfindlichkeitssteigerung durch mechanische Resonanz ausgenutzt wird.

Beispiele

1. Kapazitäts- und tan δ-Meßbrücke (Bild 1.106)

In den X-Zweig ist ein unbekannter technischer Kondensator gelegt. Zur Auswertung der Abgleichbedingung ersetzen wir diesen durch das Ersatzschaltbild 1.102b. Die Abgleichbedingung schreiben wir zweckmäßigerweise für die Parallelschaltungen auf komplexe Leitwerte um. Mit Gl. (1.134) wird:

$$\underline{Y}_x R_1 = \underline{Y}_N R_2 \qquad (\omega C_x d_x + j\omega C_x) R_1 = (G_N + j\omega C_N) R_2 .$$

Daraus ergibt sich durch Gleichsetzen der Real- und Imaginärteile auf beiden Seiten:

$$d_x = \frac{R_2}{R_1} \frac{G_N}{\omega C_x} \quad \text{(a)} \qquad \text{und} \quad C_x = \frac{R_2}{R_1} C_N. \quad \text{(b)}$$

Setzt man Gl. (b) in Gl. (a) ein, so erhält man

$$d_x = \frac{G_N}{\omega C_N} = d_N, \quad \text{(c)}$$

was zu erwarten war, denn damit wird nach Gl. (1.134) $\delta_x = \delta_N$ und mit $\delta = \pi/2 - \varphi$ wird Gl. (1.139a) $\varphi_x = \varphi_N$ erfüllt.

Die Gln. (b) und (c) ergeben die notwendigen Einstellmöglichkeiten der Brücke: Man kann durch Regelung von C_N bei festem R_2/R_1 (oder umgekehrt) die Bedingung (b) und durch Regelung von G_N getrennt davon Bedingung (c) erfüllen.

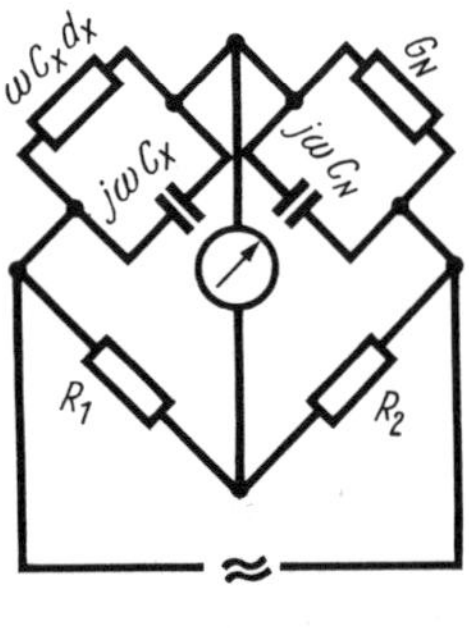

Bild 1.106. Kapazitäts- und tan-δ-Meßbrücke

Der „z-Zweig" enthält das Ersatzschaltbild eines in Wirklichkeit eingeschalteten unbekannten technischen Kondensators (C_x, d_x) nach Bild 1.102b mit Gl. (1.134).

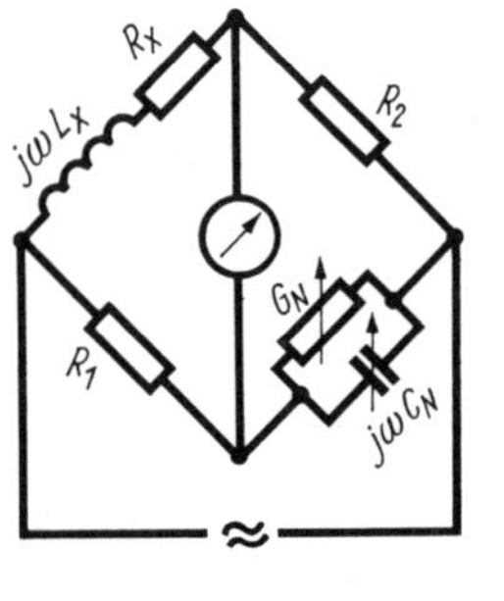

Bild 1.107. Maxwell-Brücke

2. Induktivitätsmeßbrücke (*Maxwell-Brücke*)

Durch Vertauschen der Zweige N und 2 im Bild 1.106 kann man Induktivitäten (L_x, R_x) messen, wie mittels Gl. (1.141) bereits bewiesen (Bild 1.107). Die technische Spule wurde in Form des Ersatzschaltbilds 1.104e für die Berechnung in die Brückenschaltung eingesetzt.

Für Gl. (1.138) gilt jetzt

$$\frac{\underline{Z}_x}{R_2} = R_1 \underline{Y}_N, \qquad R_x + j\omega L_X = R_1 R_2 (G_N + j\omega C_N).$$

Das ergibt durch Gleichsetzen der Realteile und Imaginärteile zwei Abgleichbedingungen:

$$L_x = C_N R_1 R_2 \quad \text{und} \quad R_x = G_N R_1 R_2.$$

Wir erkennen also: Für festes Produkt $R_1 R_2$ kann man durch Regelung von C_N und G_N beide Bedingungen unabhängig voneinander erfüllen. Das Produkt $R_1 R_2$ kann umschaltbar ausgelegt werden (Grobeinstellung). Ist die Spulengüte $g_L = \omega L_x/R_x$ gesucht, so erhält man dies nach Abgleich aus dem Quotienten $\omega C_N/G_N$.

3. Frequenz-Meßbrücke (*Wien-Robinson-Brücke*)

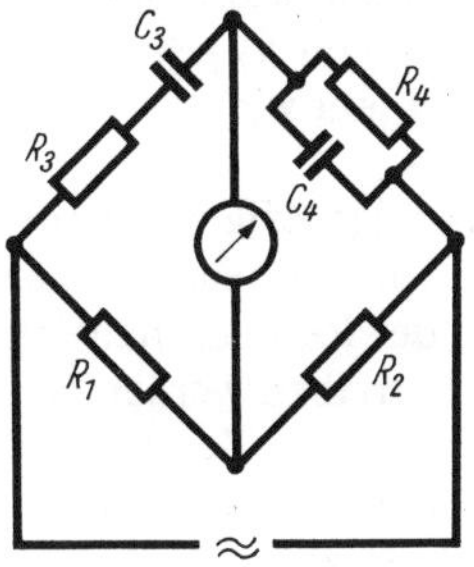

Bild 1.108. Wien-Robinson-Brücke (Frequenzmessung)

Schaltet man die Brückenzweige wie im Bild 1.108, so ergibt die Abgleichbedingung (1.138) mit Änderung der Indizes $x \to 3$ und $N \to 4$:

$$\underline{Z}_3 \underline{Y}_4 = \frac{R_1}{R_2}, \quad \left(R_3 + \frac{1}{j\omega C_3}\right)\left(\frac{1}{R_4} + j\omega C_4\right) = \frac{R_1}{R_2}.$$

Gleichsetzen der Realteile und Imaginärteile auf beiden Seiten ergibt

$$\frac{R_3}{R_4} + \frac{C_4}{C_3} = \frac{R_1}{R_2} \quad \textbf{(a)} \qquad \text{und} \qquad \frac{1}{\omega C_3 R_4} = \omega C_4 R_3. \quad \textbf{(b)}$$

Man kann Gl. (b) nach ω auflösen:

$$\omega^2 = \frac{1}{C_3 C_4 R_3 R_4}.$$

Sind die vier Größen rechts bekannt, so kann man aus der Brückeneinstellung ω berechnen. Zur Vereinfachung wählt man $C_3 = C_4 = C$ und $R_3 = R_4 = R$, d.h., man regelt R_3 und R_4 bzw. C_3 und C_4 gleichzeitig (mechanische Kupplung) und sorgt für Gleichheit. Dann wird einfach

$$\omega = \frac{1}{CR}.$$

Die Zusatzbedingungen ergeben eine Dimensionierungsvorschrift für die beiden Widerstände R_1 und R_2; denn es wird für Gl. (a): $R_1/R_2 = 2$.

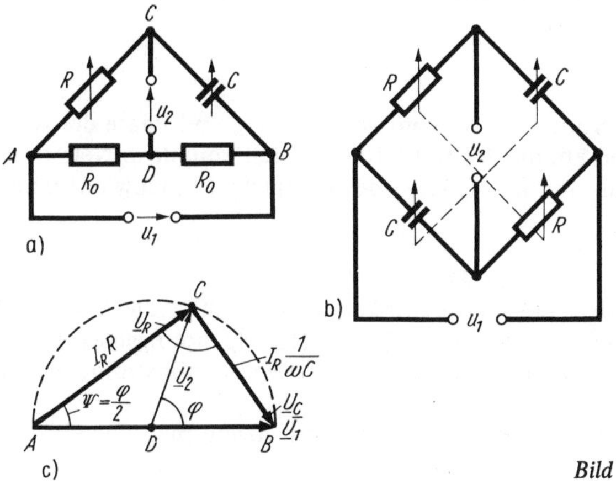

Bild 1.109. Phasendrehbrücke

In diesem Zusammenhang sei noch darauf hingewiesen, daß auch Brücken eingesetzt werden, bei denen es nicht auf Bestimmung einer Größe durch Abgleich (Diagonalspannung Null) ankommt, sondern bei denen die Diagonalspannung gerade ausgenutzt wird. Als Beispiel soll die *Phasendrehbrücke* betrachtet werden. In den Bildern 1.109a und b sind die sog. einseitige Brücke bzw. Doppelbrücke dargestellt. An die Klemmen AB wird eine sinusförmige Spannung u_1 angelegt, und an den Klemmen CD wird eine Spannung u_2 abgenommen. Durch Einstellung von C und/oder R kann man erreichen, daß die Phase von u_2 gegenüber u_1 um einen bestimmten Betrag verschoben wird. Dabei bleibt – das kann sehr wichtig sein – die Amplitude unabhängig von der Phaseneinstellung.

Um dieses Verhalten nachzuweisen, wollen wir hier einmal zur Übung das Zeigerbild entwerfen. Wir wählen die Brücke Bild 1.109a. Die angelegte Spannung $\underline{U}_1$ liegt einerseits über der Reihenschaltung der beiden Widerstände R_0 und andererseits über der Reihenschaltung von C und R. Zu beachten ist nun, daß die Klemmen CD im Leerlauf betrieben werden sollen, d.h., es fließt kein Strom im Diagonalzweig. Der Punkt D halbiert also die Zeigerlänge U_1. Andererseits setzt sich $\underline{U}_1$ aus zwei Teilspannungen (über C und R) zusammen: $\underline{U}_1 = \underline{U}_R + \underline{U}_C$, wobei beide genau 90° phasenverschoben sind ($\underline{U}_R$ in Phase zum Strom und $\underline{U}_C$ 90° nacheilend), d.h.

$$\underline{U}_1 = U_R - \mathrm{j}U_C, \quad U_1 = \sqrt{U_R^2 + U_C^2}\,.$$

Bei Änderung von C und R ändern sich $\underline{U}_R$ und $\underline{U}_C$; die letzten beiden Beziehungen müssen jedoch immer erfüllt bleiben, d.h., bei $U_1 = \text{konst.}$ „bewegt“ sich der Punkt C auf einem Thales-Kreis, dessen Mittelpunkt D ist (Bild 1.109c). Der Verbindungszeiger von D nach C ist der Zeiger für u_2. Wir erkennen aus dem Zeigerbild, daß die Zeigerlänge unabhängig von der Lage des Punktes C auf dem Kreisbogen $U_2 = U_1/2$ beträgt und die Phase φ einstellbar von 0 bis 180° ist. Bei $\varphi = 0$ müßte $C = \infty$ sein ($1/\omega C = 0$, $U_2 = U_{DB} = U_1/2$), und bei $\varphi = 180°$ muß $R = 0$ sein ($U_2 = U_{DA} = -U_1/2$). Das Zeigerbild gestattet auch leicht, den Winkel φ zu berechnen; denn es ist der Zentriwinkel zum Peripheriewinkel ψ. Es gilt also $\varphi = 2\psi$. ψ ist aber aus der Beziehung

$$\tan\psi = \frac{U_C}{U_R} = \frac{I_R \dfrac{1}{\omega C}}{I_R R} = \frac{1}{\omega CR}$$

angebbar. Also wird

$$\varphi = 2\arctan\frac{1}{\omega CR}\,.$$

Die Doppelbrücke, in der einerseits die beiden C und andererseits die beiden R synchron verändert werden müssen, unterscheidet sich von der einfachen dadurch, daß der Betrag der Spannung u_2 verdoppelt wird. Es gilt also $U_2 = U_1$.

Aufgaben

A 1.27 Leite die aus dem Zeigerbild ermittelten Ergebnisse für Betrag und Phase der Ausgangsspannung in der Phasendrehbrücke (Bild 1.109a) durch komplexe Netzwerkberechnung ab! Berechne Real- und Imaginärteil des komplexen Innenwiderstands der Brücke!

(Lösung AB: 1.3./25)

A 1.28 Zur Messung der Kapazität und des Verlustwinkels benutzt man die Schering-Brücke (Bild A 1.18), die sich besonders auch für Hochspannungsmessungen eignet, da sie so dimensioniert werden kann, daß das Anzeige-Nullinstrument und die Einstellglieder auf niedrigem Potential liegen.
Berechne aus den Abgleichbedingungen die Formeln, mit denen man aus C_N, R_1, R_2, C_2 und δ_N die unbekannten Größen C_x und δ_x bestimmt, für

a) C_N mit definiertem Fehlwinkel δ_N
b) C_N verlustlos ($\delta_N = 0$)!
Näherung $\tan \delta_C \approx \delta_C$.
(Lösung AB: 1.3./28)

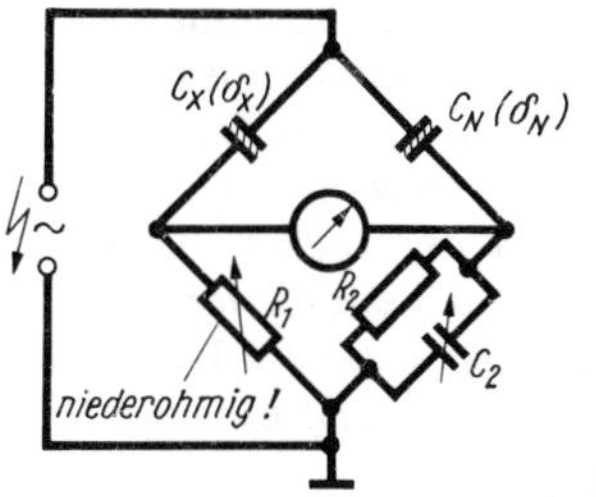

Bild A 1.18

1.7. Vierpole (Zweitore)

Ein Vierpol im allgemeinen Sinne ist eine Schaltung mit vier Klemmen (gestrichelt umrandet im Bild 1.110a), an die ein „äußeres" Netzwerk beliebig angeschaltet wird. Sehr häufig interessiert das Innere des Vierpols im einzelnen nicht, sondern dessen Klemmenverhalten. Die Klemmenströme i_1, i_2, i_3, i_4 des *allgemeinen Vierpols* sind verschieden voneinander. Drei von ihnen sind unabhängige Ströme, der vierte ergibt sich aus der Kontinuitätsgleichung. Zwischen den vier Klemmen gibt es sechs Klemmenspannungen u_{12}, u_{23}, u_{14} usw., von denen drei voneinander unabhängig sind, die drei übrigen kann man dann mit Hilfe von Maschengleichungen bestimmen. Der allgemeine Vierpol hat also *drei* voneinander unabhängige Klemmenströme und -spannungen.

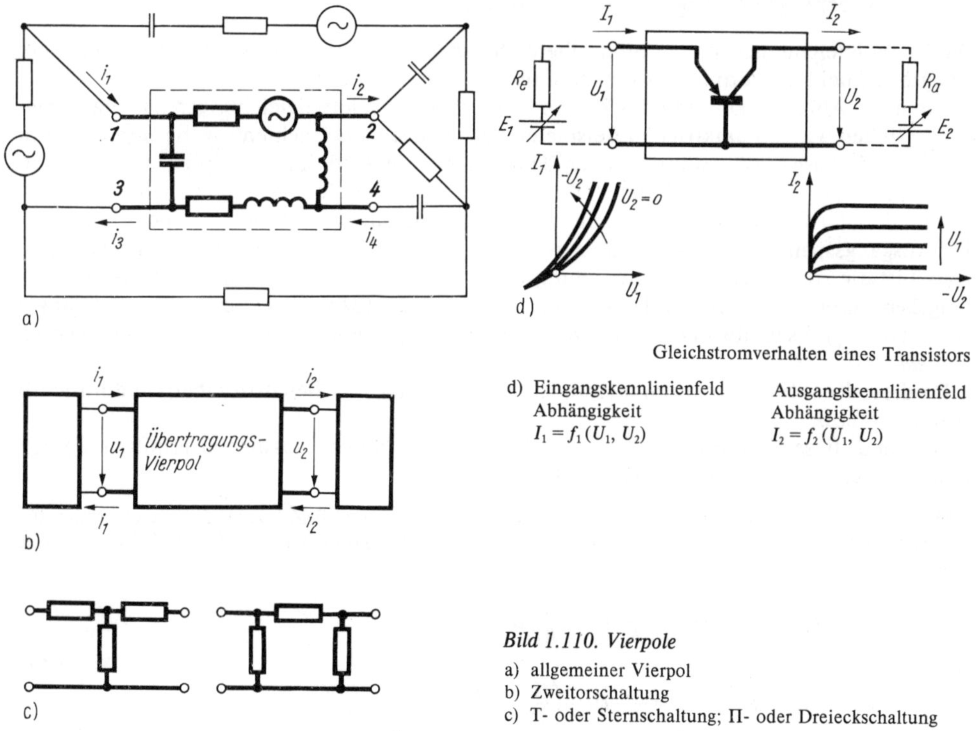

Gleichstromverhalten eines Transistors

d) Eingangskennlinienfeld
Abhängigkeit
$I_1 = f_1(U_1, U_2)$

Ausgangskennlinienfeld
Abhängigkeit
$I_2 = f_2(U_1, U_2)$

Bild 1.110. Vierpole
a) allgemeiner Vierpol
b) Zweitorschaltung
c) T- oder Sternschaltung; Π- oder Dreieckschaltung

Wir schränken die Schaltungen dahingehend ein, daß der *Vierpol als Übertragungsglied* zwischen zwei Zweipolen wirkt (Bild 1.110b). Dann sind zwangsläufig die Klemmenströme links und rechts paarweise gleich, z. B. kann der angeschlossene linke Zweipol ein Generator, der rechte ein Verbraucher sein. Dann entsteht ein Energie- bzw. Informationsfluß von links nach rechts durch den Vierpol. Man bezeichnet deshalb häufig das linke Klemmenpaar als „Eingang" und das rechte als „Ausgang" des Vierpols. Ein solches Klemmenpaar nennt man auch *Tor*; der Vierpol ist also ein Zweitor. Das Klemmenverhalten eines solchen Übertragungsvierpols (Energieleitung, Bandfilter, Übertrager usw.) wird also durch *zwei* unabhängige Torströme und Torspannungen vollständig beschrieben: i_1, i_2 bzw. u_1, u_2 im Bild 1.110b.

Ein häufig vorkommender Sonderfall eines Vierpols ist der *Dreipol*, bei dem eine Eingangs- und eine Ausgangsklemme mit einer durchgehenden Leitung verbunden sind, also gleiches („Erd"-)Potential haben. Solche Dreipole sind beispielsweise T-(Stern-)Schaltung, Π-(Dreieck-)Schaltung, Röhrentriode, Transistor (Bilder 1.110c und d).

Von den Vierpolen wollen wir außerdem voraussetzen:

- Die Parameter der Bauelemente im Inneren sollen unabhängig von Strom, Spannung und Zeit sein: *lineare, zeitinvariante Vierpole.*
- Es sollen im Inneren keine Energieerzeuger im Sinne einer *unabhängigen* EMK oder Einströmung enthalten sein, d. h., ohne äußere Einspeisung sind die Klemmenspannungen und -ströme gleichzeitig Null.

Die Bezeichnung „unabhängig" muß hervorgehoben werden, da wir im folgenden im Ersatzschaltbild eines Vierpols ein neues Schaltelement, die *gesteuerte Quelle*, einführen werden: eine EMK oder Einströmung, die von einer Klemmengröße *abhängig* ist und z. B. auch mit dieser Null wird.

Nachdem wir die zu betrachtende Vierpolklasse charakterisiert haben, wollen wir wie beim Zweipol Abschn. 1.3.5.4. Pkt. 4 vorgehen: Wir stellen für Sinusvorgänge im Bildbereich die Beziehungen zwischen den Klemmenströmen und -spannungen auf, interpretieren einige Gleichungen durch je eine Schaltung (Ersatzschaltung des Vierpols) und wenden diese an.

1.7.1. Vierpolgleichungen und -parameter

Die Vierpolgleichungen stellen im Bildbereich den Zusammenhang zwischen den vier Klemmengrößen bei sinusförmiger Aussteuerung ($\underline{I}_1$, $\underline{I}_2$, $\underline{U}_1$, $\underline{U}_2$) dar.

Um diese Abhängigkeit und das Zustandekommen der Vierpolgleichungen zu veranschaulichen, gehen wir von praktischen Beispielen aus. Zunächst betrachten wir die *statischen* Eingangs- und Ausgangskennlinien eines Transistors. Sie sind im prinzipiellen Verlauf im Bild 1.110d dargestellt. Das sind also Kennlinien, die bei Gleichstrom gemessen werden. Sie zeigen, daß der Eingangsstrom I_1 nicht nur von der Eingangsspannung U_1, sondern auch von der Ausgangsspannung U_2 abhängt: $I_1 = f_1(U_1, U_2)$. Bei Messung einer Eingangskennlinie $I_1(U_1)$ ist die Ausgangsklemmenspannung U_2 jeweils konstant zu halten; ebenso ist die Ausgangskennlinie $I_2 = f(U_2)$ von der Eingangsspannung U_1 (bzw. Eingangsstrom I_1) abhängig: $I_2 = f_2(U_1, U_2)$. Es ergibt sich also für verschiedene Eingangsspannungen ein Ausgangs*kennlinienfeld.*

Da diese Kennlinien gekrümmt sind, ist der Transistor im Gleichstrombetrieb ein nichtlinearer Vierpol.

Während diese Kennlinienfelder eines Bauelements durch Messungen ermittelt werden, kann man sie bei gegebener Schaltung berechnen.

Man kann beispielsweise für die beiden einfachen Schaltungen (Bild 1.111), die gleichstrommäßig gleichwertig sind, aus den beiden Maschengleichungen die Funktionen $I_1(U_1, U_2)$ und $I_2(U_1, U_2)$ berechnen:

$$U_1 = R_1 I_1 + U_2 \quad \rightarrow I_1 = \frac{1}{R_1} U_1 - \frac{1}{R_1} U_2$$

und **(1.142)**

$$U_2 = R_2 I_1 - R_2 I_2 \rightarrow I_2 = \frac{1}{R_1} U_1 - \left(\frac{1}{R_1} + \frac{1}{R_2}\right) U_2.$$

$$I_1 = \frac{1}{R_1} U_1 - \frac{1}{R_1} U_2, \qquad\qquad I_2 = \frac{1}{R_1} U_1 - \left(\frac{1}{R_1} + \frac{1}{R_2}\right) U_2$$

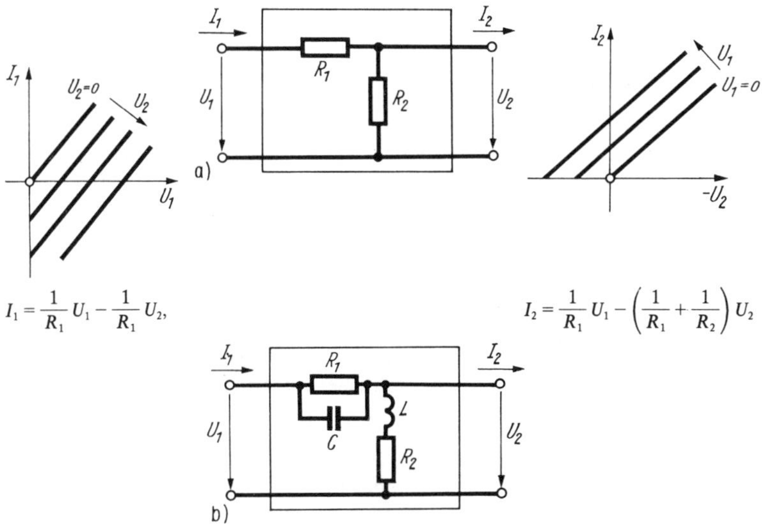

Bild 1.111. *Vierpole mit gleichem linearem (berechenbarem) Gleichstromverhalten*

Die Gleichstromkennlinien $I_1 = f_1(U_1, U_2)$ und $I_2 = f_2(U_1, U_2)$ sind Geraden, da die Widerstände des Vierpols konstant sind. Das Gleichstromverhalten ist also linear. Die Kennlinienfelder sind qualitativ im Bild 1.111 angegeben.

Diese einleitende Betrachtung sollte dazu dienen, den Zusammenhang zwischen den vier Gleichstromklemmengrößen zu erkennen. Er wird dargestellt durch zwei Gleichungen, z. B. Gln. (1.142), in denen die vier Variablen in zwei unabhängige Veränderliche (hier U_1, U_2) und zwei abhängig Veränderliche (hier I_1, I_2) aufgeteilt sind. Wir interessieren uns jedoch im weiteren nicht für das Gleichstromverhalten, sondern für das *Verhalten des Vierpols bei sinusförmiger Aussteuerung*. Diese Aussteuerung erfolgt i. allg. in einem sog. *Arbeitspunkt*, der durch Gleichspannungen oder -ströme am Ein- und Ausgang eingestellt wird.

So kann man beispielsweise den Arbeitspunkt des Transistors (Bild 1.110d) dadurch festlegen, daß man die gestrichelt gezeichneten aktiven Zweipole (E_1, R_e am Eingang und E_2, R_a am Ausgang) an die Klemmen schaltet. Die Kennlinien solcher linearer Zweipole sind bekanntlich (z. B. [1], Abschnitte 1.2.1. und 1.2.3.2.) Geraden, die vom Wert der Leerlaufspannung ($U_{l1} = E_1$ bzw. $U_{l2} = E_2$)[1] auf der U-Achse zum Wert des Kurzschlußstroms ($I_{k1} = E_1/R_e$ bzw. $I_{k2} = E_2/R_a$) auf der I-Achse verlaufen (Bild 1.112).

Die Arbeitspunkte im Ein- und Ausgangskennlinienfeld sind diejenigen Schnittpunkte, bei denen die Wertepaare (hier: U_{10}, $-U_{20}$) gleich sind. Legen wir an den Eingang noch eine Sinus-EMK, deren Amplitude klein gegen U_{10} ist, so wird der Arbeitspunkt U_{10} geringfügig verlagert um $\pm\triangle U_{10}$, d. h., im Ausgangskennlinienfeld wandert der Arbeitspunkt ($-U_{20}$) auf der gestrichelten Geraden bis zu den Schnittpunkten mit den Kennlinien $U_{10} - \triangle U_{10}$ und $U_{10} + \triangle U_{10}$. Daraus können wir also die Ausgangsstromschwankungen $\pm\triangle I_2$ (Ordinatenabschnitte) ermitteln.

Wichtig ist hierfür folgende Annahme:

Wir nehmen eine so geringe Aussteuerung des Vierpols (bzw. der Kennlinien im Arbeitspunkt) an, daß nichtlineare Gleichstromkennlinien innerhalb des Aussteuerungsbereichs um den Arbeitspunkt durch die Tangenten angenähert werden können, d. h. im Arbeitspunkt lineares Verhalten vorliegt.

Unter dieser Voraussetzung kann also ein gleichstrommäßig nichtlinearer Vierpol wechselstrommäßig als linearer Vierpol betrachtet werden.

---

[1] Unterscheide die Indizes 1 und l (Leerlauf)!

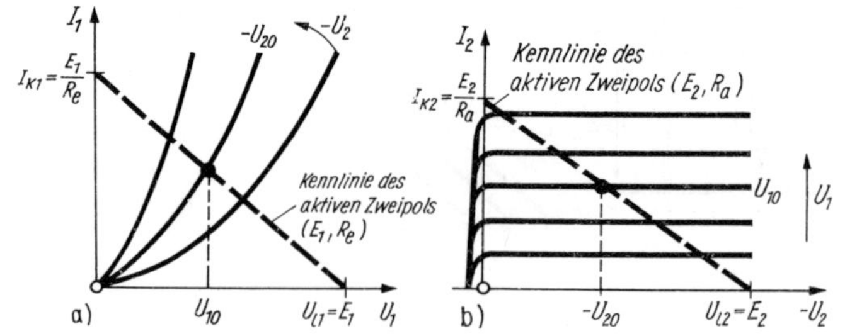

Bild 1.112. Grafische Ermittlung des Arbeitspunktes eines Vierpols (vgl. Bild 1.110d)

Die Geradennäherung der Kennlinie im Arbeitspunkt bei sinusförmiger Aussteuerung ist nur so lange gerechtfertigt, wie die statischen Änderungen mit den dynamischen übereinstimmen. Das ist auch bei linearen Vierpolen nicht mehr der Fall, wenn im Vierpol bei zeitlicher Änderung der Ströme und Spannungen zusätzliche physikalische Effekte (z. B. Elektronenlaufzeiten, Trägheiten, Speichereffekte) wirksam werden, deren elektrische Wirkungen ins Ersatzschaltbild durch die Elemente L und C einbezogen werden. Wir wissen, daß die Strom-Spannungs-Kennlinie solcher linearer passiver Zweipole im Zeitbereich keine Gerade, sondern eine *Ellipse* ist (Abschn. 1.3.5.2. und Bild 1.25). Statische und dynamische Kennlinien unterscheiden sich also i. allg., und zwar zunehmend mit steigender Frequenz der Aussteuerung. Trotzdem können die Vierpole als linear angesehen werden; beispielsweise sind die beiden verschiedenen Vierpole Bilder 1.111a und b linear, haben sogar bei Gleichstrom gleiches, bei Wechselstrom jedoch sehr unterschiedliches Verhalten.

Wir wollen nun folgende Frage beantworten: Wie können wir allgemein (also ohne das Innere des Vierpols zu kennen) aus dem statischen Klemmenverhalten $I_1(U_1, U_2)$ und $I_2(U_1, U_2)$ die Vierpolgleichungen für kleine Änderungen $\mathrm{d}I_1$, $\mathrm{d}I_2$ erhalten? Wir bilden dazu die vollständigen Differentiale der Funktionen nach den beiden Veränderlichen (totale Differentiale)

$$\mathrm{d}I_1 = \frac{\partial I_1}{\partial U_1}\mathrm{d}U_1 + \frac{\partial I_1}{\partial U_2}\mathrm{d}U_2$$

bzw. **(1.143)**

$$\mathrm{d}I_2 = \frac{\partial I_2}{\partial U_1}\mathrm{d}U_1 + \frac{\partial I_2}{\partial U_2}\mathrm{d}U_2.$$

Die kleinen Abweichungen der Ströme und Spannungen von den Gleichstromwerten des Arbeitspunktes sind die Momentanwerte unserer Sinusfunktionen, die wir mit kleinen Buchstaben kennzeichnen:

$$\mathrm{d}I_1 \equiv i_1, \quad \mathrm{d}U_1 \equiv u_1, \quad \mathrm{d}I_2 \equiv i_2, \quad \mathrm{d}U_2 \equiv u_2. \qquad \mathbf{(1.144)}$$

Die partiellen Ableitungen sind die Ableitungen der Funktionen nach der einen Variablen, wobei die andere konstant gehalten (deren Änderung also Null) wird, z. B. bedeutet $\partial I_1/\partial U_1$ genauer $(\partial I_1/\partial U_1)_{U_2=\mathrm{konst.}}$, $U_2 = \mathrm{konst.}$ heißt $\mathrm{d}U_2 \equiv u_2 = 0$: $(\partial I_1/\partial U_1)_{u_2=0}$. Geometrisch gedeutet ist der Quotient $(\partial I_1/\partial U_1)_{u_2=0}$ die Steigerung der Kennlinie $I_1(U_1)$ für den konstanten Parameter U_2 (Bild 1.112a). Ebenso ist $(\partial I_2/\partial U_2)_{u_1=0}$ als Steigung der Ausgangskennlinie mit dem Parameter U_1 (Bild 1.112b) zu deuten. Alle partiellen Ableitungen in Gl. (1.143) sind definitionsgemäß differentielle Leitwerte (s. beispielsweise [1], Abschn. 1.1.4.), die als Steigungen entsprechender Kennlinien interpretiert werden können.

Wir führen diese Leitwerte $G_{\mu\nu}$ ein:

$$\left(\frac{\partial I_1}{\partial U_1}\right)_{u_2=0} = G_{11}, \quad \left(\frac{\partial I_2}{\partial U_1}\right)_{u_2=0} = G_{21},$$

$$\left(\frac{\partial I_1}{\partial U_2}\right)_{u_1=0} = G_{12}, \quad \left(\frac{\partial I_2}{\partial U_2}\right)_{u_1=0} = G_{22}. \qquad \mathbf{(1.145)}$$

Mit den Gln. (1.144) und (1.145) können wir Gl. (1.143) umschreiben

$$i_1 = G_{11} u_1 + G_{12} u_2$$
$$i_2 = G_{21} u_1 + G_{22} u_2. \qquad \textbf{(1.146)}$$

Aus diesen Vierpolgleichungen im Zeitbereich können wir durch Nullsetzen jeweils einer Variablen die schaltungstechnische Bedeutung der Parameter $G_{\mu\nu}$ bei Kleinsignalaussteuerung (*Kleinsignalparameter*) erkennen: Beispielsweise bedeutet $G_{11} = (i_1/u_1)_{u_2=0}$ das Verhältnis des Wechselstroms zur Wechselspannung am Eingang bei ausgangsseitigem Kurzschluß ($u_2 = 0$). Definitionsgemäß ist dies der Eingangskurzschlußleitwert. Analog ist $G_{12} = (i_1/u_2)_{u_1=0}$ das Verhältnis des Stroms durch die kurzgeschlossenen Eingangsklemmen ($u_1 = 0$) zur dazu erforderlichen Klemmenspannung am Ausgang. (Zur Messung dieses Parameters wird also der Vierpol *rückwärts* betrieben: man legt an den Ausgang eine Spannung an.) Man beachte, daß wir diese Parameter durch Messungen ermitteln können, ohne den „Inhalt" des Vierpols zu kennen.

Man kann nun Gln. (1.146) in die komplexe Ebene transformieren und erhält die gesuchten Vierpolgleichungen im Bildbereich. Wir wollen hierbei jedoch noch eine Verallgemeinerung berücksichtigen. Da wir von der Geradenapproximation im Arbeitspunkt der Kennlinien [Gln. (1.143)] ausgegangen waren, sind zwangsläufig die Parameter $G_{\mu\nu}$ reelle Größen (vgl. Bild 1.25). Kommen jedoch bei Aussteuerung noch Phasenverschiebungen durch oben erwähnte zusätzliche Effekte (L und C im Ersatzschaltbild) zustande, so werden die Parameter im Bildbereich mit Phasenwinkel behaftete Größen. In unserem Fall sind das die Leitwertoperatoren $\underline{Y}_{\mu\nu} = G_{\mu\nu} + \mathrm{j}B_{\mu\nu}$, und die Gln. (1.146) ergeben im Bildbereich (Schreibweise mit komplexen Effektivwerten der Ströme und Spannungen):

$$\begin{aligned}\underline{I}_1 &= \underline{Y}_{11} \underline{U}_1 + \underline{Y}_{12} \underline{U}_2 \\ \underline{I}_2 &= \underline{Y}_{21} \underline{U}_1 + \underline{Y}_{22} \underline{U}_2\end{aligned} \quad \text{Vierpolgleichungen in Leitwertform.} \qquad \textbf{(1.147)}$$

Dieses Gleichungssystem kann man in Matrizenform schreiben:

$$\begin{pmatrix}\underline{I}_1 \\ \underline{I}_2\end{pmatrix} = \begin{pmatrix}\underline{Y}_{11} & \underline{Y}_{12} \\ \underline{Y}_{21} & \underline{Y}_{22}\end{pmatrix} \begin{pmatrix}\underline{U}_1 \\ \underline{U}_2\end{pmatrix} \quad \text{oder abgekürzt: } (\underline{I}) = (\underline{Y})(\underline{U}). \qquad \textbf{(1.147 a)}$$

Die letzte Gleichung ähnelt der Zweipolbeziehung $\underline{I} = \underline{Y}\underline{U}$. Beim Vierpol sind die einzelnen Faktoren Matrizen.

Die *Vierpolparameter* $\underline{Y}_{\mu\nu}$ kann man – wie oben bei $G_{\mu\nu}$ erläutert – schaltungstechnisch interpretieren.

Hierfür müssen wir die Bezugsrichtungen *der Klemmengrößen* $\underline{U}_1$, $\underline{I}_1$, $\underline{U}_2$ und $\underline{I}_2$ festlegen. Man kann diese willkürlich wählen. Die Deutung der Parameter $\underline{Y}_{\mu\nu}$ in Gl. (1.147) unterscheidet sich jedoch u. U. durch das Vorzeichen.

Im Bild 1.21 sind die Bezugsrichtungen von $\underline{U}$ und $\underline{I}$ für die mit *positivem* Vorzeichen behaftete Beziehung $\underline{I} = \underline{Y}\underline{U}$ bzw. $\underline{U} = \underline{Z}\underline{I}$ (Spannungsabfall in Richtung des Stroms) festgelegt. Führt man also willkürlich die Bezugsrichtungen von $\underline{I}$ oder $\underline{U}$ umgekehrt positiv ein, so gilt $(-\underline{I}) = \underline{Y}\underline{U}$ bzw. $\underline{I} = \underline{Y}(-\underline{U})$.

In beiden Fällen ist dann $\underline{I}/\underline{U}$ als *negative* Admittanz bzw. $\underline{U}/\underline{I}$ als *negative* Impedanz anzusprechen. Das Minuszeichen bzw. die Bezeichnung „negativ" hat also keinerlei *physikalischen* Hintergrund.

Bild 1.113. Bezugsrichtungen der Klemmenströme und Spannungen eines Vierpols; Ketten-Pfeilsystem

Im Bild 1.113 sind die Bezugsrichtungen eingeführt. Sie sind auf einen Übertragungsvierpol im „Vorwärtsbetrieb" (Energie- bzw. Signalfluß von links nach rechts) zugeschnitten.

Häufig wird der Strom $\underline{I}_2$ umgekehrt positiv eingeführt. Das hat auf Grund der Symmetrie viele Vorteile: symmetrisches Zählpfeilsystem!

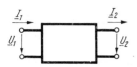

Die Vierpolparameter in Gln. (1.147) erhalten wir aus folgenden Definitionsgleichungen:

Betriebszustand des Vierpols: $\underline{U}_2 = 0$ (ausgangsseitiger Kurzschluß, Bild 1.114 a)

$$\underline{Y}_{11} = \left(\frac{\underline{I}_1}{\underline{U}_1}\right)_{\underline{U}_2=0}$$ *Kurzschluß-Eingangsadmittanz*

$$\underline{Y}_{21} = \left(\frac{\underline{I}_2}{\underline{U}_1}\right)_{\underline{U}_2=0}$$ *Kurzschluß-Übertragungsadmittanz vorwärts*
[bei Röhre und Transistor auch (*Vorwärts-*)*Steilheit* genannt]

Betriebszustand des Vierpols: $\underline{U}_1 = 0$ (eingangsseitiger Kurzschluß Bild 1.114 b)

$$\underline{Y}_{12} = \left(\frac{\underline{I}_1}{\underline{U}_2}\right)_{\underline{U}_1=0}$$ *negative Kurzschluß-Übertragungsadmittanz rückwärts*
[bei Röhre und Transistor auch: *Rückwärtssteilheit*]

$$\underline{Y}_{22} = \left(\frac{\underline{I}_2}{\underline{U}_2}\right)_{\underline{U}_1=0}$$ *negative Kurzschluß-Ausgangsadmittanz.*

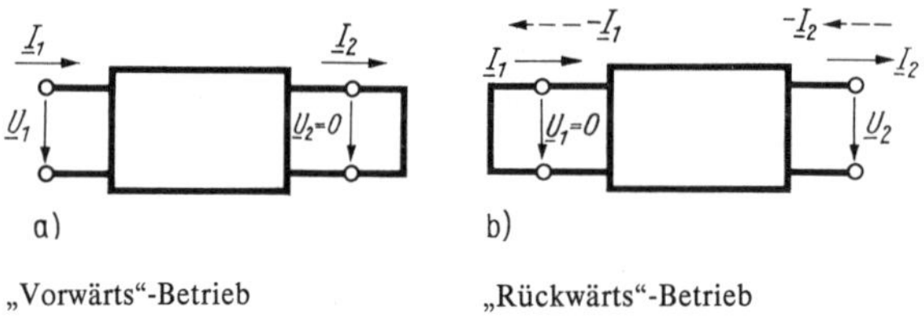

Bild 1.114. Betriebsbedingungen des Vierpols zur Bestimmung der $\underline{Y}$-Parameter

Der Zusatz „negativ“ im Rückwärtsbetrieb des Vierpols ergibt sich wie oben erläutert aus den Bezugsrichtungen: Die Ströme $\underline{I}_1$ und $\underline{I}_2$ sind *entgegen* der Bezugsrichtung des Spannungsabfalls $\underline{U}_2$ über den Vierpolklemmen eingeführt. Der Strom $-\underline{I}_2$ in Richtung $\underline{U}_2$ hat auf Seite 1 einen Strom $-\underline{I}_1$ zur Folge (Bild 1.114b).

Bei den Übertragungsparametern ist zu beachten, daß Strom und Spannung des Quotienten nicht gleichem Klemmenpaar zugeordnet sind, es sind also keine *Zweipolkenngrößen* wie z. B. $\underline{Y}_{11}$ und $\underline{Y}_{22}$. Diese Parameter verkoppeln eine Eingangsgröße mit einer Ausgangsgröße, z. B. (im Bildbereich)

$$\text{Ausgangskurzschlußstrom} = \underline{Y}_{21} \cdot \text{Eingangsspannung.}$$

Nachdem wir nun die Zusammenhänge der vier Vierpolklemmengrößen anhand technischer Vierpole erläutert, daraus die Vierpolgleichungen in Leitwertform abgeleitet und die Definitionen der $\underline{Y}$-Parameter schaltungstechnisch gedeutet haben, sei zusammenfassend auf die allgemeine Bedeutung der Vierpolgleichungen (in Analogie zu den Zweipolgleichungen) hingewiesen:

> Die Vierpolgleichungen (1.147) beschreiben das Wechselstromverhalten an den Klemmen eines Vierpols (ohne innere Energiequellen) vollständig.
> Ist der *Vierpol unbekannt* („schwarzer Kasten“), so kann man durch *Messung* der vier i. allg. voneinander unabhängigen Vierpolparameter $\underline{Y}_{\mu\nu}$ die zunächst unbekannte $\underline{Y}$-Matrix bestimmen. Die Meßvorschrift ergibt sich aus der Definition der Parameter.
> Ist die *Schaltung des Vierpols gegeben*, so kann man die Vierpolgleichungen aufstellen (z. B. durch getrennte *Berechnung* der Vierpolparameter aus den Definitionsgleichungen oder aus Maschen- und Knotengleichungen).

Wir werden später erkennen (Abschn. 1.7.5.), daß man mit bekannten Vierpolparametern eine Ersatzschaltung für den Vierpol angeben kann, die anstelle des „schwarzen Kastens“ bzw. der gegebenen Schaltung in das Netzwerk eingesetzt werden kann.

Wir wollen als Beispiel die Vierpolgleichungen für die gegebene Schaltung Bild 1.111 b ermitteln. Wir berechnen die Vierpolparameter $\underline{Y}_{\mu\nu}$ getrennt und setzen sie dann in Gln. (1.147) ein. Dazu benutzen wir die erläuterte schaltungstechnische Bedeutung (Definitionsgleichungen) der Parameter.

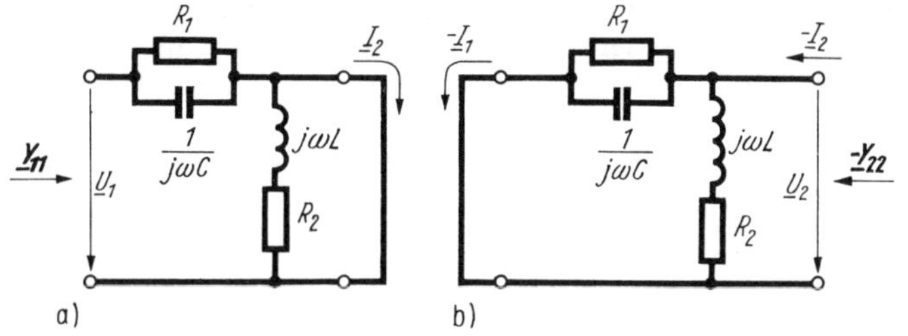

a) zur Berechnung von Y_{11} und Y_{21} b) zur Berechnung von Y_{12} und Y_{22}

Bild 1.115. Berechnung der $\underline{Y}_{\mu\nu}$-Parameter des Vierpols im Bild 1.111 b

$\underline{Y}_{11}$: Wir schließen den Ausgang kurz und berechnen den komplexen Eingangsleitwert (Bild 1.115 a). Es ergibt sich

$$\underline{Y}_{11} = \frac{1}{R_1} + \mathrm{j}\omega C.$$

$\underline{Y}_{21}$: Wir berechnen den Strom $\underline{I}_2$ in dem Kurzschlußbügel zwischen den Ausgangsklemmen bei einer Eingangsspannung $\underline{U}_1$ (Bild 1.115 a). Da durch den Kurzschluß im parallelliegenden Zweig (L, R_2) kein Strom fließt, ergibt sich sofort

$$(\underline{I}_2)_{\underline{U}_2=0} = \underline{U}_1\left(\frac{1}{R_1} + \mathrm{j}\omega C\right),$$

d. h.

$$\underline{Y}_{21} = \left(\frac{\underline{I}_2}{\underline{U}_1}\right)_{\underline{U}_2=0} = \frac{1}{R_1} + \mathrm{j}\omega C.$$

$\underline{Y}_{12}$: Wir stellen die gleiche Berechnung wie bei $\underline{Y}_{21}$ an, jedoch im Rückwärtsbetrieb (Bild 1.115 b):

$$(-\underline{I}_1)_{\underline{U}_1=0} = \underline{U}_2\left(\frac{1}{R_1} + \mathrm{j}\omega C\right),$$

also

$$\underline{Y}_{12} = \left(\frac{\underline{I}_1}{\underline{U}_2}\right)_{\underline{U}_1=0} = -\left(\frac{1}{R_1} + \mathrm{j}\omega C\right).$$

Man erkennt, daß folgerichtig für $\underline{Y}_{12}$ ein negatives Vorzeichen herauskommt (vgl. Erläuterung zu Bild 1.114 b).

$\underline{Y}_{22}$: Wir schließen den Eingang kurz und berechnen den komplexen Leitwert zwischen den Ausgangsklemmen (Bild 1.115 b), für den sich ebenfalls ein negatives Vorzeichen ergibt:

$$\underline{Y}_{22} = \left(\frac{\underline{U}_2}{\underline{I}_2}\right)_{\underline{U}_1=0} = -\left(\frac{1}{R_2 + \mathrm{j}\omega L} + \frac{1}{R_1} + \mathrm{j}\omega C\right).$$

Damit werden die Vierpolgleichungen (1.147)

$$\underline{I}_1 = \left(\frac{1}{R_1} + \mathrm{j}\omega C\right)\underline{U}_1 - \left(\frac{1}{R_1} + \mathrm{j}\omega C\right)\underline{U}_2$$

$$\underline{I}_2 = \left(\frac{1}{R_1} + \mathrm{j}\omega C\right)\underline{U}_1 - \left(\frac{1}{R_1} + \mathrm{j}\omega C + \frac{1}{R_2 + \mathrm{j}\omega L}\right)\underline{U}_2.$$

Setzen wir ωL und ωC Null, so erhalten wir die Vierpolgleichungen für die einfachere Schaltung Bild 1.111 a. Sie stimmen im Originalbereich mit denen für Gleichstrom [Gl. (1.142)] überein.

Andere Formen der Vierpolgleichungen

Wir haben die Vierpolgleichungen (1.147) in Leitwertform erhalten, indem wir von den Funktionen $\underline{I}_1(\underline{U}_1, \underline{U}_2)$ und $\underline{I}_2(\underline{U}_1, \underline{U}_2)$ ausgegangen sind, d.h. die Ströme als abhängige und die Spannungen als unabhängige Variablen gewählt haben. Analoge Gleichungspaare werden wir erhalten, wenn wir die vier Variablen in anderer Weise in abhängige und unabhängige aufteilen, z. B. die Spannungen als Funktionen der Ströme oder die Eingangsgrößen als Funktion der Ausgangsgrößen usw.

Es gibt sechs Möglichkeiten, also sechs Gleichungssysteme mit verschiedenen Vierpolparametern. Wir wollen vier besonders wichtige anführen:

Vierpolgleichungen	Matrizenform	Bezeichnung
$\underline{I}_1 = \underline{Y}_{11}\underline{U}_1 + \underline{Y}_{12}\underline{U}_2$ $\underline{I}_2 = \underline{Y}_{21}\underline{U}_1 + \underline{Y}_{22}\underline{U}_2$	$\begin{pmatrix}\underline{I}_1\\ \underline{I}_2\end{pmatrix} = \begin{pmatrix}\underline{Y}_{11} & \underline{Y}_{12}\\ \underline{Y}_{21} & \underline{Y}_{22}\end{pmatrix}\begin{pmatrix}\underline{U}_1\\ \underline{U}_2\end{pmatrix}$ Leitwertmatrix	*Leitwertform* **(1.147)**
$\underline{U}_1 = \underline{Z}_{11}\underline{I}_1 + \underline{Z}_{12}\underline{I}_2$ $\underline{U}_2 = \underline{Z}_{21}\underline{I}_1 + \underline{Z}_{22}\underline{I}_2$	$\begin{pmatrix}\underline{U}_1\\ \underline{U}_2\end{pmatrix} = \begin{pmatrix}\underline{Z}_{11} & \underline{Z}_{12}\\ \underline{Z}_{21} & \underline{Z}_{22}\end{pmatrix}\begin{pmatrix}\underline{I}_1\\ \underline{I}_2\end{pmatrix}$ Impedanzmatrix	*Widerstandsform* **(1.148)**
$\underline{U}_1 = \underline{A}_{11}\underline{U}_2 + \underline{A}_{12}\underline{I}_2$ $\underline{I}_1 = \underline{A}_{21}\underline{U}_2 + \underline{A}_{22}\underline{I}_2$	$\begin{pmatrix}\underline{U}_1\\ \underline{I}_1\end{pmatrix} = \begin{pmatrix}\underline{A}_{11} & \underline{A}_{12}\\ \underline{A}_{21} & \underline{A}_{22}\end{pmatrix}\begin{pmatrix}\underline{U}_2\\ \underline{I}_2\end{pmatrix}$ Kettenmatrix	*Kettenform* **(1.149)**
$\underline{U}_1 = \underline{H}_{11}\underline{I}_1 + \underline{H}_{12}\underline{U}_2$ $\underline{I}_2 = \underline{H}_{21}\underline{I}_1 + \underline{H}_{22}\underline{U}_2$	$\begin{pmatrix}\underline{U}_1\\ \underline{I}_2\end{pmatrix} = \begin{pmatrix}\underline{H}_{11} & \underline{H}_{12}\\ \underline{H}_{21} & \underline{H}_{22}\end{pmatrix}\begin{pmatrix}\underline{I}_1\\ \underline{U}_2\end{pmatrix}$ Hybridmatrix.	*Hybridform* **(1.150)**

Die Bedeutung der Vierpolparameter $\underline{Z}_{\mu\nu}$, $\underline{A}_{\mu\nu}$ und $\underline{H}_{\mu\nu}$ bestimmt man wie bei $\underline{Y}_{\mu\nu}$ durch Nullsetzen jeweils einer Klemmengröße, was schaltungstechnisch Kurzschluß ($\underline{U} = 0$) oder Leerlauf ($\underline{I} = 0$) bedeutet. So erhält man die Definitionsgleichungen:

$$\underline{Z}_{11} = \left(\frac{\underline{U}_1}{\underline{I}_1}\right)_{\underline{I}_2=0}$$ Leerlauf-Eingangsimpedanz

$$\underline{Z}_{21} = \left(\frac{\underline{U}_2}{\underline{I}_1}\right)_{\underline{I}_2=0}$$ Übertragungsimpedanz vorwärts

$$\underline{Z}_{12} = \left(\frac{\underline{U}_1}{\underline{I}_2}\right)_{\underline{I}_1=0}$$ negative Übertragungsimpedanz rückwärts

$$\underline{Z}_{22} = \left(\frac{\underline{U}_2}{\underline{I}_2}\right)_{\underline{I}_1=0}$$ negative Leerlauf-Ausgangsimpedanz

$$\underline{A}_{11} = \left(\frac{\underline{U}_1}{\underline{U}_2}\right)_{\underline{I}_2=0}$$ reziproke Leerlauf-Spannungsübersetzung vorwärts

$$\underline{A}_{21} = \left(\frac{\underline{I}_1}{\underline{U}_2}\right)_{\underline{I}_2=0} = \frac{1}{\underline{Z}_{21}}$$

$$\underline{A}_{12} = \left(\frac{\underline{U}_1}{\underline{I}_2}\right)_{\underline{U}_2=0} = \frac{1}{\underline{Y}_{21}}$$

$$\underline{A}_{22} = \left(\frac{\underline{I}_1}{\underline{I}_2}\right)_{\underline{U}_2=0} = \frac{1}{\underline{H}_{21}}$$ reziproke Kurzschluß-Stromübersetzung vorwärts

$$\underline{H}_{11} = \left(\frac{\underline{U}_1}{\underline{I}_1}\right)_{\underline{U}_2=0} = \frac{1}{\underline{Y}_{11}}$$ Kurzschluß-Eingangsimpedanz

$$\underline{H}_{21} = \left(\frac{\underline{I}_2}{\underline{I}_1}\right)_{\underline{U}_1=0} = \frac{1}{\underline{A}_{22}}$$ Kurzschluß-Stromübersetzung vorwärts

$$\underline{H}_{12} = \left(\frac{\underline{U}_1}{\underline{U}_2}\right)_{\underline{I}_1=0}$$ Leerlaufspannungsübersetzung rückwärts (Spannungsrückwirkung)

$$\underline{H}_{22} = \left(\frac{\underline{I}_2}{\underline{U}_2}\right)_{\underline{I}_1=0} = \frac{1}{\underline{Z}_{22}}.$$

Beispiele

Es sollen die $\underline{A}$- (und $\underline{H}$-)Parameter der Schaltung Bild 1.111 b berechnet werden. Zur Vereinfachung der Schreibweise nennen wir die Impedanz des Längszweigs $\underline{Z}_l$ und die des Querzweigs $\underline{Z}_q$ (Bild 1.116). Wir können – wie wir das für die $\underline{Y}$-Parameter gemacht haben – die Parameter aus den Definitionsgleichungen berechnen. Das ist bei solch einfacher Schaltung leicht möglich. Wir wollen hier zur Übung die universelle Methode anwenden, d. h. die Knoten- und Maschengleichungen zum Gleichungssystem (1.149) bzw. (1.150) umformen:

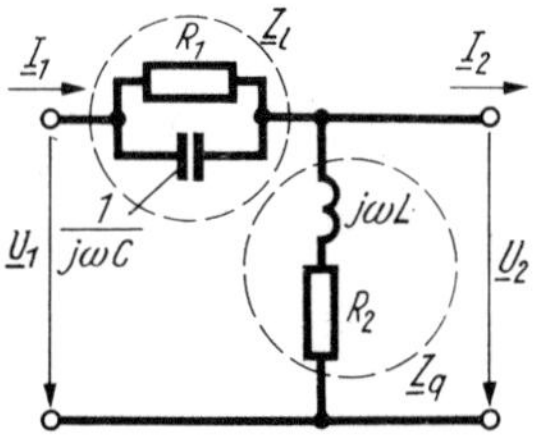

Bild 1.116

Im Knoten von $\underline{Z}_l$ und $\underline{Z}_q$ gilt

$$\underline{I}_1 = \frac{1}{\underline{Z}_q}\underline{U}_2 + \underline{I}_2. \qquad \textbf{(a)}$$

Damit ist bereits die zweite Gleichung von (1.149) angegeben.

Die Maschengleichung für den Eingang lautet:

$$\underline{U}_1 = \underline{I}_1\underline{Z}_l + \underline{U}_2. \qquad \textbf{(b)}$$

Setzen wir Gl. (a) in Gl. (b) ein, so wird

$$\underline{U}_1 = \left(1 + \frac{\underline{Z}_l}{\underline{Z}_q}\right)\underline{U}_2 + \underline{Z}_l\underline{I}_2. \qquad \textbf{(c)}$$

Damit haben wir die erste Gleichung des Gleichungspaars (1.149). Aus den Gln. (a) und (c) ergibt sich durch Vergleich mit Gln. (1.149)

$$\begin{pmatrix}\underline{A}_{11} & \underline{A}_{12}\\ \underline{A}_{21} & \underline{A}_{22}\end{pmatrix} = \begin{pmatrix}1 + \frac{\underline{Z}_l}{\underline{Z}_q} & \underline{Z}_l\\ \frac{1}{\underline{Z}_q} & 1\end{pmatrix} \qquad \underline{Z}_l = \frac{R_1}{1 + \mathrm{j}\omega CR_1} \qquad \underline{Z}_q = R_2 + \mathrm{j}\omega L. \qquad \textbf{(d)}$$

Zur Berechnung der $\underline{H}$-Parameter gehen wir genauso vor und erkennen, daß Gl. (b) die eine Gleichung des Typs (1.150) und Gl. (a), nach $\underline{I}_2$ aufgelöst, die andere ist:

$$\underline{U}_1 = \underline{Z}_l\underline{I}_1 + \underline{U}_2$$

$$\underline{I}_2 = \underline{I}_1 - \frac{1}{\underline{Z}_q}\underline{U}_2,$$

also wird

$$\begin{pmatrix} \underline{H}_{11} & \underline{H}_{12} \\ \underline{H}_{21} & \underline{H}_{22} \end{pmatrix} = \begin{pmatrix} \underline{Z}_l & 1 \\ 1 & -\dfrac{1}{\underline{Z}_q} \end{pmatrix}. \qquad \textbf{(e)}$$

Wir haben mit Gln. (d) und (e) schon ein Beispiel für die anschließende Betrachtung.

Umrechnung der Vierpolgleichungen

Da ein und derselbe Vierpol durch jede der Vierpolgleichungen beschrieben werden kann, müssen die Vierpolparameter verschiedener Vierpolgleichungen ineinander umrechenbar sein. Hierzu brauchen wir nur ein Gleichungspaar so umzuformen, daß es die Ordnung nach abhängigen und unabhängigen Variablen des anderen Gleichungspaares erhält.

Beispiele

1. Es soll die Hybridform (1.150) in die Leitwertform (1.147) umgeformt werden. Wir lösen die erste Gleichung von (1.150) nach $\underline{I}_1$ auf

$$\underline{I}_1 = \frac{1}{\underline{H}_{11}} \underline{U}_1 - \frac{\underline{H}_{12}}{\underline{H}_{11}} \underline{U}_2 \qquad \textbf{(x)}$$

und erhalten damit bereits die erste Gleichung von (1.147).
Wir setzen dies in die zweite Gleichung von (1.150) ein und lösen nach $\underline{I}_2$ auf:

$$\underline{I}_2 = \frac{\underline{H}_{21}}{\underline{H}_{11}} \underline{U}_1 + \left(\underline{H}_{22} - \frac{\underline{H}_{21}}{\underline{H}_{11}} \underline{H}_{12} \right) \underline{U}_2.$$

Mit der Determinante der Matrix $\underline{H}_{\mu\nu}$: $\det(\underline{H}) = \underline{H}_{11}\underline{H}_{22} - \underline{H}_{12}\underline{H}_{21}$ kann man schreiben

$$\underline{I}_2 = \frac{\underline{H}_{21}}{\underline{H}_{11}} \underline{U}_1 + \frac{\det(\underline{H})}{\underline{H}_{11}} \underline{U}_2. \qquad \begin{pmatrix} \mathrm{x} \\ \mathrm{x} \end{pmatrix}$$

Der Vergleich der Gln. (x) und $\begin{pmatrix} \mathrm{x} \\ \mathrm{x} \end{pmatrix}$ mit dem Gleichungspaar (1.147) liefert die $\underline{Y}$-Parameter als Funktion der $\underline{H}$-Parameter:

$$\begin{pmatrix} \underline{Y}_{11} & \underline{Y}_{12} \\ \underline{Y}_{21} & \underline{Y}_{22} \end{pmatrix} = \frac{1}{\underline{H}_{11}} \begin{pmatrix} 1 & -\underline{H}_{12} \\ \underline{H}_{21} & \det(\underline{H}) \end{pmatrix}. \qquad \textbf{(1.151)}$$

$\underline{H}_{11} = 1/\underline{Y}_{11}$ ist bereits bei den Definitionen erkannt worden.

2. Wir wollen die $\underline{A}$-Parameter durch $\underline{Z}$-Parameter ausdrücken. Dazu müssen wir die Widerstandsform Gl. (1.148) so umformen, daß die Kettenform Gl. (1.149) entsteht. Wir lösen die zweite Gleichung von (1.148) nach $\underline{I}_1$ auf und erhalten $\underline{I}_1 = f_1(\underline{U}_2, \underline{I}_2)$, also die zweite Gleichung von (1.149):

$$\underline{I}_1 = \frac{1}{\underline{Z}_{21}} \underline{U}_2 - \frac{\underline{Z}_{22}}{\underline{Z}_{21}} \underline{I}_2. \qquad \textbf{(+)}$$

Gl. (+) setzen wir in die erste Gleichung von (1.148) ein und erhalten
$\underline{U}_1 = f_2(\underline{U}_2, \underline{I}_2)$,
also die erste Gleichung von (1.149):

$$\underline{U}_1 = \frac{\underline{Z}_{11}}{\underline{Z}_{21}} \underline{U}_2 - \left(\frac{\underline{Z}_{11}\underline{Z}_{22}}{\underline{Z}_{21}} - \underline{Z}_{12} \right) \underline{I}_2. \qquad \begin{pmatrix} + \\ + \end{pmatrix}$$

Mit $\det(\underline{Z}) = \underline{Z}_{11}\underline{Z}_{22} - \underline{Z}_{12}\underline{Z}_{21}$ wird durch Vergleich der Gln. (+) und $\begin{pmatrix} + \\ + \end{pmatrix}$ mit Gln. (1.149)

$$\begin{pmatrix} \underline{A}_{11} & \underline{A}_{12} \\ \underline{A}_{21} & \underline{A}_{22} \end{pmatrix} = \frac{1}{\underline{Z}_{21}} \begin{pmatrix} \underline{Z}_{11} & -\det(\underline{Z}) \\ 1 & -\underline{Z}_{22} \end{pmatrix}. \qquad \textbf{(1.152)}$$

Die Beziehung $\underline{A}_{21} = 1/\underline{Z}_{21}$ ist bereits bei der Deutung der Parameter erkannt worden.

3. Wir wollen die $\underline{Y}$-Parameter durch $\underline{Z}$-Parameter ausdrücken. Dies können wir durch Matrizenrechnung erklären.
Wir gehen von der Widerstandsform aus:

$$(\underline{U}) = (\underline{Z})(\underline{I}).$$

Diese Matrizengleichung können wir nach $(\underline{I})$ durch Multiplikation mit $(\underline{Z})^{-1}$ von links auflösen, wobei $(\underline{Z})^{-1}$ die inverse Matrix von $(\underline{Z})$ ist, definiert durch die Beziehung $(\underline{Z})^{-1}(\underline{Z}) = (1)$:

$$(\underline{Z})^{-1}(\underline{U}) = (\underline{Z})^{-1}(\underline{Z})(\underline{I}),$$

also

$$(\underline{Z})^{-1}(\underline{U}) = (\underline{I}).$$

Der Vergleich mit der Leitwertform liefert sofort

$$(\underline{Y}) = (\underline{Z})^{-1}.$$

Die Auswertung der Inversion ergibt [für $\det(\underline{Z}) \neq 0$]

$$\begin{pmatrix} \underline{Y}_{11} & \underline{Y}_{12} \\ \underline{Y}_{21} & \underline{Y}_{22} \end{pmatrix} = \frac{1}{\det(\underline{Z})} \begin{pmatrix} \underline{Z}_{22} & -\underline{Z}_{12} \\ -\underline{Z}_{21} & \underline{Z}_{11} \end{pmatrix}. \qquad \textbf{(1.153)}$$

Die Beziehungen zwischen den Parametern verschiedener Vierpolgleichungen sind in Tabellen zusammengefaßt (s. beispielsweise [3], S. 411).

1.7.2. Zusammenschaltung von Vierpolen

Die Frage liegt nahe, warum man die verschiedenen Typen von Vierpolgleichungen einführt, wenn bereits ein Gleichungspaar das Klemmenverhalten des Vierpols vollständig beschreibt. Diese Frage wird überzeugend beantwortet, wenn wir jetzt Zusammenschaltungen von Vierpolen berechnen.

Zusammenschaltungen zweier Vierpole erfolgen dadurch, daß man die Klemmenpaare (Tore) parallel, in Reihe oder in Kette schaltet (Bild 1.117). Diese ergeben wieder einen Vierpol (gestrichelte Umrandung), der durch Vierpolparameter gekennzeichnet ist. Wichtig ist die Kenntnis, wie man mit den Vierpolparametern der Einzelvierpole zu den Vierpolparametern der Zusammenschaltung kommt, allerdings mit der Einschränkung, daß bei der Art der Klemmenverbindung die *Gleichheit der Ströme durch die beiden Pole eines Tores* beachtet wird (im Bild 1.110a $i_1 = i_3$ und $i_2 = i_4$, vgl. Bild 1.110b). Das bedeutet, daß sich die Strom- bzw. Spannungsverteilung auf die einzelnen Klemmen durch die Zusammenschaltung nicht ändern darf (z. B. [2], Aufg. 1.7./9).

Das ist besonders zu beachten, wenn Eingangsklemmen und/oder Ausgangsklemmen parallel oder in Reihe geschaltet werden (Bilder 1.117 a, b, c). Bei Kettenschaltung d) ist die Strom- und Spannungsgleichheit an der Stelle der Zusammenschaltung gewährleistet.

Die Einschränkung zur Anwendung der folgenden Gln. (1.154) bis (1.156) soll an der Reihenschaltung zweier Vierpole a und b im Bild 1.118 erläutert werden. Es dürfen bei der Zusammenschaltung die Vier-

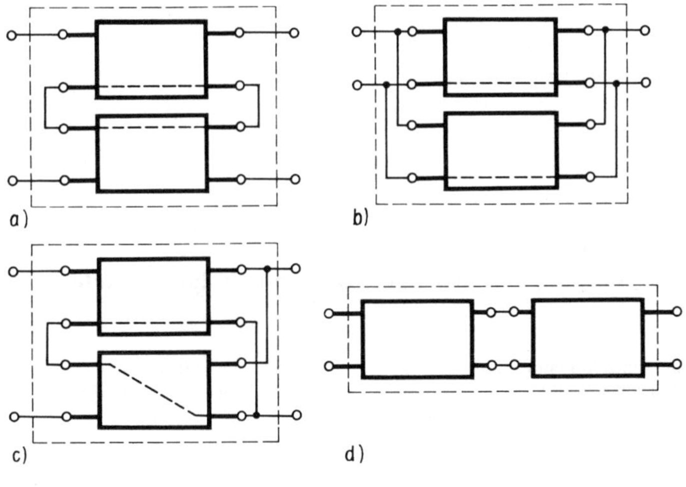

Bild 1.117. Zusammenschaltungen zweier Vierpole

Die punktierten Linien deuten an, über welchen Punkten die Längsspannungen gleich sein bzw. wie durchgehende Leitungen verlaufen müssen.

a) Reihenschaltung
b) Parallelschaltung
c) Reihen-Parallel-Schaltung
d) Kettenschaltung

polparameter der Einzelvierpole nicht verändert (eventuelle Potentialunterschiede nicht überbrückt) werden. Verbindet man z. B. in der Reihenschaltung der beiden Vierpole a und b im Bild 1.118 a'_2 mit b_2, so werden zwar trotz der Überbrückung des Widerstands R die Eingangsleerlaufwiderstände (Z_{11}) der Einzelvierpole nicht verändert (durch R fließt bei Leerlauf nach wie vor kein Strom!), aber im Rückwärtsbetrieb ist dies nicht erfüllt. Dann entsteht bei Verbindung von a'_2 mit b_2 über den offenen Klemmen a'_1 und b_1 eine Spannung, die bei Verbindung dieser Klemmen kurzgeschlossen würde (Z_{22} des Vierpols a wird verändert!). Die einschränkende Bedingung für die folgenden Betrachtungen ist also nur bei $R = 0$ erfüllt (je eine durchgehende Leitung im Vierpol, Bilder 1.117).

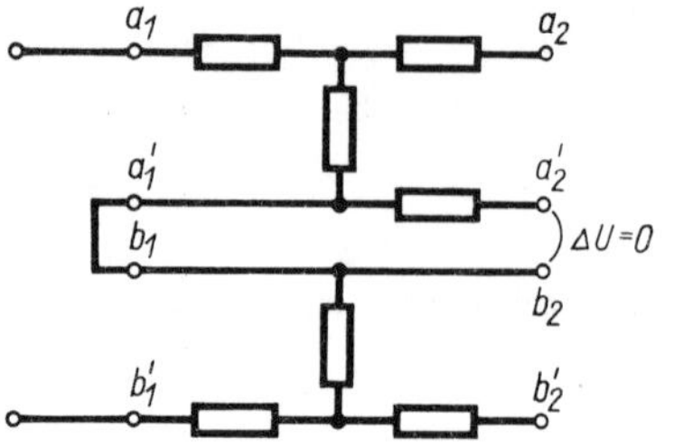

Bild 1.118
Reihenschaltung

Bei Reihen- oder/und Parallelschalten der Tore von Vierpolen mit je einer durchgehenden Leitung müssen diese Leitungen zusammengeschaltet werden [gestrichelte Linien in den Schaltungen von Bild 1.117a bis c.[1])]

a) Für die *Parallelschaltung zweier Vierpole* (Bild 1.119a) gilt

$$\underline{U}_1 = \underline{U}_{a1} = \underline{U}_{b1} \qquad \underline{I}_1 = \underline{I}_{a1} + \underline{I}_{b1}$$
$$\underline{U}_2 = \underline{U}_{a2} = \underline{U}_{b2} \qquad \underline{I}_2 = \underline{I}_{a2} + \underline{I}_{b2}. \tag{x}$$

Es ist bei Parallelschaltung naheliegend, mit den Leitwertgleichungen (1.147) zu rechnen, da die unabhängigen Variablen für beide Vierpolgleichungen gleich sind und sich der Gesamtstrom aus der Addition der entsprechenden Gleichungen beider Vierpole ergibt:

Vierpol a | Vierpol b

$$\underline{I}_{a1} = \underline{Y}_{11a}\underline{U}_1 + \underline{Y}_{12a}\underline{U}_2 \qquad \underline{I}_{b1} = \underline{Y}_{11b}\underline{U}_1 + \underline{Y}_{12b}\underline{U}_2$$
$$\underline{I}_{a2} = \underline{Y}_{21a}\underline{U}_1 + \underline{Y}_{21a}\underline{U}_2 \qquad \underline{I}_{b2} = \underline{Y}_{21b}\underline{U}_1 + \underline{Y}_{22b}\underline{U}_2.$$

Mit den Gln. (x) wird für die Parallelschaltung beider Vierpole:

$$\underline{I}_1 = (\underline{Y}_{11a} + \underline{Y}_{11b})\underline{U}_1 + (\underline{Y}_{12a} + \underline{Y}_{12b})\underline{U}_2 = \underline{Y}_{11}\underline{U}_1 + \underline{Y}_{12}\underline{U}_2$$
$$\underline{I}_2 = (\underline{Y}_{21a} + \underline{Y}_{21b})\underline{U}_1 + (\underline{Y}_{22a} + \underline{Y}_{22b})\underline{U}_2 = \underline{Y}_{21}\underline{U}_1 + \underline{Y}_{22}\underline{U}_2,$$

in Matrizenschreibweise:

$$(\underline{I}_a) = (\underline{Y}_a)(\underline{U}_a) \qquad (\underline{I}) = (\underline{I}_a) + (\underline{I}_b)$$
$$(\underline{I}_b) = (\underline{Y}_b)(\underline{U}_b) \qquad (\underline{U}) = (\underline{U}_a) = (\underline{U}_b).$$

Damit wird

$$(\underline{I}) = [(\underline{Y}_a) + (\underline{Y}_b)](\underline{U}).$$

Daraus ergibt sich die *Rechenregel für Parallelschaltung:*

$$\underline{Y}_{\mu\nu} = \underline{Y}_{\mu\nu a} + \underline{Y}_{\mu\nu b}, \quad (\underline{Y}) = (\underline{Y}_a) + (\underline{Y}_b). \tag{1.154}$$

Die $\underline{Y}$-Parameter einer Parallelschaltung von Vierpolen ergeben sich durch Addition der $\underline{Y}$-Matrizen beider Vierpole.

[1]) Im Bild 1.117c muß die eine durchgehende Leitung diagonal verlaufen, damit sich am Ausgang die beiden Teilströme entsprechend unserer Bezugspfeilwahl (Bild 1.113) addieren und nicht subtrahieren (s. auch Bild 1.119c).

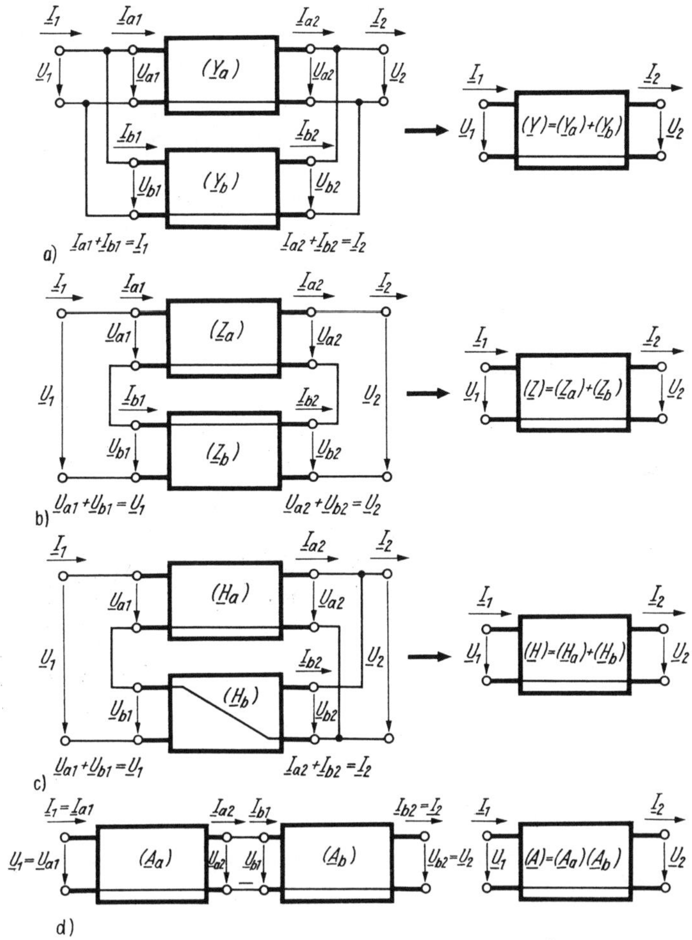

Bild 1.119. Vier Arten der Zusammenschaltung von Vierpolen mit durchgehenden Leitungen und die angepaßten Vierpolparameter

a) Parallelschaltung
b) Reihenschaltung
c) Reihen-Parallel-Schaltung
d) Kettenschaltung [Hier sind durchgehende Leitungen als Voraussetzung für die Anwendung der Gln. (1.157) nicht notwendig!]

b) Bei *Reihenschaltung zweier Vierpole* (Bild 1.119b) gilt

$$\begin{aligned} \underline{I}_1 &= \underline{I}_{a1} = \underline{I}_{b1} \qquad & \underline{U}_1 &= \underline{U}_{a1} + \underline{U}_{b1} \\ \underline{I}_2 &= \underline{I}_{a2} = \underline{I}_{b2} \qquad & \underline{U}_2 &= \underline{U}_{a2} + \underline{U}_{b2}\,. \end{aligned} \tag{xx}$$

Es sind duale Beziehungen zur Parallelschaltung. Wir werden also eine analoge Rechenregel für die $\underline{Z}$-Matrix erhalten: Der Ansatz Gl. (1.148) für beide Vierpole und Addition der entsprechenden Gleichung gemäß Gl. (xx) ergeben die *Rechenregel für Reihenschaltung:*

$$\underline{Z}_{\mu\nu} = \underline{Z}_{\mu\nu a} + \underline{Z}_{\mu\nu b}\,; \quad (\underline{Z}) = (\underline{Z}_a) + (\underline{Z}_b)$$

$$(U) = [(\underline{Z}_a) + (\underline{Z}_b)]\,(\underline{I}) = (Z)\,(I)\,. \tag{1.155}$$

Bei Reihenschaltung *addieren sich die $\underline{Z}$-Matrizen* beider Vierpole.

c) Bei *Reihen-Parallel-Schaltung* (Bild 1.119c) gilt

$$\underline{U}_1 = \underline{U}_{a1} + \underline{U}_{b1} \qquad \underline{U}_2 = \underline{U}_{a2} = \underline{U}_{b2}$$

$$\underline{I}_1 = \underline{I}_{a1} = \underline{I}_{b1} \qquad \underline{I}_2 = \underline{I}_{a2} + \underline{I}_{b2}\,.$$

Es werden also Eingangsspannungen und Ausgangsströme addiert. Man wählt die Gleichungsform, in der $\underline{U}_1$ und $\underline{I}_2$ die abhängig Variablen sind. Das ist die Hybridform Gl. (1.150). Dann erhält man die Vierpolgleichungen des Gesamtvierpols durch Addition der entsprechenden Gleichungen beider Teilvierpole, d. h., die $\underline{H}$-Parameter werden addiert

$$\underline{U}_1 = \underline{U}_{a1} + \underline{U}_{b1} = (\underline{H}_{11a} + \underline{H}_{11b})\,\underline{I}_1 + (\underline{H}_{12a} + \underline{H}_{12b})\,\underline{U}_2$$

$$\underline{I}_2 = \underline{I}_{a2} + \underline{I}_{b2} = (\underline{H}_{21a} + \underline{H}_{21b})\,\underline{I}_1 + (\underline{H}_{22a} + \underline{H}_{22b})\,\underline{U}_2\,.$$

Die Hybridmatrix der Reihen-Parallel-Schaltung zweier Vierpole ergibt sich aus der *Summe der Hybridmatrizen* der Einzelvierpole:

$$(\underline{H}) = (\underline{H}_a) + (\underline{H}_b)\,. \qquad \textbf{(1.156)}$$

Sucht man z. B. die $\underline{Y}$-Matrix der Reihen-Parallel-Schaltung, so berechnet man zunächst nach dieser Regel die $\underline{H}$-Matrix und rechnet diese in $\underline{Y}$-Matrix nach Gl. (1.151) um.

d) Als letztes Beispiel soll noch die *Kettenschaltung* zweier Vierpole betrachtet werden (Bild 1.119d). Hier sind die Eingangsgrößen des Vierpols b gleich den Ausgangsgrößen des Vierpols a:

$$\underline{I}_{2a} = \underline{I}_{1b}$$
$$\underline{U}_{2a} = \underline{U}_{1b}\,. \qquad \textbf{(xxx)}$$

Ferner gilt

$$\underline{I}_1 = \underline{I}_{1a} \qquad \underline{I}_2 = \underline{I}_{2b}$$
$$\underline{U}_1 = \underline{U}_{1a} \qquad \underline{U}_2 = \underline{U}_{2b}\,. \qquad \textbf{(xxx)}$$

Der zugeschnittene Gleichungstyp ist die Kettenform Gl. (1.149), wie wir gleich erkennen werden:

Vierpol a Vierpol b

$$\begin{pmatrix}\underline{U}_{1a}\\ \underline{I}_{1a}\end{pmatrix} = (\underline{A}_a)\begin{pmatrix}\underline{U}_{2a}\\ \underline{I}_{2a}\end{pmatrix} \qquad \begin{pmatrix}\underline{U}_{1b}\\ \underline{I}_{1b}\end{pmatrix} = (\underline{A}_b)\begin{pmatrix}\underline{U}_{2b}\\ \underline{I}_{2b}\end{pmatrix}.$$

Mit obigen Beziehungen (xxx) wird

$$\begin{pmatrix}\underline{U}_{1a}\\ \underline{I}_{1a}\end{pmatrix} = \begin{pmatrix}\underline{U}_{1}\\ \underline{I}_{1}\end{pmatrix}, \begin{pmatrix}\underline{U}_{2a}\\ \underline{I}_{2a}\end{pmatrix} = \begin{pmatrix}\underline{U}_{1b}\\ \underline{I}_{1b}\end{pmatrix} \quad \text{und} \quad \begin{pmatrix}\underline{U}_{2b}\\ \underline{I}_{2b}\end{pmatrix} = \begin{pmatrix}\underline{U}_{2}\\ \underline{I}_{2}\end{pmatrix}.$$

Also ergibt sich

$$\begin{pmatrix}\underline{U}_{1}\\ \underline{I}_{1}\end{pmatrix} = (\underline{A}_a)\begin{pmatrix}\underline{U}_{2a}\\ \underline{I}_{2a}\end{pmatrix} = (\underline{A}_a)(\underline{A}_b)\begin{pmatrix}\underline{U}_{2}\\ \underline{I}_{2}\end{pmatrix} = (\underline{A})\begin{pmatrix}\underline{U}_{2}\\ \underline{I}_{2}\end{pmatrix}.$$

Rechenregel:

Bei *Kettenschaltung* ergibt sich die Kettenmatrix aus dem *Produkt der Kettenmatrizen* beider Teilvierpole:

$$(\underline{A}) = (\underline{A}_a)(\underline{A}_b)\,. \qquad \textbf{(1.157)}$$

Bei der Kettenschaltung gibt es für Anwendung der Gln. (1.157) keine Einschränkung bezüglich durchgehender Leitungen wie bei Reihen- oder Parallelschaltung (s. Bild 1.119).

Beispiele

1. Wir wollen die Spannungsübersetzung vorwärts des Hochpasses Bild 1.120 berechnen.

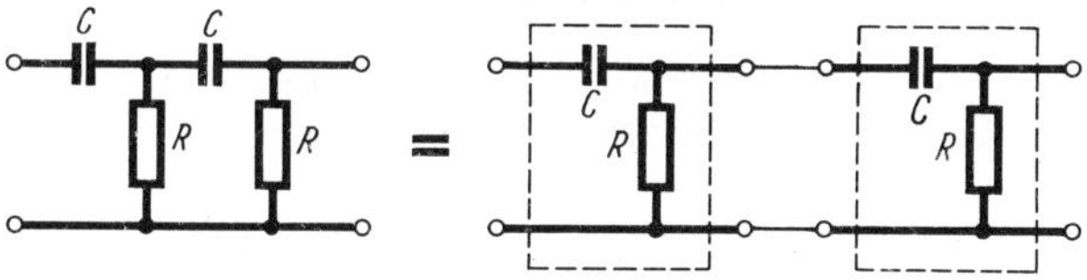

Bild 1.120. Hochpaß als Kettenschaltung zweier Halbglieder

Die gesuchte Größe ist der reziproke Parameter $\underline{A}_{11}$. Wir fassen die Schaltung (der Übung halber) als Kettenschaltung zweier *C-R*-Halbglieder auf. Für ein *T*-Halbglied allgemein (Längsimpedanz $\underline{Z}_l$, Querimpedanz $\underline{Z}_q$) wurde die $\underline{A}$-Matrix im Abschn. 1.7.1. berechnet [Gl. (d) S. 157]:

$$\begin{pmatrix} \underline{A}'_{11} & \underline{A}'_{12} \\ \underline{A}'_{21} & \underline{A}'_{22} \end{pmatrix} = \begin{pmatrix} 1+\dfrac{\underline{Z}_l}{\underline{Z}_q} & \underline{Z}_l \\ \dfrac{1}{\underline{Z}_q} & 1 \end{pmatrix}.$$

Hier ist $\underline{Z}_l = 1/\mathrm{j}\omega C$ und $\underline{Z}_q = R$, also

$$\frac{\underline{Z}_l}{\underline{Z}_q} = \frac{1}{\mathrm{j}\omega CR}.$$

Es werden zwei gleiche Glieder in Kette geschaltet. Wir bilden das Matrizenprodukt und benötigen nur das Glied $\underline{A}_{11}$ des Produkts:

$$\begin{pmatrix} \underline{A}'_{11} & \underline{A}'_{12} \\ \underline{A}'_{21} & \underline{A}'_{22} \end{pmatrix}\begin{pmatrix} \underline{A}'_{11} & \underline{A}'_{12} \\ \underline{A}'_{21} & \underline{A}'_{22} \end{pmatrix} = \begin{pmatrix} \underline{A}_{11} & \underline{A}_{12} \\ \underline{A}_{21} & \underline{A}_{22} \end{pmatrix}$$

$$\underline{A}_{11} = \underline{A}'^{2}_{11} + \underline{A}'_{12}\underline{A}'_{21} = \left(1+\frac{\underline{Z}_l}{\underline{Z}_q}\right)^2 + \frac{\underline{Z}_l}{\underline{Z}_q} = \left(1+\frac{1}{\mathrm{j}\omega CR}\right)^2 + \frac{1}{\mathrm{j}\omega CR}$$

$$\underline{A}_{11} = 1 - \left(\frac{1}{\omega CR}\right)^2 - \mathrm{j}\frac{3}{\omega CR} = \frac{(\omega CR)^2 - 1 - \mathrm{j}3\omega CR}{(\omega CR)^2}$$

$$\frac{1}{\underline{A}_{11}} = \frac{(\omega CR)^2}{(\omega CR)^2 - 1 - \mathrm{j}3\omega CR} \qquad \text{Betrag} \quad \frac{1}{A_{11}} = \frac{(\omega CR)^2}{\sqrt{[1-(\omega CR)^2]^2 + (3\omega CR)^2}}.$$

2. Es sei die $\underline{H}$-Matrix der rückgekoppelten Transistorschaltung (Bild 1.121a) gesucht. Bekannt sind (aus den Kenndatenblättern) die $\underline{H}$-Parameter des Transistors sowie die Widerstände R_1 und R_2.
Wir untersuchen zunächst, ob eine Zusammenschaltung vom Typ a) bis d) Bild 1.117 vorliegt. Dazu zeichnen wir den Transistordreipol als Vierpol mit durchgehender Leitung und die Widerstände in einen zweiten Vierpol (Bild 1.121b). Wir erkennen, daß eine Reihen-Parallel-Schaltung vorliegt. Beachte hierbei, daß die Stromrichtungen (z. B. $\underline{I}_{b2}$ zum Knoten hin) in dem Vierpol erhalten bleiben. Damit unsere eingeführten Zählrichtungen (Bild 1.113) eingehalten werden, müssen in dem Vierpol *b* Überkreuzungen erfolgen. Das ist wichtig für die Vorzeichen der Parameter dieses Vierpols. Es können also die $\underline{H}$-Parameter beider Vierpole addiert werden. Zur Berechnung der $\underline{H}$-Parameter des Rückkopplungsvierpols ist dieser ohne Überkreuzung nochmals herausgezeichnet (Bild 1.121c), und aus den Definitionsgleichungen sind die Parameter mit Hilfe der Strom- und Spannungsteilerregel elementar berechnet worden (Legende zu Bild 1.121c). Damit ergibt sich die $\underline{H}$-Matrix der Gesamtschaltung gemäß Bild 1.119c

$$(\underline{H}) = (\underline{H}_a) + (\underline{H}_b)$$

$$(\underline{H}) = \begin{pmatrix} \underline{H}_{11a} + R_1 /\!/ R_2 & \underline{H}_{12a} - \dfrac{R_1}{R_1+R_2} \\ \underline{H}_{21a} - \dfrac{R_1}{R_1+R_2} & \underline{H}_{22a} - \dfrac{1}{R_1+R_2} \end{pmatrix}.$$

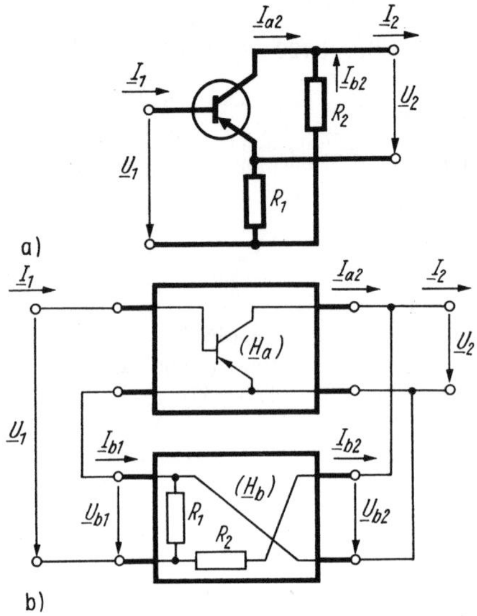

Bild 1.121

a) Transistorschaltung
b) Aufteilung in zwei Vierpole in Reihen-Parallel-Schaltung
c) Berechnung der $\underline{H}$-Parameter des Vierpols b (Rückkopplungsvierpol)

$$\underline{U}_{b2} = 0:\quad \frac{\underline{U}_{b1}}{\underline{I}_{b1}} = \underline{H}_{11b} = R_1 /\!/ R_2$$

$$\frac{-\underline{I}_{b2}}{\underline{I}_{b1}} = -\underline{H}_{21b} = \frac{R_1}{R_1 + R_2}$$

$$\underline{I}_{b1} = 0:\quad \frac{\underline{U}_{b1}}{-\underline{U}_{b2}} = -\underline{H}_{12b} = \frac{R_1}{R_1 + R_2}$$

$$\frac{\underline{I}_{b2}}{-\underline{U}_{b2}} = -\underline{H}_{22b} = \frac{1}{R_1 + R_2}$$

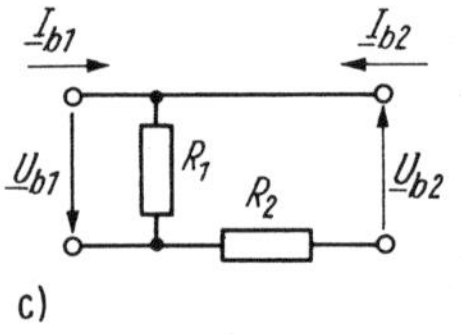

Wäre die $\underline{Y}$-Matrix der Gesamtschaltung gesucht, müßte die errechnete $\underline{H}$-Matrix mit Hilfe der Gl. (1.151) umgerechnet werden.

1.7.3. Vierpolparameter verschiedener Grundschaltungen

Schaltet man einen Dreipol als Übertragungsvierpol zwischen Sender und Empfänger (z. B. Bilder 1.110b und d), so kann man verschiedene Schaltungsarten wählen: Erstens kann man

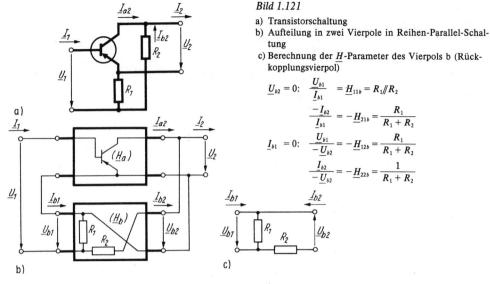

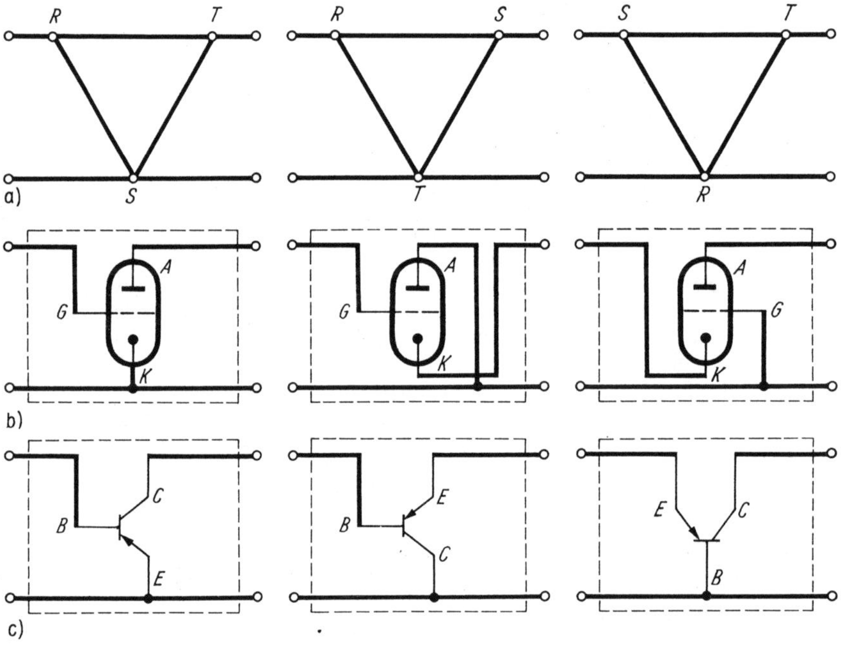

Bild 1.122. Grundschaltungen von Dreipolen

a) Grundschaltung S	Grundschaltung T	Grundschaltung R
b) Katodenbasisschaltung	Anodenbasisschaltung	Gitterbasisschaltung
c) Emitterschaltung	Kollektorschaltung	Basisschaltung

die durchgehende Leitung an jeden der drei Pole (in Bild 1.122a mit R, S, T bezeichnet) anschließen, und zweitens können in jeder dieser Schaltungen Ein- und Ausgang vertauscht werden. Das ergibt sechs *Grundschaltungen* eines Dreipols. Im Bild 1.122 sind drei solcher Grundschaltungen allgemein und für Röhre und Transistor speziell angegeben. Die *Bezeichnung der Grundschaltung* erfolgt i. allg. nach dem Pol, an dem die durchgehende Leitung angeschlossen ist: Emitterschaltung, Kollektorschaltung, Katodenbasisschaltung, Gitterbasisschaltung usw. Bei Vertauschen von Ein- und Ausgang spricht man von Normal- und Inversbetrieb.

Man beachte, daß sich diese Bezeichnungen – wie unsere Vierpolbetrachtungen überhaupt – auf das Wechselstromverhalten beziehen. So ist die Gleichstromschaltung Bild 1.123a „signalmäßig" z. B. als Katoden- oder Anodenbasisschaltung auslegbar, wenn man die Katode (Bild b) bzw. Anode (Bild c) durch eine große Kapazität wechselspannungsmäßig „auf Erdpotential" bringt (kein Spannungsabfall).

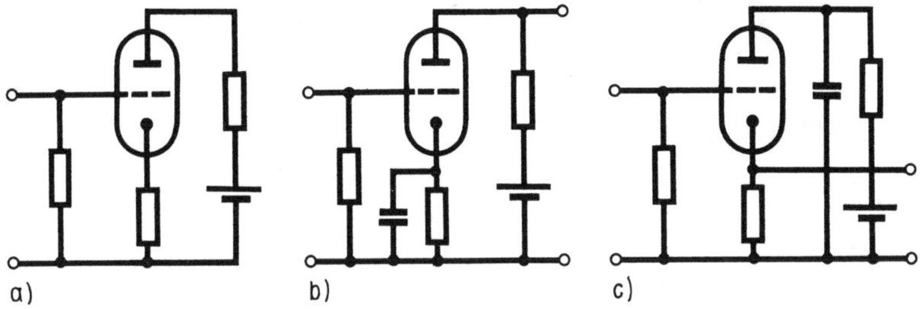

Bild 1.123

a) Einstellung des Arbeitspunktes
b) Katodenbasisschaltung
c) Anodenbasisschaltung

Folgendes Problem soll gelöst werden:

Die Vierpolparameter für eine bestimmte Grundschaltung seien bekannt, und wir wollen Parameter gleichen oder anderen Typs für eine andere Grundschaltung daraus berechnen.

Wir wollen an einem Beispiel die Berechnungsmethodik ableiten: Die $\underline{Y}_a$-Parameter in Grundschaltung R seien gegeben, und die $\underline{Y}_b$-Parameter in Grundschaltung S seien gesucht (für den Transistor wären also die Parameter in Emitterschaltung aus denen der Basisschaltung zu berechnen, vgl. Bilder 1.122). Wir tragen in die Grundschaltung S die Klemmengrößen der Grundschaltung R in deren Richtung ein und berechnen sie als Funktion der anderen Grundschaltung (Bilder 1.124a und b):

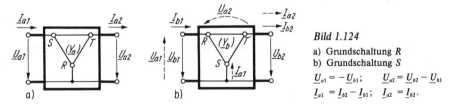

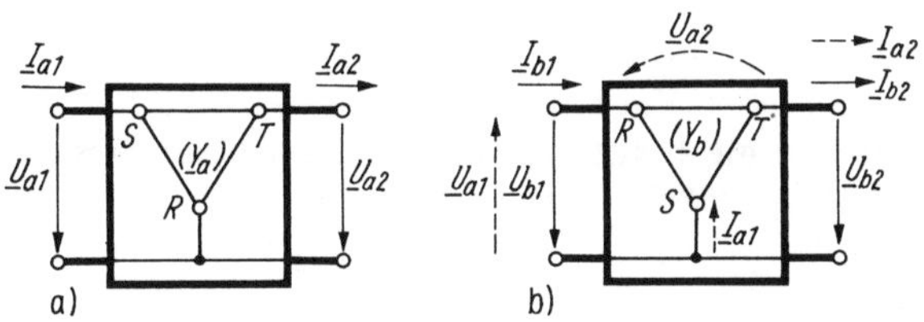

Bild 1.124

a) Grundschaltung R
b) Grundschaltung S

$\underline{U}_{a1} = -\underline{U}_{b1}$; $\underline{U}_{a2} = \underline{U}_{b2} - \underline{U}_{b1}$

$\underline{I}_{a1} = \underline{I}_{b2} - \underline{I}_{b1}$; $\underline{I}_{a2} = \underline{I}_{b2}$.

Wir können also in die Vierpolgleichungen der Grundschaltung R

$$\begin{pmatrix} \underline{I}_{a1} \\ \underline{I}_{a2} \end{pmatrix} = (\underline{Y}_a) \begin{pmatrix} \underline{U}_{a1} \\ \underline{U}_{a2} \end{pmatrix}$$

die Klemmengrößen der Grundschaltung S einführen

$$\begin{pmatrix} \underline{I}_{b2} - \underline{I}_{b1} \\ \underline{I}_{b2} \end{pmatrix} = (\underline{Y}_a) \begin{pmatrix} -\underline{U}_{b1} \\ \underline{U}_{b2} - \underline{U}_{b1} \end{pmatrix} \qquad \textbf{(a)}$$

und nun diese Gleichungen umformen in Vierpolgleichungen der Grundschaltung *S*. Hier sind die $\underline{Y}_b$-Parameter gesucht. Als Ergebnis sind also die Parameter der Leitwertgleichungen

$$\begin{pmatrix} \underline{I}_{b1} \\ \underline{I}_{b2} \end{pmatrix} = (\underline{Y}_b) \begin{pmatrix} \underline{U}_{b1} \\ \underline{U}_{b2} \end{pmatrix} \tag{b}$$

gesucht.

Matrizengleichung (a) ist Kurzschreibweise für

$$\underline{I}_{b2} - \underline{I}_{b1} = -\underline{Y}_{a11}\underline{U}_{b1} + \underline{Y}_{a12}(\underline{U}_{b2} - \underline{U}_{b1})$$
$$\underline{I}_{b2} = -\underline{Y}_{a21}\underline{U}_{b1} + \underline{Y}_{a22}(\underline{U}_{b2} - \underline{U}_{b1}).$$

Damit wir Gleichungstyp (b) erhalten, brauchen wir einerseits die zweite Gleichung nur zu ordnen und andererseits diese in die erste Gleichung einzusetzen. Es ergibt sich schließlich

$$\underline{I}_{b1} = (\underline{Y}_{a11} + \underline{Y}_{a12} - \underline{Y}_{a21} - \underline{Y}_{a22})\underline{U}_{b1} + (\underline{Y}_{a22} - \underline{Y}_{a12})\underline{U}_{b2}$$
$$\underline{I}_{b2} = -(\underline{Y}_{a21} + \underline{Y}_{a22})\underline{U}_{b1} + \underline{Y}_{a22}\underline{U}_{b2}.$$

Durch Vergleich mit Gl. (b) erhalten wir

$$\begin{pmatrix} \underline{Y}_{b11} & \underline{Y}_{b12} \\ \underline{Y}_{b21} & \underline{Y}_{b22} \end{pmatrix} = \begin{pmatrix} \underline{Y}_{a11} + \underline{Y}_{a12} - \underline{Y}_{a21} - \underline{Y}_{a22} & \underline{Y}_{a22} - \underline{Y}_{a12} \\ -(\underline{Y}_{a21} + \underline{Y}_{a22}) & \underline{Y}_{a22} \end{pmatrix}.$$

Parameter der Grundschaltung *S* — ausgedrückt durch die Parameter der Grundschaltung *R*

Wir sind in diesem Beispiel beim gleichen Parametertyp ($\underline{Y}$) für beide Grundschaltungen geblieben. Wir hätten jedoch in der gesuchten Grundschaltung auch andere Parameter ($\underline{Z}$, $\underline{A}$ usw.) berechnen können. Dazu brauchen wir „nur" Gln. (a) in den gesuchten Gleichungstyp umzuformen [z. B. Gl. (1.148) bis (1.150)].

Natürlich kann man, falls man einen Gleichungstyp berechnet hat, diesen – z. B. mittels Gln. (1.151) bis (1.153) – in den anderen umrechnen.

Die *allgemeine Lösungsstrategie* ist also folgende:

1. Drücke im Gleichungssystem der gegebenen Grundschaltung die Ströme und Spannungen durch die der gesuchten Grundschaltung aus!
2. Forme das so erhaltene Gleichungssystem auf den Gleichungstyp der gesuchten Grundschaltung um! Die dann erhaltenen Koeffizienten der Ströme und/oder Spannungen sind die gesuchten Parameter.

Beispiel

Gegeben sind die Transistor-$\underline{Y}$-Parameter für die Emitterschaltung (Bild 1.125a). Gesucht sind die $\underline{H}$-Parameter in Basisschaltung (Bild 1.125b).

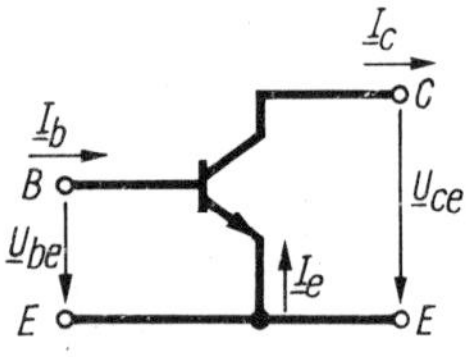

a) Emitterschaltung

Gegeben: $\begin{pmatrix} \underline{I}_b \\ \underline{I}_c \end{pmatrix} = (\underline{Y}_e) \begin{pmatrix} \underline{U}_{be} \\ \underline{U}_{ce} \end{pmatrix}$

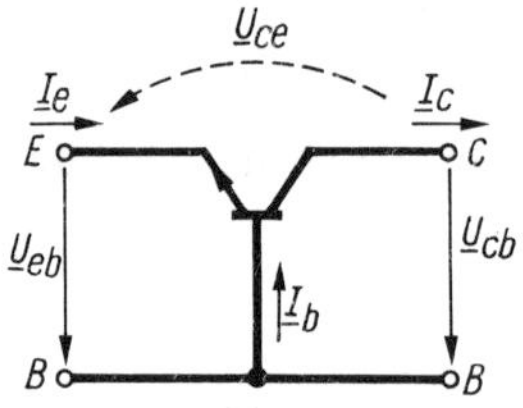

b) Basisschaltung

Gesucht: $\begin{pmatrix} \underline{U}_{eb} \\ \underline{I}_c \end{pmatrix} = (\underline{H}_b) \begin{pmatrix} \underline{I}_e \\ \underline{U}_{cb} \end{pmatrix}$

Bild 1.125

Umrechnung der gegebenen Klemmengrößen $\underline{I}_b$, $\underline{U}_{be}$, $\underline{I}_c$, $\underline{U}_{ce}$ in die der gesuchten Grundschaltung $\underline{I}_e$, $\underline{U}_{eb}$, $\underline{I}_c$, $\underline{U}_{cb}$:

$$\underline{I}_b = \underline{I}_c - \underline{I}_e$$

$$\underline{U}_{be} = -\underline{U}_{eb}$$

$$\underline{U}_{ce} = \underline{U}_{cb} - \underline{U}_{eb}.$$

Damit ergeben sich die Vierpolgleichungen mit gegebenen $\underline{Y}$-Parametern

$$\underline{I}_c - \underline{I}_e = -(\underline{Y}_{11} + \underline{Y}_{12})\,\underline{U}_{eb} + \underline{Y}_{12}\,\underline{U}_{cb} \qquad \text{(a)}$$

$$\underline{I}_c = -(\underline{Y}_{21} + \underline{Y}_{22})\,\underline{U}_{eb} + \underline{Y}_{22}\,\underline{U}_{cb}. \qquad \text{(b)}$$

Subtraktion $(a) - (b)$ ergibt $\underline{I}_e = f(\underline{U}_{eb}, \underline{U}_{cb})$.
Dies aufgelöst nach $\underline{U}_{eb}$ und in (a) eingesetzt ergibt in beiden gesuchten Vierpolgleichungen

$$\underline{U}_{eb} = \frac{1}{\sum \underline{Y}_e}\left[\underline{I}_e + (\underline{Y}_{12} - \underline{Y}_{22})\,\underline{U}_{cb}\right]$$

$$\underline{I}_c = \frac{1}{\sum \underline{Y}_e}\left[-(\underline{Y}_{21} + \underline{Y}_{22})\,\underline{I}_e - \Delta\underline{Y}_e\underline{U}_{cb}\right],$$

wobei folgende Abkürzungen eingeführt wurden:

$$\sum \underline{Y}_e = \underline{Y}_{11} + \underline{Y}_{12} - \underline{Y}_{21} - \underline{Y}_{22}$$

$$\Delta\underline{Y}_e = \underline{Y}_{11}\,\underline{Y}_{22} - \underline{Y}_{12}\,\underline{Y}_{21}.$$

Die gesuchte $\underline{H}$-Matrix lautet also

$$(\underline{H}_b) = \frac{1}{\sum \underline{Y}_e}\begin{pmatrix} 1 & \underline{Y}_{12} - \underline{Y}_{22} \\ -(\underline{Y}_{21} + \underline{Y}_{22}) & -\Delta\underline{Y}_e \end{pmatrix}. \qquad \textbf{(1.158)}$$

$\underline{H}$-Parameter in Basisschaltung — $\underline{Y}$-Parameter in Emitterschaltung

1.7.4. Umkehrbare Vierpole

Außer den bisherigen Einschränkungen, die die lineare Vierpoltheorie vornimmt (lineare, zeitinvariante Zweitorschaltungen; s. Bild 1.110b), soll nun eine weitere, von vielen Netzwerken erfüllte Voraussetzung in die Betrachtung einbezogen werden, die die Rechnung vereinfacht. Diese Voraussetzung ist die Erfüllung des sog. *Kirchhoffschen Umkehrungssatzes* (des *Reziprozitätstheorems*). Solche Schaltungen nennt man *umkehrbare* (*reziproke* oder *übertragungssymmetrische*) Vierpole.

Der Umkehrungssatz sagt für das Strom-Spannungs-Verhalten an den Klemmenpaaren (Toren) eines Vierpols im Vorwärts- und Rückwärtsbetrieb aus, daß z. B.

a) bei Anlegen einer Spannung an das eine oder an das andere Tor durch das jeweils andere kurzgeschlossene Tor der gleiche Strom fließt,
b) bei Einspeisung eines Stroms in das eine oder in das andere Tor am jeweils anderen Tor die gleiche Leerlaufspannung auftritt,
c) die Kurzschlußstromübersetzung vorwärts gleich der Leerlaufspannungsübersetzung rückwärts ist.

Dieses Umkehrverhalten drückt sich in den Vierpolparametern aus. Zu dieser Feststellung gelangen wir, wenn wir den Vierpol z. B. gemäß den Bildern 1.126a und b einmal vorwärts

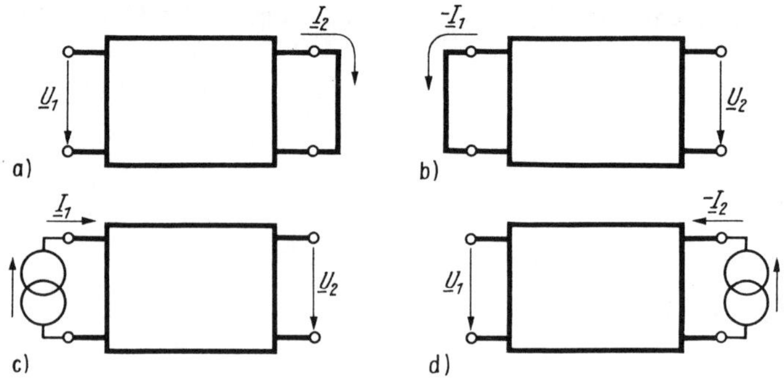

Bild 1.126. Umkehrungssatz
a) und c) Vorwärtsbetrieb
b) und d) Rückwärtsbetrieb

und einmal rückwärts betreiben, wobei eine Klemmenspannung $\underline{U}_2$ im Rückwärtsbetrieb (EMK an Seite 2) mit einem Strom auf Seite 1 *entgegen* unserer Bezugspfeilrichtung Bild 1.113 (also $-\underline{I}_1$) verbunden ist.

Dann muß auf Grund obiger Aussage a) gelten:

Für $\quad \underline{U}_1 = \underline{U}_2 \quad$ ist $\quad \underline{I}_2 = -\underline{I}_1 . \qquad (\alpha)$

Wir diskutieren diese Bedingung an den Vierpolgleichungen in Leitwertform Gl. (1.147)

$$\underline{I}_1 = \underline{Y}_{11}\underline{U}_1 + \underline{Y}_{12}\underline{U}_2 \qquad (\beta)$$

$$\underline{I}_2 = \underline{Y}_{21}\underline{U}_1 + \underline{Y}_{22}\underline{U}_2 . \qquad (\gamma)$$

Im Vorwärtsbetrieb ist $\underline{U}_2 = 0$, und wir können $\underline{I}_2$ als Funktion von $\underline{U}_1$ aus Gl. (γ) ermitteln:

$$\underline{Y}_{21}\underline{I}_2 = \underline{U}_1 .$$

Im Rückwärtsbetrieb ergibt sich analog aus Gl. (β)

$$\underline{Y}_{12}\underline{I}_1 = \underline{U}_2 .$$

Mit den Bedingungen (α) des Umkehrungssatzes ergibt sich

$$\underline{Y}_{21} = -\underline{Y}_{12} . \qquad (1.159)$$

Mit dieser Beziehung gibt es also für umkehrbare Vierpole nur *drei* voneinander unabhängige Vierpolparameter. Die Leitwertgleichungen lauten:

$$\begin{pmatrix} \underline{I}_1 \\ \underline{I}_2 \end{pmatrix} = \begin{pmatrix} \underline{Y}_{11} & \underline{Y}_{12} \\ -\underline{Y}_{12} & \underline{Y}_{22} \end{pmatrix} \begin{pmatrix} \underline{U}_1 \\ \underline{U}_2 \end{pmatrix} \quad \text{umkehrbarer Vierpol.} \qquad (1.160)$$

Für die anderen Vierpolgleichungen (1.148) bis (1.150) ergibt sich ebenfalls jeweils eine zusätzliche Beziehung, die man aus den Umrechnungsmatrizen ermitteln kann:

Aus Gl. (1.53) ergibt sich obige Aussage b), die auch analog a) ableitbar ist, Bilder 1.126c und d:

$$\underline{Z}_{21} = -\underline{Z}_{12} . \qquad (1.161)$$

Mit Gln. (1.151), (1.159)

$$\underline{H}_{21} = \underline{H}_{12} . \qquad (1.162)$$

Dies ist obige Aussage c).

Für die $\underline{A}$-Matrix ergibt sich

$$\underline{A}_{11}\underline{A}_{22} - \underline{A}_{12}\underline{A}_{21} = \det(\underline{A}) = 1 . \qquad (1.163)$$

Leite diese Beziehung aus Gln. (1.149) und mit Bildern 1.126a und b ab!

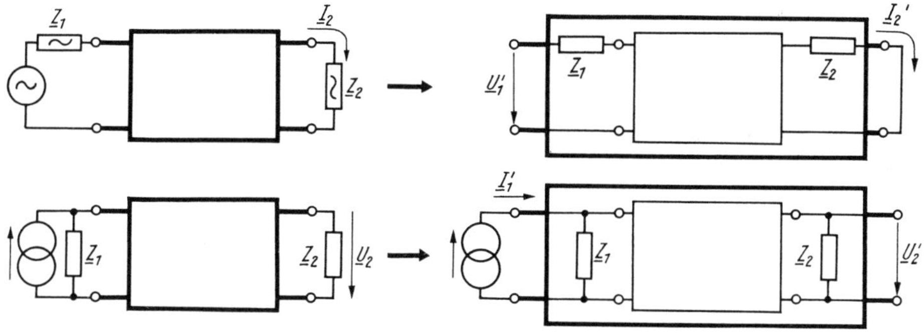

Bild 1.127. Umkehrungssatz für Vierpole mit beliebigen linearen Abschlußwiderständen

Die Umkehrbarkeit ist eine zusätzliche Eigenschaft, die auch eine zusätzliche Einschränkung zu den im Vorwort zu 1.7 angegebenen Vierpolen bedeutet. Die Frage ist also: Welche Vierpolgruppen erfüllen gleiches Übertragungsverhalten vorwärts und rückwärts im Sinn einer der drei Aussagen a) bis c)? Mit Sicherheit kann man sagen:

> Alle Schaltungen sind umkehrbar, die ausschließlich aus linearen Elementen *R, L, C, M* bestehen.

Enthält der Vierpol nur ein solches Element (z. B. Bilder A 1.19a und b, S. 179), so ist dieser umkehrbar. Da mehrere zusammengeschaltete umkehrbare Vierpole wieder einen umkehrbaren Vierpol ergeben müssen, ist jede derartige Schaltung umkehrbar.

Transistoren und Elektronenröhren sind typische nicht umkehrbare Vierpole (Abschn. 1.7.5., Bild 1.134). Es *können* jedoch auch kompliziertere Schaltungen (Anlagen) umkehrbar sein, die nichtlineare und nicht umkehrbare Elemente enthalten (z. B. Telefongegensprechanlage).

Ein umkehrbarer Vierpol muß also nicht unbedingt symmetrisch aufgebaut sein. Umkehrbarkeit (Übertragungssymmetrie) gilt allgemein. Das sei an einer einfachen Schaltung (Bild 1.128) demonstriert:

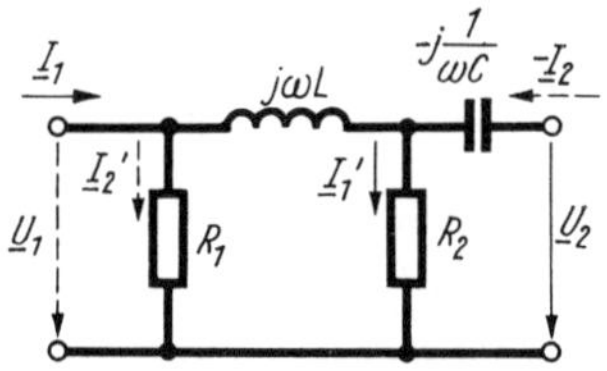

Bild 1.128. Umkehrbarer Vierpol

Wir berechnen zunächst im Vorwärtsbetrieb (ausgezogene Pfeile)

$$\underline{Z}_{21} = \left(\frac{\underline{U}_2}{\underline{I}_1}\right)_{\underline{I}_2=0}.$$

Es ist $(\underline{U}_2)_{\underline{I}_2=0} = \underline{I}'_1 R_2 = \underset{\text{Stromteiler}}{\underline{I}_1 \frac{R_1}{R_1 + R_2 + \mathrm{j}\omega L}} R_2, \quad \left(\frac{\underline{U}_2}{\underline{I}_1}\right)_{\underline{I}_2=0} = \underline{Z}_{21} = \frac{R_1 R_2}{R_1 + R_2 + \mathrm{j}\omega L}.$

Im Rückwärtsbetrieb (gestrichelte Pfeile) ergibt sich für

$$\underline{Z}_{12} = \left(\frac{\underline{U}_1}{\underline{I}_2}\right)_{\underline{I}_1=0}: \quad \underline{U}_1 = \underline{I}'_2 R_1 = \underset{\text{Stromteiler}}{-\underline{I}_2 \frac{R_2}{R_1 + R_2 + \mathrm{j}\omega L}} R_1,$$

also

$$\left(\frac{\underline{U}_1}{-\underline{I}_2}\right)_{\underline{I}_1=0} = -\underline{Z}_{12} = \frac{R_1 R_2}{R_1 + R_2 + \mathrm{j}\omega L}, \quad \text{daraus} \quad \underline{Z}_{21} = -\underline{Z}_{12}.$$

Überprüfe durch analoge Rechnungen, daß $\underline{Y}_{12} = -\underline{Y}_{21}$ und $\underline{H}_{12} = \underline{H}_{21}$ sind!

Ein Sonderfall des umkehrbaren, passiven Vierpols ist der *symmetrische Vierpol.* Dieser hat gleiches Verhalten, wenn man ihn umgekehrt (Tor 2 anstelle Tor 1) in das Netzwerk einsetzt. Für ihn gilt also nicht nur z. B. Gl. (1.160), sondern es müssen auch die Eingangsleerlaufimpedanzen an beiden Klemmenpaaren gleich sein, d. h. $\underline{Z}_{11} = -\underline{Z}_{22}$. Daraus ergibt sich für jedes Vierpolgleichungssystem je eine entsprechende zusätzliche Beziehung, z. B. aus Gl. (1.152) $\underline{A}_{11} = \underline{A}_{22}$, aus Gl. (1.153) $\underline{Y}_{11} = -\underline{Y}_{22}$ und aus Gl. (1.151) $\det(\underline{H}) = -1$. Ein symmetrischer Vierpol besitzt also nur noch zwei voneinander unabhängige Vierpolparameter:

$$\begin{pmatrix}\underline{I}_1\\ \underline{I}_2\end{pmatrix} = \begin{pmatrix}\underline{Y}_{11} & \underline{Y}_{12}\\ -\underline{Y}_{12} & -\underline{Y}_{11}\end{pmatrix}\begin{pmatrix}\underline{U}_1\\ \underline{U}_2\end{pmatrix} \qquad \text{Symmetrischer Vierpol} \qquad \mathbf{(1.164)}$$

1.7.5. Ersatzschaltbilder von Vierpolen

Eine Ersatzschaltung ist eine Schaltung, die das gleiche *Klemmen*verhalten von Strom und Spannung hat wie die Ausgangsschaltung (s. Abschn. 1.3.5.4.). Sie ist also ein *Modell,* eine (meist vereinfachte) *schaltungsmäßige Abbildung* der Zweipol- bzw. Vierpolgleichungen. Es muß unterschieden werden zwischen

- Vierpolen, die als Zusammenschaltung von elementaren passiven Bauelementen vorgegeben sind und in eine einfachere, im Klemmenverhalten gleichwertige Schaltung umgeformt werden sollen (für Zweipole z. B. Bild 1.39), und
- Vierpolen, die schaltungsmäßig nicht vorgegeben sind, bei denen aber aus dem inneren physikalischen Mechanismus oder aus dem gemessenen Strom-Spannungs-Verhalten an den Klemmen eine Schaltung als elektrische Interpretation dieses Verhaltens aufgebaut werden soll (für Zweipole z. B. Bild 1.104).

Ein besonderer Zweig in der Wissenschaft der Bauelemente befaßt sich mit dem Aufstellen *physikalischer Ersatzschaltbilder.* Verschiedene in einem Bauelement (z. B. Transistor, Diode) wirkende physikalische Funktionsmechanismen werden mit physikalischen Gleichungen beschrieben und mit schaltungstechnischen Größen (Strom, Spannung, *R, L, C*) in Beziehung gebracht. Diese müssen (u. U. mit mehr oder weniger starken Einschränkungen, z. B. Linearisierung usw.) auf Strom-Spannungs-Gleichungen für sinusförmige Vorgänge im Bildbereich umgeformt werden. Daraus erhält man Vierpolparameter, die Ausdrücke physikalischer Kenngrößen des Bauelements enthalten, und ein Ersatzschaltbild, das den Zusammenhang zwischen dem elektrischen Klemmenverhalten mit den inneren physikalischen Parametern widerspiegelt.

Wir wollen die am häufigsten verwendeten Vierpolersatzschaltbilder aus den Vierpolgleichungen ableiten, wie es für die Zweipole aus den Zweipolgleichungen (1.83), (1.85) erfolgt ist.

Umkehrbarer Vierpol

Wir beginnen mit dem einfacheren Fall, dem umkehrbaren Vierpol. Die zu entwickelnde Schaltung muß z. B. Gl. (1.160) erfüllen. Die beiden Stromgleichungen

$$\begin{aligned}\underline{I}_1 &= \underline{Y}_{11}\underline{U}_1 + \underline{Y}_{12}\underline{U}_2\\ \underline{I}_2 &= -\underline{Y}_{12}\underline{U}_1 + \underline{Y}_{22}\underline{U}_2\end{aligned}$$

kann man als Knotengleichungen interpretieren, wobei entsprechend den drei Admittanzen $\underline{Y}_{11}$, $\underline{Y}_{12}$ und $\underline{Y}_{22}$ drei Zweige zu unterscheiden sind. Man kann leicht nachweisen, daß die im Bild 1.110c angegebene *Dreieckschaltung* (oder auch Π-*Schaltung* genannt) dieses Gleichungssystem erfüllt. Wir bezeichnen die drei Elemente mit $\underline{Y}_a$, $\underline{Y}_b$ und $\underline{Y}_c$ (Bild 1.129a), stellen die beiden unabhängigen Knotengleichungen auf und vergleichen die Koeffizienten mit denen unseres Gleichungssystems:

$$\underline{I}_1 = \underline{Y}_a \underline{U}_1 + \underline{Y}_b (\underline{U}_1 - \underline{U}_2) = (\underline{Y}_a + \underline{Y}_b)\, \underline{U}_1 - \underline{Y}_b \underline{U}_2$$

$$\underline{I}_2 = \underline{Y}_b (\underline{U}_1 - U_2) - \underline{Y}_c \underline{U}_2 = \underline{Y}_b \underline{U}_1 \quad - (\underline{Y}_b + \underline{Y}_c)\, \underline{U}_2 .$$

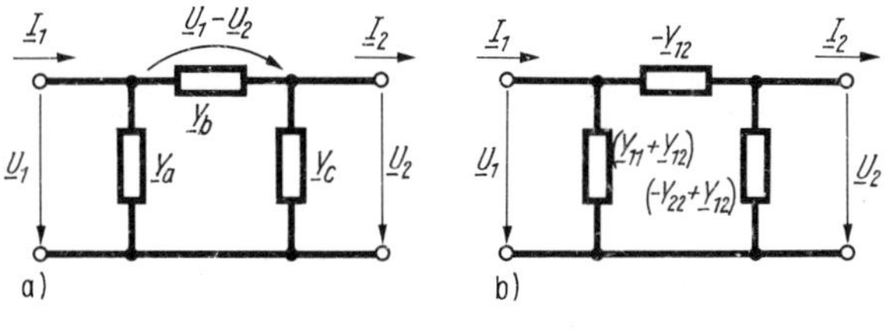

Bild 1.129. Π-Ersatzschaltbild des umkehrbaren Vierpols

Wir erkennen zunächst sofort, daß es sich – wie zu erwarten, da nur lineare Elemente enthalten sind – um einen umkehrbaren Vierpol handelt; denn es ist

$$\underline{Y}_{21} = -\underline{Y}_{12} = \underline{Y}_b .$$

Ferner gilt

$$\underline{Y}_{11} = \underline{Y}_a + \underline{Y}_b = \underline{Y}_a - \underline{Y}_{12}, \qquad \text{d. h.} \qquad \underline{Y}_a = \underline{Y}_{11} + \underline{Y}_{12}$$

und

$$\underline{Y}_{22} = -(\underline{Y}_b + \underline{Y}_c) = \underline{Y}_{12} - \underline{Y}_c, \qquad \text{d. h.} \qquad \underline{Y}_c = -\underline{Y}_{22} + \underline{Y}_{12} .$$

Damit haben wir die drei Zweipole $\underline{Y}_a$, $\underline{Y}_b$ und $\underline{Y}_c$ im Bild 1.129a durch die $\underline{Y}$-Parameter ausgedrückt und können das allgemeine Π-Ersatzschaltbild durch diese beschreiben (Bild 1.129b). Wir können natürlich die drei Elemente auch z. B. durch $\underline{Z}$-, $\underline{H}$-, $\underline{A}$-Parameter ausdrücken, indem wir die entsprechenden Umrechnungen [$\underline{Y} \rightarrow \underline{Z}$ Gl. (1.153) usw.] benutzen.

Eine andere Struktur des Ersatzschaltbilds erhalten wir aus der Kenntnis, daß eine Dreieckschaltung in eine an den Klemmen äquivalente Sternschaltung umrechenbar ist (Bild 1.36). Wir wollen diese Umrechnung mit den Gln. (1.81), (1.82) nicht vornehmen, sondern die Dimensionierung der T-Schaltung (Sternschaltung) als duale Struktur der Π-Schaltung durch analoge Rechnung wie oben mit den dualen Größen ermitteln. Das sei vom Leser selbst durchgeführt. Wir bezeichnen die drei Elemente zunächst mit $\underline{Z}_a$, $\underline{Z}_b$ und $\underline{Z}_c$, stellen die Maschengleichungen auf und vergleichen mit Gln. (1.148). Dann erhalten wir das Ersatzschaltbild 1.130.

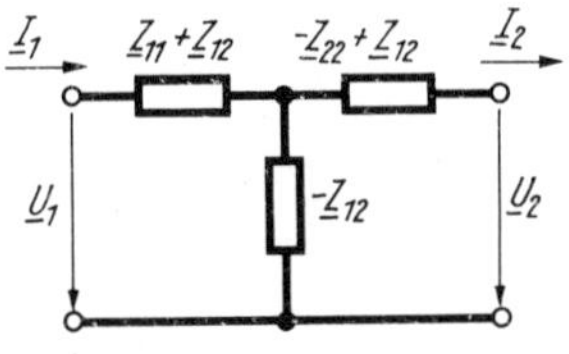

Bild 1.130. T-*Ersatzschaltbild des umkehrbaren Vierpols*

Man erkennt durch Vergleich im Bild 1.129b die duale Verwandtschaft: Ersetze Reihen- durch Parallelschaltung und $\underline{Z}$ durch $\underline{Y}$! Beachte jedoch, daß diese beiden Schaltungen an den Klemmen *äquivalent* sind (z. B. $\underline{Z}_{1\Pi} = \underline{Z}_{1\mathrm{T}}$) und nicht „nur“ duales Verhalten zueinander im Sinne Gl. (1.108a) aufweisen! Die Einzelzweipole der Struktur werden nicht dual (gemäß Tafel 1.7) umgeformt.

Wir können also z. B. aus den gegebenen Vierpolparametern eines umkehrbaren Vierpols immer eine Ersatzschaltung berechnen, die man als Modell des Vierpols in ein Netzwerk einsetzen kann. Es ist damit jedoch durchaus nicht gesagt, daß diese Ersatzschaltung in jedem Fall nur durch passive *R*-, *L*-, *C*-Zweipole technisch realisierbar sein müßte. Wir werden beim Transformator im Abschn. 1.8.2. darauf zurückkommen.

Beim *symmetrischen Vierpol* in Π-Schaltung müssen die Querleitwerte und in T-Schaltung die Längswiderstände gleich sein (symmetrischer Aufbau). Man liest aus der Ersatzschaltung ab, daß dies erfüllt ist, wenn $\underline{Y}_{11} = -\underline{Y}_{22}$ bzw. $\underline{Z}_{11} = -\underline{Z}_{22}$ ist, wie es in Gl. (1.164) bereits angegeben worden ist.

Beispiel

Die Π- und T-Ersatzschaltungen des Vierpols Bild 1.128 sollen berechnet werden. Wir können i. allg. zwei Wege gehen:
- Stelle für die gegebene Schaltung durch Anwendung der Knoten- und Maschengleichungen die Vierpolgleichungen vom Typ (1.147) bzw. (1.148) auf und ermittle die $\underline{Y}$- bzw. $\underline{Z}$-Parameter! Setze diese in die Bilder 1.129b bzw. 1.130 ein!
- Ermittle die $\underline{Y}$- und $\underline{Z}$-Parameter getrennt auf Grund ihrer schaltungstechnischen Bedeutung bzw. aus ihren Definitionsgleichungen!

In vorgegebener Schaltung liegt noch ein dritter Weg nahe:
- Man rechnet die T-Schaltung, bestehend aus L, R_2 und C, in eine Dreieckschaltung um und erhält unter Hinzufügen von R_1 die Π-Ersatzschaltung. Rechnet man dagegen die Dreieckschaltung (R_1, R_2, L) in einen äquivalenten Stern um (Bild 1.131a), so erhält man unter Hinzufügen von $-\mathrm{j}/\omega C$ die T-Ersatzschaltung.

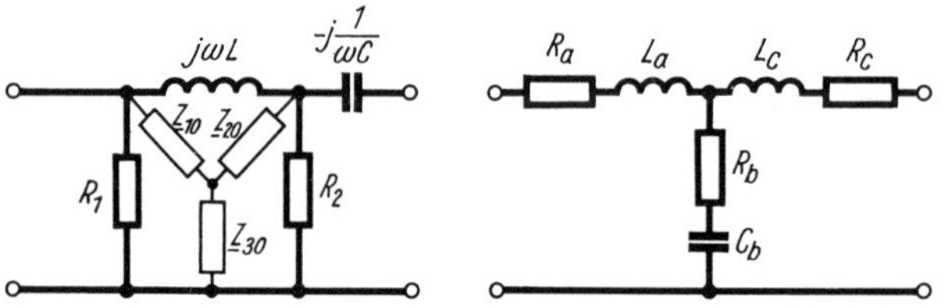

Bild 1.131. Δ→ Y-Umformung zur Ermittlung des Vierpols Bild 1.128

Wir wollen den zweiten Weg gehen, da hierbei die Parameterbetrachtung wiederholt wird und der erste im Prinzip eine Wiederholung obiger Ableitungen wäre.

$\underline{Y}_{11}$ bzw. $\underline{Z}_{11}$ sind komplexer Eingangs-Kurzschlußleitwert bzw. Leerlaufwiderstand, $-\underline{Y}_{22}$ bzw. $-\underline{Z}_{22}$ die entsprechenden Größen an Seite 2 ($-\underline{Y}_{22}$ und $-\underline{Z}_{22}$ sind *positive* Admittanz bzw. Impedanz auf Grund der Bezugspfeilwahl Bild 1.113).

Schließen wir Seite 2 kurz, so ist

$$\frac{1}{\underline{Y}_{11}} = R_1 /\!/ \left[\mathrm{j}\omega L + R_2 /\!/ \frac{1}{\mathrm{j}\omega C}\right] \rightarrow \underline{Y}_{11} = \frac{1}{R_1}\,\frac{R_1 + R_2 - \omega^2 LCR_2 + \mathrm{j}\omega L}{R_2 - \omega^2 LCR_2 + \mathrm{j}\omega L}.$$

Bei Kurzschluß auf Seite 1 ergibt sich für Seite 2

$$-\frac{1}{\underline{Y}_{22}} = \frac{1}{\mathrm{j}\omega C} + R_2 /\!/ \mathrm{j}\omega L \rightarrow -\underline{Y}_{22} = \frac{\omega^2 LC - \mathrm{j}\omega CR_2}{\omega^2 LCR_2 - R_2 - \mathrm{j}\omega L}.$$

Bei Leerlauf ergeben sich

$$\underline{Z}_{11} = R_1 /\!/ (\mathrm{j}\omega L + R_2) = \frac{R_1 R_2 + \mathrm{j}\omega L R_1}{R_1 + R_2 + \mathrm{j}\omega L}$$

$$-\underline{Z}_{22} = \frac{1}{\mathrm{j}\omega C} + R_2 /\!/ (\mathrm{j}\omega L + R_1) = \frac{1}{\mathrm{j}\omega C} + \frac{R_1 R_2 + \mathrm{j}\omega L R_2}{R_1 + R_2 + \mathrm{j}\omega L}.$$

Die Berechnung der Übertragungsgrößen ist i. allg. umständlicher. Wir haben dies bereits im Abschnitt 1.7.4. für $\underline{Z}_{12} = -\underline{Z}_{21}$ (Bild 1.128) getan:

$$-\underline{Z}_{12} = \frac{R_1 R_2}{R_1 + R_2 + \mathrm{j}\omega L}.$$

Für

$$\underline{Y}_{21} = \left(\frac{\underline{I}_2}{\underline{U}_1}\right)_{\underline{U}_2 = 0}$$

schließen wir Seite 2 kurz und berechnen den Strom $(\underline{I}_2)_{\underline{U}_2=0}$ für vorgegebenes $\underline{U}_1$. Es ergibt sich durch Anwendung der Stromteilerregel (R_1 ist ohne Einfluß)

$$(\underline{I}_2)_{\underline{U}_2=0} = \underbrace{\frac{\underline{U}_1}{\mathrm{j}\omega L + R_2 /\!/ \frac{1}{\mathrm{j}\omega C}}}_{\text{Strom durch } L} \quad \underbrace{\frac{R_2}{R_2 + \frac{1}{\mathrm{j}\omega C}}}_{\text{Stromteilungs-faktor}},$$

also

$$\left(\frac{\underline{I}_2}{\underline{U}_1}\right)_{\underline{U}_2=0} = \underline{Y}_{21} = \frac{\mathrm{j}\omega C R_2}{\mathrm{j}\omega L + R_2 - \omega^2 LCR_2}.$$

Mit den Vierpolparametern ergeben sich die einzelnen komplexen Zweipole der Ersatzschaltung: $-\underline{Y}_{12}$, $\underline{Y}_{11} + \underline{Y}_{12}$ und $-\underline{Y}_{22} + \underline{Y}_{12}$ bzw. $-\underline{Z}_{12}$, $\underline{Z}_{11} + \underline{Z}_{12}$ und $-\underline{Z}_{22} + \underline{Z}_{12}$.

Um die Bauelemente der Schaltung zu erhalten, müssen die drei komplexen Zweipole in Real- und Imaginärteil zerlegt werden. Daraus lassen sich bei vorgegebener Frequenz die Bauelemente berechnen. Wir wollen dies für die T-Schaltung tun:

$$\underline{Z}_{11} + \underline{Z}_{12} = R_1 \frac{\mathrm{j}\omega L(R_1 + R_2 - \mathrm{j}\omega L)}{(R_1 + R_2)^2 + (\omega L)^2} = R_1 \frac{(\omega L)^2}{(R_1 + R_2)^2 + (\omega L)^2} + \mathrm{j}\omega L \frac{R_1(R_1 + R_2)}{(R_1 + R_2)^2 + (\omega L)^2}$$

$$= R_a + \mathrm{j}\omega L_a$$

$$R_a = R_1 \frac{a^2}{1 + a^2}, \quad L_a = L \frac{R_1}{(R_1 + R_2)(1 + a^2)} \quad \text{mit} \quad a = \frac{\omega L}{R_1 + R_2}$$

$$-\underline{Z}_{22} + \underline{Z}_{12} = R_2 \frac{\mathrm{j}\omega L}{R_1 + R_2 + \mathrm{j}\omega L} - \mathrm{j}\frac{1}{\omega C} = R_c + \mathrm{j}\omega L_c$$

$$R_c = R_2 \frac{a^2}{1 + a^2}, \quad L_c = L\left(\frac{R_2}{R_1 + R_2(1 + a^2)} - \frac{1}{\omega^2 CL}\right).$$

Die Induktivität L_c kann auch negativ werden. Das Schaltelement ist dann als Induktivität nicht realisierbar, ergibt eine negative Reaktanz, die durch eine Kapazität dargestellt werden kann.

$$-\underline{Z}_{12} = \frac{R_1 R_2}{R_1 + R_2 + \mathrm{j}\omega L} = \frac{R_1 R_2 (R_1 + R_2)}{(R_1 + R_2)^2 + (\omega L)^2} - \mathrm{j}\frac{\omega L R_1 R_2}{(R_1 + R_2)^2 + (\omega L)^2}$$

$$= R_b - \mathrm{j}\frac{1}{\omega C_b}$$

Da der Imaginärteil negativ ist, ist die Realisierung durch eine Kapazität C_b möglich:

$$R_b = R_1 /\!/ R_2 \frac{1}{1 + a^2}, \quad C_b = \frac{L}{R_1 R_2} \frac{1 + a^2}{a^2}$$

(Bild 1.131b).

Nichtumkehrbarer Vierpol

Ersatzschaltung mit einer *gesteuerten Quelle*

Der nichtumkehrbare Vierpol muß entsprechend den vier unabhängigen Parametern vier Elemente enthalten. Wir wollen durch ein Umschreiben der allgemeinen Vierpolgleichungen das Ersatzschaltbild mit dem des umkehrbaren Vierpols in Verbindung bringen.

In dem Gleichungspaar

$$\underline{I}_1 = \underline{Y}_{11}\underline{U}_1 + \underline{Y}_{12}\underline{U}_2$$

$$\underline{I}_2 = \underline{Y}_{21}\underline{U}_1 + \underline{Y}_{22}\underline{U}_2$$

werden wir in der zweiten Gleichung eine Ergänzung von $\pm \underline{Y}_{12}\,\underline{U}_1$ einfügen:

$$\underline{I}_2 = \underline{Y}_{21}\,\underline{U}_1 + \underline{Y}_{12}\,\underline{U}_1 - \underline{Y}_{12}\,\underline{U}_1 + \underline{Y}_{22}\,\underline{U}_2\,.$$

Damit ergibt sich durch Umstellen als „neues“ Gleichungspaar:

$$\begin{aligned} \underline{I}_1 &= \underline{Y}_{11}\,\underline{U}_1 + \underline{Y}_{12}\,\underline{U}_2 \\ \underbrace{\underline{I}_2 - (\underline{Y}_{21} + \underline{Y}_{12})\,\underline{U}_1}_{\underline{I}'_2} &= \underbrace{-\,\underline{Y}_{12}\,\underline{U}_1 + \underline{Y}_{22}\,\underline{U}_2}_{\text{umkehrbarer Vierpol}}\ . \end{aligned}$$

Durch diese Umformung erhalten wir rechts die Ausdrücke des umkehrbaren Vierpols (Ersatzschaltbild 1.129b) mit den Klemmenströmen $\underline{I}_1$ und $\underline{I}'_2 = \underline{I}_2 - (\underline{Y}_{21} + \underline{Y}_{12})\,\underline{U}_1$. Zu den Klemmen mit dem Klemmenstrom $\underline{I}_2 = \underline{I}'_2 + (\underline{Y}_{12} + \underline{Y}_{21})\,\underline{U}_1$ des nichtumkehrbaren Vierpols kommen wir nun, indem wir rein formal eine Einströmung $(\underline{Y}_{12} + \underline{Y}_{21})\,\underline{U}_1$ parallel zu den Klemmen 2′ einführen (Bild 1.132). Das ist eine Quelle, die von einer Klemmengröße (hier $\underline{U}_1$) abhängt; man nennt sie *„gesteuerte Quelle“*.

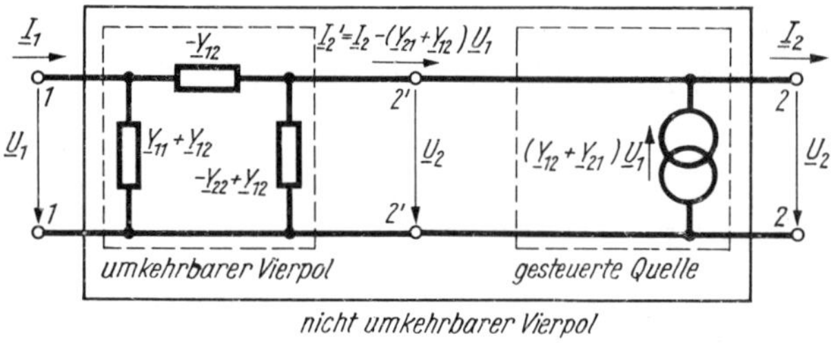

Bild 1.132

Diese gesteuerte Quelle ist für uns ein neues, bei den bisherigen Zweipolbetrachtungen nicht erforderliches Element, das wir jetzt als Symbol zur schaltungstechnischen Darstellung der Vierpolgleichung benötigen. Es gibt mehrere Arten solcher Quellen. Sie stellen eine Einströmung bzw. eine EMK dar, die von einer Klemmenspannung bzw. einem Klemmenstrom des Vierpols gesteuert wird. Man spricht von gesteuerter Stromquelle bzw. gesteuerter Spannungsquelle. Die bisher bekannten Quellen, Stromgenerator (Einströmung) und EMK (Tafel 0.1), sind *unabhängig* von irgendwelchen Strömen oder Spannungen in der angeschlossenen Schaltung. Die gesteuerte Stromquelle im Bild 1.132 ist jedoch z. B. Null bei Kurzschluß an den Klemmen 1 ($\underline{U}_1 = 0$!) und wird mit zunehmender Eingangsspannung ergiebiger. Auf Grund dieser Abhängigkeit dürfen diese gesteuerten Quellen nicht – wie unabhängige Quellen – z. B. bei Berechnung der Innenwiderstände des Vierpols als „abgeschaltet“ betrachtet werden.

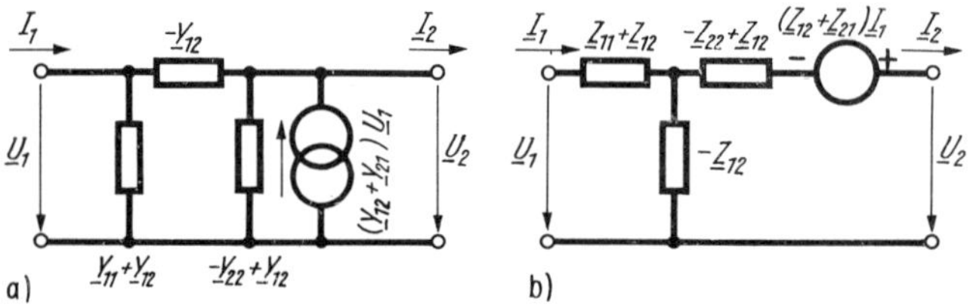

Bild 1.133. Ersatzschaltbilder nicht umkehrbarer Vierpole

Im Bild 1.133a ist das Ersatzschaltbild mit *spannungsgesteuerter Stromquelle* nochmals angegeben. Bild 1.133b zeigt die duale Struktur: Ergänzung des umkehrbaren Vierpols Bild 1.130 mit einer *stromgesteuerten Spannungsquelle* $(\underline{Z}_{12} + \underline{Z}_{21})\,\underline{I}_1$, die i. allg. nicht mit Pfeil, sondern mit + und − gekennzeichnet wird.

Bei einem Pfeil ohne Polaritätsangabe könnte die Frage aufkommen, ob dieser die Richtung der EMK (von − nach +) oder des Spannungsabfalls (von + nach −) angibt. Die Ableitung dieses Ersatzschaltbilds erfolgt analog dem im Bild 1.133a mit Hilfe der Vierpolgleichungen in Widerstandsform. (Führe dies zur Übung durch!)

Beispiel

Für eine Elektronenröhre (Bild 1.134a) sind folgende Kennwerte gegeben: Steilheit $S \equiv Y_{21} = 10\text{mA/V}$ (reell), Innenwiderstand $R_i \equiv 1/(-Y_{22}) = 1\,\text{k}\Omega$ (reell). Rückwirkung vom Ausgang auf den Eingang (Y_{12}) ist Null; der Eingangswiderstand ist unendlich. Zeichne das Ersatzschaltbild!

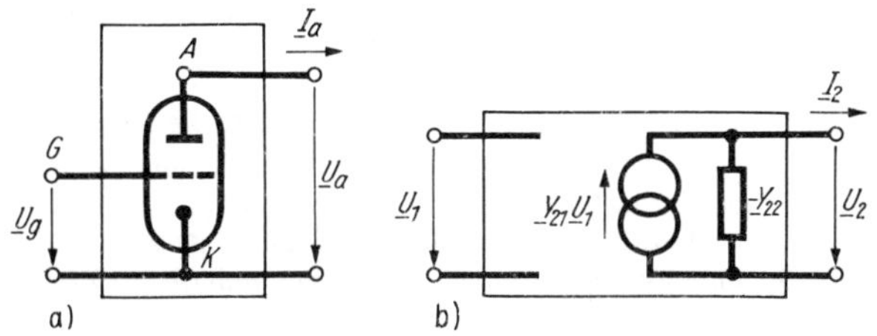

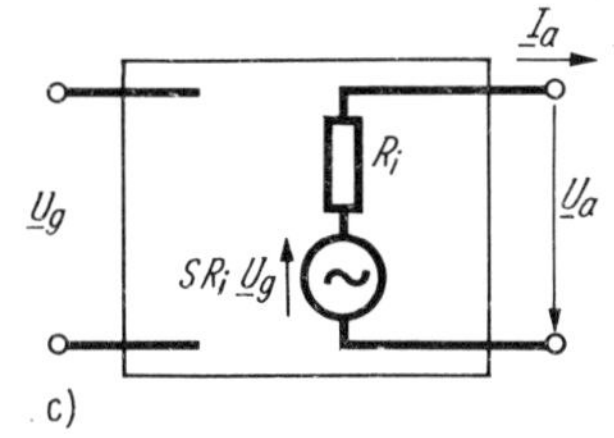

Bild 1.134. Ersatzschaltbild einer Elektronenröhre

$$\underline{Y}_{21}\underline{U}_1 \equiv S\underline{U}_g = 10\,\frac{\text{mA}}{\text{V}}\,\underline{U}_g$$

$$-\underline{Y}_{22} \equiv \frac{1}{R_i} = \frac{1}{1\,\text{k}\Omega}$$

$$\underline{I}_2 = \underline{I}_a$$

Es sind also die Y-Parameter bekannt

$$\underline{Y}_{11} = 0 \qquad \underline{Y}_{21} = 10\,\text{mS}$$

$$\underline{Y}_{12} = 0 \qquad -\underline{Y}_{22} = 1\,\text{mS}.$$

Daraus ergeben sich die vier Elemente des Ersatzschaltbilds 1.133a

$$\underline{Y}_{11} + \underline{Y}_{12} = 0 \qquad -\underline{Y}_{22} + \underline{Y}_{12} = 1\,\text{mS}$$

$$-\underline{Y}_{12} = 0 \qquad \underline{Y}_{12} + \underline{Y}_{21} = 10\,\text{mS},$$

und es ergibt sich Bild 1.134b, das lediglich aus einem aktiven Zweipol an den Ausgangsklemmen besteht.

Die Eingangsspannung $\underline{U}_1$ ist hier die Gitterspannung $\underline{U}_g$; Ausgangsstrom und -spannung sind Anodenstrom und -spannung $\underline{I}_2 = \underline{I}_a$, $\underline{U}_2 = \underline{U}_a$. Im Bild 1.134b ist die Stromquellenersatzschaltung in die Spannungsquellenersatzschaltung (gemäß Bild 1.38) umgeformt, wobei gilt

$$\underline{U}_l = \underline{I}_k\underline{Z}_i = \underline{Y}_{21}\,\underline{U}_1\,\frac{1}{-\underline{Y}_{22}} = SR_i\,\underline{U}_g.$$

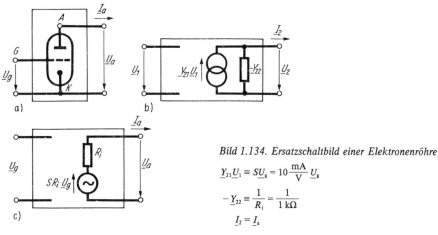

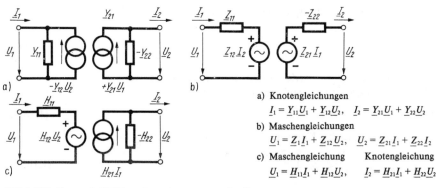

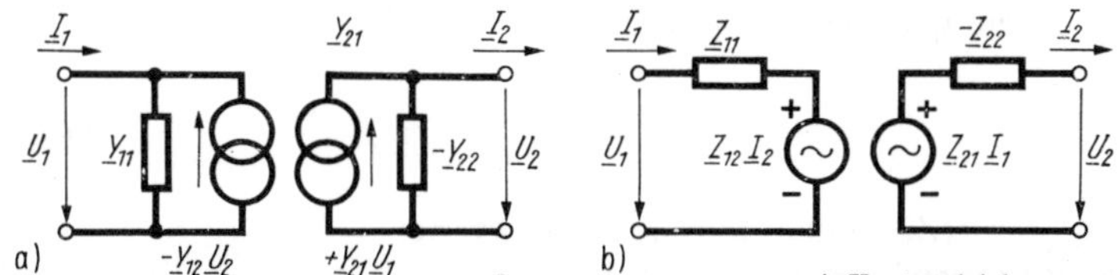

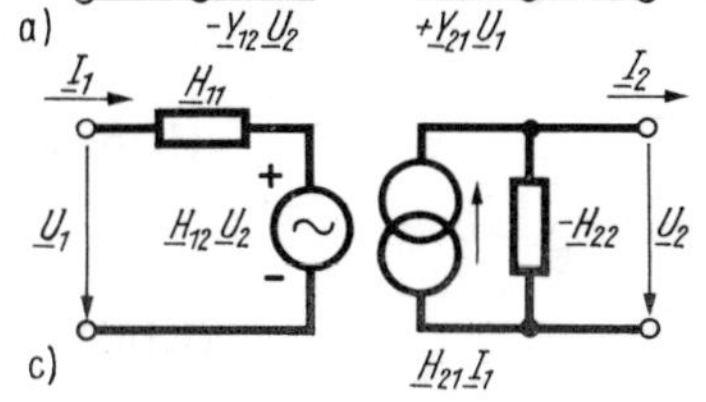

a) Knotengleichungen
$\underline{I}_1 = \underline{Y}_{11}\underline{U}_1 + \underline{Y}_{12}\underline{U}_2$, $\underline{I}_2 = \underline{Y}_{21}\underline{U}_1 + \underline{Y}_{22}\underline{U}_2$

b) Maschengleichungen
$\underline{U}_1 = \underline{Z}_{11}\underline{I}_1 + \underline{Z}_{12}\underline{U}_2$, $\underline{U}_2 = \underline{Z}_{21}\underline{I}_1 + \underline{Z}_{22}\underline{I}_2$

c) Maschengleichung Knotengleichung
$\underline{U}_1 = \underline{H}_{11}\underline{I}_1 + \underline{H}_{12}\underline{U}_2$, $\underline{I}_2 = \underline{H}_{21}\underline{I}_1 + \underline{H}_{22}\underline{U}_2$

Bild 1.135. Ersatzschaltbilder mit zwei gesteuerten Quellen

Bei einem Transistor wird das Ersatzschaltbild umfangreicher, da bei diesem im allg. $\underline{Y}_{11}$ und $\underline{Y}_{12} \neq 0$ sind.

Ersatzschaltbilder mit *zwei gesteuerten Quellen*

Zu einigen Vierpolgleichungen kann man ohne weiteres formal je ein Ersatzschaltbild zeichnen, das aus zwei galvanisch getrennten Maschen mit je einer gesteuerten Quelle besteht. Im Bild 1.135 sind derartige Ersatzschaltbilder angegeben. Mittels Maschen- bzw. Knotengleichungen kann man die entsprechenden Vierpolgleichungen überprüfen.

So fließt z. B. im Bild 1.135a im Zweig $\underline{Y}_{11}$ der Strom $\underline{Y}_{11}\,\underline{U}_1$ vom oberen Knoten weg, da die Spannung $\underline{U}_1$ in dieser Richtung gewählt ist. Die Einströmung $\underline{Y}_{12}\,\underline{U}_2$ wird durch gewählten Bezugspfeil (aus Symmetriegründen zur Seite 2) ein zum Knoten zufließender Strom, muß also ein −-Zeichen erhalten, damit die Knotengleichung die erste Vierpolgleichung (1.147) erfüllt. Der Parallelleitwert auf Seite 2 muß die Kennzeichnung $-\underline{Y}_{22}$ erhalten, damit der durch Spannungspfeil $\underline{U}_2$ festgelegte Strom durch diesen Zweig negativ wird und damit die Knotengleichung die zweite Vierpolgleichung (1.147) erfüllt.

1.7.6. Charakteristische Vierpolwiderstände

a) Komplexer *Eingangswiderstand* vorwärts $\underline{Z}_1$ bei einer Abschlußimpedanz $\underline{Z}_a$

Es ist

$$\underline{Z}_1 = \frac{\underline{U}_1}{\underline{I}_1} \quad \text{und} \quad \underline{Z}_a = \frac{\underline{U}_2}{\underline{I}_2}.$$

Für den Lastwiderstand an den Ausgangsklemmen des Vierpols sind die Zählpfeile für $\underline{U}_2$ und $\underline{I}_2$ gleich orientiert – im Gegensatz zum Vierpolinnenwiderstand an diesen Klemmen: hier gilt $\underline{Z}_2 = \underline{U}_2/(-\underline{I}_2)$ [s. b)].

Wir bilden also aus dem Gleichungssystem (1.148) den Quotienten $\underline{U}_1/\underline{I}_1$. Dazu dividieren wir die erste Gleichung durch $\underline{I}_1$:

$$\frac{\underline{U}_1}{\underline{I}_1} = \underline{Z}_{11} + \underline{Z}_{12}\frac{\underline{I}_2}{\underline{I}_1}.$$

Den Quotienten $\underline{I}_2/\underline{I}_1$ berechnen wir uns aus der zweiten Gleichung von (1.148), indem wir diese durch $\underline{I}_2$ dividieren, um dabei $\underline{U}_2/\underline{I}_2 = \underline{Z}_a$ zu erhalten:

$$\underline{Z}_a = \underline{Z}_{21}\frac{\underline{I}_1}{\underline{I}_2} + \underline{Z}_{22}.$$

Nach $\underline{I}_2/\underline{I}_1$ aufgelöst und in erstere Gleichung eingesetzt, ergibt $\underline{Z}_1 = \underline{U}_1/\underline{I}_1$:

$$\underline{Z}_1 = \underline{Z}_{11} + \frac{\underline{Z}_{12}\,\underline{Z}_{21}}{-\underline{Z}_{22} + \underline{Z}_a}. \tag{1.165}$$

Diese allgemeine Beziehung $\underline{Z}_1 = f(\underline{Z}_a)$ enthält folgende Grenzwerte:
für $\underline{Z}_a = \infty$ (Leerlauf Seite 2): Leerlauf-Eingangsimpedanz

$$\underline{Z}_1 \equiv \underline{Z}_{1l} = \underline{Z}_{11} \tag{1.165a}$$

für $\underline{Z}_a = 0$ (Kurzschluß Seite 2): Kurzschluß-Eingangsimpedanz

$$(\underline{Z}_1)_{\underline{Z}_a=0} \equiv \underline{Z}_{1k} = \frac{1}{\underline{Y}_{11}} = \underline{Z}_{11} + \frac{\underline{Z}_{12}\,\underline{Z}_{21}}{-\underline{Z}_{22}} = \frac{\det(\underline{Z})}{\underline{Z}_{22}} \tag{1.165b}$$

[vgl. mit Gl. (1.153)].

Für den *umkehrbaren Vierpol* gilt Gl. (1.161): $\underline{Z}_{12} = -\underline{Z}_{21}$, also wird Gl. (1.165)

$$\underline{Z}_1 = \underline{Z}_{11} - \frac{\underline{Z}_{12}^2}{-\underline{Z}_{22} + \underline{Z}_a}. \qquad \textbf{(1.165c)}$$

b) *Komplexer Innenwiderstand rückwärts* $\underline{Z}_2$ bei Abschluß des Vierpols auf Seite 1 mit $\underline{Z}_g$ (Generatorimpedanz)

Die Rechnung erfolgt analog a).

Es gelten hier auf Grund der Zählpfeilrichtungen die Beziehungen

$$\frac{\underline{U}_2}{-\underline{I}_2} = \underline{Z}_2 \quad \text{und} \quad \frac{\underline{U}_1}{-\underline{I}_1} = \underline{Z}_g.$$

Mit diesen ergibt sich analog zu Gl. (1.165)

$$\underline{Z}_2 = -\underline{Z}_{22} + \frac{\underline{Z}_{12}\underline{Z}_{21}}{\underline{Z}_{11} + \underline{Z}_g}. \qquad \textbf{(1.166)}$$

Für $-\underline{Z}_g = \infty$ ergibt sich die Leerlaufimpedanz rückwärts:

$$\underline{Z}_2 = \underline{Z}_{2l} = -\underline{Z}_{22}. \qquad \textbf{(1.166a)}$$

Für $\underline{Z}_g = 0$ wird die Kurzschlußimpedanz rückwärts:

$$(\underline{Z}_2)_{\underline{Z}_g=0} \equiv \underline{Z}_{2k} = \frac{1}{-\underline{Y}_{22}} = -\underline{Z}_{22} + \frac{\underline{Z}_{12}\underline{Z}_{21}}{\underline{Z}_{11}} = -\frac{\det(\underline{Z})}{\underline{Z}_{11}} \qquad \textbf{(1.166b)}$$

[vgl. mit Gl. (1.153)].

Allgemeine Beziehung zwischen Kurzschluß- und Leerlaufimpedanzen aus den Gln. (1.165b) und (1.166b):

$$\frac{\underline{Z}_{1k}}{\underline{Z}_{2k}} = -\frac{\underline{Z}_{11}}{\underline{Z}_{22}}; \qquad \frac{\underline{Z}_{1k}}{\underline{Z}_{1l}} = \frac{\underline{Z}_{2k}}{\underline{Z}_{2l}}. \qquad \textbf{(1.167)}$$

Die Quotienten von Kurzschluß- zu Leerlaufimpedanzen am Ein- und Ausgang sind gleich.

Durch Vergleich der Gln. (1.165) und (1.166) miteinander erkennt man, daß bei gleichen Abschlußimpedanzen $\underline{Z}_a = \underline{Z}_g$ die Klemmenimpedanzen des Vierpols $\underline{Z}_1$ und $\underline{Z}_2$ gleich werden, wenn

$$\underline{Z}_{11} = -\underline{Z}_{22}$$

gilt. Vierpole, die diese Bedingung erfüllen, nennt man folgerichtig *widerstandssymmetrisch*. Widerstandssymmetrische Vierpole schließen also nicht notwendigerweise die Umkehrbarkeit ein.

Die Widerstandssymmetrie ergibt natürlich für andere Vierpolmatrizen ebenfalls eine Zusatzbedingung:

für $\underline{Y}$-Matrix $\underline{Y}_{11} = -\underline{Y}_{22}$

für $\underline{A}$-Matrix $\underline{A}_{11} = \underline{A}_{22}$.

Berechne $\underline{Z}_1(\underline{Z}_a)$ und $\underline{Z}_2(\underline{Z}_g)$ aus den Kettengleichungen (1.149) und beweise obige Bedingung $\underline{A}_{11} = \underline{A}_{22}$ für Widerstandssymmetrie!

c) *Wellenwiderstand* (Wellenimpedanz)

Die Leerlauf- und Kurzschlußimpedanzen bzw. -admittanzen sind ausschließlich vom Vierpol selbst bestimmt. Der (komplexe) Eingangswiderstand auf der einen Seite des Vierpols jedoch ist vom Abschlußwiderstand auf der anderen Seite abhängig [Gl. (1.165)]. Variiert man

$\underline{Z}_a$, so durchläuft $\underline{Z}_1$ Werte im Bereich zwischen $\underline{Z}_{1k}$ und $\underline{Z}_{1l}$. Es wird also i. allg. auch einen Wert $\underline{Z}_a$ geben, bei dem $\underline{Z}_1 = \underline{Z}_a$, d. h. die Eingangsimpedanz gleich der Abschlußimpedanz ist. Der Vierpol „transformiert" also den Abschlußwiderstand am Ausgang 1 : 1 auf den Eingang. Dieser ist für symmetrische Vierpole besonders interessant und wird für diese als Wellenwiderstand $\underline{Z}_w$ bezeichnet (Bild 1.136a).

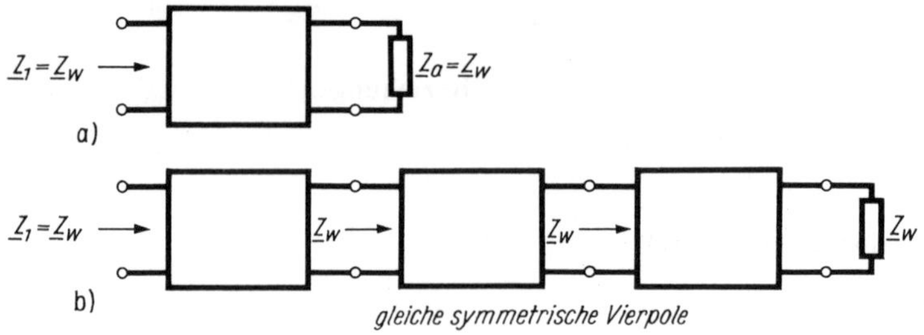

Bild 1.136 Wellenwiderstand

Ein mit $\underline{Z}_w$ abgeschlossener Vierpol hat also an den Eingangsklemmen z. B. für einen Generator widerstandsmäßig die gleiche Wirkung wie $\underline{Z}_w$ allein. Das hat zur Folge, daß eine beliebig lange Kettenschaltung gleicher Vierpole, die am Ende mit $\underline{Z}_w$ abgeschlossen ist, am Eingang auch die Eingangsimpedanz genau gleich $\underline{Z}_w$ besitzt (Bild 1.136b); denn jeder Vierpol der Kette ist mit dem Eingangswiderstand des nächsten belastet, und dieser ist $\underline{Z}_w$. Im Kreisdiagramm, mit dessen Hilfe wir Widerstandstransformationen verfolgen können (z. B. Bild 1.80), kann man dieses Widerstandsverhalten veranschaulichen. Im Bild 1.137a ist eine symmetrische T-Schaltung, belastet mit Abschlußwiderstand $\underline{Z}_w = R_w$, angegeben. Im Kreisdiagramm (Bild 1.137b) ist der Widerstandstransformationsweg (beginnend am Punkt R_w und in Pfeilrichtung dort auch endend) angedeutet. Daraus kann man die Dimensionierung der Elemente des Vierpols (L, C) für vorgegebene Frequenz angeben.

Man kann auch für komplexe $\underline{Z}_w$ geschlossene Transformationswege im Kreisdiagramm finden, die der Struktur und Dimensionierung des zugehörigen symmetrischen Vierpols entsprechen.

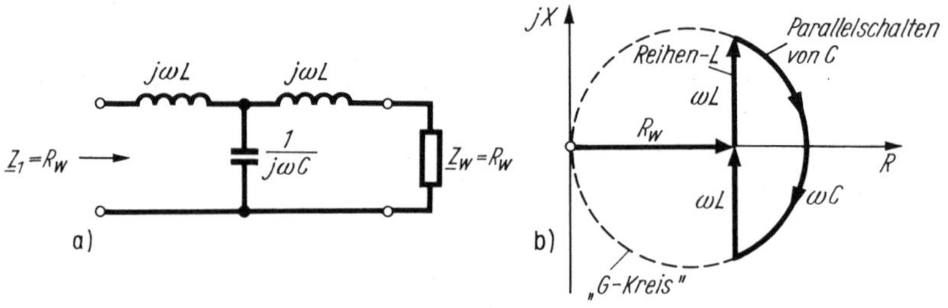

Bild 1.137. Widerstandstransformation des Vierpols: Lastwiderstand R_w wird gleich Eingangswiderstand $\underline{Z}_1 = R_w$

Zur Berechnung des Wellenwiderstands $\underline{Z}_w$ wollen wir Gl. (1.165) verwenden. In dieser setzen wir $\underline{Z}_1 = \underline{Z}_a = \underline{Z}_w$ und lösen nach $\underline{Z}_w$ auf:

$$\underline{Z}_w = \underline{Z}_{11} + \frac{\underline{Z}_{12}\,\underline{Z}_{21}}{-\underline{Z}_{22} + \underline{Z}_w} = \frac{\underline{Z}_w\,\underline{Z}_{11} - (\underline{Z}_{11}\,\underline{Z}_{22} - \underline{Z}_{12}\,\underline{Z}_{21})}{-\underline{Z}_{22} + \underline{Z}_w}.$$

Mit Gl. (1.165b) wird

$$\underline{Z}_w^2 - \underline{Z}_w\,\underline{Z}_{22} - \underline{Z}_w\,\underline{Z}_{11} = -\underline{Z}_{1k}\,\underline{Z}_{22}.$$

Bis hierher ist die Rechnung allgemeingültig.

Für widerstandssymmetrische Vierpole gilt $\underline{Z}_{11} = -\underline{Z}_{22}$, mit Gl. (1.166a)

$$-\underline{Z}_{22} = \underline{Z}_{2l} \quad \text{sowie} \quad \underline{Z}_{1l} = \underline{Z}_l \quad \text{und} \quad \underline{Z}_{1k} = \underline{Z}_{2k} = \underline{Z}_k.$$

Damit kann man schreiben:

$$\underline{Z}_w = \sqrt{\underline{Z}_{1k}\underline{Z}_{1l}} = \sqrt{\underline{Z}_l\underline{Z}_k}. \qquad (1.168)$$

Der komplexe Wellenwiderstand ist das geometrische Mittel aus komplexem Eingangskurzschluß und -leerlaufwiderstand.

Beispiel

Wir berechnen den Wellenwiderstand zum umkehrbaren, widerstandssymmetrischen Vierpol Bild 1.137a:

$$\underline{Z}_{1l} = \mathrm{j}\omega L + \frac{1}{\mathrm{j}\omega C} = \frac{1}{\mathrm{j}\omega C}(1 - \omega^2 LC)$$

$$\underline{Z}_{1k} = \mathrm{j}\omega L + \left(\mathrm{j}\omega L /\!/ \frac{1}{\mathrm{j}\omega C}\right) = \mathrm{j}\omega L\left(1 + \frac{1}{1 - \omega^2 LC}\right)$$

$$\underline{Z}_w = \sqrt{\frac{L}{C}(2 - \omega^2 LC)}\,.$$

$\underline{Z}_w$ ist reell bei positivem Radikanden, d. h. für $2 > \omega^2 LC$ oder $\omega L/2 < 1/\omega C$, anderenfalls wird $\underline{Z}_w$ imaginär.

Bei *allgemeinen Übertragungsvierpolen* entfällt obige Einschränkung der (Widerstands-)Symmetrie $\underline{Z}_{11} = -\underline{Z}_{22}$. Jetzt müssen wir Seite 1 und 2 unterscheiden. Schließen wir die Seite 2 mit

$$\underline{Z}_{w2} = \sqrt{\underline{Z}_{2k}\underline{Z}_{2l}} \qquad (1.169a)$$

ab, so ergibt sich mit Gl. (1.165)

$$\underline{Z}_1 = \underline{Z}_{w1} = \sqrt{\underline{Z}_{1l}\underline{Z}_{1k}}\,, \qquad (1.169b)$$

und umgekehrt wird der Innenwiderstand rückwärts $\underline{Z}_2 = \underline{Z}_{w2} = \sqrt{\underline{Z}_{2l}\underline{Z}_{2k}}$,

wenn der Eingang mit $\underline{Z}_1 = \underline{Z}_{w1} = \sqrt{\underline{Z}_{1l}\underline{Z}_{1k}}$ abgeschlossen wird (Bild 1.138a). Es liegt also bei beiderseitigem Abschluß mit dem jeweiligen Wellenwiderstand eine Widerstandsanpassung[1]) an beiden Toren vor (Bild 1.138b).

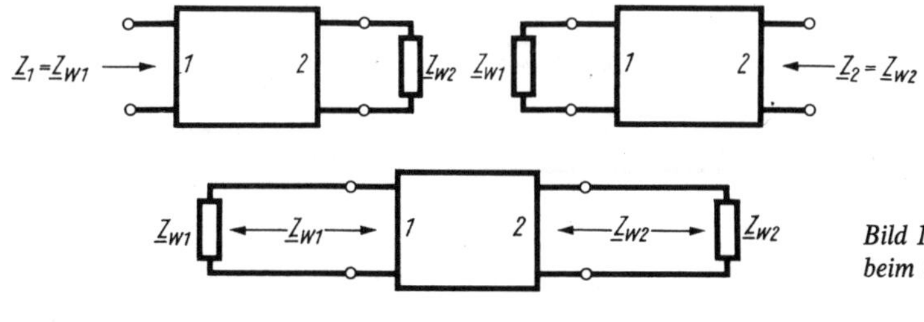

Bild 1.138. Wellenwiderstände beim unsymmetrischen Vierpol

Aufgaben

A 1.29 Bestimme die Elemente der $\underline{Z}$, $\underline{Y}$- und $\underline{A}$-Matrix der Vierpole im Bild A 1.19!

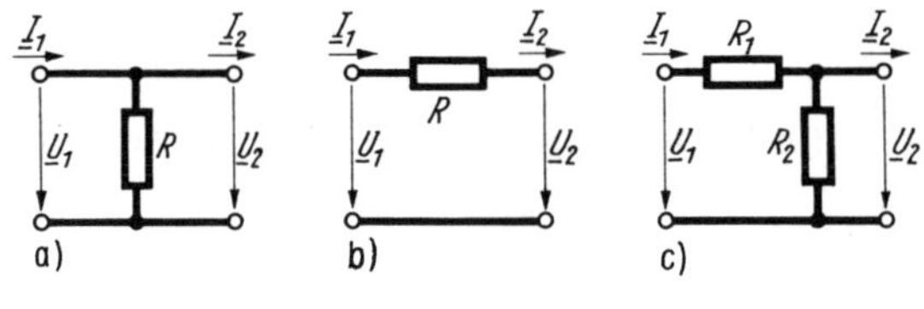

Bild A 1.19
(Lösung: AB 1.7./1)

[1]) Nicht zu verwechseln mit Leistungsanpassung. Bei dieser gilt $\underline{Z}_i = \underline{Z}_a^*$ (vgl. Aufgabe A 1.19).

A 1.30 Drücke die $\underline{Z}$-Parameter durch $\underline{A}$-Parameter aus!

(Lösung: AB 1.7./3)

A 1.31 Gegeben sind die $\underline{Y}$-Vierpolparameter eines Transistors, an dessen Ausgang ein Widerstand $\underline{Z}_L$ geschaltet ist.
Berechne den Eingangswiderstand, die Stromverstärkung und die Spannungsverstärkung der Transistorschaltung als Funktion der $\underline{Y}$-Parameter und $\underline{Z}_L$.
(Lösung: AB 1.7./5)

A 1.32 Die $\underline{H}_b$-Parameter eines Transistors in Basisschaltung sind als reelle Größen bei tiefen Frequenzen bekannt:

$H_{11b} = 20\,\Omega \qquad H_{21b} = -0{,}98$

$H_{12b} = 10^{-3} \qquad H_{22b} = 2\,\mu S\,.$

a) Deute die Parameter!
b) Berechne für die Emitterschaltung H_{21e} exakt und gib unter Berücksichtigung der gegebenen Werte eine gute Näherungsgleichung an!

(Lösung: AB 1.7./7)

A 1.33 Einen symmetrischen Vierpol in T- bzw. Π-Schaltung kann man als Kettenschaltung zweier gleicher unsymmetrischer Vierpole (Halbglieder, s. beispielsweise Bild 1.111a) auffassen.
Weise für die beiden Schaltungen nach, daß der Wellenwiderstand des symmetrischen Vierpols gleich dem Eingangswellenwiderstand eines Halbglieds ist!
Rechne zweckmäßigerweise bei der Π-Schaltung mit Leitwerten (Admittanzen)!
(Lösung: AB 1.7./8)

1.8. Transformator (Übertrager)

Wir betrachten den Transformator mit zwei Wicklungen als Beispiel eines Vierpols (Bild 1.139). Die physikalische Besonderheit dieses Vierpols liegt in der Verkopplung der beiden i. allg. galvanisch getrennten Seiten (Primär- und Sekundärseite) durch das Magnetfeld.

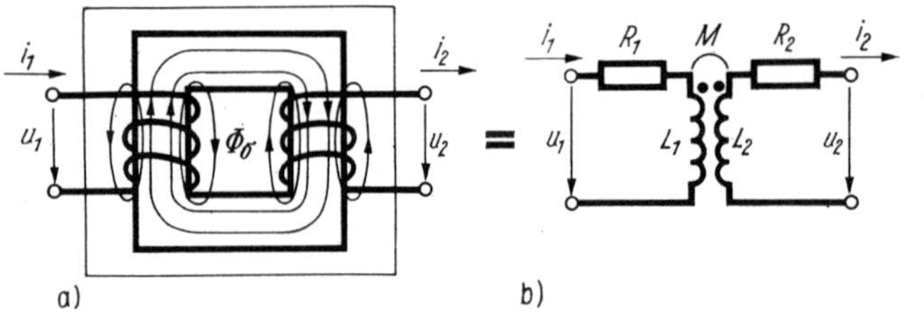

Bild 1.139. Transformator als Vierpol

Diese Verkopplung zweier Induktivitäten L_1 und L_2 wird durch die Größe „Gegeninduktivität“ M zum Ausdruck gebracht (s. Tafel 0.1)[1]). M_{12} (M_{21}) ist definiert als Quotient des Induktionsflusses durch die Spule 1 (Spule 2), durch den Strom in der anderen Spule:

$$M_{12} = \frac{\Psi_{12}}{I_2}, \qquad M_{21} = \frac{\Psi_{21}}{I_1}.$$

Wir setzen lineares Verhalten voraus (insbesondere μ = konst.), dann gilt der Umkehrungssatz, und es ist

$$M_{12} = M_{21} = M.$$

[1]) Physikalische Grundlagen s. beispielsweise [1], Abschn. 3.3.9.

Dabei ist mit dem Fluß Φ_n durch Windung n

$$\Psi_{12} = \sum_{n=1}^{w_1} \Phi_n$$

die Summe der Flüsse, die die w_1 Windungen der Spule 1 umfassen (analog ergibt sich Ψ_{21}). Umfassen alle Windungen den gleichen Fluß Φ, so ergibt sich

$$\Psi_{12} = w_1 \Phi, \qquad \Psi_{21} = w_2 \Phi.$$

L_1, L_2 und M sind von konstruktiven Parametern[1]) abhängig:

w_1, w_2	Windungszahl der Spule 1 bzw. 2
R_{m1}, R_{m2}	magnetischer Widerstand der Spule 1 bzw. 2
k_1, k_2	Flußkoppelfaktor von Spule 1 nach Spule 2 bzw. umgekehrt.

Falls die Windungen der Spulen jeweils gleichen Fluß umfassen, gelten folgende Beziehungen:

$$L_1 = \frac{w_1^2}{R_{m1}}; \qquad L_2 = \frac{w_2^2}{R_{m2}}; \qquad M = k_1 \frac{w_1 w_2}{R_{m1}} = k_2 \frac{w_1 w_2}{R_{m2}}. \tag{1.170}$$

Zwischen den Induktivitäten L_1, L_2 und der Gegeninduktivität M besteht damit folgende Beziehung [s. auch Gl. (1.74)]:

$$M = k\sqrt{L_1 L_2}, \tag{1.171}$$

wobei $k = \sqrt{k_1 k_2} \leqq 1$ als *Koppelfaktor* zwischen beiden Spulen definiert ist.

Ist $k = 1$, so geht der gesamte Fluß der einen Spule vollständig durch die andere Spule, d. h., beide Spulen umfassen den gleichen Fluß Φ. (Die Induktionsflüsse beider Spulen sind bei verschiedenen Windungszahlen trotz des gleichen Flusses unterschiedlich!)

$k < 1$ bedeutet: Ein Teil der von den Spulenströmen erzeugten Flüsse ist nicht mit der anderen Spule verkoppelt; es existiert ein sog. *Streufluß* Φ_σ (Bild 1.139a; s. auch Bild 1.104c). Der *Streufaktor* σ ist definiert durch die Gleichung

$$\sigma = 1 - k^2. \tag{1.172}$$

Die Spulen L_1 und L_2 haben Wicklungswiderstände R_1 und R_2. Im Bild 1.139b ist ein Ersatzschaltbild gezeichnet.

Außerdem treten noch Wärmeverluste im Eisen durch Wirbelströme und Ummagnetisierungen auf, die im Ersatzschaltbild durch weitere Widerstände einbezogen werden (vgl. „Technische Spule" im Abschn. 1.6.4.). Im folgenden soll mit Hilfe der Vierpolbetrachtungen im Abschn. 1.7. das Wechselstromverhalten des Einphasentransformators untersucht werden.

1.8.1. Transformatorgleichungen im Zeit- und Bildbereich (Vierpolgleichungen)

Die beiden Maschengleichungen zur Schaltung Bild 1.139b lauten:

$$\begin{aligned} u_1 &= i_1 R_1 + L_1 \frac{\mathrm{d}i_1}{\mathrm{d}t} - M \frac{\mathrm{d}i_2}{\mathrm{d}t} \\ u_2 &= M \frac{\mathrm{d}i_1}{\mathrm{d}t} - \left(i_2 R_2 + L_2 \frac{\mathrm{d}i_2}{\mathrm{d}t}\right) \end{aligned} \tag{1.173}$$

Transformatorgleichungen für Bezugspfeilsystem nach Bild 1.139b.

[1]) s. Fußnote S. 180

(Bezüglich der Spannungsabfälle über L_1 und L_2 bei gegeninduzierten Spannungen beachte Tafel 0.1 und die Bemerkungen zu Bild 1.30!)

Wir transformieren für sinusförmige Erregung die Gln. (1.173) in den Bildbereich (komplexe Ebene) und erhalten in komplexen Effektivwerten

$$\begin{aligned} \underline{U}_1 &= (R_1 + j\omega L_1)\,\underline{I}_1 - j\omega M\,\underline{I}_2 \\ \underline{U}_2 &= j\omega M\,\underline{I}_1 - (j\omega L_2 + R_2)\,\underline{I}_2 \end{aligned} \qquad (1.174)$$

Vierpolgleichungen des Transformators ohne Eisenverluste.

Durch Vergleich mit den Vierpolgleichungen in der Widerstandsform Gl. (1.148) erhalten wir die $\underline{Z}$-Parameter:

$$\underline{Z}_{11} = j\omega L_1 + R_1, \qquad -\underline{Z}_{12} = \underline{Z}_{21} = j\omega M, \qquad -\underline{Z}_{22} = j\omega L_2 + R_2. \qquad (1.175)$$

Diese Parameter haben folgende Bedeutung:

$\underline{Z}_{11}$	Impedanz der Spule 1 (Eingangsleerlaufimpedanz)
$-\underline{Z}_{22}$	Impedanz der Sekundärspule; denn die Primärspule hat keine Wirkung auf den Sekundärkreis ($\underline{I}_1 = 0$)
$\underline{Z}_{21} = -\underline{Z}_{12}$	Vierpol ist – wie nach Abschn. 1.7.4 zu erwarten – umkehrbar.

Die Gln. (1.174) gelten allgemein für sinusförmige Aussteuerung aller Anordnungen mit magnetisch gekoppelten Spulen (Transformatoren, Wandler, Bandfilter usw.), wobei der Kopplungsgrad und Anteil der ohmschen Widerstände eine Frage der Konstruktion ist und in den Parametern R, M, k, σ zum Ausdruck kommen.

1.8.2. Ersatzschaltbilder

Mit den Parametern (1.175) können wir das allgemeine T-Ersatzschaltbild 1.130 für den Transformator berechnen und entwerfen:

$$\underline{Z}_{11} + \underline{Z}_{12} = R_1 + j\omega(L_1 - M), \qquad -\underline{Z}_{12} = j\omega M,$$
$$-\underline{Z}_{22} + \underline{Z}_{12} = R_2 + j\omega(L_2 - M).$$

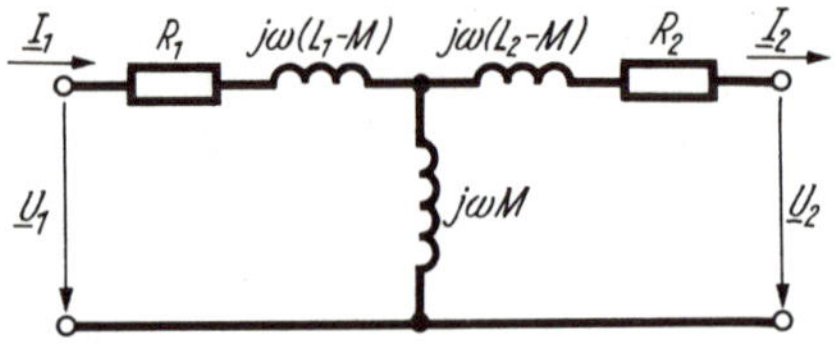

Bild 1.140. Ersatzschaltung für Transformator ohne Eisenverluste

Damit ergibt sich Ersatzschaltung Bild 1.140. Diese Schaltung aus drei galvanisch verbundenen Induktivitäten und zwei Widerständen hat, da sie die aus den physikalischen Zusammenhängen abgeleiteten Vierpolgleichungen (1.174) erfüllt, an den Klemmen das gleiche Verhalten von Strom und Spannung bei sinusförmiger Erregung wie die beiden galvanisch getrennten, magnetisch gekoppelten Spulen (Bild 1.139a). Sie gilt allgemein, unabhängig vom Kopplungsgrad, der Konstruktion (z. B. den Windungszahlen) der Spulen usw. Mit dieser Schaltung zu rechnen ist einfacher als mit den Flüssen und magnetischen Verkopplungen.

Beispiel

Wir berechnen die Leerlaufspannungs- und Kurzschlußstromübersetzung vorwärts. Aus dem Ersatzschaltbild erhält man mit der Spannungs- bzw. Stromteilerregel sofort:

$$\left(\frac{\underline{U}_1}{\underline{U}_2}\right)_{\underline{I}_2=0} = \frac{R_1 + \mathrm{j}\omega(L_1 - M) + \mathrm{j}\omega M}{\mathrm{j}\omega M} = \frac{\mathrm{j}\omega L_1 + R_1}{\mathrm{j}\omega M}$$

$$\left(\frac{\underline{I}_1}{\underline{I}_2}\right)_{\underline{U}_2=0} = \frac{R_2 + \mathrm{j}\omega(L_2 - M) + \mathrm{j}\omega M}{\mathrm{j}\omega M} = \frac{\mathrm{j}\omega L_2 + R_2}{\mathrm{j}\omega M}.$$

Man kann durch Ausklammern des imaginären Gliedes im Zähler und mit den Gln. (1.170) die Ausdrücke umschreiben

$$\left(\frac{\underline{U}_1}{\underline{U}_2}\right)_{\underline{I}_2=0} = \frac{1}{k_1}\frac{w_1}{w_2}\left(1 - \mathrm{j}\frac{R_1}{\omega L_1}\right)$$

$$\left(\frac{\underline{I}_1}{\underline{I}_2}\right)_{\underline{U}_2=0} = \frac{1}{k_2}\frac{w_2}{w_1}\left(1 - \mathrm{j}\frac{R_2}{\omega L_2}\right). \qquad (1.176)$$

Man erkennt daraus: Nur bei $k_1 = k_2 = 1$ (keine Streuung) und $R_1 = R_2 = 0$ (keine Wärmeverluste in den Wicklungen) gelten die vereinfachten Beziehungen des sog. idealen Transformators (Index i):

$$\frac{\underline{U}_{1i}}{\underline{U}_{2i}} = \frac{w_1}{w_2} \quad \text{und} \quad \frac{\underline{I}_{1i}}{\underline{I}_{2i}} = \frac{w_2}{w_1}. \qquad (1.176a)$$

Dabei ist die Frage offengeblieben, ob das Ersatzschaltbild physikalisch anschaulich und/oder technisch realisierbar ist. Diese beiden Forderungen an eine Ersatzschaltung sind häufig mit der Forderung nach einem möglichst einfachen Rechenmodell nicht gleichzeitig erfüllt.

Wir wollen dies mit unserem Modell überprüfen:

Während die Widerstände R_1 und R_2 die „Wicklungsverluste" veranschaulichen, müssen wir fragen, ob die Längsinduktivitäten $L_1 - M$ und $L_2 - M$ eine konstruktive Kenngröße charakterisieren. Mit Gl. (1.171) kann man schreiben:

$$L_1 - M = L_1 - k\sqrt{L_1 L_2} = L_1\left(1 - k\sqrt{\frac{L_2}{L_1}}\right)$$

$$L_2 - M = L_2 - k\sqrt{L_1 L_2} = L_2\left(1 - k\sqrt{\frac{L_1}{L_2}}\right).$$

Für

$$k > \sqrt{\frac{L_1}{L_2}} > \frac{1}{k}$$

werden die Längsinduktivitäten negativ. Setzen wir $k = 1$ (guter Eisenkerntransformator), dann ist $R_{m1} = R_{m2}$, und mit Gl. (1.170) ergibt obige Ungleichung $1 > w_1/w_2 > 1$, d. h. $w_1/w_2 \neq 1$. Negative Induktivitäten sind nicht physikalisch real; als Reaktanz sind sie durch eine Kapazität realisierbar: $\mathrm{j}\omega(-L) = -\mathrm{j} \cdot 1/\omega C$, $C = 1/\omega^2 L$. Für $w_1 = w_2$ werden $R_{m1} \approx R_{m2}$ für $k \approx 1$, d. h. mit den Gln. (1.170) $L_1 = L_2 = L$ (gleiche Spulen primär und sekundär):

$$L_1 - M = L_1\left(1 - k\frac{w_1}{w_2}\right) = L(1 - k)$$

$$L_2 - M = L_2\left(1 - k\frac{w_2}{w_1}\right) = L(1 - k).$$

Da bei gleichen Spulen auch $R_1 = R_2 = R$ ist, wird das Ersatzschaltbild – wie zu erwarten – symmetrisch. Die Längsinduktivitäten $L(1 - k)$ kann man durch den Streufaktor σ Gl. (1.172) ausdrücken: $\sigma = 1 - k^2 = (1 - k)(1 + k)$ für $k \approx 1$ wird $1 - k \approx \sigma/2$, also wird

$$L(1 - k) \approx \frac{\sigma}{2} L \qquad (1.177)$$

die *Streuinduktivität* einer Spule.

Während im Ersatzschaltbild 1.140 bei ungleichen Windungszahlen für Primär- und Sekundärwicklung eine der Längsinduktivitäten negativ wird und damit keine physikalische Interpretation zuläßt, stellen diese bei $w_1 = w_2$ die primäre bzw. sekundäre Streuinduktivität dar.

Umrechnung des Ersatzschaltbilds (reduzierte Größen)

Man kann nun das Ersatzschaltbild umrechnen, mit dem Ziel, es z. B. auch für $w_1 \neq w_2$ physikalisch anschaulich oder für Berechnungen einfacher zu gestalten. Wir wollen für beide Zwecke ein Ersatzschaltbild berechnen.

Wir gehen bei der Umrechnung von der Voraussetzung aus, daß jede Ersatzschaltung die DGl. (1.173) bzw. die Vierpolgleichungen (1.174) des Transformators erfüllen muß.

Wir können beispielsweise eine *Maßstabsänderung* in unserem Modell derart durchführen, daß die auf der Sekundärseite auftretenden Größen verändert werden, diejenigen auf der Primärseite jedoch unverändert bleiben. Die veränderten Größen nennt man *reduzierte Größen.* Wir kennzeichnen sie mit einem Kreuz (×). Den i. allg. komplexen *Reduktionsfaktor* $\underline{ü}$ definieren wir durch den reduzierten Sekundärstrom

$$\underline{I}_2^{\times} = \frac{1}{\underline{ü}}\underline{I}_2 \quad \textit{Definitionsgleichung für Reduktionsfaktor } \underline{ü}, \tag{1.178}$$

d. h., im Modell soll nicht der wahre Strom $\underline{I}_2$, sondern der reduzierte Strom $\underline{I}_2^{\times}$ auftreten. $\underline{ü}$ ist frei wählbar. Wir setzen also in unser Gleichungssystem (1.174) $\underline{I}_2/\underline{ü}$ anstelle $\underline{I}_2$ ein. Damit nun die erste Gleichung bei unveränderten Primärgrößen ($\underline{U}_1$, $\underline{I}_1$, R_1, L_1) erfüllt wird, müssen wir offenbar die Größe M mit $\underline{ü}$ multiplizieren und erhalten

$$\underline{M}^{\times} = \underline{ü}M\text{[1]}. \tag{1.179}$$

Dann kürzt sich in der ersten Gleichung

$$\underline{U}_1 = (\mathrm{j}\omega L_1 + R_1)\,\underline{I}_1 - \mathrm{j}\omega\underline{M}^{\times}\underline{I}_2^{\times}$$

der Reduktionsfaktor $\underline{ü}$ heraus.

In der zweiten Gleichung müssen wir die bisher erfolgten Reduktionen [Gln. (1.178) und (1.179)] einführen und, damit $\underline{ü}$ sich ebenfalls herauskürzt, folgende weitere Änderungen vereinbaren:

$$\underline{U}_2^{\times} = \underline{ü}\,\underline{U}_2 \tag{1.180}$$

und $(R_2 + \mathrm{j}\omega L_2)^{\times} = \underline{ü}^2 (R_2 + \mathrm{j}\omega L_2)$, d. h.

$$\underline{R}_2^{\times} = \underline{ü}^2 R_2\text{[1]} \tag{1.181}$$

$$\underline{L}_2^{\times} = \underline{ü}^2 L_2\text{[1]}; \tag{1.182}$$

denn dann ergibt sich die zweite Gleichung (1.174) zu

$$\underline{ü}\,\underline{U}_2 = \mathrm{j}\omega\,\underline{ü}M\,\underline{I}_1 - \underline{ü}^2 (R_2 + \mathrm{j}\omega L_2)\frac{1}{\underline{ü}}\underline{I}_2,$$

und $\underline{ü}$ kürzt sich heraus.

Die Gln. (1.174) kann man mit den Gln. (1.178) bis (1.182) wie folgt schreiben:

$$\begin{aligned} \underline{U}_1 &= (\mathrm{j}\omega L_1 + R_1)\,\underline{I}_1 - \mathrm{j}\omega\underline{M}^{\times}\underline{I}_2^{\times} \\ \underline{U}_2^{\times} &= \mathrm{j}\omega\underline{M}^{\times}\underline{I}_1 - (\mathrm{j}\omega\underline{L}_2^{\times} + \underline{R}_2^{\times})\,\underline{I}_2^{\times} \end{aligned} \tag{1.183}$$

Vierpolgleichungen des Transformators mit reduzierten Gleichungen.

[1]) Falls $\underline{ü}$ komplex gewählt wird, wird die formale reduzierte (Rechen-)Größe ebenfalls komplex.

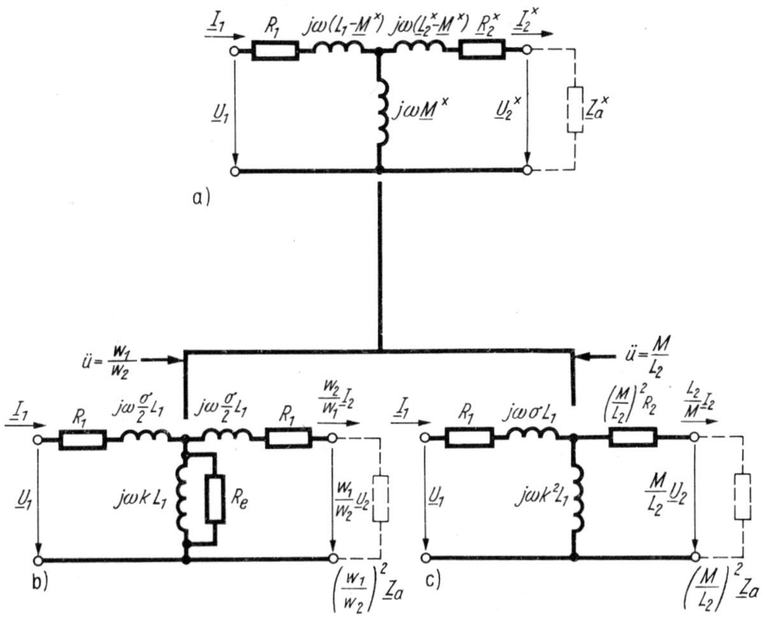

Bild 1.141. Reduzierte Ersatzschaltbilder
allgemein

$$\left.\begin{aligned} \underline{I}_2^+ &= \frac{1}{\underline{\ddot{u}}}\underline{I}_2 \\ \underline{U}_2^+ &= \underline{\ddot{u}}\,\underline{U}_2 \end{aligned}\right\} \quad \underline{Z}_a^+ = \frac{\underline{U}_2^+}{\underline{I}_2^+} = \underline{\ddot{u}}^2\underline{Z}_a \qquad \begin{aligned} \underline{M}^+ &= \underline{\ddot{u}}M \\ \underline{R}_2^+ &= \underline{\ddot{u}}^2 R_2 \\ \underline{L}_2^+ &= \underline{\ddot{u}}^2 L_2 \end{aligned}$$

Die zu diesen Vierpolgleichungen gehörende Ersatzschaltung ist im Bild 1.141a angegeben.

Ob bzw. wie der angeschlossene Lastwiderstand $\underline{Z}_a$ reduziert werden muß, kann man aus dem Ersatzschaltbild berechnen:

$$\underline{Z}_a^\times = \frac{\underline{U}_2^\times}{\underline{I}_2^\times} = \underline{\ddot{u}}^2 \frac{\underline{U}_2}{\underline{I}_2},$$

und mit $\underline{U}_2/\underline{I}_2 = \underline{Z}_a$ wird

$$\underline{Z}_a^\times = \underline{\ddot{u}}^2 \underline{Z}_a. \qquad \textbf{(1.184)}$$

Die Leistungen werden nicht reduziert, z. B. Wärmeleistung in Spule 2

$$P_2^\times = I_2^{\times 2} R_2^\times = \frac{1}{\underline{\ddot{u}}^2} I_2^2 \underline{\ddot{u}}^2 R_2 = I_2^2 R_2 = P_2$$

oder die an Verbraucher abgegebene Scheinleistung

$$S_a^\times = I_2^{\times 2} Z_a^\times = I_2^2 Z_a = S_a \quad \text{usw.}$$

Natürlich ist diese Methode der Umrechnung einer Ersatzschaltung nicht auf Gl. (1.174) und den Transformator beschränkt. Vielmehr kann man jede Vierpolmatrix analog umrechnen, z. B.

$$\underline{U}_1 = \underline{Y}_{11}\underline{I}_1 + \underline{\ddot{u}}\,\underline{Y}_{12}\frac{\underline{I}_2}{\underline{\ddot{u}}} = \underline{Y}_{11}\underline{I}_1 + \underline{Y}_{12}^\times \underline{I}_2^\times$$

$$\underline{\ddot{u}}\,\underline{U}_2 = \underline{\ddot{u}}\,\underline{Y}_{21}\underline{I}_1 + \underline{\ddot{u}}^2\,\underline{Y}_{22}\frac{\underline{I}_2}{\underline{\ddot{u}}} = \underline{Y}_{21}^\times \underline{I}_1 + \underline{Y}_{22}^\times \underline{I}_2^\times .$$

Daraus ergibt sich die Möglichkeit, das Ersatzschaltbild 1.129 in die reduzierte Form umzuzeichnen.
Man kann auch vereinbaren, nur die Größen auf Seite 1 zu reduzieren.

Wir können nun durch die Wahl von $\underline{\ddot{u}}$ das Ersatzschaltbild beliebig variieren. Zwei besonders häufig verwendete Reduktionen ($\underline{\ddot{u}}$ reell) sollen diskutiert werden:

$$\ddot{u} = \frac{w_1}{w_2}.$$

Dann wird Gl. (1.178) $\underline{I}_2^{\times} = \frac{w_2}{w_1} \underline{I}_2$ und Gl. (1.179) $\underline{U}_2^{\times} = \frac{w_1}{w_2} \underline{U}_2$.

Da beim idealen Transformator ($R_1 = R_2 = 0$, $k = 1$, d. h. keine Streuung) nach Gl. (1.176a) gilt

$$\underline{I}_{1i} = \frac{w_2}{w_1} \underline{I}_{2i} \quad \text{und} \quad \underline{U}_{1i} = \frac{w_1}{w_2} \underline{U}_{2i},$$

ist

$$\underline{I}_2^{\times} = \underline{I}_{1i} \quad \text{und} \quad \underline{U}_2^{\times} = \underline{U}_{1i}.$$

Also sind die mit $\ddot{u} = w_1/w_2$ reduzierten Größen gleich den mittels eines idealen Transformators auf die Primärseite transformierten Größen. Das hat z. B. beim Zeigerbild zur Folge, daß die Zeiger für die Primär- und reduzierten Sekundärgrößen etwa gleich lang sind, während bei $w_1 : w_2 = 1 : 100$ die Zeiger ohne Reduktion sich wie $1 : 100$ verhielten, das Zeigerbild also kaum zu zeichnen wäre.

Die reduzierten Elemente der Ersatzschaltung Bild 1.141a können wir mit gewähltem $\ddot{u}$ bestimmen, wobei die Gln. (1.170) und (1.171) verwendet werden und für $k_1 \approx k_2 \approx k$, $R_{m1} \approx R_{m2} \approx R_m$ gesetzt werden kann:

$$M^{\times} = \frac{w_1}{w_2} M = \frac{w_1}{w_2} k_1 \frac{w_1 w_2}{R_{m1}} = k_1 L_1 \approx k L_1,$$

$$L_1 - M^{\times} = L_1 - k_1 L_1 = L_1 (1 - k_1) \approx L_1 (1 - k) \approx \frac{\sigma}{2} L_1 \qquad \text{mit Gl. (1.177) und}$$

$$L_2^{\times} - M^{\times} = \frac{w_1^2}{w_2^2} \frac{w_2^2}{R_{m2}} - k_1 L_1 \approx L_1 (1 - k_1) \approx L_1 (1 - k) \approx \frac{\sigma}{2} L_1.$$

Wir erkennen also als Vorteil der Wahl von $\ddot{u} = w_1/w_2$, daß die reduzierten Längsinduktivitäten gleich den Streuinduktivitäten werden [definiert in Gl. (1.177)]. Das reduzierte Ersatzschaltbild behält also physikalische Anschaulichkeit bei beliebigen Übersetzungsverhältnissen. Ein weiterer wichtiger Vorteil ergibt sich aus folgender Betrachtung: Für $R_2^{\times}$ ergibt sich nach Gl. (1.181)

$$R_2^{\times} = \frac{w_1^2}{w_2^2} R_2.$$

Wir berechnen allgemein den Widerstand R einer Wicklung mit dem Wickelquerschnitt (Wickelfenster) A, der Windungszahl w, dem Drahtquerschnitt A_D (Bild 1.142).

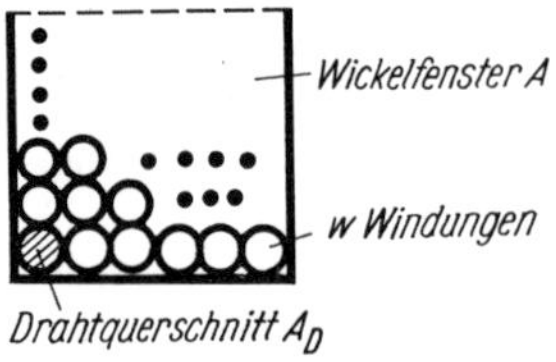

Bild 1.142

Infolge Drahtisolation und nicht voller Ausfüllung des Wickelfensters A ist $wA_D < A$. Man definiert einen *Füllfaktor* $K < 1$: $wA_D = KA$. Definieren wir noch die mittlere Windungslänge

l_m als diejenige Länge, die mit w multipliziert die gesamte Drahtlänge der Spule ergibt: $l = wl_m$, so wird

$$R = \frac{\varrho l}{A_D} = \varrho \frac{w^2 l_m}{KA} \tag{1.185}$$

der Widerstand einer Wicklung mit Wickelfenster A und Windungszahl w.
Mit (1.185) kann man schreiben:

$$R_2^\times = \frac{w_1^2}{w_2^2} \varrho \frac{w_2^2 l_{m2}}{K_2 A_2} = \varrho \frac{w_1^2 l_{m2}}{K_2 A_2}.$$

Gibt man nun den Spulen 1 und 2 gleiche Wickelfenster, dann sind $A_2 = A_1$ und $l_{m2} \approx l_{m1}$. Nimmt man trotz unterschiedlicher Windungszahl und Drahtquerschnitt $K_2 = K_1$ an, so wird bei solcher Symmetrie in der konstruktiven Auslegung

$$R_2^\times = R_1.$$

Ergebnis: Unter gewissen (vielfach üblichen) konstruktiven Voraussetzungen ergibt sich bei $ü = w_1/w_2$ eine symmetrische Ersatzschaltung (Bild 1.141b), die physikalische Anschaulichkeit wahrt.

Mit einem symmetrischen Vierpol rechnet es sich besonders einfach, da er nur zwei unabhängige Vierpolparameter hat [s. beispielsweise Gl. (1.164)].

Im Bild 1.141b ist parallel zur „Eiseninduktivität" kL_1 (vgl. Bild 1.104d) ein Widerstand R_e geschaltet, der die Wärmeverluste im Eisen *(Eisenverluste)* berücksichtigt.

Als zweites Beispiel wollen wir einen Reduktionsfaktor wählen, der das Ersatzschaltbild vereinfacht (Verringerung der Zahl der Elemente), und zwar soll die sekundäre Längsinduktivität $\underline{L}_2^\times - \underline{M}^\times$ verschwinden. Aus dieser Forderung ergibt sich $\underline{ü}$: $\underline{ü}^2 L_2 - \underline{ü}M = 0$, d. h. $\underline{ü}$ wird reell:

$$ü = \frac{M}{L_2}.$$

Dann werden mit Gln. (1.171), (1.172)

$$M^\times = \frac{M^2}{L_2} = \frac{k^2 L_1 L_2}{L_2} = k^2 L_1 = (1 - \sigma) L_1$$

$$L_1 - M^\times = L_1 - (1 - \sigma) L_1 = \sigma L_1.$$

Die gesamte Streuung wird also auf die Primärseite transformiert. Damit ergibt sich die Ersatzschaltung Bild 1.141c.

1.8.3. Betriebsverhalten

Wir wollen das Verhalten des Transformators mit Hilfe des Ersatzschaltbilds untersuchen, wobei wir uns auf die Übersetzung von Spannung, Strom, Widerstand und Leistung beschränken und dabei den „idealen" und „technischen" Transformator vergleichen. Dazu benutzen wir das mit $ü = w_1/w_2$ reduzierte Ersatzschaltbild 1.141b.

Unter „idealem" Transformator wollen wir einen solchen verstehen, der keine Streuung und keine Verluste aufweist, dessen magnetischer Widerstand Null ist. Im Ersatzschaltbild 1.141b ist der Längszweig eine durchgehende Leitung und der Querzweig eine Unterbrechung.

a) *Spannung*

Wir berechnen die Spannungsübersetzung vorwärts $\underline{U}_2/\underline{U}_1$.

Im Bild 1.143 sind die reduzierten Größen mit Kreuz gekennzeichnet. Da wir $ü = w_1/w_2$ wählen, sind die beiden Längsinduktivitäten als Streuinduktivitäten $L_{\sigma 1}$ und $L_{\sigma 2}^{\times}$ bezeichnet.

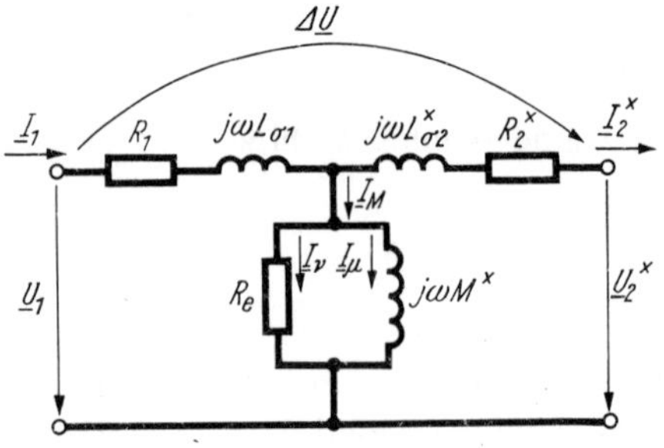

Bild 1.143. Reduziertes Ersatzschaltbild des technischen Transformators mit Eisenverlusten ($ü = w_1/w_2$)

(Sie haben nach den im Abschn. 1.8.2. angegebenen Voraussetzungen beide die Größe $\sigma L_1/2$.) Bezeichnen wir den Längsspannungsabfall mit $\Delta \underline{U}$ (Bild 1.143), so gilt

$$\underline{U}_2^{\times} = \underline{U}_1 - \Delta \underline{U} = \underline{U}_1 \left(1 - \frac{\Delta \underline{U}}{\underline{U}_1}\right).$$

Mit $ü = w_1/w_2$ und Gl. (1.180) wird

$$\underbrace{\frac{\underline{U}_2}{\underline{U}_1} = \frac{w_2}{w_1}}_{\substack{\textit{idealer} \\ \text{Transformator}}} \left(1 - \frac{\Delta \underline{U}}{\underline{U}_1}\right). \qquad \textbf{(1.186)}$$

Der technische Transformator weicht vom idealen um so mehr ab, je größer $\Delta \underline{U}$ wird, d. h., je größer die Elemente des Längszweigs und der Strom werden:

$$\Delta \underline{U} = \underline{I}_1 (R_1 + \mathrm{j}\omega L_{\sigma 1}) + \underline{I}_2^{\times} (R_2^{\times} + \mathrm{j}\omega L_{\sigma 2}^{\times}).$$

Bei gegebenem Transformator ist $\Delta \underline{U}$ am kleinsten für $\underline{I}_2 = 0$ (bei Leerlauf):

Die Spannungsübersetzung des technischen Transformators kommt im Leerlaufbetrieb der des idealen Transformators am nächsten.

Um eine Orientierung für die Größenordnungen von $\Delta U/U_1$ zu geben, sei gesagt, daß bei technischen Transformatoren dieses Verhältnis wenige Prozent beträgt, bei Überschlagsrechnungen also durchaus mit der „idealen" Formel gerechnet werden kann.

Bei *Spannungswandlern* (Meßtransformatoren) sollen die Spannungsfehler besonders klein sein. Sie werden also im Leerlauf betrieben und müssen möglichst kleine Längsimpedanz haben. Sie werden wie ein Voltmeter parallel zum Verbraucher geschaltet (Bild 1.144a). Die Spannungsteilerregel in Schaltung Bild 1.143 (mit $R_e = \infty$ und $L_{\sigma 1} + M^{\times} = L_1$) ergibt für den Leerlaufbetrieb

$$\frac{\underline{U}_2^{\times}}{\underline{U}_1} = \frac{\mathrm{j}\omega M^{\times}}{R_1 + \mathrm{j}\omega (L_{\sigma 1} + M^{\times})} = \frac{\mathrm{j}\omega M^{\times}}{R + \mathrm{j}\omega L_1}.$$

Für $R_1 \ll \omega L_1$ ergibt sich mit $M^{\times} = kL_1$ (Bild 1.141b)

$$\frac{U_2}{U_1} = k \frac{w_2}{w_1}. \qquad \textbf{(1.187)}$$

b) *Strom*

Wir bezeichnen den Strom im „M-Zweig" mit $\underline{I}_M$. Beachte, daß im Leerlauf $\underline{I}_2 = 0$ und

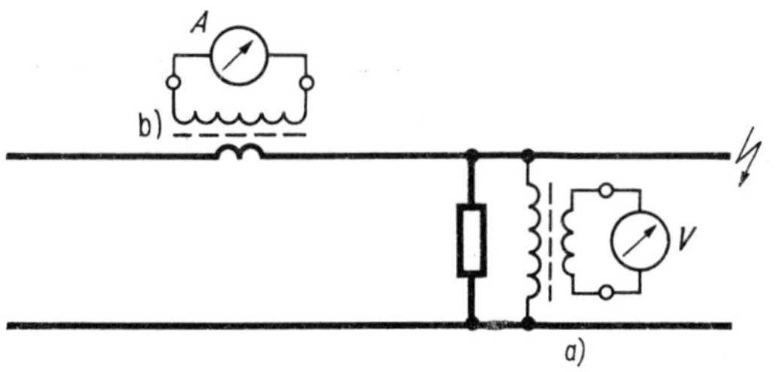

Bild 1.144. Einschalten von Spannungswandler (a) und Stromwandler (b)

$\underline{I}_1 \equiv \underline{I}_{1l} = \underline{I}_M$ ist und daß im Belastungsfall ($\underline{I}_2 > 0$) für $\underline{U}_1$ = konst. der Strom $\underline{I}_M$ sich praktisch nicht ändert, da die Spannung über dem M-Zweig annähernd konstant bleibt ($\Delta U/U_1 \ll 1$), d. h., im Mittelzweig der T-Ersatzschaltung fließt unabhängig von der Belastung des Transformators der Leerlaufstrom. Dessen induktive Blindkomponente ist der *Magnetisierungsstrom* $\underline{I}_\mu$, und dessen Wirkkomponente $\underline{I}_v$ kennzeichnet die Wärmeverluste im Eisen (Hysterese- und Wirbelstromverluste; s. „Technische Spule" im Abschn. 1.6.4.). Nach dieser Erläuterung der physikalischen Bedeutung der Teilströme des Ersatzschaltbilds (ein Vorteil der Reduktion mit $ü = w_1/w_2$) wollen wir die Stromübersetzung vorwärts diskutieren.

Die Knotengleichung in der Schaltung Bild 1.143 lautet:

$$\underline{I}_2^\times = \underline{I}_1 - \underline{I}_M = \underline{I}_1\left(1 - \frac{\underline{I}_M}{\underline{I}_1}\right).$$

Mit $\underline{I}_M = \underline{I}_{1l}$, Gl. (1.178) und $ü = w_1/w_2$ ist

$$\underbrace{\frac{\underline{I}_2}{\underline{I}_1} = \frac{w_1}{w_2}}_{\substack{\textit{idealer}\\ \text{Transformator}}}\left(1 - \frac{\underline{I}_{1l}}{\underline{I}_1}\right). \tag{1.188}$$

Der technische Transformator weicht vom idealen um so weniger ab, je kleiner $\underline{I}_{1l}/\underline{I}_1$, d. h. je kleiner der Leerlaufstrom (je größer die Querimpedanz) und je größer $\underline{I}_2$ (Laststrom) sind:

Die Stromübersetzung eines technischen Transformators kommt der des idealen Transformators im *Kurzschlußbetrieb* am nächsten.

Ein Kurzschluß der Sekundärklemmen bei Nennspannung würde ein beträchtliches Übersteigen des Nennstroms und damit u. U. eine Zerstörung des Transformators zur Folge haben. Der Kurzschlußstrom wird nur durch die i. allg. sehr kleine Längsimpedanz begrenzt. Senkt man jedoch die Primärspannung so weit ab, daß der Kurzschlußstrom dem aus den Kenndaten bekannten *Nennstrom* entspricht, so ist dieser Betriebszustand möglich. Die Spannungsverringerung bedeutet aber eine entsprechende Abnahme des Flusses und des Leerlaufstroms $\underline{I}_{1l}$ und damit einen entsprechend kleinen Fehler der Stromübersetzung.

Aus der Schaltung Bild 1.143 ergibt sich mit Hilfe der Stromteilerregel (Eisenverlust vernachlässigt: $R_e = \infty$) im Kurzschlußbetrieb mit $M^\times + L_{\sigma 2}^\times = L_2^\times$ (Bild 1.141 a)

$$\frac{\underline{I}_2^\times}{\underline{I}_1} = \frac{\mathrm{j}\omega M^\times}{R_2^\times + \mathrm{j}\omega(L_{\sigma 2}^\times + M^\times)} = \frac{\mathrm{j}\omega M^\times}{R_2^\times + \mathrm{j}\omega L_2^\times}.$$

Für $R_2^\times \ll \omega L_2^\times$ wird mit $L_2^\times \approx L_1$ und $M^\times = kL_1$ (vgl. Bild 1.141b)

$$\frac{\underline{I}_2}{\underline{I}_1} = k\frac{w_1}{w_2} \tag{1.189}$$

[vgl. mit Gl. (1.188)].

Meßtransformatoren für Strommessung *(Stromwandler)* werden im Kurzschluß betrieben und in Reihe zum Verbraucher geschaltet (Bild 1.144b). Da durch sie i. allg. hohe Ströme $\underline{I}_1$ sehr stark herabtransformiert werden sollen $[I_2 = (w_1/w_2)\,I_1$, also $w_1/w_2 \ll 1]$, muß $w_2 \gg w_1$ sein. Man darf im Betrieb den Kurzschluß nie öffnen, sonst wird aus dem Stromtransformator ein leerlaufender Spannungstransformator, und die Sekundärspannung steigt so stark an, daß die Wicklung u. U. durchschlagen wird.

c) *Leistung*

Bei einer sekundären Wirkleistungsabgabe P_2 an den Verbraucher nimmt der Transformator so viel Wirkleistung primär mehr auf, wie er selbst Wirkleistungsverluste P_v aufweist:

$$P_1 = P_2 + P_v. \qquad \textbf{(1.190)}$$

Die Verlustleistung P_v setzt sich aus den Wirkleistungsverlusten P_{Cu} (auch „Kupferverluste" genannt) und den „Eisenverlusten" P_e, Wärmeverluste im Eisen durch Wirbelströme P_W und Ummagnetisierungen („Hystereseverluste") P_H zusammen:

$$P_v = P_{Cu} + P_e = P_{Cu} + P_W + P_H.$$

Die Wicklungsverluste sind im Ersatzschaltbild im Längszweig $(I_1^2 R_1 + I_2^{\times 2} R_2^{\times})$, die Eisenverluste im Querzweig $(\approx U_1^2/R_e)$ zu suchen.

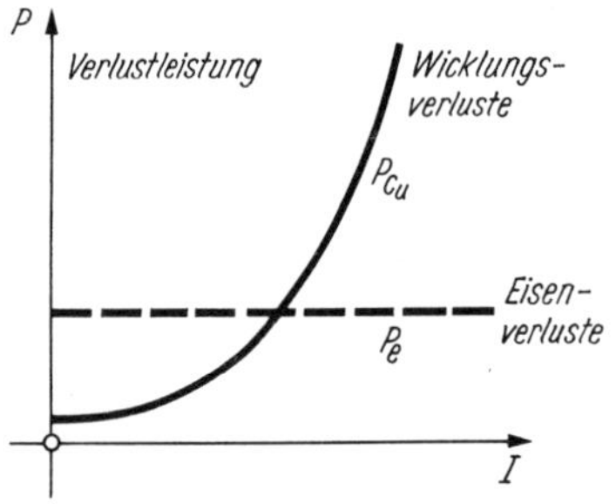

Bild 1.145. Wicklungs- und Eisenverluste eines technischen Transformators in Abhängigkeit vom Laststrom

Erstere steigen mit dem Strom (Belastung) quadratisch an, während die Eisenverluste im wesentlichen durch die Primärspannung festgelegt werden, also unabhängig von der Belastung sind (Bild 1.145). Die Dimensionierung des Transformators erfolgt häufig derart, daß im Dauerbetrieb die Energieverluste in der Wicklung und im Eisen gleich sind (Schnittpunkt zwischen P_{Cu} und P_e bei I_{Nenn}). Die unterschiedliche Lastabhängigkeit gestattet beide Verluste meßtechnisch zu trennen: Im Leerlauf sind die Wicklungsverluste vernachlässigbar gegenüber den Eisenverlusten, und im Kurzschlußbetrieb (bei Nennstrom) mißt man als Wirkleistung praktisch nur die des Längszweigs (Wicklungsverluste), da die Eisenverluste infolge der wesentlich niedrigeren Kurzschlußspannung vernachlässigbar werden.

d) *Widerstand*

Ein Transformator (im nachrichtentechnischen Sinne „Übertrager" genannt) übersetzt Widerstände von der Sekundärseite

$$\underline{Z}_a^{\times} = \frac{\underline{U}_2^{\times}}{\underline{I}_2^{\times}} = \ddot{u}^2 \frac{\underline{U}_2}{\underline{I}_2} = \ddot{u}^2\, \underline{Z}_a$$

auf die Primärseite

$$\underline{Z}_1 = \frac{\underline{U}_1}{\underline{I}_1}.$$

Die Abhängigkeit $\underline{Z}_1(\underline{Z}_a)$ soll untersucht werden.

Idealer Übertrager. Für diesen gilt (Bild 1.143)

$$\Delta \underline{U} = 0 \quad \text{und} \quad \underline{I}_M = 0.$$

Also sind

$$\underline{U}_2^\times = \underline{U}_1 \quad \text{und} \quad \underline{I}_2^\times = \underline{I}_1.$$

Damit wird

$$\underline{Z}_1 = \frac{\underline{U}_1}{\underline{I}_1} = \frac{\underline{U}_2^\times}{\underline{I}_2^\times} = \underline{Z}_a^\times$$

$$\underline{Z}_1 = \underline{Z}_a^\times \tag{1.191}$$

$$\underline{Z}_1 = \left(\frac{w_1}{w_2}\right)^2 \underline{Z}_a.$$

Technischer Übertrager. Der technische Übertrager hat im Ersatzschaltbild Längs- und Querimpedanz. Es gilt die allgemeine Gleichung für die Vierpoleingangsimpedanz (1.165c) mit $\underline{Z}_{11} = \underline{Z}_{1l}$ und $-\underline{Z}_{22} = \underline{Z}_{2l}$

$$\underline{Z}_1 = \underline{Z}_{1l} - \frac{\underline{Z}_{12}^2}{\underline{Z}_{2l} + \underline{Z}_a}.$$

Wir können in dem Quotienten rechts jede Impedanz reduzieren, da sich $ü^2$ herauskürzt, und erhalten

$$\underline{Z}_1 = \underline{Z}_{1l} - \frac{\underline{Z}_{12}^{\times 2}}{\underline{Z}_{2l}^\times + \underline{Z}_a^\times} \tag{1.192}$$

Wir erkennen den Unterschied zu Gl. (1.191) $\underline{Z}_1 = \underline{Z}_a^\times$. Diese Beziehung gilt hier in den Grenzfällen nicht:

Kurzschluß $\underline{Z}_a^\times = 0 \quad \rightarrow \quad \underline{Z}_1 > 0: \quad \underline{Z}_1 = Z_{1l} - Z_{12}^2/Z_{22} = \underline{Z}_{1k}.$

Leerlauf $\underline{Z}_a^\times = \infty \quad \rightarrow \quad \underline{Z}_1 < \infty: \quad \underline{Z}_1 = \underline{Z}_{1l}.$

Qualitativ sind die Beträge der Gln. (1.191) und (1.192) im Bild 1.146 zum Vergleich aufgetragen. Exakt gilt die Beziehung des idealen Übertragers $Z_1 = Z_a^\times$ nur für einen bestimmten Z_a-Wert, und zwar ist dies – wie man nach Reduktion des Ersatzschaltbilds auf symmetrischen Vierpol und Anwendung der Gl. (1.168) nachweisen kann – der Wellenwiderstand

$$Z_1 = Z_a^\times \quad \text{für} \quad Z_a^\times = \sqrt{Z_{2l}^\times Z_{2k}^\times}, \quad \text{d. h.} \quad Z_a = \sqrt{Z_{2l} Z_{2k}}.$$

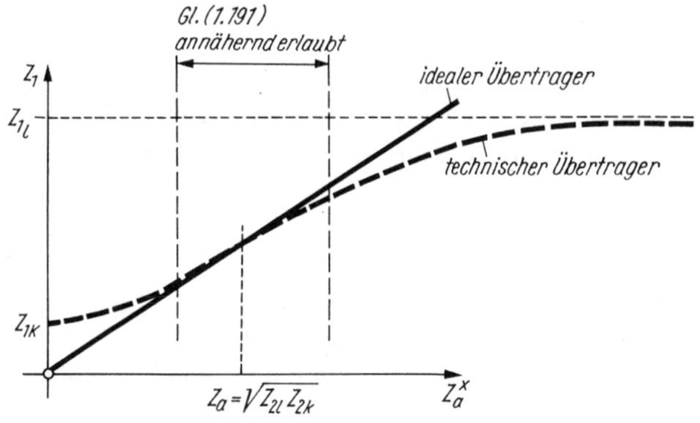

Bild 1.146
Widerstandstransformation

Man kann also mittels eines Übertragers einen vorgegebenen Lastwiderstand Z_a an einen ebenfalls vorgegebenen Innenwiderstand eines Generators Z_i anpassen, indem man w_1/w_2 des Übertragers so wählt, daß die entsprechende Widerstandstransformation erfolgt. Liegt Z_a möglichst „weit" sowohl von Z_l wie von Z_k des Übertragers weg, so kann man in Näherung „ideal" rechnen (Bild 1.146), und man wählt das Windungszahlverhältnis nach Gl. (1.191)

$$\frac{w_1}{w_2} = \sqrt{\frac{Z_i}{Z_a}}.$$

e) *Zeigerbild*

Wir wollen als letztes das Zeigerbild der Ströme und Spannungen bei einem gewählten Lastwiderstand $\underline{Z}_a^\times$ zeichnen. Wir beginnen mit $\underline{U}_2^\times$ und $\underline{I}_2^\times$ entsprechend dem gewählten Betrag und der gewählten Phase von $\underline{Z}_a^\times$. Von diesen Zeigern ausgehend, „bauen" wir das Zeigerbild bis zur Primärspannung $\underline{U}_1$ und zum Primärstrom $\underline{I}_1$ anhand Ersatzschaltung 1.143 wie folgt auf (Bild 1.147):

1. $\underline{U}_2^\times$ und $\underline{I}_2^\times$ gemäß $\underline{Z}_a^\times$ gewählt (induktiv; Phase φ_2)
2. $\underline{I}_2^\times R_2^\times$ in Phase zu $\underline{I}_2^\times$ an $\underline{U}_2^\times$ angesetzt
3. $\underline{I}_2^\times \mathrm{j}\omega L_{\sigma 2}^\times \perp \underline{I}_2^\times$ an Punkt 2 angesetzt
4. $\underline{U}_M = \underline{I}_2^\times (R_2^\times + \mathrm{j}\omega L_{\sigma 2}^\times) + \underline{U}_2^\times$
5. $\underline{I}_v \,/\!/\, \underline{U}_M$ an $\underline{I}_2^\times$ angesetzt
6. $\underline{I}_\mu \perp \underline{U}_M$ an Punkt 5 angesetzt (der Zeiger des Flusses Φ ist in Phase zu $\underline{I}_\mu$)
7. $\underline{I}_1 = \underline{I}_\mu + \underline{I}_v + \underline{I}_2^\times$
8. $\underline{I}_1 R_1 \,/\!/\, \underline{I}_1$ an $\underline{U}_M$ angesetzt
9. $\underline{I}_1 \mathrm{j}\omega L_{\sigma 1} \perp \underline{I}_1$ an Punkt 8 angesetzt
10. $\underline{U}_1 = \underline{I}_1 (\mathrm{j}\omega L_{\sigma 1} + R_1) + \underline{U}_M$.

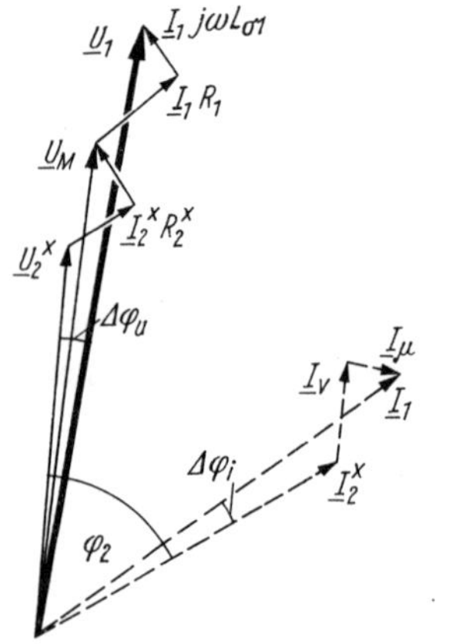

Bild 1.147. Zeigerbild für Ströme und Spannungen des Transformators bei induktiver Last (Lastwinkel φ_2)
$\Delta\varphi_u$ und $\Delta\varphi_i$ sind die Phasenfehler der Spannung und des Stroms durch Transformator

Im Zeigerbild erkennt man die Phasenfehler zwischen Primärstrom und Sekundärstrom $\Delta\varphi_i$ bzw. zwischen den entsprechenden Spannungen $\Delta\varphi_u$, die für Strom- bzw. Spannungswandler (Meßwandler) besonders klein zu halten sind.

Aufgaben

A 1.34 Gegeben sei ein Transformator mit Windungszahlverhältnis $w_1 : w_2 \neq 1$. Er ist mit einer Impedanz $\underline{Z}_a$ belastet. Die Streuung und Wicklungswiderstände seien vernachlässigbar. Berechne die Übersetzungsverhältnisse von Strom und Spannung
a) mit Hilfe der Transformator-Vierpolgleichungen

b) mit Hilfe eines zweckmäßigen Ersatzschaltbilds!
(Lösung: AB 1.8./4)

A 1.35 Berechnung des Ersatzschaltbilds
Ein Leistungstransformator ($f = 50$ Hz) mit einem Spannungsverhältnis $U_1/U_2 = 30$ kV/6 kV (bei Leerlauf) ist für eine Nennlast $P_N = 100$ kW ($\cos\varphi = 1$) ausgelegt. An ihm werden folgende Meßwerte festgestellt:

Eisenverluste bei Nennspannung U_{1N}	P_e	$= 0{,}4$ kW
Kupferverluste bei Nennlast P_{1N}	P_{CuN}	$= 2{,}2$ kW
Kurzschlußspannung bei Nennstrom I_N	U_k	$= 4\%$ von U_N
Leerlaufstrom bei U_{1N}	I_l	$= 2{,}5\%$ von I_N.

Die Wicklungsfenster für Primär- und Sekundärwicklung sind gleich.
Berechne

- die einzelnen Elemente des Ersatzschaltbilds
- den Streufaktor
- die Sekundärspannung bei Nennlast
- den Wirkungsgrad!

(Lösung: AB 1.8./7)

A 1.36 Gegeben sei ein Transformator mit Streuung. Der Streufaktor σ sei (aus zeichentechnischen Gründen) mit 20% sehr hoch angenommen. Die Eisen- und Kupferverluste seien vernachlässigt. Er ist belastet mit einem variablen reellen Widerstand $R_a = pR_1$ ($p = 0$ bis ∞).
a) Konstruiere die Ortskurve für den Eingangsstrom $\underline{I}_1$ bei $\underline{U}_1 =$ konst.!
Hinweis: Bei $U_1 =$ konst. ist die Ortskurve für $\underline{I}_1(R_a)$ proportional der Ortskurve $\underline{Y}_1(R_a)$ – vgl. Bemerkungen zu Bild 1.71.
b) An welchem Punkt der Ortskurve ist die vom Transformator aufgenommene Wirkleistung ein Maximum?
(Lösung: AB 1.8./9)

1.9. Mehrphasige Systeme

1.9.1. Symmetrisches Dreiphasensystem

Wir haben bisher Netzwerke mit einphasiger Erregung betrachtet. Existieren im Netzwerk mehrere sinusförmige Quellen (EMK oder Einströmungen), so wurde i. allg. gleiche Frequenz angenommen, aber Voraussetzungen an Amplituden- und Phasenbeziehungen zwischen den Quellen wurden nicht gemacht.

Unter *mehrphasigen Systemen* versteht man Netzwerke mit mehreren miteinander verkoppelten Kreisen (Strombahnen), die von entsprechender Anzahl gleichfrequenter Spannungs-

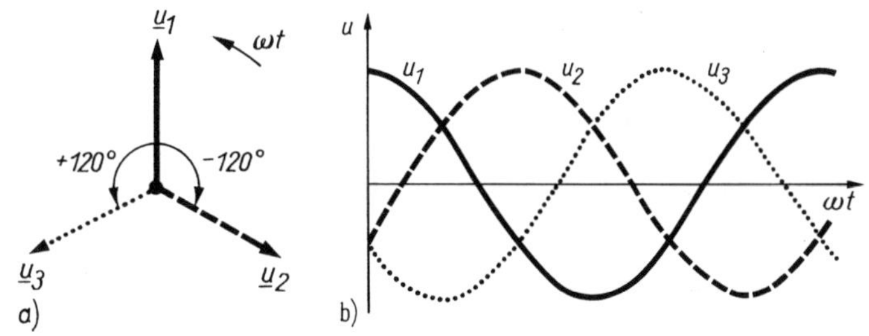

Bild 1.148. Symmetrisches Dreiphasensystem
a) Zeigerbild; b) zeitlicher Verlauf

quellen mit unterschiedlicher Phasenlage erregt werden. Unter diesen zeichnen sich die *symmetrischen* Mehrphasensysteme aus. Bei diesen sind alle Spannungs- und Stromamplituden gleich, und bei m Phasen besitzt die Phase ν zur Phase $\nu = 1$ eine Phasenverschiebung $(\nu - 1)\,2\pi/m$ ($\nu = 1$ bis m). Das bezieht sich sowohl auf das Erzeugersystem als auch auf das Verbrauchersystem. Ein symmetrisches Verbrauchersystem erfordert gleiche Impedanzen in jeder Strombahn. Dann bilden die Spannungen und Ströme je ein symmetrisches System.

Mehrphasige Systeme werden insbesondere (und da fast ausschließlich) in der Energietechnik eingesetzt, und zwar vorzugsweise das *Dreiphasensystem (Drehstromsystem).* Der Drehstromgenerator erzeugt also drei gleichfrequente Spannungen mit gleichen Amplituden und je 120° Phasenverschiebung:

$$
\begin{aligned}
u_1 &= \hat{U}\sin\omega t & &\rightarrow\ \underline{u}_1 = \hat{U}\,\mathrm{e}^{\mathrm{j}\omega t}\\
u_2 &= \hat{U}\sin\left(\omega t - \frac{2\pi}{3}\right) & &\rightarrow\ \underline{u}_2 = \hat{U}\,\mathrm{e}^{\mathrm{j}\left(\omega t - \frac{2\pi}{3}\right)} = \hat{U}\,\mathrm{e}^{\mathrm{j}\left(\omega t + \frac{4\pi}{3}\right)}\\
u_3 &= \hat{U}\sin\left(\omega t - \frac{4\pi}{3}\right) & &\rightarrow\ \underline{u}_3 = \hat{U}\,\mathrm{e}^{\mathrm{j}\left(\omega t - \frac{4\pi}{3}\right)} = \hat{U}\,\mathrm{e}^{\mathrm{j}\left(\omega t + \frac{2\pi}{3}\right)}
\end{aligned}
\qquad (1.193)
$$

Bild 1.148 zeigt Zeitverlauf und Zeigerbild des symmetrischen Dreiphasensystems. Am Zeigerbild erkennt man, daß die *normale Phasenfolge* $\underline{u}_1$, $\underline{u}_2$, $\underline{u}_3$ im Rechtsdrehsinn *definiert* ist [also gemäß Gl. (1.193) zunehmende *Nacheilung* der folgenden Phasen].[1]) Aus Gln. (1.193) und Bild 1.148 ergibt sich (was für alle symmetrischen Systeme gilt)

$$\sum u_\nu = 0 \ \rightarrow\ \sum \underline{U}_\nu = 0\,. \qquad (1.194)$$

Man kann also die drei Generatoren eines symmetrischen Spannungserzeugersystems zu einem Ring zusammenschalten, ohne daß dadurch ein Ringstrom fließt *(Dreieckschaltung).* In

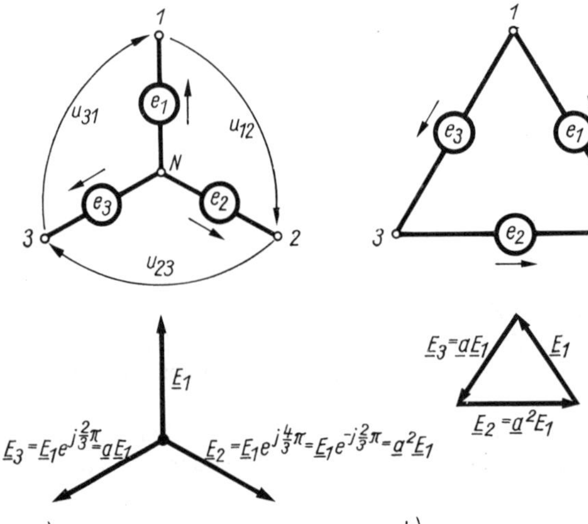

Bild 1.149

a) Sternschaltung
$\underline{a}$ 120°-Phasenoperator
$\underline{a} = \mathrm{e}^{\mathrm{j}2\pi/3} = -\dfrac{1}{2} + \mathrm{j}\dfrac{\sqrt{3}}{2}$

b) Dreieckschaltung
$\underline{E}_1 + \underline{E}_2 + \underline{E}_3 = 0$
$1 + \underline{a} + \underline{a}^2 = 0$

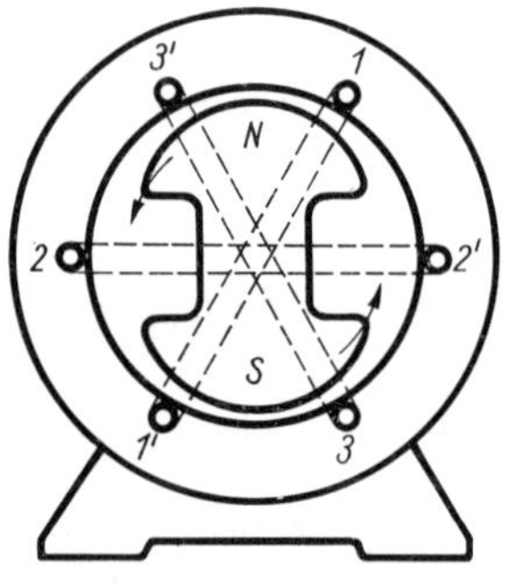

Bild 1.150. Prinzip des Drehstrom-Synchrongenerators

[1]) Bei Linksdrehung des Zeigerbilds (s. Bild 1.8) durchlaufen die so angeordneten Zeiger in der Reihenfolge 1-2-3 die feststehende Phasenbezugsachse.

den Zusammenschaltungen der einzelnen Strombahnen in *Stern* oder *Dreieck* (Bilder 1.149) liegt u. a. ein Vorteil der Mehrphasensysteme. Man überträgt die Energie von drei Generatoren über drei Leitungen (maximal vier, falls der Mittelpunktleiter der Sternschaltung mitgeführt wird). Die Eckpunkte – und die daran angeschlossenen Leitungen – werden i. allg. mit 1, 2, 3[1]) der Mittelpunkt der Sternschaltung *(Sternpunkt)* mit N bezeichnet.

Ein weiterer Vorteil des „Drehstroms" liegt in der relativ einfachen Erzeugung der drei Spannungsphasen in einem Drehstrom-Synchrongenerator (Bild 1.150). Dieser besitzt im Ständer drei gleiche, um 120° räumlich versetzte Spulen 1–1′, 2–2′, 3–3′, in die das mit dem Polrad umlaufende Magnetfeld Wechselspannungen induziert, die zeitlich entsprechend der räumlichen Versetzung um je ⅓ der Umlaufzeit bei einem Polpaar verschoben sind. Umgekehrt kann man die Ströme der drei Strombahnen entsprechend räumlich versetzten Ständerspulen zuführen und erhält ein umlaufendes Magnetfeld, welches in einem Rotor Ströme induziert und dadurch diesen antreibt. Man wendet dies im vielseitig eingesetzten relativ einfach aufgebauten Drehstrom-Asynchronmotor an, der bei 50 Hz und 1 Spule je Strombahn 3 000 Umdrehungen je Minute ausführt.

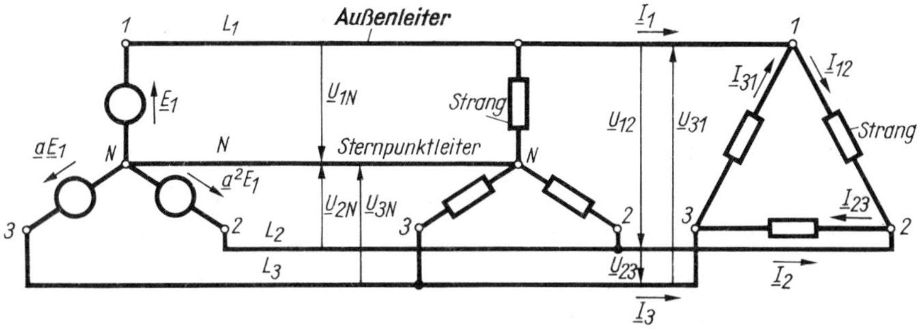

Bild 1.151

$\underline{U}_{1N}$, $\underline{U}_{2N}$, $\underline{U}_{3N}$ Sternspannung; $\underline{U}_{12}$, $\underline{U}_{13}$, $\underline{U}_{23}$ Außenleiterspannung (Dreieckspannung); $\underline{I}_1$, $\underline{I}_2$, $\underline{I}_3$ Außenleiterstrom; $\underline{I}_{12}$, $\underline{I}_{23}$, $\underline{I}_{31}$ Strangstrom (Dreieckstrom)

Die Möglichkeit der Stern- oder Dreieckschaltung vom Generator – wie vom Verbrauchersystem – erlaubt im Prinzip vier Varianten der Zusammenschaltung von Generator und Verbraucher. Im Bild 1.151 ist an einen Generator in Sternschaltung, wie er meist in der Energieversorgung eingesetzt wird, eine Belastung in Stern- und Dreieckschaltung angeschlossen. Die Verbindungen zwischen Generator und Verbraucher sind die *Außenleiter,* bezeichnet mit $L1$, $L2$, $L3$. In diesen fließen die sog. *Außenleiterströme* $\underline{I}_1$, $\underline{I}_2$, $\underline{I}_3$. Zwischen diesen existieren die *Außenleiterspannungen (Dreieckspannungen)* $\underline{U}_{12}$, $\underline{U}_{23}$, $\underline{U}_{31}$. Bei Sternschaltung kann man in der Struktur eines sog. *Vierleitersystems* außerdem noch den *Sternpunktleiter* N (auch als *Mittelleiter* oder *Nulleiter* bezeichnet) mitführen, in dem der *Sternpunktleiterstrom* $\underline{I}_N$ fließt. Zwischen diesem und den Außenleitern liegen die sog. *Außenleiter-Mittelleiter-Spannungen* oder *Sternspannungen* $\underline{U}_{1N}$, $\underline{U}_{2N}$, $\underline{U}_{3N}$. Ein einzelner Zweig der Stern- oder Dreieckschaltung ist ein sog. *Strang* mit dem *Strangstrom* und der *Strangspannung.* Da bei symmetrischen Dreiphasensystemen zwischen den Außenleiterspannungen, Außenleiterströmen, Strangströmen usw. Phasendrehungen um $(2\pi/3)$ rad ≙ 120° auftreten (s. z. B. Zeigerbilder 1.149 und 1.153), führt man zweckmäßigerweise den

$$\text{120°-}\textit{Phasen-Operator} \quad \underline{a} = e^{j2\pi/3} = -\frac{1}{2} + j\frac{1}{2}\sqrt{3} \tag{1.195}$$

ein. Wie beim 90°-Operator j (Bild 1.16) kann man für $\underline{a}$ Rechenregeln ableiten. So ist z. B. die Phasenvoreilung um 240° gleich einer Phasennacheilung um −120°. Das ergibt (Bild 1.152)

$$e^{j\frac{4}{3}\pi} = e^{j\frac{2}{3}\pi}\, e^{j\frac{2}{3}\pi} = \underline{a}^2, \quad e^{-j\frac{2}{3}\pi} = \frac{1}{\underline{a}} = \underline{a}^*, \quad \underline{a}^2 = \underline{a}^* = \frac{1}{\underline{a}}.$$

[1]) auch A, B, C, bisher U, V, W

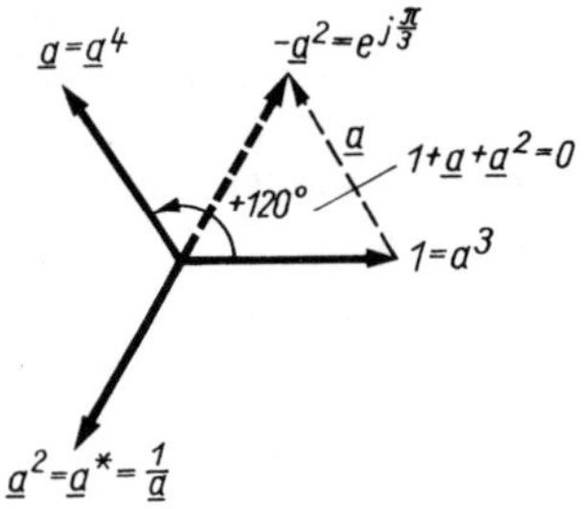

Bild 1.152. Phasenoperator $\underline{a}^n = e^{jn \cdot 2\pi/3}$

Außerdem liest man aus Bild 1.152 ab:

$$\underline{a}^3 = 1, \quad \underline{a}^4 = \underline{a}, \quad 1 + \underline{a} = -\underline{a}^2, \quad \text{d. h.}$$

$$1 + \underline{a} + \underline{a}^2 = 0 \tag{1.196}$$

($-\underline{a}^2$ ist ein 60°-Operator). Die Eckpunkte des Sterns 1, $\underline{a}$, $\underline{a}^2$ sind auch die Eckpunkte eines gleichseitigen Dreiecks, d. h., die Beträge der Zeigerdifferenzen $1 - \underline{a}^2$, $1 - \underline{a}$, $\underline{a} - \underline{a}^2$ ergeben den gleichen Wert $\sqrt{3}$:

$$|1 - \underline{a}| = |1 - \underline{a}^2| = |\underline{a} - \underline{a}^2| = \sqrt{3}\,. \tag{1.197}$$

Mit diesem Operator $\underline{a}$ kann man für die komplexen Effektivwerte der drei EMK eines symmetrischen Dreiphasengenerators (Bild 1.149) schreiben

$$\underline{E}_1 = E_1 e^{j\alpha}, \quad \underline{E}_2 = \underline{a}^2 \underline{E}_1, \quad \underline{E}_3 = \underline{a}\,\underline{E}_1, \tag{1.198}$$

wobei die Nullphase von $\underline{E}_1$ mit α bezeichnet ist.

Man erkennt mit Gl. (1.196) sofort:

$$\underline{E}_1 + \underline{E}_2 + \underline{E}_3 = \underline{E}_1 (1 + \underline{a}^2 + \underline{a}) = 0\,.$$

Dies ist im Zeigerbild 1.149b demonstriert.

a) Symmetrische Sternschaltung

Die Strangspannungen = Sternspannungen des Verbrauchers sind gleich denen des Generators (falls die Leiterimpedanzen vernachlässigbar sind; s. Bild 1.151)

$$\begin{aligned} \underline{U}_{1N} &= \underline{E}_1 \\ \underline{U}_{2N} &= \underline{E}_2 = \underline{a}^2 \underline{E}_1 \\ \underline{U}_{3N} &= \underline{E}_3 = \underline{a}\,\underline{E}_1\,. \end{aligned} \tag{1.199}$$

Die Klemmenspannungen = Außenleiterspannungen (Bild 1.149a) berechnet man mit Hilfe der Maschengleichungen:

$$\begin{aligned} u_{12} &= e_1 - e_2 \rightarrow \underline{U}_{12} = \underline{E}_1 (1 - \underline{a}^2) \\ u_{23} &= e_2 - e_3 \rightarrow \underline{U}_{23} = \underline{E}_1 (\underline{a}^2 - \underline{a}) \\ u_{31} &= e_3 - e_1 \rightarrow \underline{U}_{31} = \underline{E}_1 (\underline{a} - 1)\,. \end{aligned} \tag{1.200}$$

Diese sog. *Dreieckspannungen* $\underline{U}_{12}$, $\underline{U}_{23}$ und $\underline{U}_{31}$ sind betragsmäßig gleich und ergeben mit Gl. (1.197)

$$\text{Dreieckspannung} = \sqrt{3}\ \text{Sternspannung.} \tag{1.201}$$

Der Maschensatz verlangt, daß die Summe der drei Außenleiterspannungen immer Null ist. Das gilt auch für unsymmetrische Systeme, in denen jedoch die Summe der drei Sternspannungen nicht Null sein muß.

Bei der symmetrischen Sternschaltung sind die Strangspannungen (Sternspannungen) $1/\sqrt{3}$-mal kleiner als die Außenleiterspannungen.

Im Niederspannungsnetz ist der Effektivwert der Spannung gegen den Sternpunktleiter 220 V, die Außenleiterspannung also 380 V.

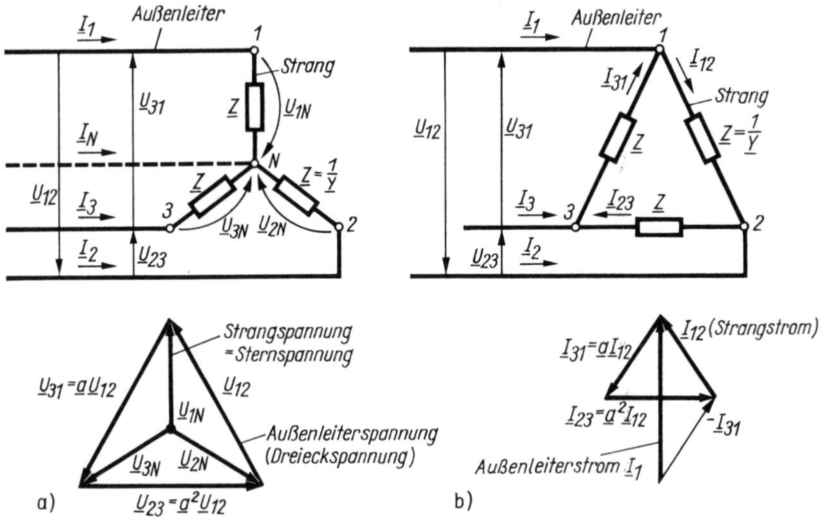

Bild 1.153

a) Sternschaltung

Beispiel: $\underline{U}_{12} = \underline{U}_{1N} - \underline{U}_{2N}$

$\underline{U}_{12} = \underline{U}_{1N}(1 - \underline{a}^2)$

$\underline{U}_{12} = \underline{U}_{1N}\sqrt{3}\ e^{j\pi/6}$

allgemein

Dreieckspannung = $\sqrt{3}$ Sternspannung

b) Dreieckschaltung

Beispiel: $\underline{I}_1 = \underline{I}_{12} - \underline{I}_{31}$

$\underline{I}_1 = \underline{I}_{12}(1 - \underline{a})$

$= \underline{I}_{12}\sqrt{3}\ e^{-j\pi/6}$

allgemein

Außenleiterstrom = $\sqrt{3}$ Strangstrom

Schaltet man den symmetrischen Verbraucher ebenfalls in Stern (Bilder 1.151 und 1.153a), so sind der Außenleiterstrom = Strangstrom und die Strangspannung = Sternspannung. Es gelten folgende Beziehungen bei Belastung der Phasen mit $\underline{Z} = 1/\underline{Y}$:

$$\underline{I}_1 = \underline{U}_{1N}\underline{Y} = \underline{E}_1\underline{Y}$$

$$\underline{I}_2 = \underline{U}_{2N}\underline{Y} = \underline{a}^2\underline{E}_1\underline{Y} = \underline{a}^2\underline{I}_1 \qquad \textbf{(1.202)}$$

$$\underline{I}_3 = \underline{U}_{3N}\underline{Y} = \underline{a}\,\underline{E}_1 \cdot \underline{Y} = \underline{a}\,\underline{I}_1$$

$$\underline{I}_1 + \underline{I}_2 + \underline{I}_3 = -\underline{I}_N = \underline{I}_1(1 + \underline{a}^2 + \underline{a}) = 0\,.$$

Zwei Erkenntnisse:

1. Man braucht aus dem Netzwerk nur einen Strom zu berechnen; die Phasen der anderen (gleich großen) Ströme ergeben sich aus der Symmetriebedingung. In obigem Beispiel wurden alle Spannungen auf $\underline{E}_1$ (gegeben) und alle Ströme auf $\underline{I}_1$ bezogen. Mit $\underline{E}_1$ und $\underline{Y}$ kann man also alle Ströme und Spannungen berechnen, wobei der Phasenoperator $\underline{a}$ eine bequeme Darstellung erlaubt.
2. Den Sternpunktleiter kann man bei Symmetrie einsparen, da er ohnehin keinen Strom führt. Der Verbrauchersternpunkt hat bei *Symmetrie* auch ohne leitende Verbindung gleiches Potential wie der Generatorsternpunkt. Dessen Potential würde sich jedoch bei (u. U. unvermeidbarer) *Unsymmetrie* der Belastung verschieben; es entsteht dann eine Spannung zwischen beiden Sternpunkten. Dies vermeidet man durch „starren Sternpunkt" mittels

möglichst widerstandsloser Verbindung der beiden Sternpunkte (evtl. Verbindung beider Sternpunkte mit Erde), die die Unsymmetrie (bei Leitungen mit vernachlässigbaren Impedanzen) auf die Ströme beschränkt.

b) Symmetrische Dreieckschaltung des Verbrauchers

Hier sind die Verbraucherstrangspannungen = Außenleiterspannungen (Bilder 1.151 und 1.153b). Sollte der Generator in Dreieck geschaltet sein (was selten der Fall ist), so sind die Außenleiterspannungen gleich den Generatorstrangspannungen $\underline{E}_1$, $\underline{E}_2$ bzw. $\underline{E}_3$ (Bild 1.149b).

Die *Strangströme (Dreieckströme)* berechnen sich allgemein und bei Sternschaltung des Generators aus folgenden Beziehungen:

$$\begin{aligned} \underline{I}_{12} &= \underline{U}_{12}\underline{Y} \quad \text{mit Gln. (1.200):} \quad & \underline{I}_{12} &= \underline{E}_1(1-\underline{a}^2)\underline{Y} \\ \underline{I}_{23} &= \underline{U}_{23}\underline{Y} & \underline{I}_{23} &= \underline{E}_1(\underline{a}^2-\underline{a})\underline{Y} = \underline{a}^2\underline{I}_{12} \\ \underline{I}_{31} &= \underline{U}_{31}\underline{Y} & \underline{I}_{31} &= \underline{E}_1(\underline{a}-1)\underline{Y} = \underline{a}\,\underline{I}_{12}\,. \end{aligned} \qquad \mathbf{(1.203)}$$

Die symmetrischen Dreieckströme bilden ein gleichseitiges Dreieck (Bild 1.153b); ihre Summe $(1+\underline{a}+\underline{a}^2)\,\underline{I}_{12}$ ist Null [s. Gl. (1.196)]. Für die *Außenleiterströme* ergibt sich aus den Knotengleichungen (Bild 1.153b) und mit obigen Beziehungen für die Strangströme:

$$\begin{aligned} \underline{I}_1 &= \underline{I}_{12} - \underline{I}_{31} = (\underline{U}_{12} - \underline{U}_{31})\,\underline{Y} = (1-\underline{a})\,\underline{I}_{12} \\ \underline{I}_2 &= \underline{I}_{23} - \underline{I}_{12} = (\underline{U}_{23} - \underline{U}_{12})\,\underline{Y} = (\underline{a}^2-1)\,\underline{I}_{12} = \underline{a}^2\underline{I}_1 \\ \underline{I}_3 &= \underline{I}_{31} - \underline{I}_{23} = (\underline{U}_{31} - \underline{U}_{23})\,\underline{Y} = (\underline{a}-\underline{a}^2)\,\underline{I}_{12} = \underline{a}\,\underline{I}_1\,. \end{aligned} \qquad \mathbf{(1.204)}$$

Folgerungen:

1. Die Summe der Außenleiterströme ist Null. Das gilt bei Dreieckschaltung und Sternschaltung ohne Sternpunktleiter nicht nur für den Fall der Symmetrie, sondern verlangt die Kontinuitätsgleichung. (Man denke sich eine Hülle z. B. um die Dreieckschaltung gelegt!)
2. Betragsmäßig ergibt sich mit Gln. (1.197)

   Dreieckschaltung: Außenleiterstrom $= \sqrt{3}$ Strangstrom. **(1.205)**

   Die Phasen kann man mit Hilfe der Zeigerbilder des Phasenoperators im Bild 1.152 schnell ermitteln: Setzt man z. B. an den Zeiger $\underline{a}$ den von $-\underline{a}^2$ an, so ergibt sich ein Zeiger $(\underline{a}-\underline{a}^2) = \mathrm{j}\sqrt{3}$. $\underline{I}_3$ ist also 90° voreilend zu $\underline{I}_{12}$; der Zeiger $1-\underline{a}$ hat einen Winkel von $-30°$ usw.
3. Zur Berechnung der Ströme genügt die Betrachtung eines Stranges. (In obigem Beispiel wurden alle Ströme auf $\underline{I}_1$ bezogen.) Die anderen Ströme ergeben sich aus der Symmetrie. Wie bei der symmetrischen Sternschaltung sind alle Größen in Gln. (1.203) und (1.204) durch die drei Größen $\underline{E}_1$, $\underline{Y}$ und $\underline{a}$ bestimmbar.

1.9.2. Unsymmetrisches Dreiphasensystem

Unsymmetrien können auftreten sowohl bezüglich der Phasenwinkel (Abweichung von der 120°-Bedingung) als auch infolge ungleicher Beträge.

Für die Berechnung genügt nicht mehr die Betrachtung nur eines Stranges; die Gln. (1.201) und (1.205) sind im allgemeinen nicht gültig.

Sonderfälle:

- Gehen wir von einem (meist vorliegenden) symmetrischen Spannungssystem des Generators in Sternschaltung aus, so bilden die Außenleiterspannungen ebenfalls ein symmetrisches System – auch bei unsymmetrischer Belastung, falls Innenwiderstände (z. B. Leitungswiderstände) vernachlässigbar sind.

- Ist der unsymmetrische Verbraucher auch in Stern geschaltet und sind beide *Sternpunkte widerstandslos verbunden* (Bild 1.151), so bleibt – wie bereits im Abschn. 1.9.1. a) diskutiert – auch das Verbraucherspannungssystem symmetrisch. (Leitungswiderstände werden vernachlässigt.) Die Leiterströme sind ungleich, und es fließt ein Sternpunktleiterstrom.
- Sind die *Sternpunkte nicht verbunden*, so verschiebt sich der Verbrauchersternpunkt; auch das Spannungssystem des Verbrauchers wird unsymmetrisch, und zwischen beiden Sternpunkten tritt eine Sternpunktspannung auf. Dann gilt jedoch (wie bei Dreieckschaltung)

$$\underline{I}_1 + \underline{I}_2 + \underline{I}_3 = 0 .$$

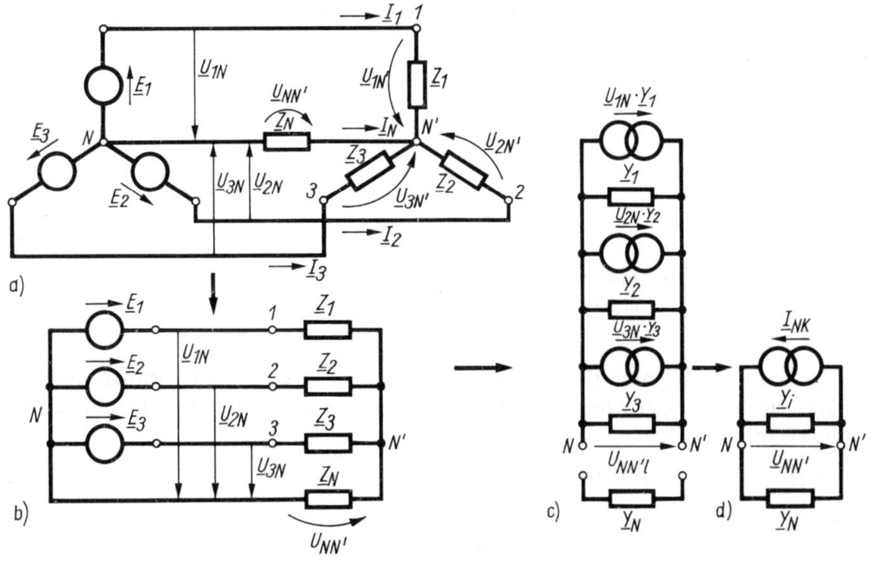

Bild 1.154

Als Beispiel wird eine Stern-Stern-Schaltung berechnet, in der im Sternpunktleiter eine Impedanz $\underline{Z}_N$ liegt (Bild 1.154a). Wählt man $\underline{Z}_N = 0$, so sind die Sternpunktpotentiale gleich. Wird hingegen $\underline{Z}_N = \infty$, so tritt maximale Sternpunktspannung $\underline{U}_{NN'}$ auf. Diese Verschiebespannung in Abhängigkeit von $\underline{Z}_N$ soll zunächst berechnet werden. Im Bild 1.154b ist das Netzwerk etwas anders gezeichnet. Man erkennt drei unabhängige Maschen. Zur Berechnung von $\underline{U}_{NN'}$ soll die Zweipoltheorie angewendet werden. Dazu werden die drei Spannungsquellen in Einströmungen umgerechnet (Bild 1.154c), wobei man zweckmäßigerweise wegen der Parallelschaltung mit den Leitwerten $\underline{Y}_\nu = 1/\underline{Z}_\nu$ rechnet. Schließen wir die Klemmen $N'N$ kurz, so erhalten wir als Kurzschlußstrom den Sternpunktleiterstrom $\underline{I}_{Nk}$ für $\underline{Z}_N = 0$ mit Bezugsrichtung (wie $\underline{I}_N$ im Bild 1.154a) von N nach N'

$$\underline{I}_{Nk} = -(\underline{U}_{1N}\underline{Y}_1 + \underline{U}_{2N}\underline{Y}_2 + \underline{U}_{3N}\underline{Y}_3)$$

und den Innenleitwert

$$\underline{Y}_i = \underline{Y}_1 + \underline{Y}_2 + \underline{Y}_3 .$$

Die Leerlaufspannung zwischen den Sternpunkten in angegebener Bezugsrichtung wird damit

$$\underline{U}_{NN'l} = \frac{\underline{I}_{Nk}}{\underline{Y}_i} = -\frac{\underline{U}_{1N}\underline{Y}_1 + \underline{U}_{2N}\underline{Y}_2 + \underline{U}_{3N}\underline{Y}_3}{\underline{Y}_1 + \underline{Y}_2 + \underline{Y}_3} .$$

Werden die Sternpunkte NN' mit einer Impedanz $\underline{Z}_N = 1/\underline{Y}_N$ verbunden, so ergibt sich eine Sternpunktspannung (Bild 1.154d)

$$\underline{U}_{NN'} = \frac{\underline{I}_{Nk}}{\underline{Y}_i + \underline{Y}_N} = -\frac{\underline{U}_{1N}\underline{Y}_1 + \underline{U}_{2N}\underline{Y}_2 + \underline{U}_{3N}\underline{Y}_3}{\underline{Y}_1 + \underline{Y}_2 + \underline{Y}_3 + \underline{Y}_N} \tag{1.206}$$

und der Nulleiterstrom

$$\underline{I}_N = \underline{U}_{NN'}\underline{Y}_N. \tag{1.207}$$

Diese Beziehungen gelten allgemein, auch für Unsymmetrien des Generators; denn an die Sternspannungen $\underline{U}_{1N}$, $\underline{U}_{2N}$, $\underline{U}_{3N}$ wurden keine Betrags- oder Phasenbedingungen geknüpft.

Mit Hilfe der Spannung $\underline{U}_{NN'}$ können alle Verbraucherspannungen $\underline{U}_{1N'}$, $\underline{U}_{2N'}$ und $\underline{U}_{3N'}$ (Maschengleichungen) und alle Ströme $\underline{I}_1$, $\underline{I}_2$, $\underline{I}_3$ berechnet werden (Bild 1.154a).

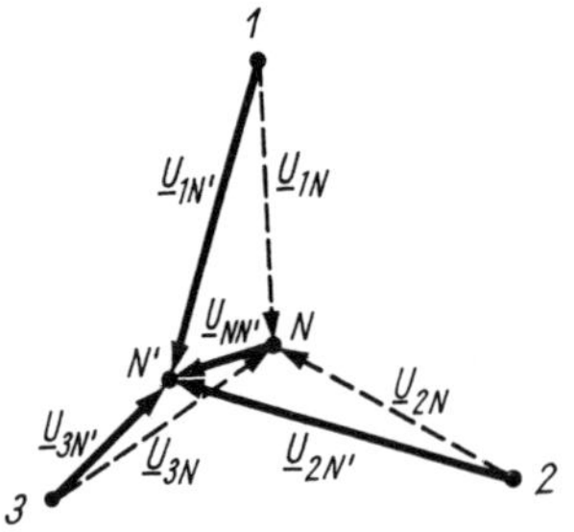

Bild 1.155. Unsymmetrisches Verbrauchersystem in Sternschaltung ohne Nulleiter

Im Bild 1.155 wurde ein symmetrischer Generator ($\underline{U}_{1N}$, $\underline{U}_{2N}$, $\underline{U}_{3N}$) angenommen und die Sternpunktspannung $\underline{U}_{NN'}$ eingetragen. Das Zeigerbild ergibt sich aus den Netzwerkgleichungen der Schaltung Bild 1.154a:

$$\begin{aligned}
\underline{U}_{1N'} &= \underline{U}_{1N} + \underline{U}_{NN'} \qquad & \underline{I}_1 &= \underline{U}_{1N'}\underline{Y}_1 \\
\underline{U}_{2N'} &= \underline{U}_{2N} + \underline{U}_{NN'} \qquad & \underline{I}_2 &= \underline{U}_{2N'}\underline{Y}_2 \\
\underline{U}_{3N'} &= \underline{U}_{3N} + \underline{U}_{NN'} \qquad & \underline{I}_3 &= \underline{U}_{3N'}\underline{Y}_3 \\
& & \underline{I}_1 + \underline{I}_2 + \underline{I}_3 &= -\underline{I}_N\,(= -\underline{U}_{NN'}\underline{Y}_N)\,.
\end{aligned} \tag{1.208}$$

1.9.3. Leistung im Dreiphasensystem

1.9.3.1. Berechnung der Leistung

Wirk- und *Blindleistung* des Dreiphasensystems ergeben sich aus der Summe der in den Strängen (Index St) auftretenden Teilleistungen

$$P = \sum P_{\mathrm{St}\nu}, \quad Q = \sum Q_{\mathrm{St}\nu}, \tag{1.209}$$

wobei P und Q durch Gl. (1.89) bzw. (1.92) für eine Zweipolschaltung definiert sind. Damit gilt für die durch Gl. (1.96) definierte *komplexe Leistung*

$$\underline{S} = P + \mathrm{j}Q = \sum P_{\mathrm{St}\nu} + \mathrm{j}\sum Q_{\mathrm{St}\nu} = \sum \underline{S}_{\mathrm{St}\nu} = \sum \underline{U}_{\mathrm{St}\nu}\underline{I}^*_{\mathrm{St}\nu}. \tag{1.210}$$

Man beachte: Es gilt für die Scheinleistung eines Stranges Gl. (1.97)

$$S_{\mathrm{St}\nu} = \sqrt{P^2_{\mathrm{St}\nu} + Q^2_{\mathrm{St}\nu}}\,,$$

für die gesamte Scheinleistung nach Gl. (1.210)

$$S = \sqrt{P^2 + Q^2}\,,$$

jedoch ist zu beachten, daß i. allg.

$$S \neq \sum S_{\mathrm{St}\nu}, \quad S \neq \sqrt{\sum S_{\mathrm{St}\nu}^2}\,.$$

Durch Strangstrom und -spannung ausgedrückt ergibt sich aus Gl. (1.209) oder (1.210) mit Gl. (1.90) bzw. (1.92) allgemein

$$P = \sum U_{\mathrm{St}\nu} I_{\mathrm{St}\nu} \cos\varphi_{\mathrm{St}\nu}, \qquad Q = \sum U_{\mathrm{St}\nu} I_{\mathrm{St}\nu} \sin\varphi_{\mathrm{St}\nu}. \tag{1.211}$$

Natürlich kann man diese Gleichungen auch durch die Strangwirk- bzw. Strangblindwiderstände gemäß Gl. (1.91) bzw. (1.93) ausdrücken.

Für *symmetrische Systeme* vereinfachen sich Gln. (1.211)

$$P = 3U_{\mathrm{St}} I_{\mathrm{St}} \cos\varphi_{\mathrm{St}}, \qquad Q = 3U_{\mathrm{St}} I_{\mathrm{St}} \sin\varphi_{\mathrm{St}}. \tag{1.211a}$$

Dies gilt unabhängig davon, ob die Verbraucher in Stern- oder Dreieck geschaltet sind. Häufig interessiert die Leistung als Funktion der Außenleiterströme $|\underline{I}_1| = |\underline{I}_2| = |\underline{I}_3| \equiv |\underline{I}_\mathrm{L}|$ und der Außenleiterspannungen $|\underline{U}_{12}| = |\underline{U}_{23}| = |\underline{U}_{31}| \equiv |\underline{U}_\mathrm{LL}|$. Dann gilt (s. Bilder 1.153) für die Sternschaltung $|\underline{I}_\mathrm{St}| = |\underline{I}_\mathrm{L}|$ und $|\underline{U}_\mathrm{St}| = |\underline{U}_\mathrm{LL}|/\sqrt{3}$ gemäß Gl. (1.201) und für die Dreieckschaltung $|\underline{U}_\mathrm{St}| = |\underline{U}_\mathrm{LL}|$ und $|\underline{I}_\mathrm{St}| = |\underline{I}_\mathrm{L}|/\sqrt{3}$ gemäß Gl. (1.205). Also wird aus Gln. (1.211a) *für beide Schaltungen*

$$P = \sqrt{3}\; U_\mathrm{LL} I_\mathrm{L} \cos\varphi_\mathrm{St}, \qquad Q = \sqrt{3}\; U_\mathrm{LL} I_\mathrm{L} \sin\varphi_\mathrm{St}. \tag{1.211b}$$

Man beachte: Die Phase φ_St ist die Phase der symmetrischen Lastimpedanz, d. h. die Phasenverschiebung zwischen Strangspannung und Strangstrom und nicht zwischen den Außenleitergrößen $\underline{I}_\mathrm{L}$ und $\underline{U}_\mathrm{LL}$.

Nach Definitionsgleichung (1.89) ist die Wirkleistung der zeitliche Mittelwert der Leistung $p = ui$. Der zeitliche Verlauf der Leistung einer Phase ist im Abschn. 1.4.1. berechnet und dargestellt. Fügt man zu dem Ausdruck für p einer Phase Gl. (1.87) entsprechende Ausdrücke für die beiden anderen Phasen (um $+2\pi/3$ bzw. $-2\pi/3$ phasenverschoben) hinzu, so ergibt sich bei Symmetrie, daß *der schwankende Anteil Null* wird und nur der zeitunabhängige Anteil, der die Wirkleistung darstellt, verbleibt.

Beachte: Die sog. *schwingende Leistung* existiert in jedem Strang gemäß Gl. (1.87). Bei Symmetrie kompensieren sich im Gesamtsystem die Schwingungen.

1.9.3.2. Messung der Leistung im Dreiphasensystem

Ein Wattmeter mißt den Mittelwert der Leistung, die sich ergibt als Produkt aus dem Strom durch das Wattmeter und der Spannung, die die Spannungsspule des Wattmeters abgreift. Will man in jeder der drei Phasen die Wirkleistung messen, so schaltet man gemäß Gl. (1.211) bei Stern- bzw. Dreieckschaltung je ein Wattmeter in jeden Strang (Bilder 1.156). Die Gesamtleistung ist die Summe der drei Anzeigen. Bei symmetrischen Systemen genügt ein Wattmeter. Die Anzeige wird mit Faktor 3 multipliziert.

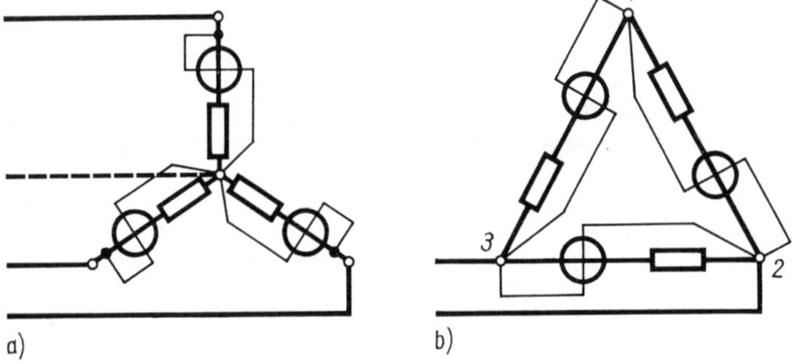

Bild 1.156. Messung der Leistungen in drei Strängen $P = \sum P_{\mathrm{St}\nu}$

a) Sternschaltung mit oder ohne Nulleiter

b) Dreieckschaltung

Besonderheiten: Es existiert kein Sternpunktleiter; der Verbraucher ist in Stern oder Dreieck geschaltet, d. h. $\underline{I}_1 + \underline{I}_2 + \underline{I}_3 = 0$. Dann kann man die Wirkleistung des Gesamtsystems mit drei Wattmetern messen, die von je einem Leiterstrom durchflossen werden, und die Spannung zwischen dem jeweiligen Leiter und einem durch drei gleiche Impedanzen $\underline{Z}_0$ künstlich geschaffenen Sternpunkt N_0 abgreifen (Bild 1.157a). Man kommt aber auch mit zwei Wattmetern aus, wenn man zwei Leiterströme und die Leiterspannungen zum dritten Leiter mißt (*Aron-Schaltung*, Bild 1.157c). Dann zeigen allerdings die einzelnen Wattmeter nicht mehr die Leistungen der entsprechenden Phasen an. Lediglich die Gesamtleistung als Summe der angezeigten Einzelleistungen ist verwertbar.

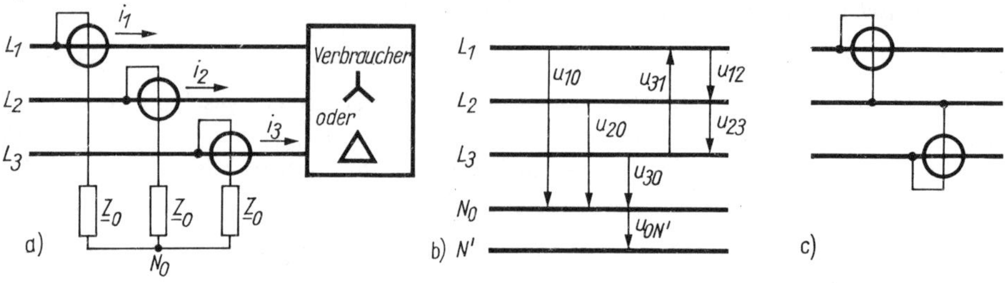

Bild 1.157. Messung der Wirkleistung des Dreiphasensystems

a) 3-Wattmeter-Methode mit künstlichem Sternpunkt

b) Spannungsbezugsrichtungen

c) 2-Wattmeter-Methode (Aron-Schaltung)

Um zu zeigen, daß die Schaltung 1.157a auch die Wirkleistung in einer Dreiecklast anzeigt, obwohl weder Strangstrom noch Strangspannung im Wattmeter direkt wirksam sind, soll der Momentanwert der zu messenden Leistung betrachtet werden. Dieser ist (Bild 1.153b)

$$p = \sum u_{\mathrm{St}\nu} i_{\mathrm{St}\nu} = u_{31} i_{31} + u_{12} i_{12} + u_{23} i_{23}.$$

Die Wattmeter Bild 1.157a zeigen den zeitlichen Mittelwert folgender Leistung p_{W} an:

$$p_{\mathrm{W}} = u_{10} i_1 + u_{20} i_2 + u_{30} i_3.$$

u_{10}, u_{20}, u_{30} sind die am Wattmeter liegenden Spannungen zwischen den Leitern $L1$, $L2$, $L3$ und dem künstlichen Sternpunkt N_0 (Bild 1.157b). Der Beweis $p_{\mathrm{W}} = p$ kann leicht erbracht werden, wenn in die Gleichung für p die Größen von p_{W} eingeführt werden. Mit den Bezugsrichtungen für *u und i* in den Bildern 1.153b und 1.157 ergeben sich diese Beziehungen:

$$u_{31} = u_{30} - u_{10} \qquad i_{31} = i_{12} - i_1$$

$$u_{12} = u_{10} - u_{20} \qquad i_{12} = i_{23} - i_2$$

$$u_{23} = u_{20} - u_{30} \qquad i_{23} = i_{31} - i_3.$$

Die Ausmultiplikation liefert $p_{\mathrm{W}} = p$, obgleich die Einzelterme in p_{W} und p untereinander nicht gleich sind, die Wattmeter nicht die Strangeinzelleistungen anzeigen.

Nehmen wir als Verbraucher eine unsymmetrische Sternschaltung mit beliebig verschobenem Sternpunkt N' an, so ist zwischen N' und dem künstlichen Sternpunkt der Wattmeterschaltung N_0 eine Spannung $u_{0N'}$ beliebiger Größe anzunehmen (Bild 1.157b).

Trotzdem ist die Gesamtanzeige der drei Wattmeter gleich der in der Sternschaltung umgesetzten Wirkleistung. Das soll wieder anhand der Momentanwerte der Leistungen gezeigt werden:

$$p \;\;= i_1 u_{1N'} + i_2 u_{2N'} + i_3 u_{3N'}$$

$$p_{\mathrm{W}} = i_1 u_{10} + i_2 u_{20} + i_3 u_{30}.$$

Mit $u_{1N'} = u_{10} + u_{0N'}$, $u_{2N'} = u_{20} + u_{0N'}$, $u_{3N'} = u_{30} + u_{0N'}$ wird $p_{\mathrm{W}} = p$; denn der in der Gleichung für p auftretende Zusatzterm $u_{0N'}(i_1 + i_2 + i_3)$ ist für beliebigen Wert von $u_{0N'}$ Null, da nach Voraussetzung $i_1 + i_2 + i_3 = 0$ ist.

Ebenso gilt für die Aron-Schaltung (Bild 1.157c)

$$p_W = i_1 u_{12} + i_3 u_{32} = i_1 (u_{1N'} - u_{2N'}) + i_3 (u_{3N'} - u_{2N'}) = i_1 u_{1N'} + i_3 u_{3N'} - u_{2N'} (i_1 + i_3).$$

Da $i_1 + i_3 = -i_2$ ist, ergibt sich auch hier $p_W = p$.

1.9.4. Symmetrische Komponenten des unsymmetrischen Dreiphasensystems

1.9.4.1. Transformation der natürlichen Komponenten des Dreiphasensystems in symmetrische Komponenten und umgekehrt

Im Abschn. 1.9.1. wurde gezeigt, daß ein symmetrisches Dreiphasensystem sehr einfach berechenbar ist. Die Lösung des unsymmetrischen Systems erfordert wesentlich mehr Aufwand. Wenn auch die allgemeinen Gleichungen im Abschn. 1.9.2. mit Hilfe der Zweipoltheorie mit relativ wenig Schreibarbeit abgeleitet werden konnten, so werden die Beziehungen doch wesentlich umfangreicher und schwieriger ableitbar, wenn magnetische Kopplungen zwischen den Strängen vorhanden sind, Mehrfach-Einspeisungen vorliegen od. ä. Man kann nun auch in solchen Fällen den Rechenaufwand auf eine Phase beschränken, wenn man das *unsymmetrische System als Überlagerung dreier symmetrischer Systeme* darstellt. Die Rechnung mit drei Systemen anstelle dreier Komponenten *eines* Systems erscheint zunächst als aufwendiger. Jedoch der Umstand, daß die drei Systeme symmetrisch sind, macht diese Methode bei komplizierteren Problemen vorteilhaft.

Dazu wird jeder der drei Zeiger des unsymmetrischen „natürlichen" Systems (z. B. $\underline{I}_1$, $\underline{I}_2$, $\underline{I}_3$) als Summe von je drei Zeigern dargestellt, die durch die Indizes 0, m, g gekennzeichnet seien (Bild 1.158a):

$$\begin{aligned} \underline{I}_1 &= \underline{I}_{10} + \underline{I}_{1m} + \underline{I}_{1g} \\ \underline{I}_2 &= \underline{I}_{20} + \underline{I}_{2m} + \underline{I}_{2g} \\ \underline{I}_3 &= \underline{I}_{30} + \underline{I}_{3m} + \underline{I}_{3g}. \end{aligned} \qquad (1.212)$$

Entscheidend ist nun, daß für die neun Zeiger (Komponenten) auf der rechten Seite nur drei Bedingungen vorgegeben sind. Man kann also noch sechs weitere Bedingungen wählen. Zum System der sog. symmetrischen Komponenten kommt man durch folgende Wahl dieser Zusatzbedingungen:

– Die Komponenten $\underline{I}_{10}$, $\underline{I}_{20}$, $\underline{I}_{30}$ sollen gleichen Betrag und gleiche Phase erhalten:

$$\underline{I}_{10} = \underline{I}_{20} = \underline{I}_{30} \equiv \underline{I}_0.$$

Sie bilden also ein System mit drei gleichen Zeigern. Man nennt es das *Nullsystem.*

– Die Komponenten $\underline{I}_{1m}$, $\underline{I}_{2m}$, $\underline{I}_{3m}$ sollen ein symmetrisches Drehstromsystem mit normaler Phasenfolge (s. Bild 1.149a) bilden:

$$\underline{I}_{1m} \equiv \underline{I}_m, \quad \underline{I}_{2m} = \underline{a}^2 \underline{I}_m \quad \text{und} \quad \underline{I}_{3m} = \underline{a}\, \underline{I}_m.$$

Dieses System „dreht" also mit dem Ausgangssystem mit. Man nennt es das *Mitsystem.*

– Die Komponenten $\underline{I}_{1g}$, $\underline{I}_{2g}$, $\underline{I}_{3g}$ sollen ein symmetrisches Drehstromsystem mit *gegenläufiger Phasenfolge* bilden:

$$\underline{I}_{1g} \equiv \underline{I}_g, \quad \underline{I}_{2g} = \underline{a}\, \underline{I}_g \quad \text{und} \quad \underline{I}_{3g} = \underline{a}^2 \underline{I}_g.$$

Man nennt es folgerichtig zur Begriffsbildung des Mitsystems das *Gegensystem.*

Damit wird aus dem Gleichungssystem (1.212):

$$\begin{aligned} \underline{I}_1 &= \underline{I}_0 + \underline{I}_m + \underline{I}_g \\ \underline{I}_2 &= \underline{I}_0 + \underline{a}^2 \underline{I}_m + \underline{a}\, \underline{I}_g \\ \underline{I}_3 &= \underline{I}_0 + \underline{a}\, \underline{I}_m + \underline{a}^2 \underline{I}_g, \end{aligned} \qquad (1.213)$$

in Matrizenform:

$$\begin{pmatrix} \underline{I}_1 \\ \underline{I}_2 \\ \underline{I}_3 \end{pmatrix} = \begin{pmatrix} 1 & 1 & 1 \\ 1 & \underline{a}^2 & \underline{a} \\ 1 & \underline{a} & \underline{a}^2 \end{pmatrix} \begin{pmatrix} \underline{I}_0 \\ \underline{I}_m \\ \underline{I}_g \end{pmatrix}, \qquad \textit{Berechnung der natürlichen Komponenten aus den symmetrischen Komponenten} \tag{1.214}$$

abgekürzt: Links steht der Spaltenvektor der unsymmetrischen Komponenten $(\underline{I})$, und der Stromvektor auf der rechten Seite $(\underline{I}_s)$ ist der Spaltenvektor der symmetrischen Komponenten

$$(\underline{I}) = (\underline{T})(\underline{I}_s) \tag{1.214a}$$

mit der *Transformationsmatrix*

$$(\underline{T}) = \begin{pmatrix} 1 & 1 & 1 \\ 1 & \underline{a}^2 & \underline{a} \\ 1 & \underline{a} & \underline{a}^2 \end{pmatrix}. \tag{1.215}$$

Die Berechnung der symmetrischen Komponenten $\underline{I}_0$, $\underline{I}_m$, $\underline{I}_g$ aus den natürlichen unsymmetrischen Komponenten $\underline{I}_1$, $\underline{I}_2$, $\underline{I}_3$ erfolgt durch Auflösung des Gleichungssystems (1.213) bzw. (1.214). So ergibt sich z. B. $\underline{I}_0$ sofort durch Addition der drei Gleichungen. Mit Gl. (1.196) wird $\underline{I}_0 = \frac{1}{3}(\underline{I}_1 + \underline{I}_2 + \underline{I}_3)$. Mittels Matrizenmultiplikation der Gl. (1.214a) mit der inversen Matrix

$$(\underline{T})^{-1} = \frac{1}{3} \begin{pmatrix} 1 & 1 & 1 \\ 1 & \underline{a} & \underline{a}^2 \\ 1 & \underline{a}^2 & \underline{a} \end{pmatrix} = (\underline{S}) \qquad \textit{Symmetrierungsmatrix} \tag{1.216}$$

erhält man sofort die Auflösung

$$(\underline{T})^{-1}(\underline{I}) = (\underline{T})^{-1}(\underline{T})(\underline{I}_s); \; (\underline{I}_s) = (\underline{T})^{-1}(\underline{I}) = (\underline{S})(\underline{I}). \tag{1.217}$$

$$\begin{pmatrix} \underline{I}_0 \\ \underline{I}_m \\ \underline{I}_g \end{pmatrix} = \frac{1}{3} \begin{pmatrix} 1 & 1 & 1 \\ 1 & \underline{a} & \underline{a}^2 \\ 1 & \underline{a}^2 & \underline{a} \end{pmatrix} \begin{pmatrix} \underline{I}_1 \\ \underline{I}_2 \\ \underline{I}_3 \end{pmatrix} \qquad \textit{Berechnung der symmetrischen Komponenten aus den natürlichen Komponenten} \tag{1.217a}$$

$(\underline{T})^{-1}$ bezeichnet man auch als *Symmetrierungsmatrix* $(\underline{S})$. Gl. (1.217a) aufgelöst:

$$\begin{aligned} \underline{I}_0 &= \frac{1}{3}(\underline{I}_1 + \underline{I}_2 + \underline{I}_3) \\ \underline{I}_m &= \frac{1}{3}(\underline{I}_1 + \underline{a}\,\underline{I}_2 + \underline{a}^2\underline{I}_3) \\ \underline{I}_g &= \frac{1}{3}(\underline{I}_1 + \underline{a}^2\underline{I}_2 + \underline{a}\,\underline{I}_3). \end{aligned} \tag{1.217b}$$

Im Vierleitersystem (Sternschaltung mit Sternpunktleiter) fließt bei Unsymmetrie ein Sternpunktstrom $-\underline{I}_N = \underline{I}_1 + \underline{I}_2 + \underline{I}_3$ (Bild 1.153a). Aus Gln. (1.213) ergibt sich

$$\underline{I}_N = -3\underline{I}_0. \tag{1.218}$$

Falls im System kein Sternpunktleiter vorhanden ist, also stets bei Dreieckschaltung, existiert das Nullsystem der Ströme nicht. Es gibt nur ein Mit- und Gegensystem des Stroms. Ist das natürliche System selbst symmetrisch $(\underline{I}_2 = \underline{a}^2\underline{I}_1,\; \underline{I}_3 = \underline{a}\,\underline{I}_1)$, dann werden $\underline{I}_0$ und $\underline{I}_g$ Null und $\underline{I}_m = \underline{I}_1$. Das Mitsystem ist gleich dem natürlichen System.

Wie mit dem *Strom*system vorgeführt, kann man auch unsymmetrische *Spannungs*systeme mit Hilfe der Gl. (1.217a) in symmetrische Komponenten transformieren bzw. mittels der symmetrischen Komponenten errechnete Ströme oder Spannungen mit Gl. (1.214a) „entsymmetrieren“, d. h. auf die natürlichen unsymmetrischen Komponenten zurückführen. Es sind in den Transformationsgleichungen die Stromvektoren durch entsprechende Spannungsvektoren zu ersetzen.

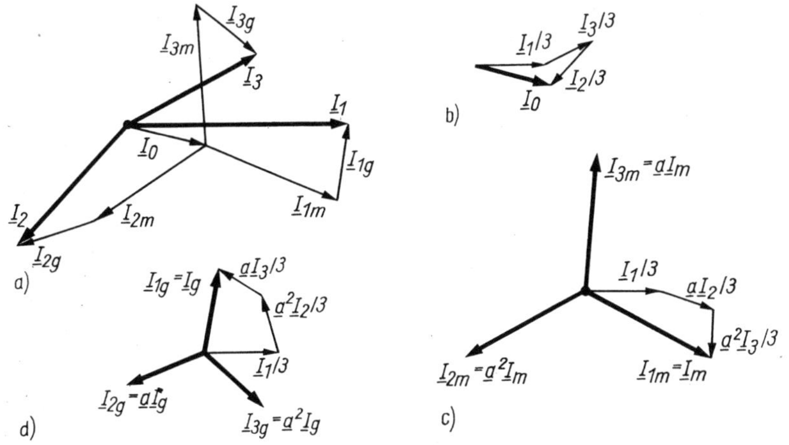

Bild 1.158. Konstruktion der symmetrischen Komponenten nach Gln. (1.217a)

a) Natürliches unsymmetrisches System

b) Nullsystem $\underline{I}_0 = \frac{1}{3}(\underline{I}_1 + \underline{I}_2 + \underline{I}_3)$

c) Mitsystem $\underline{I}_m = \frac{1}{3}(\underline{I}_1 + \underline{a}\underline{I}_2 + \underline{a}^2\underline{I}_3)$

d) Gegensystem $\underline{I}_g = \frac{1}{3}(\underline{I}_1 + \underline{a}^2\underline{I}_2 + \underline{a}\underline{I}_3)$

In den Bildern 1.158b, c, d sind die symmetrischen Komponenten $\underline{I}_0$, $\underline{I}_m$, $\underline{I}_g$ nach Gl.(1.217b) aus den gegebenen Komponenten des unsymmetrischen Systems ($\underline{I}_1$, $\underline{I}_2$, $\underline{I}_3$) im Bild 1.158a) konstruiert. Mit diesen gewonnenen Komponenten wurde nach Gln. (1.212) und (1.213) das unsymmetrische System im Bild 1.158a wieder zurückgewonnen. Bild 1.159 stellt eine unsymmetrische Dreiphasenspannung als Überlagerung von drei symmetrischen Spannungssystemen dar. Man erkennt die umgekehrte Phasenfolge des Gegensystems gegenüber dem Mitsystem. Bei symmetrischer Belastung braucht man nur in einer Strombahn (z. B. im Leiter $L1$) die symmetrischen Komponenten $\underline{I}_0$, $\underline{I}_m$, $\underline{I}_g$ zu berechnen, die natürlichen Komponenten (Leiterströme $\underline{I}_1$, $\underline{I}_2$, $\underline{I}_3$) ergeben sich mit Gl.(1.214).

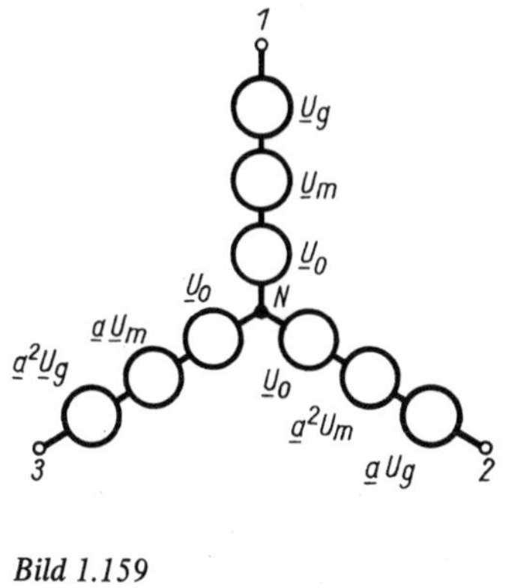

Bild 1.159

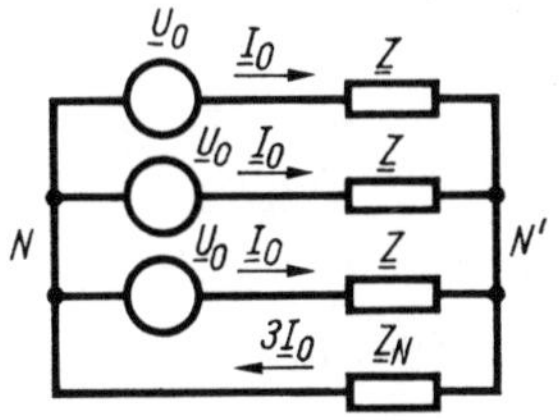

Bild 1.160. Bestimmung der Nullsystemimpedanz für symmetrische Belastung

1.9.4.2. Symmetrische Impedanzen

Berechnet man, z. B. bei unsymmetrischem Generator, aber symmetrischer Belastung die Ströme aus der Überlagerung der drei Ströme $\underline{I}_0$, $\underline{I}_m$, $\underline{I}_g$, die von den drei symmetrischen Generatoren $\underline{U}_0$, $\underline{U}_m$, $\underline{U}_s$ (Bild 1.159) angetrieben werden, so wird deutlich, daß zur Berechnung des Nullsystemstroms $\underline{I}_0$ eine andere Impedanz eingesetzt werden muß als bei den Strömen des Mit- oder Gegensystems. So zeigt Bild 1.160 das Schaltbild für das Nullsystem. Für eine Masche gilt $\underline{U}_0 = \underline{Z}\,\underline{I}_0 + \underline{Z}_N \cdot 3\underline{I}_0$. Also gibt die *„Nullimpedanz"* definiert als $\underline{U}_0/\underline{I}_0$

$$\frac{\underline{U}_0}{\underline{I}_0} = \underline{Z} + 3\underline{Z}_N .$$

Die Rechnung mit den symmetrischen Spannungskomponenten des Mit- oder Gegensystems liefert in beiden Fällen

$$\frac{\underline{U}_g}{\underline{I}_g} = \frac{\underline{U}_m}{\underline{I}_m} = \underline{Z},$$

da infolge deren Symmetrie kein Sternleiterstrom fließt. *„Mitimpedanz"* und *„Gegenimpedanz"* sind in passiven Netzwerken gleich.

Um also die Beziehungen zwischen den symmetrischen Komponenten des Stroms ($\underline{I}_s$) und der Spannung ($\underline{U}_s$) angeben zu können, muß man aus gegebenem Netzwerk die *Impedanzen* im *symmetrischen Komponentensystem* berechnen.

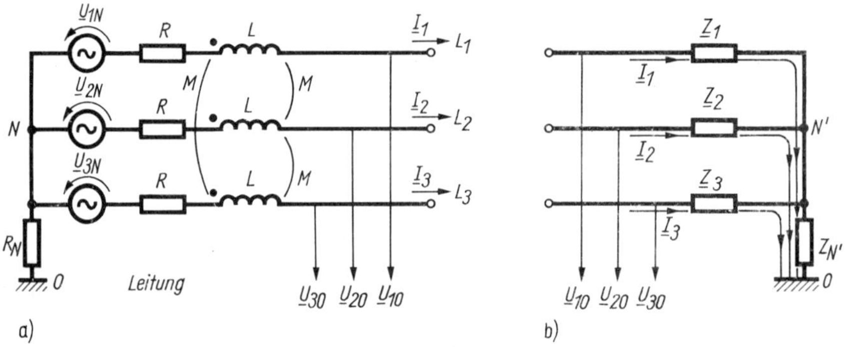

Bild 1.161

Um dies zu veranschaulichen, stellen wir für eine unsymmetrische Sternschaltung mit einer Impedanz $\underline{Z}_{N'}$ zwischen dem Verbrauchersternpunkt und Erde (Bild 1.161b) die Netzwerkgleichungen auf und „transformieren" dieses „natürliche" Gleichungssystem in das System der symmetrischen Komponenten. Die Maschenstromanalyse liefert sofort folgende Impedanzmatrix:

$$(\underline{Z}) = \begin{pmatrix} \underline{Z}_1 + \underline{Z}_{N'} & \underline{Z}_{N'} & \underline{Z}_{N'} \\ \underline{Z}_{N'} & \underline{Z}_2 + \underline{Z}_{N'} & \underline{Z}_{N'} \\ \underline{Z}_{N'} & \underline{Z}_{N'} & \underline{Z}_3 + \underline{Z}_{N'} \end{pmatrix}.$$

Also gilt im natürlichen System:

$$\begin{pmatrix} \underline{U}_{10} \\ \underline{U}_{20} \\ \underline{U}_{30} \end{pmatrix} = (\underline{Z}) \begin{pmatrix} \underline{I}_1 \\ \underline{I}_2 \\ \underline{I}_3 \end{pmatrix} \quad \rightarrow \quad (\underline{U}) = (\underline{Z})\,(\underline{I}) .$$

Mit Gl. (1.214a) wird $(\underline{U}) = (\underline{T})\,(\underline{U}_s)$ bzw. $(\underline{I}) = (\underline{T})\,(\underline{I}_s)$,

also $\quad (\underline{T})\,(\underline{U}_s) = (\underline{Z})\,(\underline{T})\,(\underline{I}_s) .$

Durch Multiplikation mit $(\underline{T})^{-1} = (\underline{S})$ von links [Gln. (1.217)] ergibt sich mit $(\underline{S})(\underline{T}) = (1)$

$$(\underline{U}_s) = (\underline{S})(\underline{Z})(\underline{T})(\underline{I}_s) \quad \text{oder} \quad (\underline{U}_s) = (\underline{Z}_s)(\underline{I}_s), \tag{1.219}$$

wobei

$$(\underline{Z}_s) = (\underline{S})(\underline{Z})(\underline{T}) \tag{1.220}$$

die Matrix der symmetrischen Impedanzen ist.

Gl. (2.119) ist die in symmetrische Komponenten transformierte Gleichung $(\underline{U}) = (\underline{Z})(\underline{I})$. Die neun Elemente der Matrix $\underline{Z}_s)$ ergeben sich durch die Matrizenmultiplikation in Gl. (1.220):

$$(\underline{Z}_s) = \begin{pmatrix} \underline{Z}_{00} & \underline{Z}_{01} & \underline{Z}_{02} \\ \underline{Z}_{10} & \underline{Z}_{11} & \underline{Z}_{12} \\ \underline{Z}_{20} & \underline{Z}_{21} & \underline{Z}_{22} \end{pmatrix}. \tag{1.221}$$

Beispielsweise ergeben sich diese Elemente für die Schaltung Bild 1.161b zu

$$\underline{Z}_{00} = \frac{1}{3}(\underline{Z}_1 + \underline{Z}_2 + \underline{Z}_3) + 3\underline{Z}_{N'} \qquad \textit{Nullselbstimpedanz}$$

$$\left.\begin{aligned} \underline{Z}_{01} = \underline{Z}_{12} = \underline{Z}_{20} &= \frac{1}{3}(\underline{Z}_1 + \underline{a}^2\underline{Z}_2 + \underline{a}\,\underline{Z}_3) \\ \underline{Z}_{10} = \underline{Z}_{21} = \underline{Z}_{02} &= \frac{1}{3}(\underline{Z}_1 + \underline{a}\,\underline{Z}_2 + \underline{a}^2\underline{Z}_3) \end{aligned}\right\} \quad \textit{Koppelimpedanzen der symmetrischen Systeme}$$

$$\underline{Z}_{11} = \underline{Z}_{22} = \frac{1}{3}(\underline{Z}_1 + \underline{Z}_2 + \underline{Z}_3) \qquad \textit{Mit- bzw. Gegenselbstimpedanz.}$$

Setzt man $\underline{Z}_1 = \underline{Z}_2 = \underline{Z}_3 = \underline{Z}$, so erhält man die oben für das „natürliche" symmetrische System ermittelten Werte. Die Koppelimpedanzen werden dann Null. Im Fall der *Symmetrie des natürlichen Impedanzsystems* sind also die drei symmetrischen Systeme voneinander entkoppelt. Aus Gln. (1.219) und (1.221) ergibt sich nämlich

$$\begin{pmatrix} \underline{U}_0 \\ \underline{U}_m \\ \underline{U}_g \end{pmatrix} = \begin{pmatrix} \underline{Z}_{00} & 0 & 0 \\ 0 & \underline{Z}_{11} & 0 \\ 0 & 0 & \underline{Z}_{22} \end{pmatrix} \begin{pmatrix} \underline{I}_0 \\ \underline{I}_m \\ \underline{I}_g \end{pmatrix}, \tag{1.222}$$

d. h.

$$\begin{aligned} \underline{U}_0 &= \underline{Z}_{00}\underline{I}_0 \\ \underline{U}_m &= \underline{Z}_{11}\underline{I}_m \\ \underline{U}_g &= \underline{Z}_{22}\underline{I}_g. \end{aligned}$$

Zusammengefaßt: Die Matrix der symmetrischen Impedanzen $(\underline{Z}_s)$ gestattet, im System der symmetrischen Komponenten das Stromsystem $(\underline{I}_s)$ aus dem Spannungssystem $(\underline{U}_s)$ und umgekehrt zu berechnen. Man erhält diese Matrix aus den natürlichen Impedanzen durch Gl. (1.220).

1.9.4.3. Hin- und Rücktransformation

Im Bild 1.162 ist als Überblick das Transformationsschema angegeben. Der „Umweg" über die „Bildebene" der symmetrischen Komponenten bringt Vorteile bei komplizierteren Berechnungen z. B. in Elektroenergieversorgungsnetzen [7].

Als Beispiel soll das Gleichungssystem in symmetrischen Komponenten für das aktive Netzwerk (Bild 1.161a) und für die Zusammenschaltung mit der eben betrachteten Belastung in Sternschaltung (Bild 1.161b) angegeben werden.

Das aktive Netzwerk wird mit gleichen Leitungsimpedanzen angenommen, wobei auch magnetische Verkopplungen zwischen den Leitern einbezogen seien. $\underline{I}_1$, $\underline{I}_2$, $\underline{I}_3$ seien als Ma-

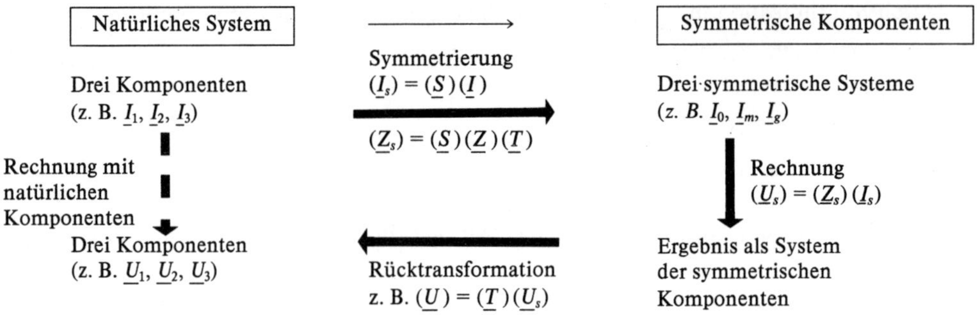

Bild 1.162

schenströme durch den Nulleiter mit Widerstand R_N geführt. Dann ergibt sich für die Generatorseite (Bild 1.161a) folgendes Gleichungssystem in natürlichen Komponenten:

$$\begin{pmatrix} \underline{U}_{10} \\ \underline{U}_{20} \\ \underline{U}_{30} \end{pmatrix} = \begin{pmatrix} \underline{U}_{1N} \\ \underline{U}_{2N} \\ \underline{U}_{3N} \end{pmatrix} - \begin{pmatrix} R + R_N + j\omega L & R_N + j\omega M & R_N + j\omega M \\ R_N + j\omega M & R + R_N + j\omega L & R_N + j\omega M \\ R_N + j\omega M & R_N + j\omega M & R + R_N + j\omega L \end{pmatrix} \begin{pmatrix} \underline{I}_1 \\ \underline{I}_2 \\ \underline{I}_3 \end{pmatrix},$$

abgekürzt:

$$(\underline{U}) = (\underline{U}') - (\underline{Z})(\underline{I}).$$

Transformation in symmetrische Komponenten $(\underline{U}) = (\underline{T})(\underline{U}_s)$ und $(\underline{I}) = (\underline{T})(\underline{I}_s)$:

$$(\underline{T})(\underline{U}_s) = (\underline{T})(\underline{U}'_s) - (\underline{Z})(\underline{T})(\underline{I}_s).$$

Multiplikation der Gleichung mit $(\underline{S})$ von links, wobei $(\underline{S})(\underline{T}) = (1)$ ist:

$$(\underline{U}_s) = (\underline{U}'_s) - (\underline{Z}_s)(\underline{I}_s). \tag{1.223}$$

Zur Berechnung von $(\underline{Z}_s)$ betrachten wir die $(\underline{Z})$-Matrix: Sie ist symmetrisch mit gleichen Diagonalelementen wie die $(\underline{Z})$-Matrix zur Schaltung Bild 1.161b. Wie die dazu gehörige $(\underline{Z}_s)$-Matrix Gl. (1.222) enthält also auch hier die $(\underline{Z}_s)$-Matrix nur die Null-, Mit- und Gegenselbstimpedanzen $\underline{Z}_{00}$, $\underline{Z}_{11}$ und $\underline{Z}_{22}$, deren Berechnung bereits im Bild 1.160 erläutert wurde. Wir wenden dieses Prinzip der getrennten Betrachtung von Null-, Gegen- und Mitsystem auf Schaltung Bild 1.161a anstelle der zweifachen Matrizenmultiplikation gemäß Gl. (1.220) an: Wirkt von $\underline{U}_{1N}$, $\underline{U}_{2N}$ und $\underline{U}_{3N}$ in jeder Strombahn nur eine gleichphasige Spannungskomponente $\underline{U}_0$ (Leiterenden $L1$, $L2$, $L3$ mit Erde 0 verbunden), so ergibt die Maschengleichung (z. B. für die Masche mit Außenleiter $L1$)

$$\underline{U}_0 = \underbrace{(R + j\omega L)\,\underline{I}_0}_{\text{Außenleiter } L1} + \underbrace{j\omega M\,\underline{I}_0}_{\text{Leiter } L2} + \underbrace{j\omega M\,\underline{I}_0}_{\text{Leiter } L3} + R_N \cdot 3\underline{I}_0,$$

induziert von Leiter $L2$, Leiter $L3$

also

$$\frac{\underline{U}_0}{\underline{I}_0} = \underline{Z}_{00} = R + 3R_N + j\omega(L + 2M).$$

Wirkt jedoch in $L1$, $L2$, $L3$ das System der Mitkomponenten ($\underline{U}_\mathrm{m}$ in $L1$, $\underline{a}^2\underline{U}_\mathrm{m}$ in $L2$ und $\underline{a}\underline{U}_\mathrm{m}$ in $L3$), dann fließen in den Leitungen infolge gleicher Leitungsimpedanzen „symmetrische" Ströme $\underline{I}_\mathrm{m}$, $\underline{a}^2\underline{I}_\mathrm{m}$ bzw. $\underline{a}\underline{I}_\mathrm{m}$, und es fließt kein Strom über R_N. Damit wird für die Masche $L1$-0-N (Enden von $L1$, $L2$ und $L3$ mit Erde 0 kurzgeschlossen):

$$\underline{U}_m = (R + j\omega L)\,\underline{I}_\mathrm{m} + j\omega M\,\underline{a}^2\underline{I}_\mathrm{m} + j\omega M\,\underline{a}\,\underline{I}_\mathrm{m},$$

und mit

$$\underline{a}^2 + \underline{a} = -1 \quad \text{[s. Gl. (1.196)] wird}$$

$$\frac{\underline{U}_m}{\underline{I}_m} = \frac{\underline{U}_g}{\underline{I}_g} = \underline{Z}_{11} = \underline{Z}_{22} = R + j\omega(L - M).$$

Damit ist die Matrix $(\underline{Z}_s)$ bestimmt.

Schalten wir das linke aktive Netzwerk (Index G) mit dem rechten Verbrauchernetzwerk (Index V) zusammen (Bild 1.161), so gelten die Gln. (1.219) und (1.223):

$$(\underline{U}_s)_V = (\underline{Z}_s)_V (\underline{I}_s)_V$$

$$(\underline{U}_s)_G = (\underline{U}'_s)_G - (\underline{Z}_s)_G (\underline{I}_s)_G.$$

Bei Zusammenschalten werden die Matrizen der Klemmengrößen gleich:

$$(\underline{I}_s)_V = (\underline{I}_s)_G = (\underline{I}_s) \text{ und } (\underline{U}_s)_V = (\underline{U}_s)_G.$$

Also wird

$$(\underline{U}'_s)_G = [(\underline{Z}_s)_G + (\underline{Z}_s)_V]\,(\underline{I}_s).$$

Durch Multiplikation mit der reziproken Matrix der Impedanzen erhalten wir:

$$(\underline{I}_s) = [(\underline{Z}_s)_G + (\underline{Z}_s)_V]^{-1}\,(\underline{U}'_s)_G.$$

Durch Rücktransformation mit Gl. (1.214a) ergeben sich die natürlichen Komponenten der Ströme

$$\begin{pmatrix} \underline{I}_R \\ \underline{I}_S \\ \underline{I}_T \end{pmatrix} = (\underline{T}) \begin{pmatrix} \underline{I}_0 \\ \underline{I}_m \\ \underline{I}_g \end{pmatrix}.$$

Aufgaben

A 1.37 Ein in Dreieck geschalteter Drehstromgenerator (Ersatzschaltung Bild A 1.20) wird mit drei gleich großen Widerständen
a) in Sternschaltung
b) in Dreieckschaltung
belastet (symmetrische Belastung).
Berechne für beide Schaltungen die Effektivwerte der Ströme durch die Widerstände *(Strangströme)* und der Ströme in den Leitungen $L1$, $L2$, $L3$ zwischen Generator und Verbraucher (Außenleiterströme)!
(Lösung AB: 1.9./2 u. 1.9./3)

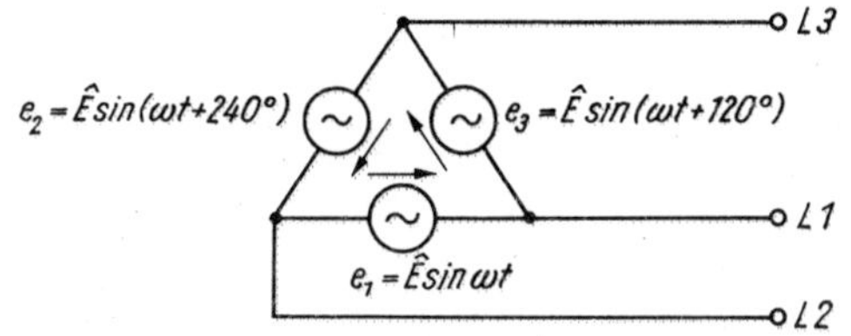

Bild A 1.20

A 1.38 Ein in Stern geschalteter symmetrischer Drehstromgenerator wird an eine symmetrische induktive Last in Dreieckschaltung gelegt (Bild A 1.21).
a) Zeichne das Zeigerbild, das die Spannungen des Generators und des Verbrauchers enthält, und zeichne in dieses die Zeiger der Strang- und Außenleiterströme ein!
b) Stelle aus a) die Beziehung zwischen Strang- und Außenleiterstrom auf!
(Lösung AB: 1.9./4)

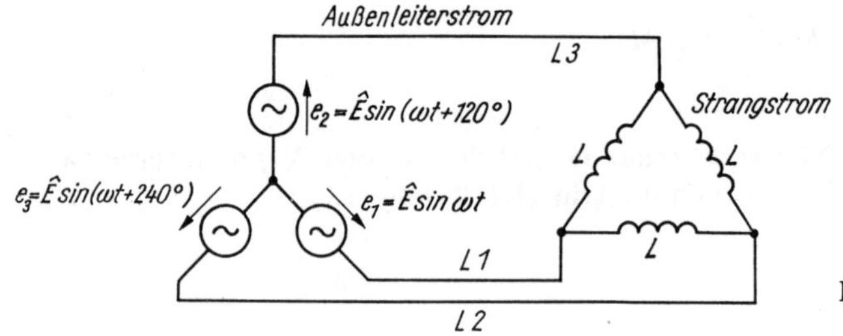

Bild A 1.21

A 1.39   Berechne die Matrix der symmetrischen Impedanzen der Sternschaltung Bild 1.161b!

(Lösung: AB 1.9./9)

A 1.40   Gegeben ein Generator in Sternschaltung mit den unsymmetrischen Klemmenspannungen $\underline{U}_{1N}$, $\underline{U}_{2N}$, $\underline{U}_{3N}$ (Bild 1.154a). Er ist mit einem symmetrischen Verbraucher in Sternschaltung (Strangimpedanz $\underline{Z}$) ohne Sternpunktleiter belastet.

a) Berechne mit den gegebenen natürlichen Komponenten die drei Leiterströme $\underline{I}_1$, $\underline{I}_2$, $\underline{I}_3$ (Gl. 1.208) und die Sternpunktspannung $\underline{U}_{NN'}$ (Bild 1.154)

b) Berechne die Leiterstörme $\underline{I}_1$, $\underline{I}_2$, $\underline{I}_3$ mit Hilfe der symmetrischen Komponenten (Bild 1.162)

  b$_1$) Transformation des Spannungssystems analog Gl. (1.217a)

  b$_2$) Berechnung vom $\underline{I}_m$ und $\underline{I}_g$ (bez. $\underline{I}_0$ beachte Bemerkung zu Gl. (1.218)!) und der Nullpunktspannung $\underline{U}_{NN'}$.

  b$_3$) Rücktransformation der Ströme in natürliche Komponenten analog Gl. (1.214).

  b$_4$) Vergleich mit Ergebnis a).

(Lösung: AB 1.9./11)

2. Berechnung linearer Kreise bei periodischer und nichtperiodischer Erregung

2.1. Darstellung periodischer Vorgänge durch Fourier-Reihen

Bisher haben wir uns hinsichtlich der Zeitabhängigkeit der Erregung auf die Sinusfunktion, d. h. die elementare periodische Funktion, beschränkt. Wie bereits im Abschn. 1. einleitend ausgeführt, ist eine beliebige periodische Funktion mit der Periodendauer T_0

$$f(t) = f(t + kT_0)$$

(unter bei uns i. allg. erfüllten Bedingungen[1])) in eine *Fourier-Reihe*, d. h. in eine Summe von Sinus- und Kosinusfunktionen und u. U. ein Gleichglied zerlegbar:

$$f(t) = C_0 + \sum_{\nu=1}^{\infty} \hat{A}_\nu \cos \nu\omega_0 t + \sum_{\nu=1}^{\infty} \hat{B}_\nu \sin \nu\omega_0 t, \tag{2.1}$$

wobei $\omega_0 = 2\pi/T_0$ ist.

Dabei ist das Gleichglied C_0 nach Gl. (1.3)

$$C_0 = \frac{1}{T_0} \int_{t_0}^{t_0+T_0} f(t)\,\mathrm{d}t, \tag{2.2}$$

und die Amplituden der Teilschwingungen ergeben sich aus den Integralen

$$\hat{A}_\nu = \frac{2}{T_0} \int_{t_0}^{t_0+T_0} f(t) \cos \nu\omega_0 t\,\mathrm{d}t; \quad \hat{A}_0 = 2C_0, \quad \text{d. h.} \quad C_0 = \frac{\hat{A}_0}{2} \tag{2.3}$$

$$\hat{B}_\nu = \frac{2}{T_0} \int_{t_0}^{t_0+T_0} f(t) \sin \nu\omega_0 t\,\mathrm{d}t. \tag{2.4}$$

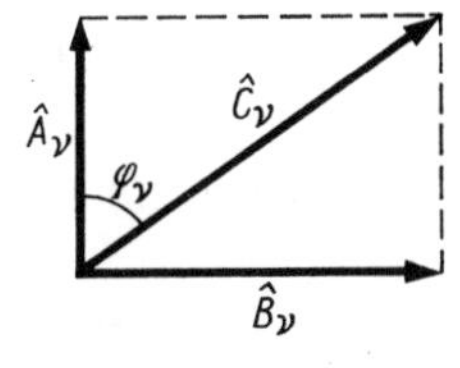

Bild 2.1. Addition zweier Schwingungen der Frequenz νf_0
Resultierende Schwingung mit Amplitude $\hat{C}_\nu$ eilt der cos-Schwingung mit Amplitude $\hat{A}_\nu$ um Phasenwinkel φ_ν nach.

Die gleichfrequenten Sinus- und Kosinusglieder lassen sich nach Gl. (1.7) zusammenfassen (s. auch Zeigerbild 2.1):

$$\hat{A}_\nu \cos \nu\omega_0 t + \hat{B}_\nu \sin \nu\omega_0 t = \hat{C}_\nu \cos(\nu\omega_0 t - \varphi_\nu)$$

mit

$$\hat{C}_\nu = \sqrt{\hat{A}_\nu^2 + \hat{B}_\nu^2} \tag{2.5}$$

und $$\varphi_\nu = \arctan \frac{\hat{B}_\nu}{\hat{A}_\nu}. \tag{2.6}$$

[1]) Siehe beispielsweise [4], S. 420.

Die Schwingung mit der tiefsten Frequenz ($\nu = 1$, $\omega = \omega_0$) nennt man die *1. Harmonische* oder *Grundschwingung*. Schwingungen mit $\nu = 2,3, \ldots$ nennt man 2., 3., ... *Harmonische* oder 1., 2., ... *Oberschwingung*.

Damit erhalten wir die *Spektraldarstellung*:

$$f(t) = C_0 + \sum_{\nu=1}^{\infty} \hat{C}_\nu \cos(\nu\omega_0 t - \varphi_\nu). \tag{2.7}$$

Ist das Gleichglied C_0 Null, so ist $f(t)$ eine (reine) *Wechselgröße*; ist ein Gleichglied vorhanden (z. B. ein Gleichstrom, dem ein sinusförmiger Wechselstrom überlagert ist), so spricht man von einer *Mischgröße*.

Es ist naheliegend, die Sinus- und Kosinusfunktionen der Fourier-Reihe durch komplexe Funktionen auszudrücken, damit man die komplexe Rechnung der Wechselstromtechnik auch für mehrwellige Erscheinungen anwenden kann. Man erhält dann die *komplexe Fourier-Reihe*.

Mit $e^{j\omega t} = \cos \omega t + j \sin \omega t$, d. h. $\cos \omega t = \mathrm{Re}(e^{j\omega t})$ wird aus Gl. (2.7)

$$f(t) = C_0 + \sum_{\nu=1}^{\infty} \mathrm{Re}(\hat{C}_\nu e^{j(\nu\omega_0 t - \varphi_\nu)}). \tag{2.8}$$

Definiert man als *komplexe Amplitude*

$$\underline{\hat{C}}_\nu = \hat{C}_\nu e^{-j\varphi_\nu} = \hat{C}_\nu \cos\varphi_\nu - j\hat{C}_\nu \sin\varphi_\nu,$$

so wird mit Bild 2.1

$$\underline{\hat{C}}_\nu = \hat{A}_\nu - j\hat{B}_\nu. \tag{2.9}$$

Mit dieser Definition ergibt sich für den Betrag

$$|\underline{\hat{C}}_\nu| = \sqrt{\hat{A}_\nu^2 + \hat{B}_\nu^2} = \hat{C}_\nu \tag{2.5}$$

in Übereinstimmung mit der reellen Amplitude im Zeitbereich Gl. (2.5)[1]. Mit Gln. (2.3) und (2.4) berechnet man die komplexe Amplitude aus gegebener Zeitfunktion $f(t)$:

$$\underline{\hat{C}}_\nu = \hat{A}_\nu - j\hat{B}_\nu = \frac{2}{T_0} \int_{t_0}^{t_0+T_0} f(t)(\cos \nu\omega_0 t - j \sin \nu\omega_0 t)\,dt$$

$$\underline{\hat{C}}_\nu = \frac{2}{T_0} \int_{t_0}^{t_0+T_0} f(t)\, e^{-j\nu\omega_0 t}\,dt. \tag{2.10}$$

Die Komponenten der reellen Fourier-Reihe Gl. (2.1) bzw. (2.7) ergeben sich aus (2.10) zu

$$C_0 = \frac{1}{2} |\underline{\hat{C}}_\nu|_{\nu=0} \tag{2.11}$$

$$\hat{A}_\nu = \mathrm{Re}(\underline{\hat{C}}_\nu) \tag{2.12}$$

$$\hat{B}_\nu = -\mathrm{Im}(\underline{\hat{C}}_\nu) \tag{2.13}$$

$$\hat{C}_\nu = |\underline{\hat{C}}_\nu| \tag{2.14}$$

$$\varphi_\nu = -\arctan\frac{\mathrm{Im}(\underline{\hat{C}}_\nu)}{\mathrm{Re}(\underline{\hat{C}}_\nu)}. \tag{2.15}$$

Gln. (2.12) bis (2.15) gelten für $\nu > 0$, ganzzahlig.

[1]) Häufig wird auch $(\hat{A}_\nu - j\hat{B}_\nu)/2$ als komplexe Fourier-Komponente definiert. Hierbei ist diese volle Übereinstimmung nicht gegeben. Der Faktor 2 entfällt dann in Gl. (2.10) und tritt dafür in Gln. (2.11) bis (2.14) auf.

Damit wird aus Gl. (2.1)

$$f(t) = \frac{1}{2} \, |\underline{C}_\nu|_{\nu=0} + \sum_{\nu=1}^{\infty} \mathrm{Re}\,(\underline{\hat{C}}_\nu) \cos \nu\omega_0 t - \sum_{\nu=1}^{\infty} \mathrm{Im}\,(\underline{\hat{C}}_\nu) \sin \nu\omega_0 t. \qquad \textbf{(2.16)}$$

Durch eine formale Einführung negativer Werte für ν, d. h. Erweiterung des Wertebereichs für ν um $\nu = -1$ bis $\nu = -\infty$, kann man in Gl. (2.8) die Einschränkung Re weglassen, indem man den Faktor ½ vor die Summe setzt; denn die Auswertung ergibt dann die doppelte Summe für den Realteil, die Imaginärteile ergeben jedoch insgesamt Null. Es ist nach Gln. (2.3) und (2.4) $\hat{A}_{-\nu} = \hat{A}_{+\nu}$, $\hat{B}_{-\nu} = -\hat{B}_{+\nu}$, also $\varphi_{-\nu} = -\varphi_{+\nu}$, und mit Gl. (2.11) kann auch C_0 mit unter die Summe geschrieben werden:

$$f(t) = \frac{1}{2} \sum_{\nu=-\infty}^{+\infty} \underline{\hat{C}}_\nu \, e^{j\nu\omega_0 t} \qquad \textbf{(2.16a)}$$

Natürlich haben negative ν-Werte, d. h. negative Frequenzen, keinen physikalischen Sinn. Gl. (2.16a) stellt – außer für $\nu = 0$ – die Überlagerung *konjugiert komplexer Größenpaare* dar $\underline{\hat{C}}_{-\nu} = \underline{\hat{C}}^*_{+\nu}$, die jeweils reellen Wert ergibt.

Die Einführung der *komplexen Fourier-Komponente* $\underline{\hat{C}}_\nu$ hat den Vorteil, für jede periodische Funktion die uns bekannte komplexe Rechnung in Netzwerken anwenden zu können (s. Abschn. 2.4., insbesondere Bild 2.9).

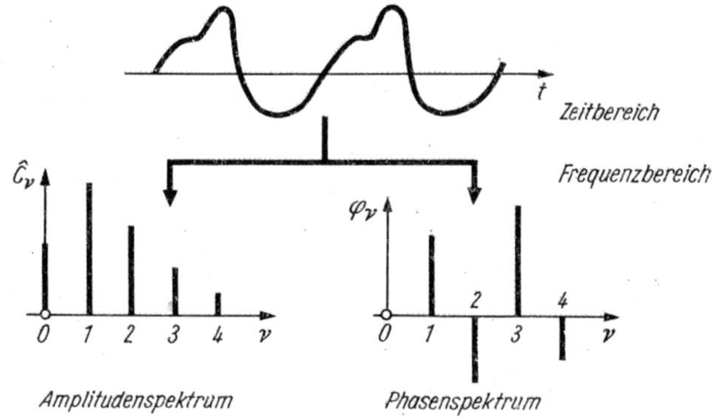

Bild 2.2. Darstellung einer periodischen Funktion als Summe harmonischer Schwingungen

Eine periodische Funktion im Zeitbereich kann im sog. *Frequenzbereich* als *Amplituden-* (oder Linien-) und *Phasenspektrum* dargestellt werden (Bild 2.2). Zu deren Berechnung dienen die Gln. (2.2) bis (2.6) bzw. (2.10) bis (2.15)[1]).

Die Berechnung der Integrale (2.3) und (2.4) kann man für spezielle Funktionsverläufe vereinfachen:

- Ist $f(t)$ *symmetrisch* zu $t = 0$, so sind alle $\hat{B}_\nu$ Null; die Reihe enthält nur cos-Glieder.
- Ist $f(t)$ eine *ungerade* Funktion, d. h. $f(-t) = -f(t)$, so sind alle $\hat{A}_\nu$ Null; die Reihe enthält nur sin-Glieder.
- Ist $f(t)$ eine bereits nach $T_0/2$ sich positiv wiederholende Funktion, d. h. $f(t + T_0/2) = f(t)$, so existieren nur geradzahlige Harmonische $\nu = 2, 4, 6, \ldots$

Beispiel 1

Wir wollen das Spektrum der Impulskurve (Impuls der Länge τ und Höhe h) berechnen (Bild 2.3a). Wir legen zur Vereinfachung der Rechnung (s. oben) die t-Achse so, daß $f(t)$ symmetrisch wird. (Eine Verschiebung der t-Achse wirkt sich nur im Phasenspektrum aus.)

[1]) Die Berechnung der Fourier-Koeffizienten bei nur graphisch gegebenem Kurvenverlauf wird im Arbeitsbuch [2] erläutert.

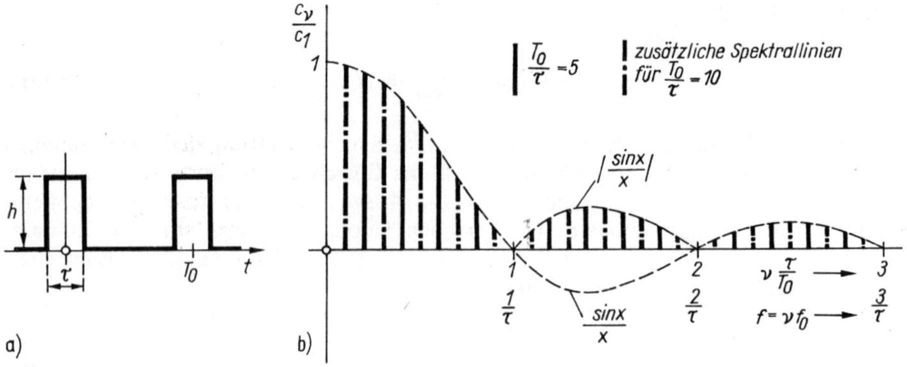

Bild 2.3

a) periodischer Rechteckimpuls für verschiedene T_0/τ-Werte; b) Amplitudenspektrum für periodischen Rechteckimpuls bei Impulsdauer τ

Dann ist $f(t) = f(-t)$, also wird das Amplitudenspektrum $\hat{C}_\nu = \hat{A}_\nu$ mit $\hat{B}_\nu = 0$. Wir brauchen bloß das eine Integral [Gl. (2.3)] zu lösen. Da die Funktion innerhalb einer Periodendauer nur für die Zeit τ ungleich Null ist, kann man als Integrationsgrenzen $-\tau/2$ bzw. $+\tau/2$ einsetzen.

Amplituden der Teilschwingungen:

$$\hat{C}_\nu = \hat{A}_\nu = \frac{2}{T_0} \int_{-\tau/2}^{+\tau/2} h \cos \nu\omega_0 t \, \mathrm{d}t = \frac{2h}{\nu\omega_0 T_0} \sin \nu\omega_0 t \Big|_{-\tau/2}^{+\tau/2}$$

mit $\omega_0 T_0 = 2\pi$

$$\hat{C}_\nu = \hat{A}_\nu = \frac{2h}{\nu\pi} \sin \nu\pi \frac{\tau}{T_0} = 2h \frac{\tau}{T_0} \frac{\sin \nu\pi\tau/T_0}{\nu\pi\tau/T_0}.$$

Für das Gleichglied ergibt sich nach Gl. (2.3) mit $\frac{\sin 0}{0} = 1$ bzw. Gl. (2.1)

$$C_0 = \frac{\hat{A}_0}{2} = \frac{h\tau}{T_0}.$$

Bei Anwendung der Gln. (2.10) und (2.14) erhält man die gleichen Ergebnisse.
Das Amplitudenspektrum ist im Bild 2.3b angedeutet. Damit ergibt sich die Reihe

$$f(t) = h\frac{\tau}{T_0} + \frac{2h}{\pi}\left[\sin\pi\frac{\tau}{T_0}\cos\omega_0 t + \frac{\sin 2\pi\frac{\tau}{T_0}}{2}\cos 2\omega_0 t + \ldots\right].$$

Für $\tau = T_0/2$ erhält man die Reihe der gleichmäßigen Rechteckkurve.

Diskussion

Die Hüllkurve des Amplitudenspektrums verläuft nach einer $\left|\frac{\sin x}{x}\right|$-Funktion $\left(x = \frac{\nu\pi\tau}{T_0}\right)$.
Sie wird Null bei $x = n\pi$ ($n > 0$, ganzzahlig), d. h. $\nu = nT_0/\tau$. Bis zur ersten Nullstelle ($n = 1$) gibt es also $\nu = T_0/\tau$ Spektrallinien. Diese Nullstelle liegt bei der Frequenz $\nu f_0 = \frac{1}{\tau}$ (Bild 2.3b).

Machen wir die zeitlichen Intervalle der Impulse mit konstanter Impulsdauer τ immer größer, so wird der Frequenzabstand zwischen jeweils zwei Spektrallinien $f_0 = 1/T_0$ immer kleiner, also die Anzahl der Spektrallinien ν bis zur ersten Nullstelle des Spektrums und damit die Dichte der Spektrallinien wird immer größer. Relativ kurze Impulse enthalten also viele Oberwellen. Im Bild 2.3b sind die Spektren für $\tau = T_0/5$ und $T_0/10$ eingetragen.

Beispiel 2

Wir berechnen das Spektrum der sich periodisch wiederholenden Exponentialfunktion (Bild 2.4a). Wir wenden Gl. (2.10) an, zumal $f(t) = h \exp(-t/\tau)$ mit dem Faktor $\exp(-\mathrm{j}\nu\omega_0 t)$ zusammengefaßt werden kann:

$$\exp(-\mathrm{j}\nu\omega_0 t - t/\tau) = \exp -(\mathrm{j}\nu\omega_0\tau + 1)\, t/\tau$$

$$\underline{\hat{C}}_\nu = \frac{2}{T_0}\int_0^{T_0} h\, \mathrm{e}^{-(\mathrm{j}\nu\omega_0\tau+1)\,t/\tau}\,\mathrm{d}t$$

$$\underline{\hat{C}}_\nu = \frac{-h\,2\tau/T_0}{1+\mathrm{j}\nu\omega_0\tau}\left(\mathrm{e}^{-\mathrm{j}\nu\omega_0 T_0 - T_0/\tau} - 1\right).$$

Mit $\omega_0 T_0 = 2\pi$ und $\mathrm{e}^{-\mathrm{j}\nu 2\pi} = 1$ ergibt sich

$$\underline{\hat{C}}_\nu = \frac{2h\tau/T_0}{1+\mathrm{j}\nu\omega_0\tau}\left(1 - \mathrm{e}^{-T_0/\tau}\right).$$

Damit wird mit Gln. (2.11) bis (2.15)

$$\hat{A}_\nu = \mathrm{Re}\,(\underline{\hat{C}}_\nu) = 2h\frac{\tau}{T_0}\,\frac{1-\mathrm{e}^{-T_0/\tau}}{1+(\nu\omega_0\tau)^2}$$

$$\hat{B}_\nu = -\mathrm{Im}\,(\underline{\hat{C}}_\nu) = 2h\frac{\tau}{T_0}\,\frac{\nu\omega_0\tau(1-\mathrm{e}^{-T_0/\tau})}{1+(\nu\omega_0\tau)^2}$$

$$C_0 = \frac{A_0}{2} = \frac{h\tau}{T_0}\left(1-\mathrm{e}^{-T_0/\tau}\right)$$

$$\hat{C}_\nu = |\underline{\hat{C}}_\nu| = \frac{2h\tau/T_0}{\sqrt{1+(\nu\omega_0\tau)^2}}\left(1-\mathrm{e}^{-T_0/\tau}\right)$$

$$\varphi_\nu = \arctan\frac{\hat{B}_\nu}{\hat{A}_\nu} = \arctan(\nu\omega_0\tau).$$

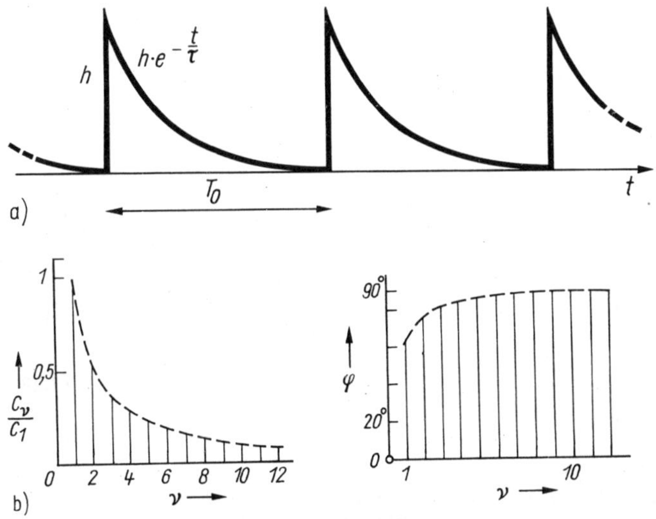

Bild 2.4
a) periodischer Exponentialimpuls
b) Amplituden- und Phasenspektrum für den Exponentialimpuls ($\omega_0\tau = 2$, d.h. $T_0/\tau = \pi$)

Amplituden- und Phasenspektrum sind im Bild 2.4b dargestellt.

2.2. Darstellung nichtperiodischer Vorgänge durch Fourier-Integrale (Fourier-Transformation)

Eine nichtperiodische Funktion (einmaliger Vorgang) kann aufgefaßt werden als eine Funktion mit der Periodendauer $T_0 \to \infty$. Die mathematische Formulierung kann mit diesem Grenzübergang von der Fourier-Reihe der periodischen Funktionen abgeleitet werden.

Bereits am Beispiel 1 wurde in der Diskussion die Folge einer Verlängerung der Periodendauer T_0 für das Amplitudenspektrum erläutert (Bild 2.3b). Für $T_0 \to \infty$ wird der Frequenzabstand f_0 zweier Spektrallinien differentiell klein: $1/T_0 = f_0 \to \mathrm{d}f$ (bzw. $\omega_0 \to \mathrm{d}\omega$). Die Frequenzen der diskreten Spektrallinien νf_0 werden zur laufenden Frequenz: $\nu f_0 \to f$ (bzw. $\nu\omega_0 \to \omega$). Infolge der Division durch T_0 [Gln. (2.2) bis (2.4)] werden die Amplituden der diskreten Spektrallinien A_ν, B_ν, C_ν Null. Deshalb *definiert* man dafür eine neue Größe, die gleich bzw. proportional dem „Amplitudeninhalt" im Frequenzbereich df, dividiert durch df, ist und sinngemäß als *Amplitudendichte (Spektraldichte)* bezeichnet wird:

Definition der *Spektraldichte*

$$\lim_{T_0 \to \infty} \hat{C}_\nu \frac{T_0}{2} = \frac{\hat{C}}{2\mathrm{d}f} = c(f)^{1)}. \tag{2.17}$$

Analog ergeben sich für $\hat{A}_\nu$ und $\hat{B}_\nu$ die entsprechenden Amplitudendichten $a(f)$ bzw. $b(f)$. Entsprechend Gl. (2.17) $\hat{C} = 2c(f)\,\mathrm{d}f$ wird z. B. $\hat{A} = 2a(f)\,\mathrm{d}f = \frac{1}{\pi}a(\omega)\,\mathrm{d}\omega$.

Mit diesen Grenzübergängen kann man Gln. (2.1) und (2.7) umschreiben für nichtperiodische Funktionen $f(t)$, für die die Bedingung erfüllt sein muß, daß das Integral konvergiert:

$$\int_{-\infty}^{+\infty} |f(t)|\,\mathrm{d}t < \infty\,. \tag{2.18}$$

Das Gleichglied wird Null.[2]) In Gl. (2.1) werden aus den Summen Integrale:

$$f(t) = \frac{1}{\pi}\int_0^\infty a(\omega)\cos\omega t\,\mathrm{d}\omega + \frac{1}{\pi}\int_0^\infty b(\omega)\sin\omega t\,\mathrm{d}\omega \tag{2.19}$$

bzw. aus Gl. (2.7)

$$f(t) = \frac{1}{\pi}\int_0^\infty c(\omega)\cos[\omega t - \varphi(\omega)]\,\mathrm{d}\omega\,. \tag{2.20}$$

Dabei ergeben sich aus Gln. (2.3) bis (2.6) mit Def.-Gl. (2.17)

$$a(\omega) = \int_{-\infty}^{+\infty} f(t)\cos\omega t\,\mathrm{d}t \tag{2.21}$$

$$b(\omega) = \int_{-\infty}^{+\infty} f(t)\sin\omega t\,\mathrm{d}t \tag{2.22}$$

$$c(\omega) = \sqrt{a^2(\omega) + b^2(\omega)} \tag{2.23}$$

$$\varphi(\omega) = \arctan\frac{b(\omega)}{a(\omega)}\,. \tag{2.24}$$

[1]) Es werden auch andere Definitionen gewählt, bei denen der Grenzübergang von $\hat{C}_\nu T_0$ oder $\hat{C}_\nu T_0/2\pi$ durchgeführt wird. Dann ändern sich die Faktoren vor den Integralen der folgenden Gleichungen entsprechend.

[2]) Ein ggf. vorhandener Gleichanteil wird bei der Transformation nicht mit abgebildet (s. auch Fußnote S. 219).

Mit der *Definition* der *komplexen Spektraldichte* analog Gl. (2.9)

$$c(\mathrm{j}\omega) = a(\omega) - \mathrm{j}b(\omega) \tag{2.25}$$

erhält man mit Gln. (2.21) und (2.22) die exponentielle Form der Spektralfunktion

$$\underline{c}(\mathrm{j}\omega) = \int_{-\infty}^{+\infty} f(t)\, \mathrm{e}^{-\mathrm{j}\omega t}\, \mathrm{d}t. \qquad \textit{Fourier-Transformation} \tag{2.26}$$

Also sind

$$a(\omega) = \mathrm{Re}\,[\underline{c}(\mathrm{j}\omega)] \tag{2.27}$$

$$b(\omega) = -\mathrm{Im}\,[\underline{c}(\mathrm{j}\omega)]. \tag{2.28}$$

Ersetzt man – wie bei Ableitung der Gl. (2.16) – in Gl. (2.20) $\cos\omega t$ durch die Exponentialfunktion, so erhält man mit (2.25) das *komplexe Fourier-Integral* für eine nichtperiodische Funktion

$$f(t) = \frac{1}{2\pi} \int_{-\infty}^{+\infty} \underline{c}(\mathrm{j}\omega)\, \mathrm{e}^{\mathrm{j}\omega t}\, \mathrm{d}\omega. \qquad \textit{Fourier-Rücktransformation} \tag{2.29}$$

Anstelle des Linienspektrums $\hat{C}_\nu$ einer periodischen Funktion ergibt sich bei nichtperiodischen Funktionen ein *kontinuierliches Dichtespektrum* $|c(\mathrm{j}\omega)|$.
Gl. (2.26) stellt eine Funktionaltransformation dar *(Fourier-Transformation)*, die die Zeitfunktion $f(t)$ einer komplexen Frequenzfunktion $\underline{c}(\mathrm{j}\omega)$ zuordnet. Mit dieser kann man umgekehrt die ursprüngliche Zeitfunktion durch Gl. (2.29) berechnen *(inverse Fourier-Transformation)*. Analog der komplexen Fourier-Komponente Gl. (2.10) für periodische Funktionen ist für nichtperiodische Funktionen $f(t)$ die Fourier-Transformierte $\underline{c}(\mathrm{j}\omega)$ – Gl. (2.26) – die in die komplexe Ebene der Wechselstromrechnung transformierte Amplitudendichte [beachte Gln. (2.23) und (2.25)], so daß man mit dieser z. B. bei Netzwerkberechnungen im Bildbereich u. U. viel einfacher rechnen kann als mit $f(t)$ im Zeitbereich (s. Bild 2.9). Man muß „nur“ mit Hilfe der Gl. (2.29) in den Zeitbereich zurücktransformieren, was durch die Integration komplizierter ist als bei harmonischer Schwingung. Oft genügt aber das Ergebnis im Bildbereich: Amplituden- und Phasenspektrum.

Für den praktischen Gebrauch wird das Verfahren (insbesondere die Integration der Gl. (2.29), d. h. Rücktransformation) durch Korrespondenztafeln wesentlich erleichtert, in denen für häufig vorkommende typische Funktionen die Beziehungen zwischen Zeitbereich und Frequenzbereich und umgekehrt angegeben sind.

Die Fourier-Transformation ist ein Sonderfall einer allgemeineren Funktionaltransformation, der *Laplace-Transformation.* Bei dieser wird anstelle der reellen Zeitfunktion $f(t)$ die mit einem Dämpfungsfaktor multiplizierte Funktion $f(t)\,\mathrm{e}^{-\delta t}$ einer Fourier-Transformation unterzogen:

$$\int_{-\infty}^{+\infty} [f(t)\,\mathrm{e}^{-\delta t}]\,\mathrm{e}^{-\mathrm{j}\omega t}\,\mathrm{d}t = \int_{-\infty}^{+\infty} f(t)\,\mathrm{e}^{-(\delta+\mathrm{j}\omega)t}\,\mathrm{d}t = \int_{-\infty}^{+\infty} f(t)\,\mathrm{e}^{-pt}\,\mathrm{d}t = L(p)$$

mit $p = \delta + \mathrm{j}\omega$ *(komplexe Frequenz).* Diese Transformation hat den Vorteil, daß die Konvergenzbedingung Gl. (2.18) durch den zusätzlichen Dämpfungsfaktor für eine größere Zahl von Funktionen – praktisch für alle Funktionen $f(t)$ mit $f(t) = 0$ für $t < 0$ – erfüllt ist.

Die für die Rücktransformation bequemen Korrespondenztafeln der Laplace-Transformation sind also für die Fourier-Transformation anwendbar, wenn man $p = \mathrm{j}\omega$ setzt.

Beispiel 3

Wir berechnen die Spektralfunktion eines einmaligen *Rechteckimpulses* der Dauer τ und eines nichtperiodischen *Exponentialimpulses* (Bilder 2.3a und 2.4a für $T_0 \to \infty$)

a) Rechteckimpuls

Nach Gl. (2.26) ist

$$\underline{c}(\mathrm{j}\omega) = \int\limits_{-\tau/2}^{+\tau/2} h\,\mathrm{e}^{-\mathrm{j}\omega t}\,\mathrm{d}t = \frac{h}{-\mathrm{j}\omega}(\mathrm{e}^{-\mathrm{j}\omega\tau/2} - \mathrm{e}^{\mathrm{j}\omega\tau/2}),$$

$$\underline{c}(\mathrm{j}\omega) = \frac{2h}{\omega}\sin\frac{\omega\tau}{2} = h\tau\frac{\sin\frac{\omega\tau}{2}}{\frac{\omega\tau}{2}}.$$

Das Dichtespektrum $|\underline{c}(\mathrm{j}\omega)|$ hat also den $|\sin x/x|$-Verlauf, wie er im Amplitudenspektrum (Bild 2.3b) als Hüllkurve dargestellt ist. Die einzelnen Spektrallinien sind unendlich eng aneinandergerückt; das Spektrum ist eine kontinuierliche Funktion. An den Nullstellen $\omega\tau/2 = n\pi$, d. h. $f = n/\tau$, tritt jeweils eine Phasendrehung um 180° auf (Vorzeichenänderung). Sollen alle Anteile bis 10% des Maximalwerts erfaßt werden, so muß man mit einer Bandbreite von $\Delta f = 2{,}6/\tau$ rechnen.

Wir wollen noch den Einfluß einer *Zeitverschiebung* des Impulses (bzw. der Impulsfolge bei periodischen Funktionen) auf Amplitudendichte und Phasenspektrum untersuchen. Verschieben wir z. B. den Impuls um t_0 (Bild 2.5), so gilt

$$\underline{c}'(\mathrm{j}\omega) = h \int\limits_{t_0-\tau/2}^{t_0+\tau/2} \mathrm{e}^{-\mathrm{j}\omega t}\,\mathrm{d}t.$$

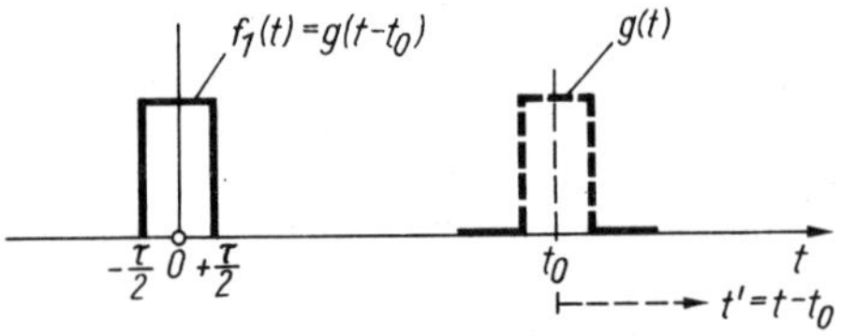

Bild 2.5. Um t_0 zeitverschobener Impuls

Wir führen eine Zeitachse t' ein (Bild 2.5), für die gilt $t' = t - t_0$; dann ist $\mathrm{d}t = \mathrm{d}t'$, und die Integrationsgrenzen $t_0 \pm \tau/2$ gehen über in $t' = \pm\tau/2$. Damit folgt:

$$\underline{c}'(\mathrm{j}\omega) = h \int\limits_{-t/2}^{+\tau/2} \mathrm{e}^{-\mathrm{j}\omega(t'+t_0)}\,\mathrm{d}t' = h\,\mathrm{e}^{-\mathrm{j}\omega t_0} \int\limits_{-\tau/2}^{+\tau/2} \mathrm{e}^{-\mathrm{j}\omega t'}\,\mathrm{d}t'.$$

Der Vergleich mit obiger Rechnung ergibt:

$$\underline{c}'(\mathrm{j}\omega) = \underline{c}(\mathrm{j}\omega)\,\mathrm{e}^{-\mathrm{j}\omega t_0}, \qquad |\underline{c}'(\mathrm{j}\omega)| = |\underline{c}(\mathrm{j}\omega)|, \qquad \varphi'(\omega) = \varphi(\omega) - \omega t_0.$$

Ergebnis: Eine Zeitverschiebung um $+t_0$ hat im Frequenzbereich lediglich eine Phasenverschiebung um $-\omega t_0$ bei unverändertem Amplituden(dichte)spektrum zur Folge *(Verschiebungssatz).*

b) Exponentialimpuls

Der *Exponentialimpuls* hat die Form $f(t) = h\,\mathrm{e}^{-t/\tau}$ für $t \geqq 0$. Damit ergibt sich

$$\underline{c}(\mathrm{j}\omega) = \int\limits_{0}^{\infty} h\,\mathrm{e}^{-\left(\mathrm{j}\omega+\frac{1}{\tau}\right)t}\,\mathrm{d}t = \frac{h}{\mathrm{j}\omega + \frac{1}{\tau}} = \frac{h\tau}{1+\mathrm{j}\omega\tau}$$

$$\underline{c}(\mathrm{j}\omega) = \frac{h\tau}{\sqrt{1+(\omega\tau)^2}}\,\mathrm{e}^{-\mathrm{j}\arctan(\omega\tau)}.$$

Will man das Dichtespektrum (gestrichelte Hüllkurve im Bild 2.4b) bis 0,1 $h\tau$ erfassen, so muß $\omega_{\max}\tau \approx 10$, d. h. die Bandbreite der Übertragungseinrichtung $\Delta f \approx 10/(2\pi\tau) \approx 1{,}6 \cdot 1/\tau$ sein.
Das komplexe Fourier-Integral nach Gl. (2.29) lautet

$$f(t) = \frac{1}{2\pi} \int\limits_{-\infty}^{+\infty} \frac{h\tau}{1 + \mathrm{j}\omega\tau}\, \mathrm{e}^{\mathrm{j}\omega t}\, \mathrm{d}\omega .$$

Mit Gln. (2.27) und (2.28) ergibt sich die reelle Integralform Gl. (2.19) zu

$$f(t) = \frac{1}{\pi} \int\limits_0^{\infty} \frac{h\tau}{1 + (\omega\tau)^2} \cos \omega t \, \mathrm{d}\omega + \frac{1}{\pi} \int\limits_0^{\infty} \frac{h\omega\tau^2}{1 + (\omega\tau)^2} \sin \omega t \, \mathrm{d}\omega .$$

Machen wir den Grenzübergang $\tau \to \infty$ im Zeitbereich, so erhalten wir den sog. *Einschaltsprung* $f(t) = h$ für $t \geqq 0$. Dieser Grenzübergang im Ergebnis für $\underline{c}(\mathrm{j}\omega)$ führt zu

$$\underline{c}(\mathrm{j}\omega)_{\ulcorner} = \lim_{\tau \to \infty} \frac{h}{1/\tau + \mathrm{j}\omega} = \frac{h}{\mathrm{j}\omega} .$$

Die Spektraldichte nimmt hyperbolisch mit der Frequenz ab, und alle Teilschwingungen sind 90° nacheilend (also Sinusfunktionen). Das ist verständlich; denn der Einschaltsprung ist bei Abzug des Gleichglieds $h/2$ eine unsymmetrische Funktion.[1])

2.3. Kenngrößen mehrwelliger und nichtperiodischer Zeitfunktionen

Zur Charakterisierung nicht sinusförmiger periodischer Zeitfunktionen wurden verschiedene Kenngrößen eingeführt. Einige Definitionen sollen im folgenden angegeben werden. Außerdem wird die Berechnung der Wirkleistung durchgeführt.

a) Effektivwert

Die Mittelwerte periodischer Funktionen allgemein wurden bereits im Abschn. 1.1.1. betrachtet. Die Definition des Effektivwerts erfolgt in Gl. (1.3)

$$\widetilde{f(t)} = \sqrt{\frac{1}{T_0} \int\limits_{t_0}^{t_0 + T_0} f^2(t)\, \mathrm{d}t} . \qquad \mathbf{(2.30)}$$

Die Integration erfolgt über die Periodendauer der Grundschwingung.
Für $f(t)$ kann entweder eine (u. U. abschnittsweise) gegebene Funktion oder die Fourier-Reihe eingesetzt werden. Ersteres erfolgte in den Beispielen des Abschnitts 1.1.1.

Hier wollen wir den Effektivwert durch die Fourier-Komponente $\hat{C}_\nu$ nach Gln. (2.6), (2.7) ausdrücken. Wir schreiben für Gl. (2.7) mit $\hat{C}_\nu \cos(\nu\omega_0 t - \varphi_\nu) = c_\nu$

$$f(t) = C_0 + \sum_{\nu=1}^{\infty} c_\nu ,$$

setzen dies in Gl. (2.30) ein und erhalten

$$\widetilde{f(t)}^{\,2} = \frac{1}{T_0} \int\limits_0^{T_0} \left(C_0 + \sum_{\nu=1}^{\infty} c_\nu \right)^2 \mathrm{d}t .$$

[1]) Siehe Fußnote S. 216. Da das Fourier-Integral über das Gleichglied nichts aussagt – Gl. (2.18)! –, muß bei Rücktransformation in den Zeitbereich eine getrennte Gleichstrombetrachtung im Netzwerk angestellt werden (z. B. bei Gleichsprüngen).

Der Integrand ergibt

$$C_0^2 + \sum_{\nu=1}^{\infty} c_\nu^2 + 2C_0 \sum_{\nu=1}^{\infty} c_\nu + 2 \sum_{\nu \neq \mu} c_\nu c_\mu .$$

Die Integration über die Periodendauer T_0 und Division durch dieses Integrationsintervall ergibt

für den ersten Term C_0^2

für den zweiten Term $\sum_{\nu=1}^{\infty} C_\nu^2$ [s. Ableitung Gl. (1.3b)]

für den dritten und vierten Term 0.

Also wird

$$\widetilde{f(t)} \equiv C = \sqrt{C_0^2 + C_\sim^2} = \sqrt{\sum_{\nu=0}^{\infty} C_\nu^2}, \tag{2.31}$$

wobei $\nu = 0$ das Gleichglied und $C_\sim = \sqrt{C_1^2 + C_2^2 + \dots}$ der Effektivwert des Wechselanteils ist.

Der Effektivwert einer Summe von Schwingungen verschiedener Frequenzen ist gleich der Wurzel aus der Summe der quadrierten Effektivwerte der Einzelschwingungen.

Beachte: Der Effektivwert der Summenschwingung ist unabhängig von den Nullphasenwinkeln der Einzelschwingungen – im Gegensatz zum Effektivwert von Schwingungen *gleicher* Frequenz [Gl. (1.7)].

Beispiel (Bild 2.6)

In dem Kreis mit einer Gleichspannung $E_0 = 4$ V und einer Wechselspannung, deren Effektivwert $E_1 = E_0$ ist, zeigt der Effektivwertmesser (z. B. Hitzdrahtinstrument) bei Anschluß nur einer EMK jeweils 0,5 A, bei Anschluß beider gleichzeitig nicht etwa 1 A, sondern den Gesamteffektivwert

$$\sqrt{(0{,}5)^2 + (0{,}5)^2}\ \text{A} = 0{,}5\sqrt{2}\ \text{A} \approx 0{,}7\ \text{A}.$$

Auf den Effektivwert *nichtperiodischer Funktionen* kommen wir bei Betrachtung der Leistung (b_2) zurück.

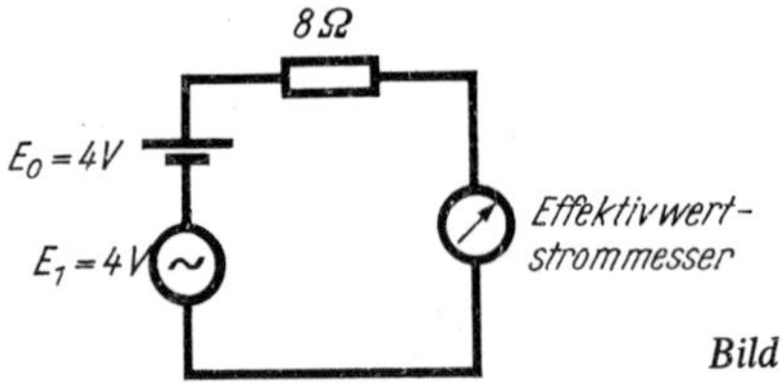

Bild 2.6

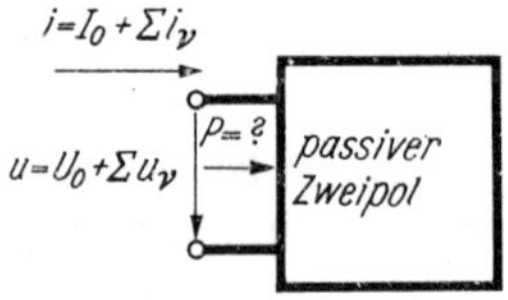

Bild 2.7

b) Leistung

b_1) *Periodische Funktionen*

Zur Berechnung der *Wirkleistung* setzen wir für die Ströme und Spannungen deren Fourier-Reihen in die Definitionsgleichung (1.89)

$$P = \frac{1}{T_0} \int_{t_0}^{t_0+T_0} u\, i\, \mathrm{d}t$$

ein. Mit den Klemmengrößen eines passiven Zweipols (Bild 2.7)

$$u = U_0 + \sum u_\nu \quad \text{und} \quad i = I_0 + \sum i_\nu ,$$

wobei

$$u_\nu = \hat{U}_\nu \cos(\nu\omega_0 t - \varphi_{u\nu}) \quad \text{und} \quad i_\nu = \hat{I}_\nu \cos(\nu\omega_0 t - \varphi_{i\nu})$$

sind, erhalten wir

$$P = \frac{1}{T_0} \int_0^{T_0} \left[U_0 I_0 + U_0 \sum i_\nu + I_0 \sum u_\nu + \sum u_\nu \sum i_\nu \right] \mathrm{d}t$$

$$P = U_0 I_0 + 0 \qquad + 0 \qquad + \frac{1}{T_0} \int_0^{T_0} \left(\sum u_\nu i_\nu + 2 \sum_{\nu \neq \mu} u_\nu i_\mu \right) \mathrm{d}t$$

$$P = U_0 I_0 + \sum U_\nu I_\nu \cos(\varphi_{u\nu} - \varphi_{i\nu}) \quad \textit{Wirkleistung}. \tag{2.32}$$

Die Wirkleistungsaufnahme eines Zweipols bei mehrwelliger Erregung ist gleich der Summe der Wirkleistungen, die von den einzelnen Fourier-Komponenten herrühren.

Wie bei harmonischer Erregung *definiert* man die *Blindleistung*

$$Q = \sum_{\nu=1}^{\infty} U_\nu I_\nu \sin(\varphi_{u\nu} - \varphi_{i\nu}) \tag{2.33}$$

und die *Scheinleistung*

$$S = UI = \sqrt{\sum_{\nu=1}^{\infty} U_\nu^2 \sum_{\nu=1}^{\infty} I_\nu^2}. \tag{2.34}$$

Wie man erkennt, gilt zwar für jede Teilschwingung

$$S_\nu = \sqrt{P_\nu^2 + Q_\nu^2}\,,$$

jedoch ist für die Überlagerung aller Schwingungen $S \neq \sqrt{P^2 + Q^2}$.

Beispiel

Es seien $u = U_0 + \hat{U}_1 \sin\omega t + \hat{U}_3 \sin(3\omega t + \varphi_{u3})$ und $i = \hat{I}_1 \sin(\omega t + \varphi_i) + \hat{I}_3 \sin(3\omega t + \varphi_{i3})$, d. h., es fließt kein Gleichstrom, obgleich eine Gleichspannung am Zweipol anliegt. (Er enthält einen Reihenkondensator, der den Gleichstrom sperrt.) Dann ist die vom Zweipol aufgenommene Wirkleistung bzw. Scheinleistung

$$P = U_1 I_1 \cos\varphi_i + U_3 I_3 \cos(\varphi_{u3} - \varphi_{i3}); \quad S = UI = \sqrt{U_1^2 + U_3^2}\,\sqrt{I_1^2 + I_3^2}\,.$$

b$_2$) *Leistung bei nichtperiodischen Funktionen, spektrale Leistungsdichte*

Wir wollen nur von der Wirkleistung sprechen, da die Definitionen von Blind- und Scheinleistungen [Gln. (1.92) bzw. (1.94)] auf harmonische Funktionen beschränkt sind.
Gehen wir von der Definitionsgleichung (1.89) aus, so müssen wir die Integrationsgrenzen im allgemeinen Fall nach Unendlich gehen lassen. Setzen wir $f(t)$ für $u(t)$ bzw. $i(t)$, so wird mit $p = ui = i^2R = u^2G$ die mittlere Leistung P proportional dem Quadrat des Effektivwerts der Zeitfunktion:

$$P \sim \widetilde{f(t)}^2 = \lim_{T\to\infty} \frac{1}{T} \int_{t_0}^{t_0+T} f(t)^2 \,\mathrm{d}t. \tag{2.35}$$

Zu dem Grenzübergang ist zu sagen, daß wir unter P diejenige mittlere Leistung verstehen, die sich als Mittelwert über das Zeitintervall der Integration ergibt. Bei zeitlich begrenzten einmaligen Vorgängen (Impulsen) sind diese Grenzen definiert (z. B. Rechteckimpuls). Bei einmaligen Vorgängen unendlicher Dauer, aber endlicher Energie, d. h.

$$\int_{-\infty}^{+\infty} f(t)^2 \, \mathrm{d}t < \infty ,$$

würde infolge der Division durch $T = \infty$ die mittlere Leistung unabhängig von der Impulsform $f(t)$ immer Null werden. Dann legt man, um eine Aussage über die Impulsleistung zu erhalten, die obere Zeitgrenze T fest, z. B. bei Exponentialimpuls $T = 3\tau$, d. h. Impuls $f(t)$ bis auf 5 %, $f(t)^2$ bis auf 2,5 ‰ abgesunken.

Zeitfunktionen ohne zeitliche Begrenzung, die nicht durch einen einmaligen Vorgang beschreibbar sind, sondern z. B. eine statistisch verteilte Überlagerung solcher Impulse darstellen (stochastische Vorgänge), sind durch unendlich große Energie $\int_{-\infty}^{+\infty} f(t)^2 \, \mathrm{d}t = \infty$ gekennzeichnet. Trotzdem ist i. allg. die Leistung endlich (z. B. Rauschleistung von Widerständen) und als stationärer (zeitunabhängiger) Wert meßbar.

Analog zur Spektraldichte der Zeitfunktion interessiert im *Frequenzbereich* bei der Leistung die *spektrale Wirkleistungsdichte (Leistungsspektrum)* $W(f)$, die angibt, welchen Leistungsanteil die einzelnen Frequenzintervalle aufweisen. Meßtechnisch ermittelt man die Teilleistung $\Delta \widetilde{f(t)^2}$ innerhalb eines schmalen Frequenzbands Δf um eine variable Mittenfrequenz f

$$W(f) = \frac{\Delta \widetilde{f(t)^2}}{\Delta f} \qquad \textit{Leistungsspektrum.} \tag{2.36}$$

Mit dieser Definition ergibt sich die Leistung ~ Quadrat des Effektivwerts

$$\widetilde{f(t)^2} = \int_0^{\infty} W(f) \, \mathrm{d}f. \tag{2.37}$$

Zwischen Spektraldichte $\underline{c}(\mathrm{j}\omega)$, Effektivwert und Leistungsspektrum kann man folgende Zusammenhänge finden:

Beziehung zwischen Energie und Spektraldichte

Mit Gl. (2.26) kann man schreiben:

$$\int_{-\infty}^{+\infty} f(t)^2 \, \mathrm{d}t = \int_{-\infty}^{+\infty} f(t) \left[\frac{1}{2\pi} \int_{-\infty}^{+\infty} \underline{c}(\mathrm{j}\omega) \, \mathrm{e}^{\mathrm{j}\omega t} \, \mathrm{d}\omega \right] \mathrm{d}t$$
$$= \frac{1}{2\pi} \int_{-\infty}^{+\infty} \underline{c}(\mathrm{j}\omega) \left(\int_{-\infty}^{+\infty} f(t) \, \mathrm{e}^{\mathrm{j}\omega t} \, \mathrm{d}t \right) \mathrm{d}\omega .$$

Nun ist, wie sich aus Gln. (2.25) und (2.26) ergibt,

$$\int_{-\infty}^{+\infty} f(t) \, \mathrm{e}^{\mathrm{j}\omega t} \, \mathrm{d}t = \underline{c}^* (\mathrm{j}\omega)$$

die konjugiert komplexe Größe der Spektraldichte $\underline{c}(\mathrm{j}\omega)$.

Mit Gl. (1.33) wird also

$$\int_{-\infty}^{+\infty} f(t)^2 \, \mathrm{d}t = \frac{1}{2\pi} \int_{-\infty}^{+\infty} |\underline{c}(\mathrm{j}\omega)|^2 \, \mathrm{d}\omega \qquad \textit{Parseval-Gleichung.} \tag{2.38}$$

Da $|\underline{c}(\mathrm{j}\omega)|^2$ eine gerade Funktion von ω ist, kann man auch schreiben

$$\int_{-\infty}^{+\infty} f(t)^2 \, dt = \frac{1}{\pi} \int_{0}^{+\infty} |\underline{c}(j\omega)|^2 \, d\omega .$$

Hier wird die Gleichwertigkeit der Aussagekraft im Zeitbereich und Frequenzbereich recht deutlich: Die Fläche, die die quadrierte Zeitfunktion mit der Zeitachse einschließt, ist zugeordnet einer Fläche, die die quadrierte Frequenzfunktion mit der Frequenzachse einschließt.

Beziehung zwischen Spektraldichte und Leistungsdichte

Mit Gl. (2.35) wird Gl. (2.38) zu

$$\widetilde{f(t)}^2 = \lim_{T\to\infty} \frac{1}{T} \int_{-T/2}^{+T/2} f(t)^2 \, dt = \frac{1}{\pi} \int_{0}^{+\infty} \lim_{T\to\infty} \frac{|\underline{c}(j\omega)|^2}{T} \, d\omega .$$

Daraus ergibt sich mit Gl. (2.37) und $d\omega = 2\pi df$

$$W(f) = 2 \lim_{T\to\infty} \frac{|\underline{c}(j\omega)|^2}{T} . \tag{2.39}$$

Beispiel 4

Gesucht sind die Leistungsspektren des Rechteck- und Exponentialimpulses.

Rechteckimpuls der Höhe h und der Dauer τ

Mit $T = \tau$ wird Gl. (2.39)

$$W(f) = 2 \frac{|\underline{c}(j\omega)|^2}{\tau} .$$

Mit dem Ergebnis von Beispiel 3a) ergibt sich

$$W(f) = 2h^2\tau \left(\frac{\sin \frac{\omega\tau}{2}}{\frac{\omega\tau}{2}} \right)^2 .$$

Der normierte Verlauf ist durch Quadrierung der Ordinatenwerte im Bild 2.3b zu ermitteln. Das Leistungsspektrum ist bis zu Frequenzen $f = 1/\tau$ konzentriert.

Mit Gl. (2.37) ergibt sich für das Quadrat des Effektivwerts (Leistung) mit $\omega\tau/2 = x$ und

$$\int_{0}^{\infty} \left(\frac{\sin x}{x} \right)^2 dx = \frac{\pi}{2}$$

$$\widetilde{f(t)}^2 = \int_{0}^{\infty} W(f) \, df = \frac{2h^2\tau}{\pi\tau} \int_{0}^{\infty} \left(\frac{\sin x}{x} \right)^2 dx = h^2 ,$$

was sich im Zeitbereich mit Gl. (2.37) ohne weiteres ergibt.

Exponentialimpuls $f(t) = U_1 \, e^{-t/\tau}$

Mit $T = 3\tau$ und dem Ergebnis von Beispiel 3b) wird Gl. (2.39)

$$W(f) = \frac{2}{3\tau} |\underline{c}(j\omega)|^2 = \frac{2h^2\tau}{3(1 + (\omega\tau)^2)} .$$

Bezieht man $W(f)$ auf $W(0) = \frac{2}{3} h^2\tau$, so ergibt sich ein $\frac{1}{1+x^2}$-Verlauf mit $x = \omega\tau$.

Das Quadrat des Effektivwerts (Leistung) wird nach Gl. (2.37) mit $\omega\tau = x$, $\mathrm{d}f = \frac{1}{2\pi\tau}\mathrm{d}x$ und dem Integralwert $\pi/2$

$$\widetilde{f(t)}^2 = \int_0^\infty W(f)\,\mathrm{d}f = \frac{h^2}{3\pi}\int_0^\infty \frac{\mathrm{d}x}{1+x^2} = \frac{h^2}{6},$$

was sich wiederum durch Rechnung im Zeitbereich nach Gl. (2.35) mit $T = 3\tau$ ergibt.

c) Kenngrößen mehrwelliger Ströme und Spannungen

Bezeichnung	Definition	Gleichung	
Schwingungsgehalt einer Mischgröße	$= \frac{\text{Effektivwert des Wechselanteils}}{\text{Effektivwert der Mischgröße}}$	$S = \frac{I_\sim}{I}$ Beachte Gl. (2.31)!	**(2.40)**
Grundschwingungsgehalt einer Wechselgröße	$= \frac{\text{Effektivwert der Grundschwingung}}{\text{Effektivwert der Wechselgröße}}$	$g = \frac{(I)_{\omega_0}}{I_\sim}$	**(2.41)**
Oberschwingungsgehalt (Klirrfaktor) einer Wechselgröße	$= \frac{\text{Effektivwert der Oberschwingungen}}{\text{Effektivwert der Wechselgröße}}$	$k = \sqrt{\frac{\sum_{\nu=2}^{n} I_\nu^2}{\sum_{\nu=1}^{n} I_\nu^2}}$ Es gilt mit Gl. (2.41) $k^2 + g^2 = 1$.	**(2.42)**
Klirrkoeffizient für die n-te Harmonische	$= \frac{\text{Effektivwert der } n\text{-ten Harmonischen}}{\text{Effektivwert der Wechselgröße}}$	$k_n = \frac{I_n}{I_\sim}$	**(2.43)**
Welligkeit einer Mischgröße	$= \frac{\text{Effektivwert des Wechselanteils}}{\text{Gleichwert}}$	$w = \frac{I_\sim}{I_0}$	**(2.44)**

2.4. Berechnung linearer Kreise bei periodischer und nichtperiodischer Erregung

Da in linearen Kreisen der Überlagerungssatz anwendbar ist und eine allgemeine *periodische Erregung* durch eine Summe von Gleich- und Sinusgrößen ersetzt werden kann (Bild 2.8), kann man die gesuchte Größe im Netzwerk als Überlagerung der Teilwirkungen, herrührend von Gleichglied und den einzelnen Harmonischen, berechnen. Die Berechnung der einzelnen sinusförmigen Komponenten kann dabei über den Bildbereich erfolgen, d. h., alle Rechenverfahren des Abschnitts 1. sind anwendbar. Die komplexen Fourier-Komponenten erhält man entweder durch Transformation der im Zeitbereich berechneten Amplituden und Phasen [Gln. (2.2) bis (2.6)] oder direkt mit Gl. (2.10). Allgemein wird die Beziehung zwischen aufgeprägter Größe $f_1(t)$ und Wirkung im Netzwerk $f_2(t)$ durch die Übertragungseigenschaften des Netzwerks festgelegt, die bei gegebenem Netzwerk im Frequenzbereich durch die *Übertragungsfunktion* $\underline{N}(\mathrm{j}\omega)$ darstellbar sind. Für diskrete Frequenzen $\omega = \nu\omega_0$ gilt

$$\underline{C}_{2\nu} = \underline{N}(\mathrm{j}\nu\omega_0)\,\underline{C}_{1\nu}. \qquad \textbf{(2.45)}$$

Ist z. B. $\underline{C}_{1\nu}$ der komplexe Effektivwert der Fourier-Komponente $\nu\omega_0$ der Eingangsspannung und $\underline{C}_{2\nu}$ die entsprechende Größe des Ausgangsstroms, dann ist $\underline{N}(\mathrm{j}\nu\omega_0)$ der Vierpolparameter $\underline{Y}_{21}$. Ist jedoch die Ausgangs[leerlauf]spannung gesucht, dann ist $\underline{N}(\mathrm{j}\nu\omega_0)$ der Kettenparameter $1/\underline{A}_{12}$ usw.

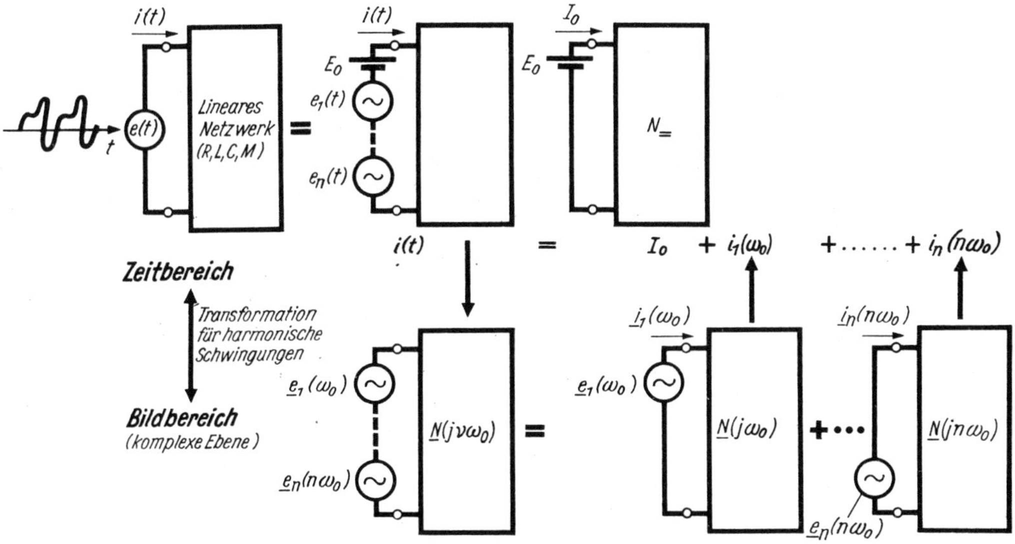

Bild 2.8. Veranschaulichung der Berechnungsmethode bei mehrwelliger Erregung linearer Netze
$\underline{N}(\mathrm{j}\,\nu\omega_0)$ ist die Übertragungsfunktion des Netzwerks.

Im Bild 2.8 ist die Methode veranschaulicht; sie soll in den folgenden Abschnitten angewendet werden.

Bei *nichtperiodischer Erregungsfunktion* gilt das gleiche Rechenschema, wobei anstelle $\underline{C}_\nu$ die Fourier-Transformierte $\underline{c}(\mathrm{j}\omega)$ [Gl. (2.26)] tritt (Bild 2.9).

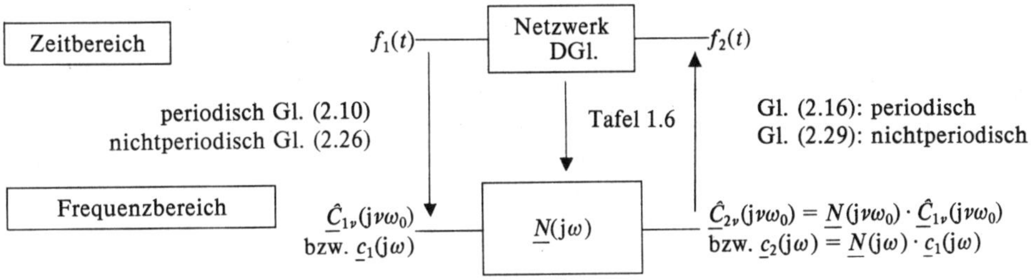

Bild 2.9. Berechnungsmethode in Netzwerken bei periodischer bzw. nichtperiodischer Erregung

Man kann im Zeitbereich die DGl. lösen, wie es für Schaltsprünge im Abschn. 3. gezeigt wird, oder man rechnet mit der Fourier-Transformierten und der komplexen Netzwerkfunktion im Frequenzbereich

$$\underline{c}_2(\mathrm{j}\omega) = \underline{N}(\mathrm{j}\omega)\,\underline{c}_1(\mathrm{j}\omega)\,. \tag{2.46}$$

2.4.1. Wirkung der Grundschaltelemente *R, L, C*

Widerstand R. Aus der Beziehung $u = Ri$ geht hervor, daß die Funktionen von Strom und Spannung formgetreue Abbilder mit gleicher Welligkeit, gleichem Klirrfaktor usw. sind (Bild 2.10a).

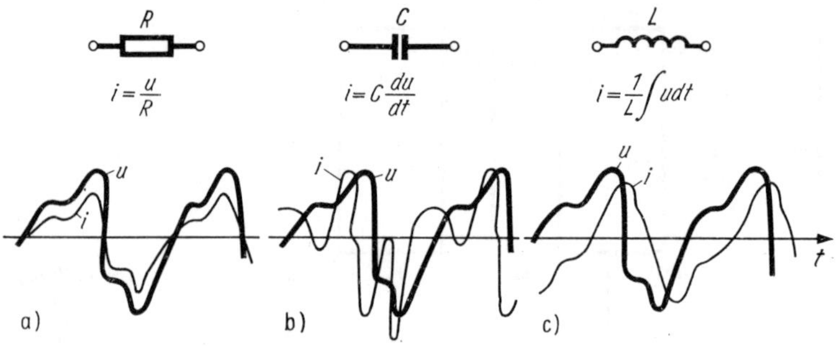

Bild 2.10. Strom und Spannung bei mehrwelliger Erregung

a) gleiche Welligkeit des Stroms; b) größere Welligkeit des Stroms; c) geringere Welligkeit des Stroms

Kapazität C. Es gilt $i = C\mathrm{d}u/\mathrm{d}t$. Bei mehrwelliger Erregung

$$u = \sum \hat{U}_\nu \sin(\nu\omega_0 t + \varphi_\nu)$$

ergibt sich

$$i = \sum \nu\omega_0 C\hat{U}_\nu \cos(\nu\omega_0 t + \varphi_\nu).$$

Man erkennt aus dem Faktor $\nu\omega_0 C$: Die Oberwellen werden in der Stromfunktion relativ stark hervorgehoben (Bild 2.10b); beispielsweise ist der Stromklirrfaktor größer als der Spannungsklirrfaktor. Speist man also einen mehrwelligen Strom ein, so wirkt der *Kondensator glättend auf die Spannung.*

Induktivität L. Geben wir die Klemmenspannung u wie bei der Kapazität vor, so wird der Strom

$$i = \frac{1}{L}\int u\,\mathrm{d}t = -\sum \frac{1}{\nu\omega_0 L}\hat{U}_\nu \cos(\nu\omega_0 t + \varphi_\nu),$$

d. h., die höheren Harmonischen des Stroms werden unterdrückt (Bild 2.10c), eine Spule wirkt bei aufgeprägter Spannung glättend auf den Strom. Wird dagegen der Strom eingespeist, so werden die höheren Harmonischen der Spannung hervorgehoben.

Beachte: Es entstehen bei linearen Bauelementen keine *zusätzlichen* Harmonischen, sondern existierende werden betont oder vermindert!

2.4.2. Netzwerke

An einigen Beispielen soll die Berechnung der Ströme, Spannungen und Kenngrößen nach den in Bildern 2.8 und 2.9 skizzierten Verfahren durchgeführt werden.

Beispiel 5

Wir untersuchen zunächst die Wirkung einer einfachen *R-C*-Schaltung (Bild 2.11b), an deren Klemmen eine periodische Spannung

$$u = \hat{U}_1 \sin\omega_0 t + \frac{2}{3}\hat{U}_1 \sin 2\omega_0 t$$

liegt (Bild 2.11a), und fragen nach den zeitlichen Verläufen des Stroms und der beiden Teilspannungen sowie nach deren Klirrfaktoren.

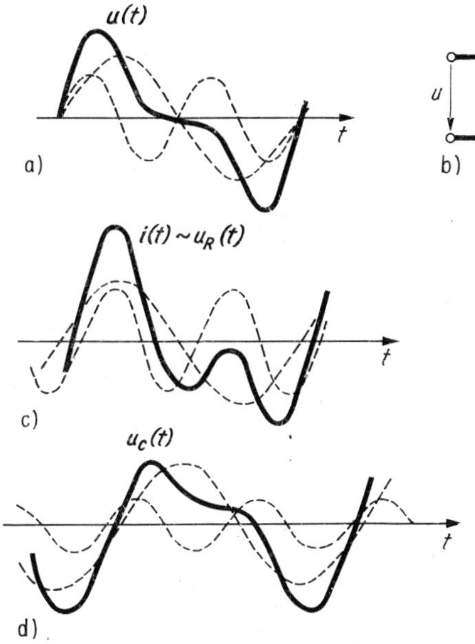

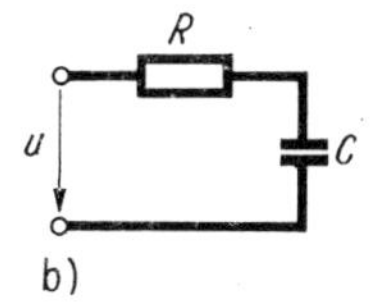

Bild 2.11. Wirkung einer R-C-Schaltung bei mehrwelliger Erregung

Strom

Berechnung der harmonischen Funktionen über den Bildbereich:

$$\underline{i}_\nu = \frac{\underline{u}_\nu}{R + 1/\mathrm{j}\nu\omega_0 C} = \frac{\hat{U}_\nu \exp \mathrm{j}\,(\nu\omega_0 t - \varphi_\nu)}{\sqrt{R^2 + (1/\nu\omega_0 C)^2}}, \ \varphi_\nu = -\arctan \frac{1}{\nu\omega_0 CR}.$$

Rücktransformation mit $\hat{U}_1$ für $\nu = 1$ und $\hat{U}_2 = 2\hat{U}_1/3$ für $\nu = 2$:

$$i = \sum i_\nu = \frac{\hat{U}_1}{\sqrt{R^2 + (1/\omega_0 C)^2}} \sin(\omega_0 t - \varphi_1) + \frac{2}{3} \frac{\hat{U}_1}{\sqrt{R^2 + (1/2\omega_0 C)^2}} \sin(2\omega_0 t - \varphi_2).$$

Spannungen

$$u_R = Ri = R \sum i_\nu$$

Spannungsteilerregel zur Berechnung von $\underline{u}_c$:

$$\underline{u}_{c\nu} = \underline{u}_\nu \frac{1/\mathrm{j}\nu\omega_0 C}{R + 1/\mathrm{j}\nu\omega_0 C} = \frac{\hat{U}_\nu \exp \mathrm{j}\,(\nu\omega_0 t - \psi_\nu)}{\sqrt{1 + (\nu\omega_0 CR)^2}}; \ \psi_\nu = \arctan(\nu\omega_0 CR).$$

Rücktransformation:

$$u_C = \frac{\hat{U}_1}{\sqrt{1 + (\omega_0 CR)^2}} \sin(\omega_0 t - \psi_1) + \frac{2}{3} \frac{\hat{U}_1}{\sqrt{1 + (2\omega_0 CR)^2}} \sin(2\omega_0 t - \psi_2).$$

Im Bild 2.11c und d sind die Zeitverläufe für $R = 1/\omega_0 C$, d. h. $\omega_0 CR = 1$, aufgetragen. Wir erkennen die jeweils 90° Phasenverschiebung der Harmonischen zwischen i (Bild 2.11c) und u_c(Bild2.11d), den stark oberwellenhaltigen Strom und die „geglättete“ Kondensatorspannung.

Die Klirrfaktoren[1]) drücken diese unterschiedlichen Oberschwingungsgehalte zahlenmäßig aus, wie folgende Rechnung zeigt: Da die aufgeprägte Spannung nur zwei Harmonische enthält und jede andere Größe keine weitere enthalten kann (lineare Systeme), ist der Klirrfak-

[1]) Der Klirrfaktor ist in unserem Beispiel mit nur einer Oberwelle gleich dem Klirrkoeffizienten der 2. Harmonischen und gleich dem reziproken Wert des Grundschwingungsgehalts.

tor einer beliebigen Größe a nach Gl. (2.42)

$$k_a = \frac{A_2}{\sqrt{A_1^2 + A_2^2}} = \frac{1}{\sqrt{1 + (A_1/A_2)^2}}.$$

Damit wird der Klirrfaktor der Gesamtspannung u

$$k_u = \frac{1}{\sqrt{1 + (U_1/U_2)^2}} = \frac{1}{\sqrt{1 + (3/2)^2}} = 0{,}55 = 55\,\%$$

und der Klirrfaktor des Stroms

$$k_i = \frac{1}{\sqrt{1 + (I_1/I_2)^2}} = \left[1 + \left(\frac{3}{4}\right)^2 \frac{1 + 4\,(\omega_0 CR)^2}{(1 + (\omega_0 CR)^2)}\right]^{-1/2}$$

Für $\omega_0 CR = 1$ wird

$$k_i = 0{,}64 = 64\,\%.$$

Klirrfaktor der Spannung u_R

$$k_{uR} = k_i = 64\,\% > k_u.$$

Klirrfaktor der Spannung u_c

$$k_{uc} = \frac{1}{\sqrt{1 + (U_{c1}/U_{c2})^2}} = \left[1 + \left(\frac{3}{2}\right)^2 \frac{1 + 4\,(\omega_0 CR)^2}{1 + (\omega_0 CR)^2}\right]^{-1/2}$$

Für $\omega_0 CR = 1$ wird

$$k_{uc} = 0{,}39 = 39\,\%,$$

also

$$k_{uc} < k_u < (k_{uR} = k_i).$$

Beispiel 6

Wir wollen die Frage beantworten, welche Forderungen an ein Netzwerk erfüllt sein müssen, wenn die Ausgangsfunktion $f_2(t)$ bis auf einen Maßstabsfaktor K und eine Zeitverschiebung t_0 gleich der Eingangsfunktion $f_1(t)$ sein soll (*verzerrungsfreie Übertragung durch das Netzwerk,* Bild 2.12)

$$f_2(t) = K f_1(t - t_0); \tag{2.47}$$

K reeller Faktor, t_0 Zeitverschiebung.

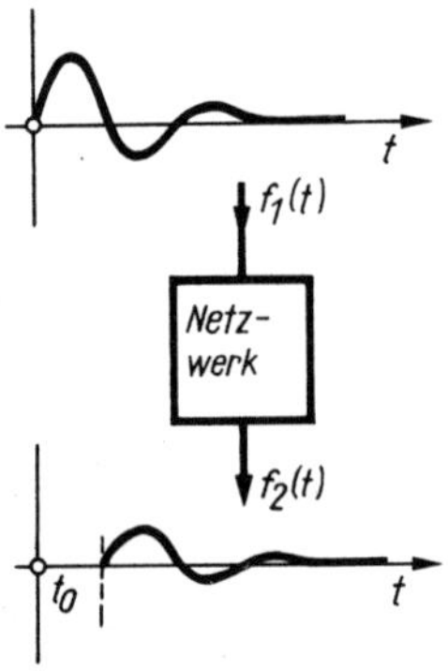

Bild 2.12

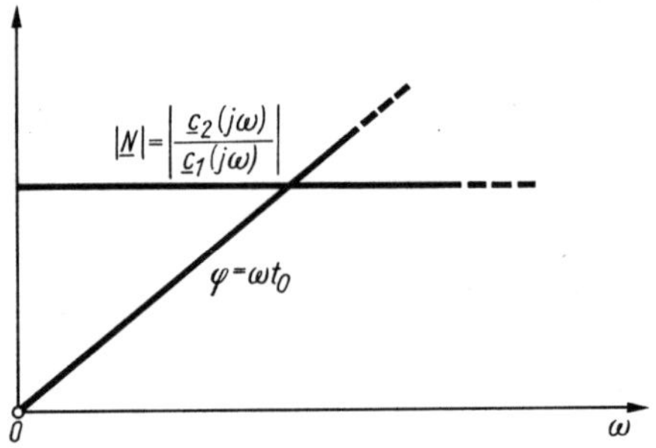

Bild 2.13. Bedingungen für verzerrungsfreie Übertragung

Durch Fourier-Integrale Gl. (2.29) ausgedrückt:

$$\frac{1}{2\pi}\int_{-\infty}^{+\infty} \underline{c}_2(\mathrm{j}\omega)\,\mathrm{e}^{\mathrm{j}\omega t}\,\mathrm{d}\omega = \frac{1}{2\pi}\int_{-\infty}^{+\infty} K\,\underline{c}_1(\mathrm{j}\omega)\,\mathrm{e}^{\mathrm{j}\omega(t-t_0)}\,\mathrm{d}\omega .$$

Diese Gleichung ist erfüllt, wenn gilt

$$\underline{c}_2(\mathrm{j}\omega) = K\,\mathrm{e}^{-\mathrm{j}\omega t_0}\,\underline{c}_1(\mathrm{j}\omega) = \underline{N}(\mathrm{j}\omega)\,\underline{c}_1(\mathrm{j}\omega). \qquad \textbf{(2.48)}$$

Dabei ist

$$\underline{N}(\mathrm{j}\omega) = |\underline{N}|\,\mathrm{e}^{\mathrm{j}\varphi_N} = K\,\mathrm{e}^{-\mathrm{j}\omega t_0} \qquad \textbf{(2.49)}$$

die in Gln. (2.45) und (2.46) eingeführte komplexe Übertragungsfunktion des Netzwerks zwischen Ausgang und Eingang (s. a. Bild 2.9).

Aus Gl. (2.49) erkennt man, daß für Betrags- und Phasenverhalten des Netzwerks bei verzerrungsfreier Übertragung folgende Bedingungen erfüllt sein müssen:

$$|\underline{N}| = \text{konst.} = K \qquad \textbf{(2.50)}$$

$$\varphi_N = \omega t_0 + k\pi; \quad k = 0,\ \pm 1,\ \pm 2, \ldots, \qquad \textbf{(2.51)}$$

d. h., die Beträge müssen frequenzunabhängig übertragen werden und die Phasenverschiebung zwischen Ein- und Ausgangsgröße muß proportional der Frequenz sein (Bild 2.13).

Dieses Ergebnis war aus der Betrachtung des Einflusses einer Zeitverschiebung auf die Spektren im Frequenzbereich zu erwarten (Verschiebungssatz, Beispiel 3a).

Für periodische Funktionen kann man gleiche Betrachtungen mit Gl. (2.16) durchführen und erhält gleiche Ergebnisse, wenn man für $\omega = \nu\,\omega_0$ setzt.

Beispiel 7

Wir wollen einen Exponentialspannungsimpuls an den Eingang des Netzwerks Bild 2.14 legen und fragen nach der „Impulsantwort“ am Ausgang (Ausgangsspannung) im Frequenzbereich. Im Bild 2.14 ist das Rechenschema mit den Gleichungen angegeben.

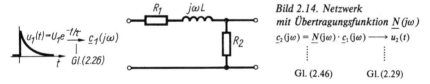

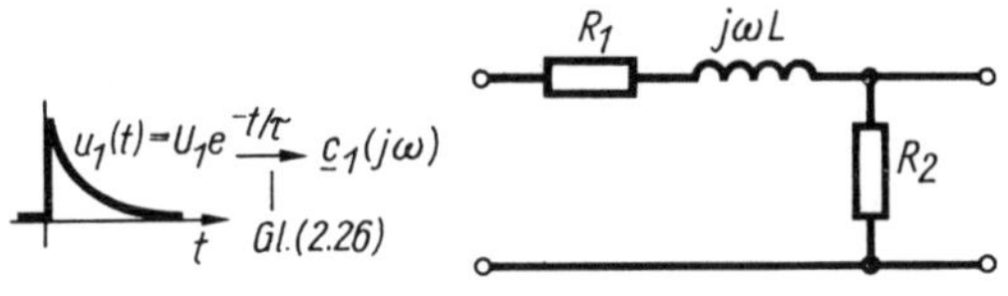

Bild 2.14. Netzwerk mit Übertragungsfunktion $\underline{N}(\mathrm{j}\omega)$

$\underline{c}_2(\mathrm{j}\omega) = \underline{N}(\mathrm{j}\omega)\cdot\underline{c}_1(\mathrm{j}\omega) \longrightarrow u_2(t)$

Gl. (2.46) Gl. (2.29)

Die Transformation der Eingangsgröße $U_1\,\mathrm{e}^{-t/\tau}$ in den Frequenzbereich erfolgte im Beispiel 3b:

$$\underline{c}_1(\mathrm{j}\omega) = \frac{U_1\tau}{1+\mathrm{j}\omega\tau} = \frac{U_1\tau}{\sqrt{1+(\omega\tau)^2}}\,\mathrm{e}^{-\mathrm{j}\varphi_1} \quad \text{mit} \quad \varphi_1 = \arctan\omega\tau .$$

Da als Ausgangsgröße die Leerlaufspannung am Ausgang der Schaltung gesucht ist, ist in Gl. (2.46) $\underline{N}(\mathrm{j}\omega)$ der komplexe Spannungsteilerfaktor:

$$\underline{N}(\mathrm{j}\omega) = \frac{R_2}{R_1+R_2+\mathrm{j}\omega L} = \frac{R_2}{R_1+R_2}\,\frac{1}{1+\mathrm{j}\omega\dfrac{L}{R_1+R_2}}$$

$$\underline{N}(\mathrm{j}\omega) = \frac{R_1}{R_1+R_2}\,\frac{1}{\sqrt{1+(\omega\tau_L)^2}}\,\mathrm{e}^{-\mathrm{j}\varphi} \quad \text{mit} \quad \tau_L = \frac{L}{R_1+R_2} \quad \text{und} \quad \varphi = \arctan\omega\tau_L .$$

So wird

$$\underline{c}_2(\mathrm{j}\omega) = \underline{N}(\mathrm{j}\omega)\,\underline{c}_1(\mathrm{j}\omega) = \frac{U_1\tau R_2}{R_1+R_2}\,\frac{1}{(1+\mathrm{j}\omega\tau)(1+\mathrm{j}\omega\tau_L)} \qquad \textbf{(x)}$$

$$\underline{c}_2(\mathrm{j}\omega) = \frac{R_2}{R_1 + R_2} \frac{U_1 \tau}{\sqrt{[1 + (\omega\tau_L)^2][1 + (\omega\tau)^2]}} \mathrm{e}^{-\mathrm{j}(\varphi_1 + \varphi)}.$$

Damit sind durch Betragsbildung das Amplitudendichtespektrum und durch Phasenberechnung das Phasenspektrum ermittelbar. Aus Korrespondenztafeln kann man für Gl. (x) das Ergebnis der Rücktransformation ablesen.[1]) Es ergibt sich

$$u_2(t) = \frac{U_1 \tau R_2}{(R_1 + R_2)(\tau_L - \tau)} (\mathrm{e}^{-t/\tau_L} - \mathrm{e}^{-t/\tau}).$$

Man beachte: Auch bei nichtperiodischer Erregung wird die Wirkung im Netzwerk ohne Aufstellen der DGl. im Zeitbereich durch Fourier-Transformation (oder durch die in Abschn. 2.2. nur angedeutete Laplace-Transformation) der aufgeprägten Funktion und durch Transformation der Schaltung im Bildbereich relativ einfach berechnet. Die aufwendigere Rechnung der Rücktransformation wird für viele Funktionen durch Korrespondenztafeln[1]) eingespart.
Das Ergebnis im Zeitbereich zeigt, daß die Ausgangsfunktion $u_2(t)$ ein um so formgetreueres Abbild der Eingangsfunktion ist, je kleiner τ_L gegen τ ist. Dann ist die erste Exponentialfunktion nach gegenüber τ sehr kurzen Zeiten abgeklungen, und die zweite Exponentialfunktion beherrscht den Gesamtverlauf (verzerrungsfreie Übertragung). Dies soll jedoch im nächsten Beispiel quantitativ näher betrachtet werden.

Beispiel 8

Ein Rechteck-Spannungsimpuls der Dauer τ soll in der Schaltung Bild 2.14 möglichst verzerrungsfrei mit einer Zeitverschiebung t_0 übertragen werden.

Es sind Dimensionierungsangaben für die Schaltung und der mögliche Bereich für t_0 abzuleiten.

Die Netzwerkfunktion $\underline{N}(\mathrm{j}\omega)$ wurde im Beispiel 7 berechnet:

$$\underline{N}(\mathrm{j}\omega) = \frac{R_2}{R_1 + R_2} \frac{1}{\sqrt{1 + (\omega\tau_L)^2}} \mathrm{e}^{-\mathrm{j}\varphi}$$

mit $\varphi = \arctan(\omega\tau_L)$

$$\tau_L = L/(R_1 + R_2).$$

Diese muß die Bedingungen für verzerrungsfreie Übertragung Gln. (2.50) und (2.51) erfüllen:

1. $|\underline{N}| = \text{konst.}$

Frequenzunabhängigkeit für $|\underline{N}|$ wird erreicht, wenn

$$\omega\tau_L \ll 1 \rightarrow |\underline{N}| \approx \frac{R_2}{R_1 + R_2}.$$

2. $\varphi_N = -\omega t_0$

Vergleich mit Gl. (2.49) ergibt

$$\varphi_N = -\varphi = -\arctan(\omega\tau_L)$$

und mit $\omega\tau_L \ll 1$ wird $\varphi_N \approx -\omega\tau_L$.

Mit (2.51) ergibt sich $t_0 = \tau_L$.

Das Frequenzspektrum muß bis zu einer oberen Frequenz f_g übertragen werden (z. B. bis zu der Frequenz, bei der das Dichtespektrum auf 10% abgesunken ist).

[1]) Man kann die Korrespondenztafeln der Laplace-Transformation benutzen, wobei für $p \rightarrow \mathrm{j}\omega$ zu setzen ist: z. B. [3], [4], [5]; s. auch Bemerkungen zu Gl. (2.29). Die Berechnung im Zeitbereich wird im Abschn. 3.4.1.3. durchgeführt.

Die verschärfte Dimensionierungsbedingung lautet damit

$$\omega_g \tau_L \ll 1\,, \quad t_0 = \tau_L \ll \frac{1}{\omega_g}\,.$$

Das Spektrum des Rechteckimpulses wurde im Beispiel 3 berechnet und im Bild 2.3b als Hüllkurve dargestellt. Dabei ergab sich

$$\Delta f = 2{,}6/\tau, \quad \text{d.h.} \quad \omega_g = \frac{2\pi \cdot 2{,}6}{\tau}\,.$$

Also wird

$$t_0 \ll \frac{\tau}{16}\,,$$

d.h., die Zeitverschiebung (Laufzeit) kann 1 bis 2% der Impulsdauer τ erreichen.

Für die Dimensionierung der Schaltung ergibt sich damit folgender Hinweis: Die Beziehung $\tau_L = \frac{L}{R_1 + R_2} \ll \frac{1}{\omega_g}$ sagt aus: Bei der oberen Grenzfrequenz muß der induktive Widerstand $\omega_g L \ll (R_1 + R_2)$ sein.

Aufgaben

A 2.1 Gegeben sei der im Bild A 2.1 gezeichnete zeitliche Spannungsverlauf.

a) Berechne das Amplituden- und Phasenspektrum

a_1) mittels der Fourier-Reihe Gl. (2.1)

a_2) mittels der komplexen Fourier-Reihe!

b) Berechne den Effektivwert mittels der Fourier-Reihe!

c) Wie ändern sich Lösungen a bei Verschiebung der Funktion um $T_0/2$?

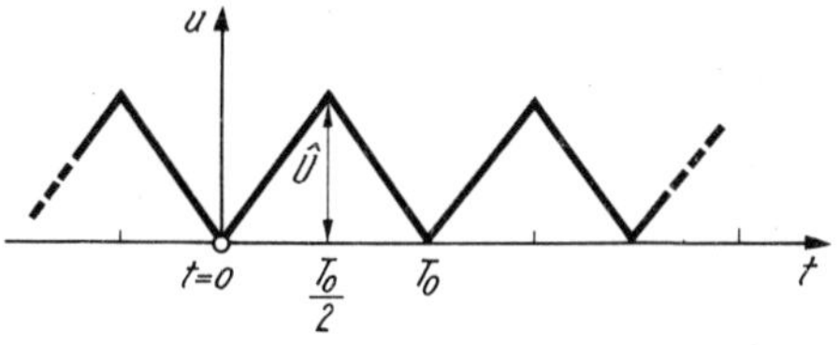

Bild A 2.1

(Lösung: AB 2./6)

A 2.2 a) Berechne Amplituden- und Phasenspektrum einer cos-Schwingung nach Einweggleichrichtung (Bild A 2.2a) und gibt die Fourier-Reihe an!

b) Diese Spannungsfunktion wird an eine Siebschaltung (Bild A 2.2b) gelegt, in der für die Grundfrequenz f_0 gilt $\omega_0 L \gg \frac{1}{\omega_0 C}$.

Berechne allgemein die Gleichstromleistung im Verbraucher R und die Welligkeit des Verbraucherstroms!

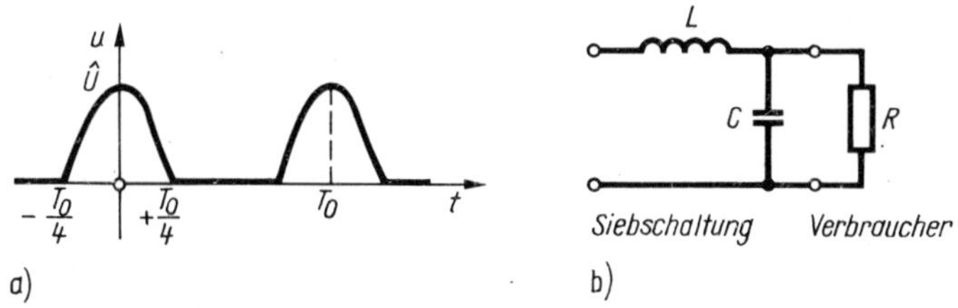

Bild A 2.2

(Lösung: AB 2./5, 2./7)

A 2.3 Über den Klemmen einer Induktivität L liegt ein Spannungsabfall

$$u = \hat{U}_1 \sin \omega_0 t + \frac{\hat{U}_1}{3} \sin 3\omega_0 t.$$

Berechne die Zeitfunktion des Stroms, den Klirrfaktor der Spannung k_u und den des Stroms k_i!

(Lösung: AB 2./3)

A 2.4 Gegeben sei eine Spannungsfunktion

$$u(t) = \hat{U} \sin \omega_0 t + \frac{\hat{U}}{4} \sin (3\omega_0 t + \varphi).$$

a) Berechne den Klirrfaktor k!

b) Diese Spannung soll an einer R-C-Schaltung (zwei Schaltelemente) anliegen. Die Ausgangsspannung soll einen kleineren Klirrfaktor k' haben. Wie muß man die Schaltung aufbauen? Berechne die für eine bestimmte Größe von k' notwendige Kapazität C bei gegebenem R und f_0!

(Lösung: AB 2./8)

A 2.5 a) Berechne die komplexe Amplitudendichte $\underline{c}(j\omega)$ und das Amplitudendichtespektrum (normiert) eines cos-Halbwellenimpulses $u = \hat{U} \cos \omega_0 t$ für $-T_0/4 \leqq t \leqq +T_0/4$ (Bild A 2.3)!

b) Wie ändern sich Dichte- und Phasenspektrum, wenn der Impuls um $+T_0/4$ verschoben wird?

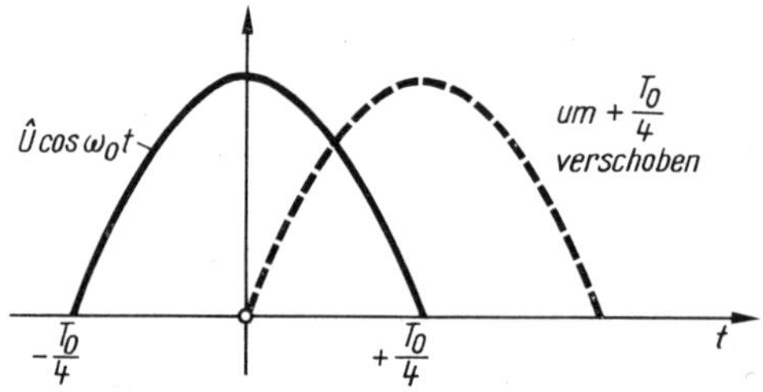

Bild A 2.3

(Lösung: AB 2./10)

3. Berechnung linearer Kreise bei Schaltvorgängen

Wir wollen nun die Annahme fallenlassen, daß die Ströme und Spannungen im Netzwerk seit beliebig langer Zeit existieren und dieser „eingeschwungene Zustand“ auch nicht verändert werden soll. Netzwerke werden in einem bestimmten Zeitpunkt ein- und abgeschaltet, oder es werden partielle Änderungen im Netzwerk durchgeführt. Wir interessieren uns in diesem Abschnitt dafür, welche Übergangserscheinungen von einem eingeschwungenen (stationären) Zustand in einen anderen auftreten und wie diese zu berechnen sind. Die Übergangserscheinungen (Einschwingvorgänge) sind die „Antwort“ des Netzwerks auf eine (einmalige) Änderung, z. B. Ein- oder Abschalten einer EMK, Kurzschließen eines Widerstands usw. Die Änderung kann natürlich nach einer beliebigen Zeitfunktion erfolgen, z. B. durch kontinuierliche Änderung eines Widerstands; wir wollen uns im wesentlichen jedoch auf *sprunghafte Änderungen* beschränken (Bild 3.1). Der Einfachheit halber sollen als aufgeprägte Größen nur Gleichspannungen und/oder sinusförmige Wechselspannungen im Netzwerk angenommen werden.

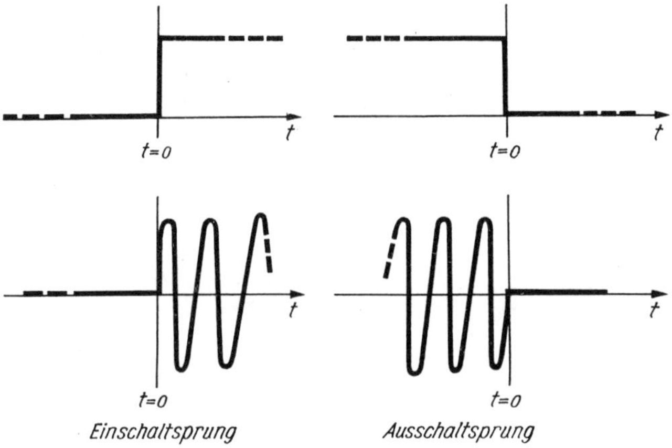

Bild 3.1. Sprunghafte aufgeprägte Änderungen, z. B. Ein- und Abschalten einer Gleich- bzw. Wechselspannung

Bezüglich der Berechnungsmethode ist als erstes grundsätzlich zu sagen, daß wir mit unseren bisherigen Kenntnissen *im Zeitbereich rechnen* müssen (auch, wenn sinusförmige Vorgänge an- oder abgeschaltet werden); denn die „$j\omega$-Rechnung“ im Bildbereich ist voraussetzungsgemäß nur für eingeschwungene Zustände erlaubt. Auf diese Rechnung im Zeitbereich wollen wir uns hier auch beschränken. Wir haben schon in Tafel 0.3 darauf hingewiesen, daß mittels einer Funktionaltransformation (*Fourier-Transformation* s. Abschnitte 2.2., 2.4.; *Laplace-Transformation*) vereinfacht im Bildbereich gerechnet werden kann. Da diese jedoch höhere mathematische Voraussetzungen erfordert, kann sie hier nicht behandelt werden [4].

Die Rechnung im Zeitbereich erfolgt mit Hilfe der Kirchhoffschen Gleichungen und der Strom-Spannungs-Beziehungen für die Grundschaltelemente *R, L, C, M* (Tafel 0.1). Wir arbeiten also genau nach den Teilschritten 1 bis 3 im Rechenprogramm RP 8 (Abschn. 1.1.3. und Anhang I) und erhalten aus einem System gewöhnlicher Differentialgleichungen durch Eliminierung unerwünschter Variabler eine DGl. für die gesuchte Größe, die anschließend zu lösen ist. Auf diese Lösung und deren Diskussion kommt es hier an.

Die Sinusfunktion als Lösungsansatz, wie sie zur Lösung der DGl. für den eingeschwungenen Zustand im Abschn. 1.1.3. möglich war, ist hier zur Lösung von Übergangserscheinungen nicht brauchbar; wir werden aber die Methode des Lösungsansatzes auch anwenden.

Zunächst wollen wir – wie wir das bei den anderen Berechnungsverfahren gemacht haben – die Wirkung eines Schaltvorgangs an den *Grundschaltelementen* erläutern und anschließend das Verhalten von Strom und Spannung in typischen *Stromkreisen* berechnen.

3.1. Verhalten der Grundschaltelemente *R, L, C* bei Schaltsprüngen (Stetigkeitsbedingungen)

Wir prägen einem Schaltelement einen Schaltsprung des Stroms oder der Spannung auf und fragen, wie sich die jeweils andere Größe verhält. Die Antwort erhalten wir aus der Strom-Spannungs-Beziehung des entsprechenden Schaltelements.

a) *Widerstand R*

Die Beziehung $u = Ri$ sagt aus, daß u und i einander proportional sind, d. h., ein Stromsprung Δi erzwingt einen Spannungssprung $\Delta u = R\Delta i$ und umgekehrt (Bild 3.2a).

Bei einem ohmschen Widerstand können sich Strom und Spannung sprunghaft ändern.

Das Produkt $\Delta u \Delta i$ ist der Leistungssprung ΔP; dieser ist endlich.

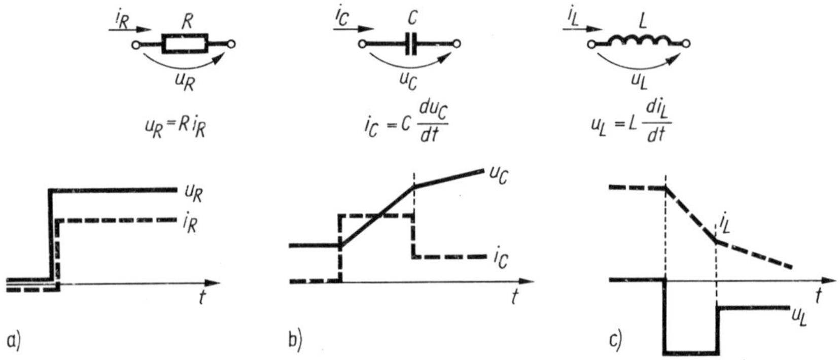

Bild 3.2. Schaltvorgänge an Grundzweipolen R, L, C

a) sprunghafte Änderung von u_R und i_R möglich
b) sprunghafte Änderung von u_C unmöglich
c) sprunghafte Änderung von i_L unmöglich

b) *Kapazität C*

Aus der Beziehung $i_c = C\, du_c/dt$ ergibt sich, daß eine sprunghafte Änderung der Spannung u_c einen unendlich großen Strom zur Folge haben muß; denn sprunghafte Änderung heißt, die Spannungsänderung tritt im Zeitintervall Null auf, der Differentialquotient du_c/dt ist unendlich. In realen Schaltungen jedoch kann der Strom zwar sehr groß werden, muß aber immer endlich bleiben, d. h., die Spannungsänderung kann sehr steil verlaufen, es kann aber kein *Spannungssprung* auftreten. Der Kondensator*strom* hingegen kann sich sprunghaft ändern. Beide Aussagen kann man zusammenfassen in dem Satz:

Der zeitliche Verlauf der Kondensatorspannung muß stetig sein, aber er muß nicht für jeden Zeitpunkt t differenzierbar sein. Er darf also keine Sprünge, wohl aber Knicke enthalten (Bild 3.2b).

Mathematisch bedeutet *Stetigkeit*: Linksseitiger und rechtsseitiger Grenzwert sind gleich. Nähert man sich also beispielsweise von negativen Zeiten $t < 0$ dem Schaltmoment $t = 0$, so muß der Spannungswert zur Zeit $t = 0$ $u_c(-0)$ gleich dem Wert $u_c(+0)$ sein, den man bei Annäherung von positiven Zeiten erhält.

Das gleiche Ergebnis erhält man aus der Energiebetrachtung: Die im Kondensator gespeicherte Energie $Cu_c^2/2$ kann sich (wie jede Energie) nicht sprunghaft ändern, d. h., die Leistung

$$P = \frac{\mathrm{d}W}{\mathrm{d}t} = \frac{\mathrm{d}}{\mathrm{d}t}\left(\frac{Cu_c^2}{2}\right) < \infty \quad \text{oder} \quad Cu_c\frac{\mathrm{d}u_c}{\mathrm{d}t} = u_c i_c < \infty$$

muß endlich bleiben.

c) *Induktivität L*

Die Beziehung $u_L = L\,\mathrm{d}i_L/\mathrm{d}t$ ergibt durch analoge Betrachtung (s. beispielsweise [1], Abschn. 3.3.5.) zur Kapazität:

Der Strom durch eine Induktivität muß stetig sein. Im Schaltmoment gilt $i_L(-0) = i_L(+0)$. Jedoch kann sich die Spannung sprunghaft ändern, d. h., $\mathrm{d}i_L/\mathrm{d}t$ kann in einem bestimmten Zeitpunkt zwei verschiedene Grenzwerte annehmen:

Der zeitliche Verlauf des Stroms durch eine Induktivität muß stetig sein, aber er muß nicht für jeden Zeitpunkt t differenzierbar sein. Er darf also keine Sprünge, wohl aber Knicke enthalten (Bild 3.2c).

Auch hier kann man die Energiebetrachtung in b) (mit $W = Li^2/2$) anstellen.

Diese drei Merksätze erlauben, die Strom- und Spannungswerte von Zusammenschaltungen mehrerer Schaltelemente im Schaltmoment zu berechnen. Beispielsweise kann man sofort sagen, daß sich bei einem Spannungssprung an eine Reihenschaltung von R, L, C der Strom auf Grund der Induktivität und die Spannung über C nicht sprunghaft ändern können, also die Änderung der Gesamtspannung im Schaltmoment von L „aufgenommen" wird, da u_c und mit i auch Ri stetig sind. Auf diese Fragen kommen wir im Abschn. 3.3. zurück.

3.2. Differentialgleichungen für Netzwerk und Lösungsverfahren im Zeitbereich

Aus Abschn. 3.1. geht hervor, daß bei Ein- oder Abschalten eines Netzwerks mit Energiespeichern C und/oder L nicht an jeder Stelle Strom und Spannung diesem Schaltsprung folgen können, sondern andere durch das Netzwerk bestimmte Ausgleichsvorgänge für diese Größen einsetzen, die mit Annäherung an den neuen eingeschwungenen (stationären) Zustand allmählich abklingen (Bild 3.3). Die mathematische Funktion dieser Übergangserscheinungen ($t \geqq 0$; Schaltmoment $t = 0$) erhält man durch Lösung der für $t > 0$ gültigen Netzwerkgleichung für die entsprechende Größe. Diese Gleichung ist für zeitinvariante lineare Netzwerke eine lineare Differentialgleichung mit konstanten Koeffizienten, die wir mit den drei ersten Schritten des Berechnungsprogramms RP 8 (Anhang I) erhalten. Dabei schreiben wir zur Eliminierung der übrigen Variablen aus dem DGl.-System zweckmäßigerweise zuvor die Gleichungen mittels des p-Operators auf ein algebraisches System um (vgl. Beispiel im Abschn. 1.1.3.).

Für die Variable a lautet die allgemeine lineare inhomogene DGl.:

$$A_n\frac{\mathrm{d}^n a}{\mathrm{d}t^n} + A_{n-1}\frac{\mathrm{d}^{n-1} a}{\mathrm{d}t^{n-1}} + \ldots + A_0 a = \sum_{\nu=1}^{k}\left(B_{m\nu}\frac{\mathrm{d}^m b_\nu}{\mathrm{d}t^m}\ldots + B_{0\nu}b_\nu\right). \tag{3.1}$$

Die Koeffizienten A_n, B_m enthalten die Bauelementeparameter des Netzwerks. Auf der rechten Seite *(Störungsglied)* sind die b_ν die dem Netzwerk aufgeprägten EMK und Einströmungen. Sind diese Null, so liegt eine *homogene* DGl. vor.

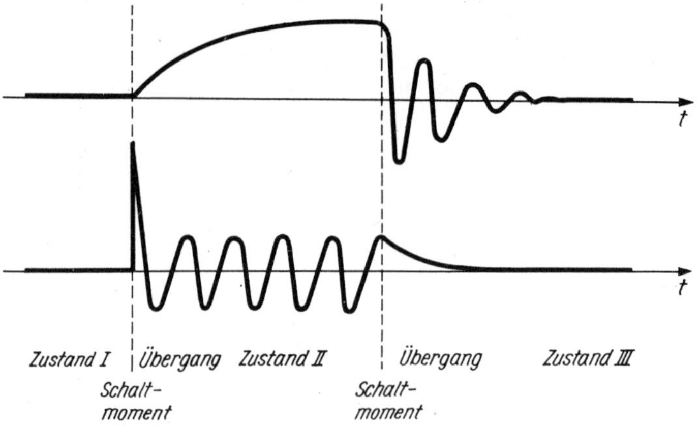

Bild 3.3. Übergangserscheinungen zwischen eingeschwungenen Zuständen

Die Ordnung n der DGl. wird durch die Anzahl der unabhängigen Energiespeicher[1]) bestimmt. Jeder unabhängige Energiespeicher kann im Schaltmoment ($t = 0$) einen eigenen Anfangszustand haben. Diese Anfangszustände müssen alle bekannt sein (s. Abschn. 3.3.), um die *allgemeine* Lösung der DGl. auf die *speziellen* Zustandsbedingungen des Netzwerks anzupassen *(Konstantenbestimmung).*

Wir wollen die wichtigsten Gleichungstypen und deren allgemeine Lösungen in knapper Form zusammenstellen.

3.2.1. Lösungen homogener linearer Differentialgleichungen

Homogene DGln. erhält man für passive Netzwerke. (Störungsglied Null heißt: Es existiert keine aufgeprägte Größe.) Es kann als Ausgleichsvorgang nur ein *Abklingen* der in elektrischen und magnetischen Feldern gespeicherten Energie auftreten. Diese abklingende Funktion beschreibt einen *„flüchtigen Vorgang“.* Die Form des Abklingens wird durch die Ordnung der DGl. bestimmt.

1.1. DGl. 1. Ordnung

$$A_1 \frac{\mathrm{d}a}{\mathrm{d}t} + A_0 a = 0 \tag{3.2}$$

Beispiel s. Bild 3.4a. Diesen Gleichungstyp erhält man bei sprunghaftem Abschalten eines passiven Netzwerks mit nur einem Energiespeicher.

Lösung durch *Trennung der Variablen*:

$$\frac{\mathrm{d}a}{a} = -\frac{A_0}{A_1}\,\mathrm{d}t. \tag{3.3}$$

Die Integration ergibt mit

$$\frac{A_1}{A_0} = \tau \quad \textit{(Zeitkonstante)} \tag{3.4}$$

$$a = K\,\mathrm{e}^{-t/\tau}, \tag{3.5}$$

wobei K die Integrationskonstante ist.

[1]) „Unabhängig“ bei gleicher Art der Energiespeicher (C oder L) heißt: gleichartige Elemente sind nicht direkt in Reihe oder parallel geschaltet.

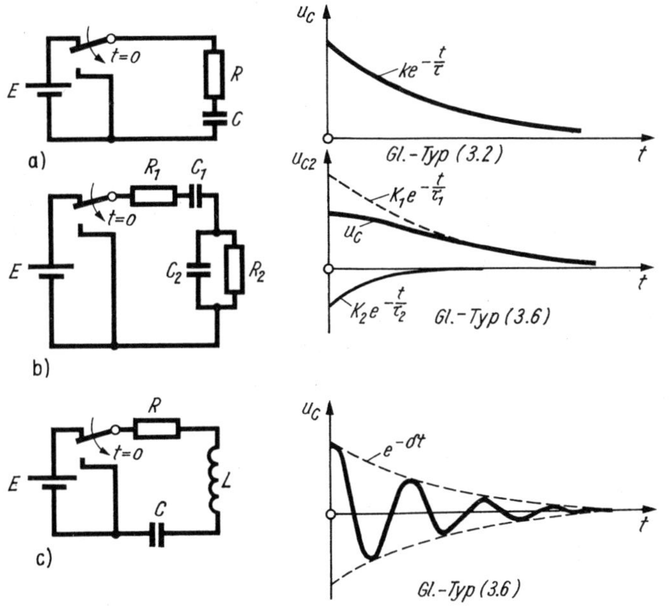

Bild 3.4. Homogene lineare DGln. und typische Lösungen für Ausschaltvorgänge

a) $t \geqq 0$: $CR\dfrac{\mathrm{d}u_c}{\mathrm{d}t} + u_c = 0$

b) $t \geqq 0$: $C_2R_1\dfrac{\mathrm{d}^2u_{c2}}{\mathrm{d}t^2} + \left(1 + \dfrac{R_1}{R_2} + \dfrac{C_2}{C_1}\right)\dfrac{\mathrm{d}u_{c2}}{\mathrm{d}t} + \dfrac{1}{C_1R_2}u_{c2} = 0$

c) $t \geqq 0$: $CL\dfrac{\mathrm{d}^2u_c}{\mathrm{d}t^2} + CR\dfrac{\mathrm{d}u_c}{\mathrm{d}t} + u_c = 0$

Der grundsätzliche Verlauf ist im Bild 3.4a angegeben.

1.2. DGl. 2. Ordnung

$$A_2\frac{\mathrm{d}^2a}{\mathrm{d}t^2} + A_1\frac{\mathrm{d}a}{\mathrm{d}t} + A_0a = 0 \tag{3.6}$$

Beispiele s. Bilder 3.4b und c. Diesen Gleichungstyp erhält man bei sprunghaftem Abschalten eines passiven Netzwerks mit zwei verschiedenen Energiespeichern oder zwei gleichartigen Energiespeichern in unabhängigen Zweigen (keine direkte Reihen- oder Parallelschaltung).

Lösung durch *Ansatzmethode*:

$$a = K\,\mathrm{e}^{\lambda t} \tag{3.7}$$

oder

$$a = K\,\mathrm{e}^{-t/\tau} \quad \text{[vgl. Gl. (3.5)]}.$$

Eingesetzt in Gl. (3.6), ergibt die *charakteristische Gleichung*

$$\lambda^2 + \frac{A_1}{A_2}\lambda + \frac{A_0}{A_2} = 0. \tag{3.8}$$

Damit wird

$$\lambda_{1,2} = -\frac{A_1}{2A_2} \pm \sqrt{\left(\frac{A_1}{2A_2}\right)^2 - \frac{A_0}{A_2}}. \tag{3.9}$$

Je nach der Lösung für $\lambda_{1,2}$ ergeben sich verschiedene allgemeine Integrale der DGl. (3.6):

Fall 1

$(A_1/2A_2)^2 > A_0/A_2$ ergibt λ_1 und λ_2 verschieden und reell.

Lösung:

$$a = K_1\,e^{\lambda_1 t} + K_2\,e^{\lambda_2 t} \tag{3.10}$$

oder, da $\lambda_{1,2} < 0$ ist, schreibt man

$$a = K_1\,e^{-t/\tau_1} + K_2\,e^{-t/\tau_2} \tag{3.10a}$$

mit

$$\lambda_{1,2} = -\frac{1}{\tau_{1,2}}. \tag{3.11}$$

Die Lösung ist als Überlagerung zweier Exponentialfunktionen in allgemeiner Form im Bild 3.4b angegeben. Man nennt diesen Ausgleichsvorgang *aperiodisch.*

Fall 2

$(A_1/2A_2)^2 = A_0/A_2$ ergibt die Doppelwurzel $\lambda_1 = \lambda_2 = -A_1/2A_2$.

Lösung:

$$a = (K_1 t + K_2)\,e^{\lambda t}. \tag{3.12}$$

Man bezeichnet dies den *aperiodischen Grenzfall.*

Fall 3

$(A_1/2A_2)^2 < A_0/A_2$ ergibt für λ_1 und λ_2 konjugiert komplexe Werte: $\lambda_{1,2} = -\delta \pm j\omega$.

Lösung:

$$a = e^{-\delta t}\,[K_3 \cos \omega t + K_4 \sin \omega t]. \tag{3.13}$$

Wir erhalten also eine *gedämpfte Schwingung* (Bild 3.4c).

Dieser *periodische Fall* kann in Zweipolnetzwerken nur auftreten, wenn die beiden Speicherelemente unterschiedlicher Art sind.

3.2.2. Lösungen inhomogener linearer Differentialgleichungen

Inhomogene DGln. erhält man für aktive Netzwerke. In diesen wird eine EMK oder eine Einströmung sprunghaft oder nach einer bestimmten Zeitfunktion ab- oder zugeschaltet.

Falls ein passives Element *(R, L, C)* „langsam“ verändert wird, ist zu beachten, daß DGl. (3.1) nicht mehr konstante Parameter A_n aufweist, sondern diese selbst Funktionen der Zeit sind (Netzwerk nicht mehr zeitinvariant).

Die lineare inhomogene DGl. für die Variable $a(t)$ läßt sich in zwei Teilschritten lösen:

- Störungsglied Null setzen und allgemeine Lösung durch Integration der „verkürzten“ Gleichung (homogene DGl., Methoden bei konstanten Koeffizienten s. Abschn. 3.2.1.)
  Da diese Teillösung für physikalisch reale Systeme einen abklingenden Vorgang beschreibt, der gegen Null geht, nennen wir sie das „flüchtige Glied“ der Gesamtlösung: $a_f(t)$.
- Aufsuchen eines *partikulären Integrals* $a_p(t)$ der vollständigen inhomogenen DGl., das zu dem „flüchtigen Glied“ hinzugefügt wird:

$$a(t) = a_f(t) + a_p(t). \tag{3.14}$$

Variation der Konstanten. Man ersetzt die Integrationskonstanten in der allgemeinen Lösung der verkürzten Gleichung durch Funktionen von t, setzt diesen Ausdruck in die vollständige DGl. ein und berechnet die eingeführten „variierten Konstanten" durch Integration.

Ansatzmethode. Man sucht eine Funktion als partikuläre Lösung, die vom Typ der Störfunktion der DGl. ist, und berechnet nach Einsetzen in die vollständige DGl. deren Konstanten durch Koeffizientenvergleich.

Ist das Störungsglied der DGl. ein Gleichglied oder eine Sinusfunktion (Einschalten einer Gleich- oder Wechselgröße), so ist ein *partikuläres Integral* der vollständigen DGl. der *eingeschwungene Zustand* $a_e(t)$:

$$a(t) = a_f(t) + a_e(t)\,. \tag{3.14a}$$

Gl. (3.14a) ist für uns besonders bequem. Bei häufig vorliegenden Schaltsprüngen von Gleich- oder Wechselspannungen ist das partikuläre Integral $a_e(t)$ die Lösung, die wir bisher immer gesucht haben: der eingeschwungene Zustand. Zur Berechnung von $a_e(t)$ sind alle bisher betrachteten Netzwerk-Berechnungsmethoden (z. B. „$j\omega$-Rechnung" bei sinusförmigem Störungsglied) anwendbar.

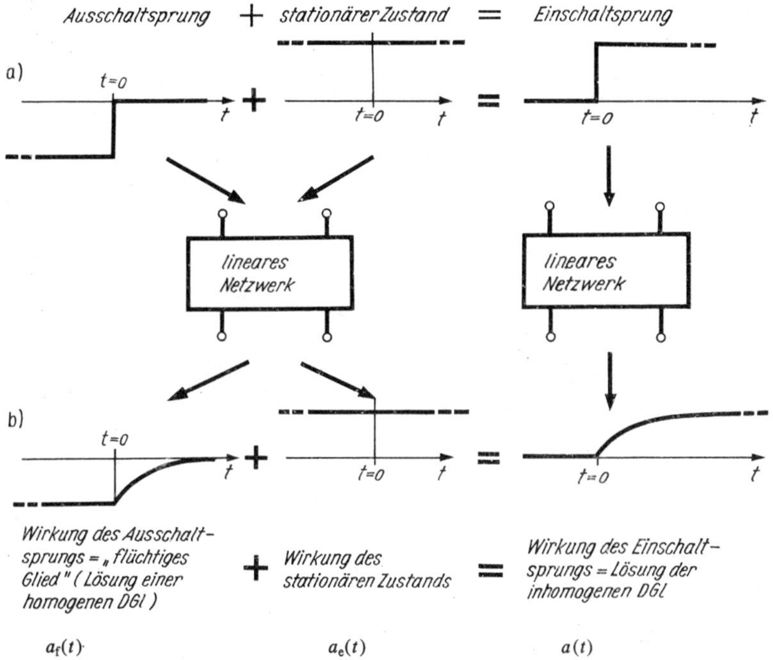

Bild 3.5. Grafische Deutung der Lösungsgleichung (3.14a)

Gl. (3.14a) kann man grafisch sehr anschaulich interpretieren: Es handelt sich um die Lösung einer inhomogenen linearen DGl., also um ein aktives Netzwerk, das sprunghaft eingeschaltet wird (z. B. Bild 3.6). Nun kann man diese Ursache (Einschalten von $+E$) als Überlagerung eines Ausschaltens von $-E$ mit einem stationären Zustand $+E$ auffassen (Bild 3.5a).

Die Wirkung im linearen Netzwerk kann man nach dem Überlagerungssatz als Summe der Teilwirkungen, herrührend von den Teilursachen, berechnen. Die Wirkung des Ausschaltens im passiven Netzwerk (z. B. Bild 3.4a) berechnet man als Lösung einer homogenen DGl. Das ergibt das „flüchtige Glied" $a_f(t)$. Die zweite Teilwirkung ist der eingeschwungene Zustand $a_e(t)$. Die Überlagerung beider ergibt die Gesamtwirkung, die die Lösung der inhomogenen DGl. sein muß (Bild 3.5b).

Mit diesen Aussagen und den Gln. (3.14) ergibt sich das folgende Lösungsprogramm.

Lösungsprogramm RP 11: Schaltvorgänge in aktiven linearen Netzwerken

1. Aufstellen der DGl. für die gesuchte Größe $a(t)$
   (Lösungsprogramm RP 8 im Abschn. 1.1.3. bzw. Anhang I, Punkte 1 bis 3).
2. Lösen der „verkürzten" Gleichung (homogene DGl.) ergibt Lösung $a_f(t)$, enthält Integrationskonstanten (Methoden s. Abschn. 3.2.1.).
3. Aufsuchen einer partikulären Lösung der vollständigen DGl.:
   Variation der Konstanten (z. B. Abschn. 3.4.1.3.)
   Ansatzmethode
   eingeschwungener Zustand $a_e(t)$
4. Überlagerung der Ergebnisse der Punkte 2 und 3.
5. Bestimmung der Integrationskonstanten aus Anfangsbedingungen ($t = 0$) (s. Abschnitt 3.3.).

Wir werden im Abschn. 3.4. verschiedene Beispiele mit Hilfe dieses Programms berechnen. Hier seien die einzelnen Punkte an einer einfachen R-C-Schaltung ausgeführt, in der zur Zeit $t = 0$ eine Gleichspannung E eingeschaltet wird (Bild 3.6). Wir suchen die Übergangserscheinungen für den Strom und die Kondensatorspannung.

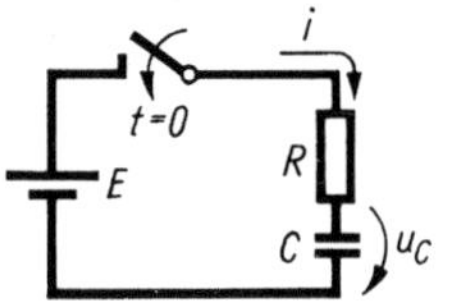

Bild 3.6. Einschaltvorgang: inhomogene lineare DGl.

$$\left.\begin{aligned} t \geqq 0:\quad & Ri + u_c = E \\ i = {} & C\frac{du_c}{dt} \end{aligned}\right\} \quad CR\frac{du_c}{dt} + u_c = E$$

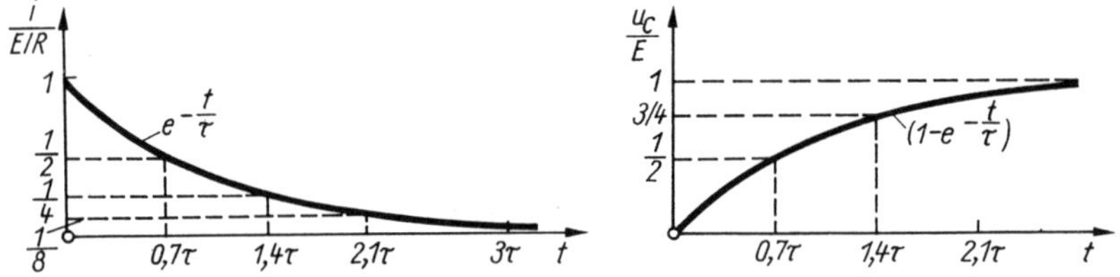

1. Aufstellen der DGl. für die Spannung u_c:

   Maschengleichung für $t \geqq 0$: $Ri + u_c = E$.

   Mit $i = C\,du_c/dt$ wird

$$CR\frac{du_c}{dt} + u_c = E.$$

2. „Verkürzte" Gleichung ergibt flüchtiges Glied u_{cf}:

$$CR\frac{du_{cf}}{dt} + u_{cf} = 0 \quad \text{[Gleichungstyp (3.2)]}.$$

   Lösung nach Gl. (3.5) und (3.4):

$$u_{cf} = K\,e^{-t/\tau} \quad \text{mit} \quad \tau = CR.$$

3. Partikuläre Lösung ist der „eingeschwungene Zustand", den u_c nach beliebig langer Zeit erreicht, dieser ist

$$u_{ce} = E.$$

4. Überlagerung ergibt Lösung

$$u_c = u_{cf} + u_{ce} = K\,\mathrm{e}^{-t/\tau} + E.$$

5. Bestimmung der Konstanten K aus einer Anfangsbedingung.
Wir müssen u_c für $t = 0$ bestimmen. Vor dem Schalten sei der Kondensator ohne Ladung, d. h. $u_c(-0) = 0$. Nach Merksatz im Abschn. 3.1.b) kann u_c sich nicht sprunghaft ändern; es muß also gelten $u_c(+0) = 0$.
Für $t = 0$ ergibt die Lösung in Punkt 4

$$0 = K + E, \quad \text{daraus} \quad K = -E.$$

Eingesetzt in Punkt 4, ergibt die Lösung:

$$u_c = E(1 - \mathrm{e}^{-t/\tau}).$$

Den Zeitverlauf des Stroms i erhalten wir aus dem für u_c mittels der Beziehung:

$$i = C\frac{\mathrm{d}u_c}{\mathrm{d}t} = C\frac{\mathrm{d}}{\mathrm{d}t}[E(1 - \mathrm{e}^{-t/\tau})].$$

Das ergibt

$$i = \frac{CE}{\tau}\mathrm{e}^{-t/\tau}$$

und mit $\tau = CR$

$$i = \frac{E}{R}\mathrm{e}^{-t/\tau}.$$

Der Strom ist vor dem Schalten Null und springt im Schaltmoment $t = 0$ auf $i(0) = E/R$, also auf den Wert, der ohne Kondensator ständig existieren würde.

Das ist eben darin begründet, daß im Schaltmoment die Kondensatorspannung Null bleibt, also eine Spannung nur über R abfällt, die gleich E sein muß (Maschensatz).

Die Zeitverläufe sind im Bild 3.6 dargestellt. Zur quantitativen Darstellung der Exponentialfunktion sei folgender Hinweis gegeben:
Für $t = 0$ ist $\mathrm{e}^{-t/\tau} = 1$. Absinken auf die Hälfte des Anfangswerts erfolgt für $\mathrm{e}^{-t/\tau} = 1/2$, d. h. $t/\tau = \ln 2 = 0{,}693$, also $t \approx 0{,}7\,\tau$.
Diese Zeit nennt man

Halbwertzeit $t_\mathrm{H} \approx 0{,}7\,\tau$.

Nach weiteren $0{,}7\,\tau$, d. h. $t = 2t_\mathrm{H} = 1{,}4\tau$, sinkt die Funktion abermals auf die Hälfte usw. (Bild 3.6). Ein technisch wichtiger Wert ist

$$t = 3\tau.$$

Das ergibt $\mathrm{e}^{-3} \approx 1/20 = 5\,\%$.

Bei einem Energiespeicher ist nach $t = 3\tau$ der Ausgleichsvorgang annähernd abgeklungen (exakt erst bei $t = \infty$) und der neue Endzustand bis auf 5% Abweichung erreicht.

3.2.3. Verkürztes Lösungsverfahren bei Kreisen mit nur einem Energiespeicher

Das Verhalten von Kreisen mit nur einem Energiespeicher bei sprunghaftem Schalten, wie es im letzten Beispiel berechnet worden ist, kann man – ausgehend von Gl. (3.14a)

$$a(t) = a_\mathrm{f}(t) + a_\mathrm{e}(t) \qquad \textbf{(3.14a)}$$

– ohne Aufstellen der DGl. sehr leicht angeben. In solch einfachen Kreisen ist $a_f(t)$ [Gl. (3.5)] bis auf die Konstante K bekannt:

$$a_f(t) = K\,e^{-t/\tau}.$$

Hierbei ist zur Zeitkonstanten τ noch eine Bemerkung erforderlich. Allgemein gilt

für Kreise mit C: $\tau = CR$ **(3.15)**

für Kreise mit L: $\tau = \frac{L}{R}$. **(3.16)**

Hierbei ist R derjenige Widerstand, den der Kreis für $t > 0$, *von L bzw. C aus gesehen,* hat (z. B. in Schaltung 1, S. 246, ist $R = R_3 + R_1 /\!/ R_2$).

Ebenso ist der eingeschwungene Zustand $a_e(t)$ der zu berechnenden Größen a mit den bisherigen Netzwerk-Berechnungsmethoden berechenbar (bei sinusförmigem Störungsglied: komplexe Rechnung).

Als Lösung ergibt sich also

$$a(t) = K\,e^{-t/\tau} + a_e(t). \quad \textbf{(3.17)}$$

In dieser allgemeinen Lösung ist die Konstante K noch zu bestimmen, d. h., wir müssen die allgemeine Lösung an unsere speziellen Zustände im Netzwerk anpassen. Es sei hierfür der Zustand $a(t)$ im Schaltmoment $t = 0$ bekannt: $a(0)$.
Damit können wir für Gl. (3.17) mit $t = 0$ schreiben

$$a(0) = K + a_e(0).$$

$a_e(0)$ ist der Wert, den der eingeschwungene Zustand $a_e(t)$ zur Zeit $t = 0$ besitzen würde.

Damit ist K berechnet:

$$K = a(0) - a_e(0).$$

Eingesetzt in Gl. (3.17), ergibt sich schließlich

$$a(t) = [a(0) - a_e(0)]\,e^{-t/\tau} + a_e(t). \quad \textbf{(3.18)}$$

Von dieser sehr anschaulichen Lösungsgleichung, die wir anschließend noch durch grafische Darstellung interpretieren wollen, können wir bei sprunghaftem Schalten in Kreisen mit nur einem Energiespeicher ausgehen.

Das Lösungsprogramm lautet dann:

1. Berechne den eingeschwungenen Zustand, dem die gesuchte Größe zustrebt: $a_e(t)$!
2. Setze $t = 0$ in Lösung 1. Ergibt $a_e(0)$.
3. Bestimme den Anfangswert der gesuchten Funktion aus gegebenen Zustandsbedingungen des Netzwerks! Ergibt $a(0)$. Siehe hierfür Abschn. 3.3.
4. Bestimme die Zeitkonstante τ nach Gl. (3.15) bzw. Gl. (3.16)!
5. Setze die Ergebnisse der Schritte 1. bis 4. in Gl. (3.18) ein!

Als Beispiel wollen wir das oben berechnete Ergebnis für Schaltung Bild 3.6 mit Gl. (3.18) bestätigen. Es sind sofort folgende Werte anzugeben $u_{ce} = E$, also $u_{ce}(0) = E$, $\tau = CR$ und $u_c(0) = 0$. Damit wird

$$u_c(t) = [u_c(0) - u_{ce}(0)]\,e^{-t/\tau} + u_{ce} = u_{ce}(1 - e^{-t/\tau})$$

$$u_c(t) = E(1 - e^{-t/\tau}).$$

Gl. (3.18) wird besonders anschaulich, wenn wir sie in Anlehnung an Bild 3.5 grafisch darstellen, und zwar für den Fall $a(0) = 0$, d. h. für solche Größen, die vor dem Schalten Null sind und sich nicht sprunghaft ändern können (u_c und i_L, s. Abschn. 3.1.). Dann wird aus Gl. (3.18)

$$a(t) = -a_e(0)\,e^{-t/\tau} + a_e(t). \qquad \textbf{(3.18a)}$$

Wir stellen also $a_e(t)$ dar, suchen den Wert für $t = 0$ auf. Dieser Wert – im Vorzeichen umgekehrt – ist der Anfangswert der Exponentialfunktion, zu deren Konstruktion vier oder fünf Punkte nach Bild 3.6 ausreichen. Beide Zeitverläufe überlagert man und erhält $a(t)$.

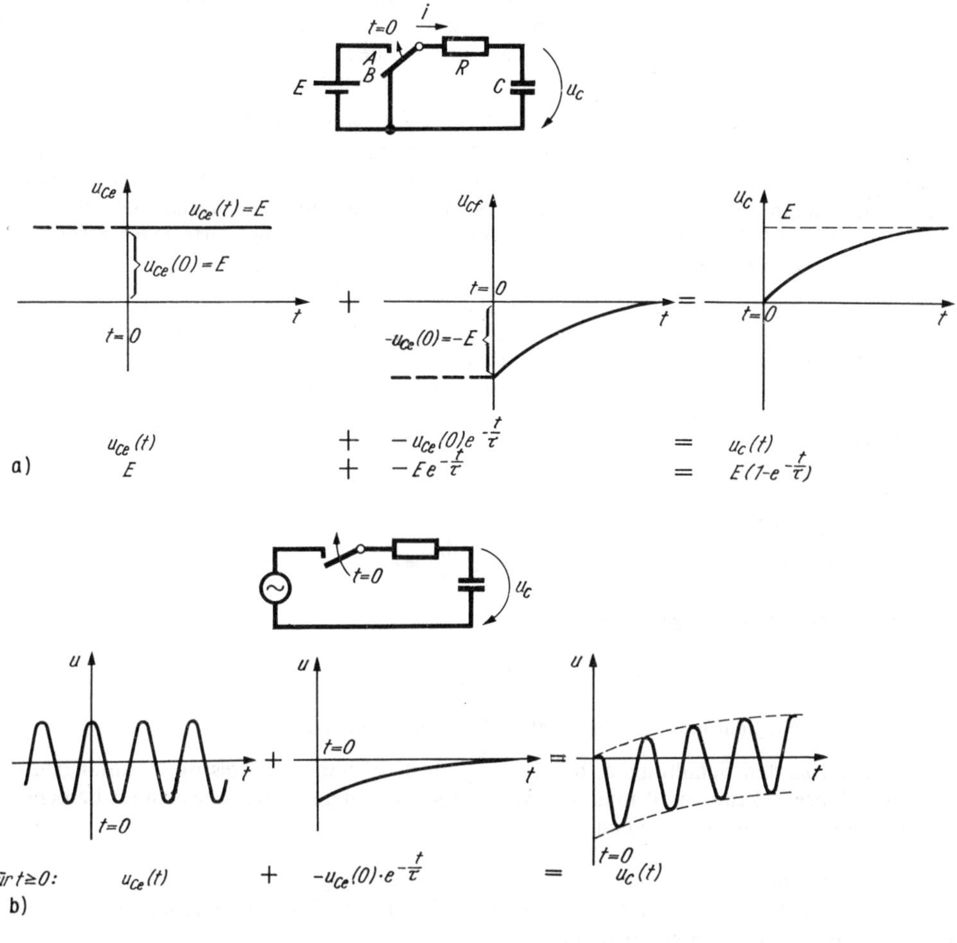

Bild 3.7. Grafische Lösung von Ausgleichsvorgängen

a) Einschalten einer Gleichspannung (s. auch Bild 3.5)

b) Einschalten einer Wechselspannung

Im Bild 3.7a ist das oben berechnete Beispiel auf diese Weise grafisch ermittelt. Im Bild 3.7b ist der Zeitverlauf der Kondensatorspannung bei Einschalten einer sinusförmigen EMK in gleicher Weise konstruiert. Man sieht, wie schnell man das relativ komplizierte Verhalten qualitativ hinzeichnen kann. Man kann die Schaltphase ($t = 0$) variieren und leicht erkennen, wie der Anfangswert des Ausgleichsvorgangs verändert wird. Auf die Berechnung kommen wir im Abschn. 3.4. zurück.

3.3. Berechnung der Anfangszustände des Netzwerks mit Hilfe der Stetigkeitsbedingungen

Wie aus Abschn. 3.2. (insbesondere Punkt 5 des Rechenprogramms) hervorgeht, benötigen wir zur Bestimmung der Integrationskonstanten die Anfangsbedingungen für die zu berechnende Variable. [Wir wollen sie weiterhin allgemein $a(t)$ nennen.] Liegt eine DGl. 1. Ordnung vor (ein Energiespeicher), so muß man für $t = 0$ den Anfangswert $a(0)$ berechnen. Bei einer DGl. 2. Ordnung ergibt das zweite Energiespeicherelement eine zweite (von der ersten unabhängige) Anfangsbedingung, die für $a(t)$ eine Aussage über ($\mathrm{d}a/\mathrm{d}t$ bzw. $\int a\,\mathrm{d}t$) liefert. Um diese Werte angeben zu können, müssen die Strom- und/oder Spannungswerte der einzelnen Energiespeicherelemente zur Zeit $t = -0$ (unmittelbar vor dem Schalten) bekannt sein. Dann kann man mit Hilfe der physikalisch notwendigen Stetigkeitsbedingungen (Abschn. 3.1.) und den Netzwerkgleichungen für $t = 0$ die Anfangswerte jeder Strom- und Spannungsgröße berechnen.

Als einfaches Beispiel seien die Anfangsbedingungen für u_c des Schaltvorgangs Bild 3.4c angegeben. Es liegt eine DGl. 2. Ordnung vor. Die beiden Anfangsbedingungen ergeben sich aus den Stetigkeitsbedingungen für u_c und $i_L = i$. Beide müssen im Schaltmoment ihre Werte beibehalten.

Vor dem Schalten ist der Kondensator aufgeladen; es fließt infolge der anliegenden Gleichspannung kein Strom (stationärer Zustand I, Bild 3.3).

Also bei

$$t = -0: \quad u_c = E \quad \text{und} \quad i = i_L = 0\,.$$

Auf Grund der Stetigkeit muß sein:

$$\text{bei} \quad t = +0: \quad u_c(0) = E \quad \text{und} \quad i(0) = C\frac{\mathrm{d}u_c}{\mathrm{d}t} = 0\,.$$

Die beiden Anfangsbedingungen lauten also

$$\text{bei} \quad t = 0: \quad u_c = E \quad \text{und} \quad \frac{\mathrm{d}u_c}{\mathrm{d}t} = 0\,.$$

Der $u_c(t)$-Verlauf beginnt bei E mit horizontaler Tangente (Bild 3.4c).

Bei komplizierten Schaltungen, bei denen man nicht ohne weiteres diese Anfangsbedingungen „ablesen“ kann, muß man sie systematisch aus dem Gleichungssystem berechnen. Hierfür geht man folgendermaßen vor:

1. Aufstellen des vollständigen Gleichungssystems für gegebenes Netzwerk.
2. Einsetzen der Anfangswerte der Energiespeicher auf Grund gegebener Betriebsbedingungen und der Stetigkeitsbedingungen.
3. Berechnung der Anfangswerte für die gesuchte Variable. Die Anzahl der notwendigen Anfangsbedingungen ergibt sich aus der Anzahl der unabhängigen Energiespeicher (Ordnung der DGl.).

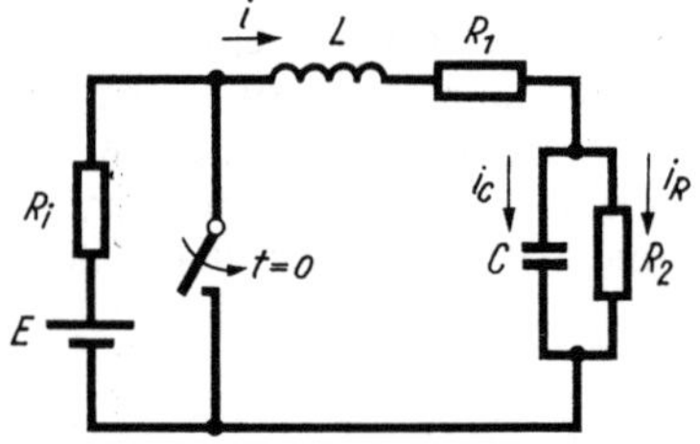

Bild 3.8

An einem Beispiel soll dies gezeigt werden:

Die Schaltung Bild 3.8 wird zur Zeit $t = 0$ durch den Schalter kurzgeschlossen, d. h., die EMK ist durch den Kurzschluß für den angeschlossenen Kreis unwirksam geworden. Vor dem Schalten sollen Gleichstromverhältnisse vorliegen, d. h., es gilt mit der Abkürzung $R_i + R_1 + R_2 = R$ für $t = -0$

$$u_L = 0\,, \quad i_c = 0\,,$$

also

$$i_R = i = \frac{E}{R_i + R_1 + R_2} = \frac{E}{R}, \quad u_c = u_2 = R_2 i = \frac{R_2}{R} E, \quad u_1 = R_1 i = \frac{R_1}{R} E.$$

Wir wollen nun zur Übung nicht nur für eine, sondern für jede Strom- und Spannungsgröße der Schaltung die Anfangsbedingungen berechnen.

Auf Grund der beiden unabhängigen Energiespeicher ergibt sich für jede Größe eine DGl. 2. Ordnung; wir benötigen also jeweils zwei Anfangsbedingungen für die beiden Integrationskonstanten. Das sind $a_\nu(0)$ und $(\mathrm{d}a_\nu/\mathrm{d}t)_{t=0}$, wobei hier die a_ν drei Spannungsabfälle und drei Ströme sind. Es sind damit zwölf Anfangsbedingungen zu berechnen.

Von diesen zwölf sind zwei sofort auf Grund der Stetigkeitsbedingung angebbar. Für $t = +0$:

$$u_c(0) = u_c(-0) = E\frac{R_2}{R} \quad \text{auf Grund der Kapazität } C \tag{a$_1$}$$

$$i(0) = i(-0) = \frac{E}{R} \quad \text{auf Grund der Induktivität } L.^{1)} \tag{b$_1$}$$

Die übrigen Bedingungen ermitteln wir aus dem Gleichungssystem. Für $t \geqq 0$ gelten folgende Gleichungen:

$$i = i_c + i_R \tag{1}$$

$$u_L + R_1 i + u_c = 0 \tag{2}$$

$$R_2 i_R - u_c = 0 \tag{3}$$

$$u_L = L\frac{\mathrm{d}i}{\mathrm{d}t} \tag{4}$$

$$i_c = C\frac{\mathrm{d}u_c}{\mathrm{d}t}. \tag{5}$$

Mit Gln. (a_1) und (b_1) erhalten wir

aus Gl. (2) $$u_L(0) = -[u_c(0) + R_1 i(0)] = -E\frac{R_1 + R_2}{R} \tag{c$_1$}$$

mit Gl. (4) $$\left(\frac{\mathrm{d}i}{\mathrm{d}t}\right)_{t=0} = \frac{u_L(0)}{L} = -\frac{E}{L}\frac{(R_1 + R_2)}{R} \tag{b$_2$}$$

aus Gl. (3) $$i_R(0) = \frac{u_c(0)}{R_2} = \frac{E}{R} = i(0)\,, \tag{d$_1$}$$

mit Gl. (1) $$i_c(0) = i(0) - i_R(0) = 0 \tag{e$_1$}$$

also mit Gl. (5) $$\left(\frac{\mathrm{d}u_c}{\mathrm{d}t}\right)_{t=0} = \frac{i_c(0)}{C} = 0\,. \tag{a$_2$}$$

[1]) Beachte den Einbau des Kurzschlußschalters im Bild 3.8! Bei einem Trennschalter wie z. B. im Bild 3.4b müßte der Strom im Schaltmoment „sich selbst den Weg schaffen", indem er während der kurzzeitigen Unterbrechung durch $\mathrm{d}i/\mathrm{d}t$ eine so hohe Spannung über der Induktivität induziert, daß der Schalter durch einen Funken überbrückt wird (also i aufrechterhalten bleibt). Eine exakte Berechnung wäre dann nicht ohne weiteres möglich. (Abhilfe: Funkenlöschung durch Kapazität parallel zum Schalter.)

Wir differenzieren Gl. (2) und erhalten für $t = 0$[1])

$$\left(\frac{\mathrm{d}u_L}{\mathrm{d}t}\right)_{t=0} = -R_1\left(\frac{\mathrm{d}i}{\mathrm{d}t}\right)_{t=0} - \left(\frac{\mathrm{d}u_c}{\mathrm{d}t}\right)_{t=0}$$

mit Gln. (b_2) und (a_2)

$$\left(\frac{\mathrm{d}u_L}{\mathrm{d}t}\right)_{t=0} = \frac{E}{L}\frac{(R_1+R_2)\,R_1}{R}. \tag{c$_2$}$$

Wir differenzieren Gl. (3) und erhalten mit Gl. (a_2)

$$\left(\frac{\mathrm{d}i_R}{\mathrm{d}t}\right)_{t=0} = \frac{1}{R_2}\left(\frac{\mathrm{d}u_c}{\mathrm{d}t}\right)_{t=0} = 0. \tag{d$_2$}$$

Wir differenzieren Gl. (1) und erhalten mit Gln. (b_2) und (d_2)

$$\left(\frac{\mathrm{d}i_c}{\mathrm{d}t}\right)_{t=0} = \left(\frac{\mathrm{d}i}{\mathrm{d}t}\right)_{t=0} - \left(\frac{\mathrm{d}i_R}{\mathrm{d}t}\right)_{t=0} = -\frac{E}{L}\frac{R_1+R_2}{R}. \tag{e$_2$}$$

Als letzte Bedingungen ergeben sich mit Gln. (b_1) bzw. (b_2) für die Spannung u_1

$$u_1(0) = R_1 i(0) = E\frac{R_1}{R} \tag{f$_1$}$$

$$\left(\frac{\mathrm{d}u_1}{\mathrm{d}t}\right)_{t=0} = R_1\left(\frac{\mathrm{d}i}{\mathrm{d}t}\right)_{t=0} = -\frac{E}{L}\frac{(R_1+R_2)\,R_1}{R}. \tag{f$_2$}$$

Aufgabe

A 3.1 Gegeben seien die Schaltungen Bild A 3.1. Sie werden zur Zeit $t = 0$ eingeschaltet. Die Kapazitäten sollen im Schaltmoment keine Ladung besitzen.

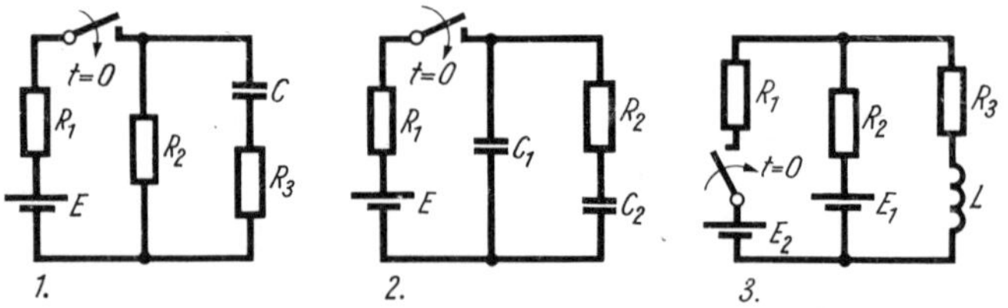

Bild A 3.1

a) Berechne die Anfangswerte aller Ströme und Spannungen der einzelnen Kreise!
b) Bestimme die Endwerte (eingeschwungener Zustand für $t \to \infty$) für
   b_1) Strom durch C in Schaltung 1
   b_2) Gesamtstrom in Schaltung 2
   b_3) Strom durch L in Schaltung 3!
c) Zeichne qualitativ die Ausgleichsvorgänge für die in b) angegebenen Größen mit Hilfe der Gl. (3.18) bzw. (3.10a)!

(Lösung: AB 3./1)

3.4. Berechnung typischer Ausgleichsvorgänge

Das Schaltverhalten einiger typischer Schaltungen – geordnet nach Anzahl der Energiespeicher und Art der Erregung – soll untersucht werden.
Dabei wird die schrittweise Lösung nach dem Lösungsprogramm RP 11 im Abschn. 3.2. durchgeführt; jedoch soll der mathematische Aspekt nicht so im Vordergrund stehen. (Kom-

[1]) Beachte, daß man die Gleichung erst differenzieren muß und dann $t = 0$ setzt!

plizierte Schaltungen werden ohnehin rationeller mittels der Laplace-Transformation gelöst [3] [4] [5].) Vielmehr soll zu ingenieurmäßiger Betrachtung der Ausgleichsvorgänge in einfacheren Schaltungen angeregt werden, deren grundsätzlichen Verlauf man kennt (Bilder 3.4) und für die meist schnell berechenbare charakteristische Daten (Anfangswert, Endwert, Zeitkonstante usw.) ausreichen.

3.4.1. Kreis mit nur einem Energiespeicher

3.4.1.1. Ein- und Ausschalten einer Gleichspannung

Eine Schaltung mit einer Kapazität (Bild 3.6) ist bereits berechnet worden. Es soll deshalb hier eine Induktivität in einer Schaltung mit drei Zweigen gewählt werden (Bild 3.9). Gesucht sei das Übergangsverhalten der Ströme i_L und i_2 durch L bzw. R_2 bei Einschalten einer Gleichspannung.

Damit sind alle anderen Größen der Schaltung berechenbar auf Grund der Beziehungen: $u_L = u_2 = R_2 i_2$, Strom durch R_1 ist $i = i_2 + i_L$, Spannung über R_1 ist $u_1 = R_1 i$ oder $u_1 = E - u_2$.

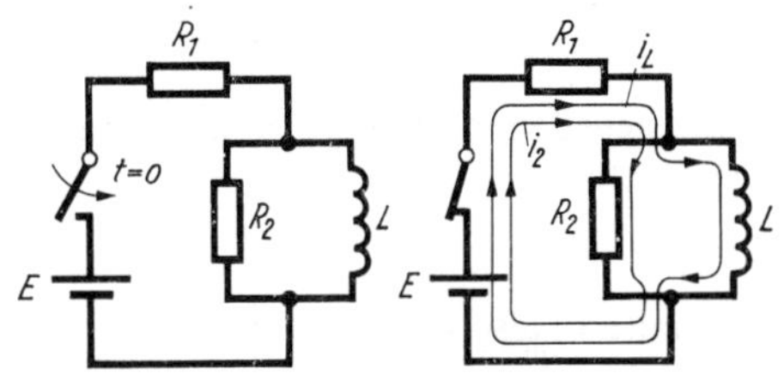

Bild 3.9. Einschalten eines Netzwerks mit einem Energiespeicher

Berechnung nach RP 11

1. Aufstellen der DGl.
   Wir wählen die Maschenstromanalyse, wobei wir durch L und R_2 nur je einen Maschenstrom führen.
   Für $t \geqq 0$ gelten die Maschengleichungen:

$$R_1 i_L + L\frac{\mathrm{d}i_L}{\mathrm{d}t} + R_1 i_2 = E \tag{a}$$

$$R_1 i_L + (R_1 + R_2)\, i_2 = E\,. \tag{b}$$

   Durch Auflösen der zweiten Gleichung nach i_2 bzw. i_L und Einsetzen in die erste Gleichung ergeben sich für i_L und i_2 folgende DGln.:

$$L\frac{\mathrm{d}i_L}{\mathrm{d}t} + \frac{R_1 R_2}{R_1 + R_2} i_L = E\frac{R_2}{R_1 + R_2} \tag{c}$$

$$L\frac{\mathrm{d}i_2}{\mathrm{d}t} + \frac{R_1 R_2}{R_1 + R_2} i_2 = 0\,. \tag{d}$$

   Es sind wie zu erwarten lineare DGln. 1. Ordnung, wobei eine inhomogen ist, da es sich um das Einschalten einer EMK handelt.
2. Lösung der „verkürzten" DGl. ergibt „flüchtiges Glied" i_{Lf}:

$$L\frac{\mathrm{d}i_{Lf}}{\mathrm{d}t} + R_{/\!/} i_{Lf} = 0\,.$$

   Für $R_1 R_2/(R_1 + R_2)$ schreiben wir abgekürzt $R_{/\!/}$, da dieser Ausdruck den Widerstand für die Parallelschaltung von R_1 und R_2 angibt.

Lösung nach Gl. (3.5):

$$i_{Lf} = K_1\,e^{-t/\tau} \quad \text{mit} \quad \tau = \frac{L}{R_{/\!/}}.$$

[Zu τ beachte Bemerkung zu Gl. (3.16).]

Gl. (d) ist selbst homogen, ergibt also als allgemeine Lösung

$$i_2 = K_2\,e^{-t/\tau}.$$

3. Partikuläre Lösung der Gl. (c) ergibt sich aus dem eingeschwungenen Zustand. Wir fragen also: Welchem Wert strebt i_L zu?
Aus der Schaltung ergibt sich sofort

$$t \to \infty \qquad i_{Le} = \frac{E}{R_1}.$$

(Beachte: R_2 ist gleichstrommäßig durch L kurzgeschlossen!)

4. Überlagerung der Ergebnisse von den Punkten 2 und 3:

$$i_L = i_{Lf} + i_{Le} = K_1\,e^{-t/\tau} + \frac{E}{R_1}$$

$$i_2 = K_2\,e^{-t/\tau}.$$

5. Berechnung der Integrationskonstanten K_1 bzw. K_2 aus gegebenen Anfangsbedingungen.
Gegeben: Vor dem Schalten fließt kein Strom, also gilt für $t = 0$

$$i_L = i_2 = 0.$$

Stetigkeitsbedingung: i_L kann sich nicht sprunghaft ändern, also gilt für $t = 0$

$$i_L(0) = 0.$$

Damit wird aus Gl. (b) (bzw. aus Schaltung gleich ablesbar)

$$i_2(0) = \frac{E}{R_1 + R_2}.$$

Eingesetzt in die allgemeine Lösung von Punkt 4., erlaubt die Berechnung von K_1 bzw. K_2:

$$K_1 = -\frac{E}{R_1}, \qquad K_2 = \frac{E}{R_1 + R_2},$$

also

$$i_L = \frac{E}{R_1}\,(1 - e^{-t/\tau})$$

$$i_2 = \frac{E}{R_1 + R_2}\,e^{-t/\tau}.$$

Es ergeben sich also qualitativ die Verläufe, wie sie im Bild 3.6 dargestellt sind.
Man kann leicht überprüfen, daß die sich aus der Maschengleichung $i_2 R_2 = L\,\mathrm{d}i_L/\mathrm{d}t$ ergebende Beziehung zwischen i_2 und i_L erfüllt ist.

Rationelle Lösungsmethoden

Mit folgenden Betrachtungen soll diese Berechnung vereinfacht und die ingenieurmäßige rationelle Behandlung solch einfacher Kreise gefördert werden.

1. Die erste Bemerkung dient der *Aufstellung der DGl.*

Zur Berechnung des Stroms i_L können wir in gegebener Schaltung die *Zweipoltheorie* anwenden, indem wir das restliche, nur aus Widerständen R_1, R_2 und der EMK E bestehende Netzwerk durch die Spannungsquellenersatzschaltung darstellen (Bild 3.10).

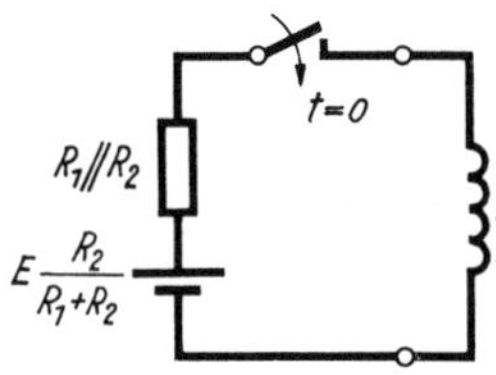

Bild 3.10. Ersatzschaltung zur Schaltung Bild 3.9

Das kann man bei Schaltvorgängen nur mit Zweipolen machen, die ausschließlich aus ohmschen Widerständen bestehen und keine Induktivitäten oder Kapazitäten enthalten; denn diese würden Ausgleichsvorgänge hervorrufen, deren Verlauf vom *gesamten* Netzwerk abhängig ist. Außerdem wäre ein Ersatz-Innenwiderstand nicht definiert, wie es bei sinusförmigen Vorgängen mittels des Widerstandsoperators der Fall ist.

Man erhält dann sofort aus der Maschengleichung die oben abgeleitete Gl. (c)

$$L\frac{di_L}{dt} + R_{\parallel} i_L = E\frac{R_2}{R_1 + R_2}.$$

2. Eine zweite Bemerkung gilt der *Lösung der DGl.*

Wir wissen, daß die Lösung einer linearen DGl. 1. Ordnung eine *Exponentialfunktion* ist, deren Zeitkonstante sich aus Gl. (3.16) $\tau = L/R$ berechnet, wobei R der Innenwiderstand der Schaltung, von L aus gesehen, ist. Hier ist also R die Parallelschaltung von R_1 und R_2: $\tau = L/R_{\parallel}$. Diese Exponentialfunktion stellt den Ausgleich dar zwischen dem Anfangszustand $i_L(0)$ und dem eingeschwungenen Zustand i_{Le}. $i_L(0)$ und i_{Le} sind nach den vorstehenden Ausführungen leicht zu ermitteln. Mit diesen Werten kann man Gl. (3.18) anwenden und das Ergebnis hinschreiben:

$$i_L(0) = 0, \quad i_{Le} = \frac{E}{R_1} = i_{Le}(0), \quad \text{also} \quad i_L = \frac{E}{R_1}(1 - e^{-t/\tau}).$$

Für das *Ausschalten* (Schalter im Bild 3.9 wird wieder geöffnet) gilt die Ersatzschaltung Bild 3.10 nicht, da ja bei Öffnen des Schalters die Induktivität L nicht tatsächlich abgetrennt wird. Aus der Originalschaltung Bild 3.9 lesen wir ab

$$\tau' = \frac{L}{R_2}$$

$$i_L(0) = \frac{E}{R_1} \quad \text{(der Strom } E/R_1 \text{ z. Z. } t = -0 \text{ schließt sich z. Z. } t = +0 \text{ über } R_2!)$$

$$i_{Le} = 0,$$

also mit Gl. (3.18)

$$i_L = \frac{E}{R_1} e^{-t/\tau'} \quad \text{(Stromrichtung wie im Bild 3.9, jedoch ist } i_2 = -i_L)$$

3. Eine dritte Bemerkung soll die *grafische Darstellung* der Lösung vereinfachen.

Der Ausgleichsvorgang vom Anfangswert zum stationären Endzustand kann in zweierlei Form auftreten: abfallend gemäß $e^{-t/\tau}$ und ansteigend gemäß $(1 - e^{-t/\tau})$; s. Bild 3.6.

Wir benötigen also außer der jeweiligen Zeitkonstanten τ nur Anfangs- und Endwert und können sofort den Verlauf qualitativ einzeichnen. Zur Veranschaulichung wollen wir diese Werte für alle Größen der Schaltung Bild 3.9, und zwar für den Einschaltvorgang, angeben und die Ausgleichsvorgänge unter Einbeziehung der berechenbaren Zeitkonstanten τ darstellen:

	i_1 durch R_1	i_2 durch R_2	i_L durch L	$u_L = u_2$	$u_1 = R_1 i_1$
$t = +0$	$\frac{E}{R_1 + R_2}$	$\frac{E}{R_1 + R_2}$	0	$E\frac{R_2}{R_1 + R_2}$	$E\frac{R_1}{R_1 + R_2}$
$t \to \infty$	$\frac{E}{R_1}$	0	$\frac{E}{R_1}$	0	E

τ ist für alle Größen gleich: $\tau = L/R_{\parallel}$. Die Funktionen sind im Bild 3.11 dargestellt.

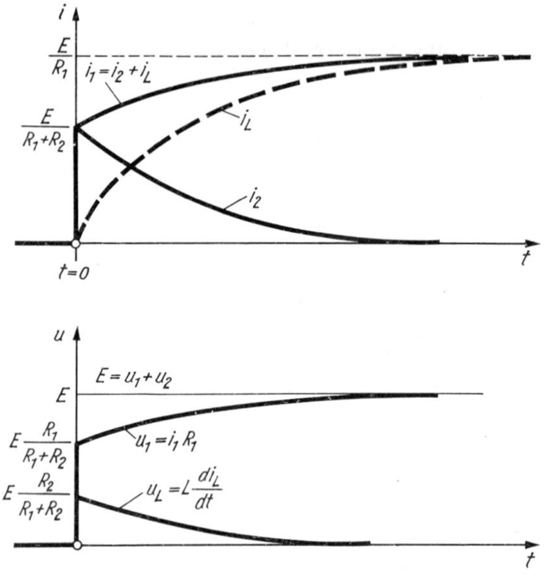

Bild 3.11. Grafische Darstellung aller Strom- und Spannungsgrößen des Einschaltvorgangs Bild 3.9

Wir wollen nun anstelle der Gleichspannung eine Wechselspannung sprunghaft ein- oder ausschalten und später vom sprunghaften zu einem „langsamen“ Schalten übergehen. Um die Unterschiede in den einzelnen Berechnungsschritten deutlich zu machen, soll der Schaltvorgang in der gleichen Schaltung Bild 3.9 durchgeführt werden.

3.4.1.2. Ein- und Ausschalten einer Wechselspannung

Anstelle der EMK E wird in die Schaltung Bild 3.9 ein Sinusgenerator $e(t) = \hat{E}\sin(\omega t + \psi)$ eingefügt, wobei ψ die Schaltphase ist, d. h., im Schaltmoment $t = 0$ hat die EMK den Wert $e(0) = \hat{E}\sin\psi$.

Einschaltvorgang

1. Aufstellen der DGl.
   In den Gln. (a) bis (c), in Abschn. 3.4.1.1, ist lediglich anstelle E die zeitlich abhängige Spannung $e(t) = \hat{E}\sin(\omega t + \psi)$ zu setzen. Für i_L ergibt sich also

$$L\frac{di_L}{dt} + R_{\parallel} i_L = \hat{E}\frac{R_2}{R_1 + R_2}\sin(\omega t + \psi). \qquad (c')$$

   Gl. (d) bleibt unverändert.
2. Die Lösung der „verkürzten Gleichung“ ist die gleiche:

$$i_{Lf} = K_3\,e^{-t/\tau}.$$

3. Eine partikuläre Lösung ist auf Grund der sinusförmigen Erregung der sinusförmige eingeschwungene Zustand und kann mittels der komplexen Rechnung berechnet werden: Wir gehen von der vollständigen DGl. (c′) aus und lösen diese über den Bildbereich. Nach $\underline{i}_L$ aufgelöst, ergibt sich

$$\underline{i}_{Le} = \frac{\underline{e}R_2}{(R_1 + R_2)(R_{/\!/} + j\omega L)} = \underline{e}\frac{R_2}{(R_1 + R_2)R_{/\!/}}\frac{1}{\left(1 + j\dfrac{\omega L}{R_{/\!/}}\right)}.$$

Mit $\tau = L/R_{/\!/}$ und $R_{/\!/} = R_1R_2/(R_1 + R_2)$ wird

$$\underline{i}_{Le} = \frac{\hat{E}}{R_1\sqrt{1 + (\omega\tau)^2}}\,e^{j(\omega t + \psi - \varphi)}, \text{ wobei } \varphi = \arctan \omega\tau \text{ ist.}$$

Rücktransformation

$$i_{Le} = \frac{\hat{E}}{R_1\sqrt{1 + (\omega\tau)^2}}\sin(\omega t + \psi - \varphi).$$

4. Überlagerung der Ergebnisse der Punkte 2 und 3

$$i_L = K_3\,e^{-t/\tau} + \frac{\hat{E}}{R_1\sqrt{1 + (\omega\tau)^2}}\sin(\omega t + \psi - \varphi).$$

5. Berechnung der Integrationskonstanten K_3
   Unverändert gilt bei $t = 0$: $i_L(0) = 0$.

Eingesetzt in Punkt 4, ergibt

$$K_3 = -\frac{\hat{E}}{R_1\sqrt{1 + (\omega\tau)^2}}\sin(\psi - \varphi),$$

also

$$i_L = \frac{\hat{E}}{R_1\sqrt{1 + (\omega\tau)^2}}\left[\sin(\omega t + \psi - \varphi) - \sin(\psi - \varphi)\,e^{-t/\tau}\right].$$

Die übrigen Größen der Schaltung leitet man aus i_L ab:

$$u_2 = u_L = L\frac{di_L}{dt}, \quad i_2 = \frac{u_2}{R_2}, \quad i_{ges} = i_L + i_2,$$

z. B.

$$u_2 = u_L = L\frac{di_L}{dt}$$
$$= \frac{\omega L\hat{E}}{R_1\sqrt{1 + (\omega\tau)^2}}\left[\cos(\omega t + \psi - \varphi) + \frac{1}{\omega\tau}\sin(\psi - \varphi)\,e^{-t/\tau}\right].$$

Diskussion des Ergebnisses für i_L: Das zweite Glied im Klammerausdruck ist der Einschwingungsvorgang. Er ist Null für $\sin(\psi - \varphi) = 0$, d. h. beispielsweise $\psi = \varphi$ (Schaltphase gleich Phasenwinkel zwischen Strom i_L und EMK e). Das ist auch verständlich. Die Schaltphase der EMK ist nämlich dann so gewählt, daß der stationäre Strom i_L im Schaltmoment tatsächlich Null, also die Stetigkeitsbedingung erfüllt ist. [In Gl. (3.18) ist die Differenz $i(0) - i_e(0) = 0$, und $i(t)$ wird gleich $i_e(t)$.] Der Einschwingvorgang wird maximal ausgeprägt für $\sin(\psi - \varphi) = \pm 1$ d. h. $\psi = \varphi \pm \pi/2$. Der Schalter wird also zu einem Zeitmoment betätigt, in dem der stationäre Strom im Zweig L ein Maximum erreichen würde. Dann ist die Abweichung zwischen dem physikalisch notwendigen Anfangswert [$i_L(0) = 0$] und dem fiktiven stationären Wert für $t = 0$ maximal. Diese Differenz $i_L(0) - i_{Le}(0)$ muß durch den Ausgleichsvorgang „abgebaut“ werden.

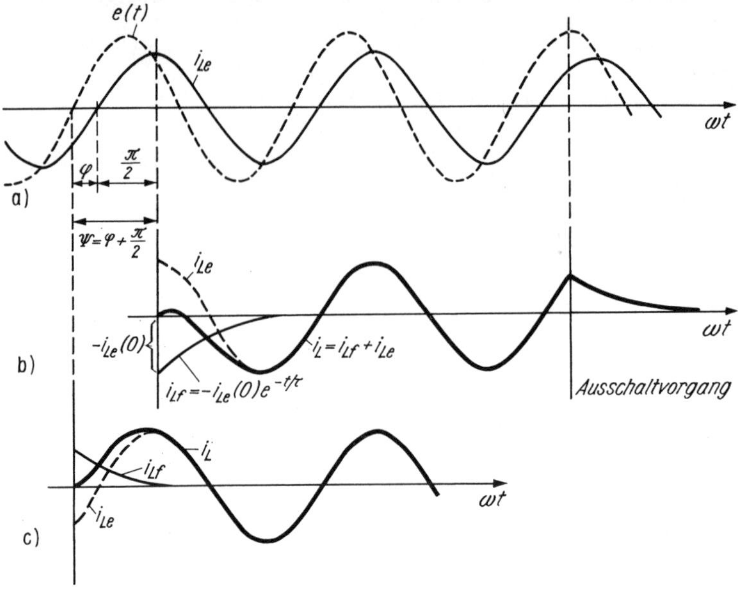

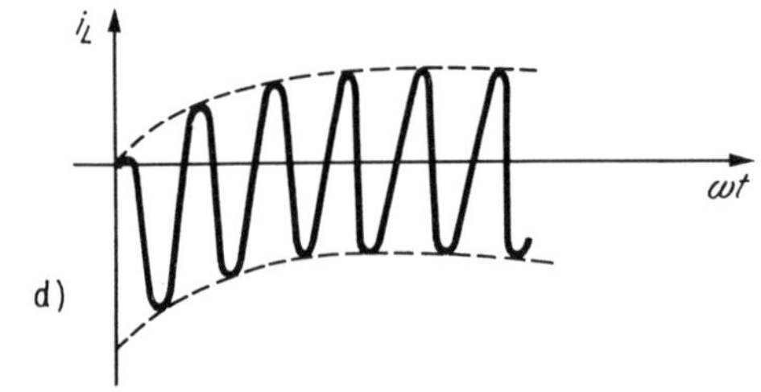

Bild 3.12. Ausgleichsvorgänge des Stroms i_L in Schaltung Bild 3.9 beim Einschalten einer sinusförmigen EMK $e(t)$

a) stationäre Zustände b) Schaltphase $\psi = \varphi + \frac{\pi}{2}$

c) Schaltphase $\psi = 0$ d) $\varphi = \arctan \omega\tau \approx \frac{\pi}{2} \longrightarrow \tau > T$

Grafische Lösung für i_L mit Hilfe Gl. (3.18)

Analog Bild 3.7 bilden wir die Überlagerung des eingeschwungenen Zustands i_{Le} und des Ausgleichsvorgangs mit dem Anfangswert $-[i_L(0) - i_{Le}(0)]$. Im Bild 3.12a wurde zwischen $e(t)$ und $i_{Le}(t)$ eine Phasenverschiebung φ angenommen, und es wurden zwei Schaltphasen ψ gewählt. Die *Dauer des Ausgleichsvorgangs* ist etwa 3τ (s. Bild 3.6) und steht in engem Zusammenhang zur Phasenverschiebung $\varphi = \arctan \omega\tau$. Im Bild 3.12 ist $\varphi \approx 45°$, d. h. $\omega\tau \approx 1$, also ist

$$3\tau \approx \frac{3}{\omega} = \frac{3T}{2\pi} \approx \frac{T}{2}.$$

Nach einer halben Periodendauer ist der stationäre Zustand bereits erreicht. Man kann folgern, daß nur bei Phasenverschiebungen über 80° der Ausgleichsvorgang über mehrere Perioden verläuft und das Aussehen wie z. B. Bild 3.12d hat. Dann kann die Stromamplitude etwa den doppelten Wert des eingeschwungenen Amplitudenwerts erreichen.

Ausschaltvorgang

Im Bild 3.12b ist auch ein *Ausschaltvorgang* qualitativ angegeben. Der im Schaltmoment existierende Stromwert nimmt exponentiell ab, wie es beim Ausschalten der Gleichspannung E

berechnet wurde. Der Unterschied ist nur der, daß der Anfangswert von der Schaltphase abhängt, der Zeitverlauf selbst ist der gleiche.

3.4.1.3. Einschalten eines Exponentialimpulses

Wir wollen als Beispiel einer allgemeinen Schaltfunktion die Schaltung Bild 3.13a durch einen einmaligen exponentiell abklingenden Spannungsimpuls erregen und die „Impulsantwort" u_2 am Ausgang berechnen. Dieses Problem wurde im Abschn. 2., Beispiel 7, mit Hilfe der Fourier-Transformation gelöst. Die Lösung erfolgt also jetzt im Zeitbereich (Bild 2.9) und dient auch dem Vergleich der Rechenwege und des Rechenaufwands.

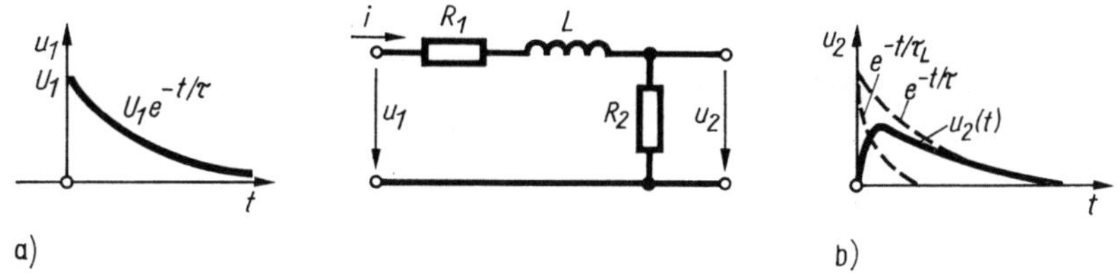

Bild 3.13. Übertragung eines Exponentialimpulses durch einen Vierpol

Aufstellen der DGl. für u_2

Maschengleichung

$$R_1 i + L\frac{\mathrm{d}i}{\mathrm{d}t} + u_2 = u_1$$

Mit

$$i = u_2/R_2 \quad \text{und} \quad \frac{L}{R_1+R_2} = \tau_L$$

ergibt sich

$$\tau_L \frac{\mathrm{d}u_2}{\mathrm{d}t} + u_2 = \frac{R_2}{R_1+R_2}\,U_1\,\mathrm{e}^{-t/\tau}. \tag{x}$$

Die Lösung der verkürzten Gleichung ist

$$u_2 = K\,\mathrm{e}^{-t/\tau_L}.$$

Lösungsansatz für die vollständige DGl.

Da eine partikuläre Lösung nicht ohne weiteres angegeben werden kann, wenden wir die Variation der Konstanten an. Wir führen K als Zeitfunktion $K(t)$ ein

$$u_2 = K(t)\,\mathrm{e}^{-t/\tau_L},$$

setzen diesen Ansatz in die vollständige DGl. (x) ein und berechnen $K(t)$. Mit Anwendung der Produktregel erhalten wir

$$-K(t)\,\mathrm{e}^{-t/\tau_L} + \tau_L\,\mathrm{e}^{-t/\tau_L}\frac{\mathrm{d}K(t)}{\mathrm{d}t} + K(t)\,\mathrm{e}^{-t/\tau_L} = \frac{R_2}{R_1+R_2}\,U_1\,\mathrm{e}^{-t/\tau}.$$

Da das erste und dritte Glied sich aufheben, kann man K leicht durch Integration erhalten. Wir integrieren von $t = 0$ bis zur „laufenden Zeit" t:

$$K(t) = \frac{U_1 R_2}{L}\int_0^t \exp\left(\frac{1}{\tau_L} - \frac{1}{\tau}\right) t'\,\mathrm{d}t' = \frac{U_1 R_2}{L(1/\tau_L - 1/\tau)}\left[\exp\left(\frac{1}{\tau_L} - \frac{1}{\tau}\right) t - 1\right].$$

Eingesetzt in den Lösungsansatz ergibt

$$u_2 = \frac{U_1 R_2 \tau}{(R_1 + R_2)(\tau_L - \tau)} (\mathrm{e}^{-t/\tau_L} - \mathrm{e}^{-t/\tau}).$$

Man erkennt: Zur Zeit $t = 0$ ist $u_2(0) = 0$, was zu erwarten war, da ja infolge der Induktivität L der Strom – also auch u_2 – sich nicht sprunghaft ändern kann. Ist die Schaltung so dimensioniert, daß $\tau_L \ll \tau$ ist, so überwiegt nach der Zeit etwa $3\tau_L$ der Verlauf der Eingangsspannung (um die Spannungsteilung $R_2/(R_1 + R_2)$ verkleinert). Im Bild 3.13b ist dieser Fall dargestellt.

3.4.2. Kreise mit zwei Energiespeichern

Wir wollen die beiden Schaltungen in den Bildern 3.4b und c untersuchen. Zunächst wenden wir uns der Schaltung mit *zwei gleichartigen Energiespeichern* (hier C_1 und C_2) zu.

Wir betrachten diese Schaltung als Vierpol (Bild 3.14) und fragen nach dem Zeitverlauf der Ausgangs-Leerlaufspannung u_2 bei sprunghaftem An- und Abschalten der Eingangs-Klemmenspannung $u_1 = E$.

Eine vorgegebene Klemmenspannung entspricht einem Generator mit Innenwiderstand Null an diesen Klemmen – also dem Umschalter in Schaltung Bild 3.4b.

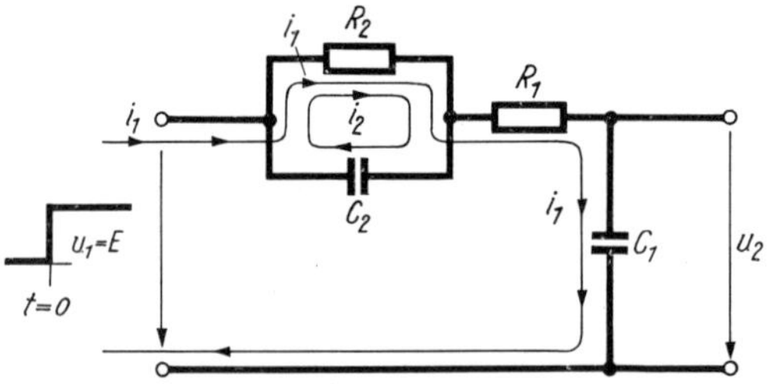

Bild 3.14. Schaltung mit zwei gleichartigen Energiespeichern, an die zur Zeit $t = 0$ eine Spannung E geschaltet wird.

Berechnung nach RP 11

1. Aufstellen der DGl. für gesuchte Variable u_2

Gemäß Berechnungsprogramm RP 11 (s. Anhang) müssen wir zunächst die DGl. für u_2 aus den Kirchhoffschen Gleichungen gewinnen. Hierfür wenden wir die Maschenstromanalyse an (Bild 3.14) und erhalten die beiden Maschengleichungen:

$$(R_1 + R_2) i_1 + u_2 + R_2 i_2 = u_1 \qquad (\alpha)$$

$$R_2 i_1 + R_2 i_2 + \frac{1}{C_2} \int i_2 \, \mathrm{d}t = 0. \qquad (\beta)$$

Die Variable i_1 können wir durch die gesuchte Größe u_2 ausdrücken:

$$i_2 = C_1 \frac{\mathrm{d}u_2}{\mathrm{d}t}. \qquad (\gamma)$$

Wir lösen erstens Gl. (α) nach $i_2 R_2$ auf und können zweitens daraus $\int i_2 \, \mathrm{d}t$ bilden. Beides setzen wir unter Verwendung der Gl. (γ) in Gl. (β) ein und erhalten nach Differentiation

$$C_1 R_1 \frac{\mathrm{d}^2 u_2}{\mathrm{d}t^2} + \left(1 + \frac{C_1}{C_2} \frac{R_1 + R_2}{R_2}\right) \frac{\mathrm{d}u_2}{\mathrm{d}t} + \frac{u_2}{C_2 R_2} = \frac{\mathrm{d}u_1}{\mathrm{d}t} + \frac{1}{C_2 R_2} u_1.$$

Wir führen zur Vereinfachung Abkürzungen ein:

$$C_1R_1 = \tau_a, \quad C_2R_2 = \tau_b, \quad \frac{R_1 + R_2}{R_1} = a.$$

Dann ergibt sich nach Multiplikation der Gleichung mit τ_b:

$$\tau_a\tau_b\frac{\mathrm{d}^2u_2}{\mathrm{d}t^2} + (\tau_b + a\tau_a)\frac{\mathrm{d}u_2}{\mathrm{d}t} + u_2 = \tau_b\frac{\mathrm{d}u_1}{\mathrm{d}t} + u_1. \qquad (\delta)$$

In unserem Schaltbeispiel ist $u_1 = E$ (Einschalten) bzw. $u_1 = 0$ (Kurzschließen), also wird $\mathrm{d}u_1/\mathrm{d}t = 0$ für $t \geqq 0$:

$$\tau_a\tau_b\frac{\mathrm{d}^2u_2}{\mathrm{d}t^2} + (\tau_b + a\tau_a)\frac{\mathrm{d}u_2}{\mathrm{d}t} + u_2 = E \quad \text{für Einschalten} \qquad (\varepsilon)$$

$$= 0 \quad \text{für Kurzschließen.}$$

Wir erhalten – wie zu erwarten – eine lineare (für den Einschaltfall inhomogene) DGl. 2. Ordnung.

2. Berechnung des „flüchtigen Gliedes“

Die allgemeine Lösung der verkürzten Gleichung ($E = 0$) ist für unsere Schaltung zugleich die allgemeine Lösung des Ausschaltvorgangs, für den man die DGl. (ε) mit $E = 0$ erhält. Wir erhalten eine Gleichung vom Typ (3.6). Da – wie anschließend nochmals gezeigt wird – bei gleichartigen Energiespeichern nur die aperiodische Lösung [Fall 1: Gln. (3.10)] möglich ist, machen wir anstelle Gl. (3.7) sofort den „Zeitkonstantenansatz“

$$u_{2\mathrm{f}} = K\,\mathrm{e}^{-t/\tau}, \qquad (\zeta)$$

wobei es im allgemeinen Fall zwei τ-Werte (τ_1 und τ_2) geben wird. Diese ergeben sich aus der charakteristischen Gleichung, die man durch Einsetzen des Ansatzes (ζ) in die verkürzte Gl. (ε) erhält:

$$\frac{\tau_a\tau_b}{\tau^2} - \frac{\tau_b + a\tau_a}{\tau} + 1 = 0.$$

Nach Multiplikation mit τ^2 ergibt die quadratische Gl. für τ zwei Lösungen

$$\tau_{1,2} = \frac{\tau_b + a\tau_a}{2} \pm \sqrt{\left(\frac{\tau_b + a\tau_a}{2}\right)^2 - \tau_a\tau_b}\,. \qquad (\eta)$$

Man kann nachweisen, daß der Radikand immer positiv ist, also $\tau_{1,2}$ immer positive reelle Größen sind.

Das besagt, daß $u_{2\mathrm{f}}$ eine monoton abklingende Funktion ist, was physikalisch ohne weiteres verständlich ist, da in passiven Netzwerken mit C oder L allein keine Schwingung entstehen kann und die im Feld gespeicherte Energie beim Ausschalten allmählich in Wärme (Widerstände) umgewandelt wird.

Führe zur Übung den Nachweis für die Behauptung $\tau_{1,2} > 0$ durch, wobei zu beachten ist, daß $a \geqq 1$ ist!

Wir erhalten mit Gln. (ζ) und (η) gemäß Gl. (3.10a)

$$u_{2\mathrm{f}} = K_1\,\mathrm{e}^{-t/\tau_1} + K_2\,\mathrm{e}^{-t/\tau_2}. \qquad (\vartheta)$$

3. Berechnung des stationären Zustandes $u_{2\mathrm{e}}$

Aus dem Schaltbild „liest“ man ab: Für $t \to \infty$ ist $i = 0$, also $u_{2\mathrm{e}} = E$.

4. Addition der Lösungen der Punkte 3 und 4

$$u_2 = u_{2\mathrm{f}} + u_{2\mathrm{e}} = K_1\,\mathrm{e}^{-t/\tau_1} + K_2\,\mathrm{e}^{-t/\tau_2} + E. \qquad (\iota)$$

5. Konstantenbestimmung

Es sind zwei Konstanten (K_1, K_2), also sind zwei Anfangsbedingungen für u_2 erforderlich. Die Kondensatoren C_1 und C_2 sollen vor dem Schalten keine Ladung haben. Also gilt auf Grund der Stetigkeitsbedingung $t = 0: u_2(0) = 0$.

Außerdem ist auch die Spannung über C_2 Null, d. h., die Gesamtspannung E liegt im Schaltmoment nur über R_1: $R_1 i(0) = E$.

Mit $i(0) = C_1 (\mathrm{d}u_2/\mathrm{d}t)_{t=0}$ wird

$$\left(\frac{\mathrm{d}u_2}{\mathrm{d}t}\right)_{t=0} = \frac{E}{C_1 R_1} = \frac{E}{\tau_a}.$$

Diese beiden Bedingungen setzen wir in Gl. (ι) ein und erhalten zwei Bestimmungsgleichungen für K_1 und K_2.

$$t = 0, \quad u_2 = 0: \qquad K_1 + K_2 = -E.$$

$$\frac{\mathrm{d}u_2}{\mathrm{d}t} = \frac{E}{\tau_a}: \qquad \frac{1}{\tau_1} K_1 + \frac{1}{\tau_2} K_2 = -\frac{E}{\tau_a}.$$

Daraus

$$K_1 = -E \frac{(\tau_a - \tau_2)}{(\tau_1 - \tau_2)} \frac{\tau_1}{\tau_a} \quad \text{und} \quad K_2 = -\frac{(\tau_1 - \tau_a)}{(\tau_1 - \tau_2)} \frac{\tau_2}{\tau_a}.$$

Eingesetzt in Gl. (ι)

$$u_2 = E\left[1 - \frac{(\tau_a - \tau_2)}{(\tau_1 - \tau_2)} \frac{\tau_1}{\tau_a} \mathrm{e}^{-t/\tau_1} - \frac{(\tau_1 - \tau_a)}{(\tau_1 - \tau_2)} \frac{\tau_2}{\tau_a} \mathrm{e}^{-t/\tau_2}\right]. \qquad (\varkappa)$$

Zur Probe stellen wir fest, daß für $t = 0$ $u_2 = 0$ wird, da die beiden negativen Glieder in der Klammer 1 ergeben. Aus Gl. (η) ergibt sich $\tau_1 > \tau_2$ und $\tau_1 > \tau_a$, $\tau_2 < \tau_a$. Damit wird $|K_2| > |K_1|$, d. h., das *größere* negative Glied sinkt mit *kleinerer* Zeitkonstante ab. Im Bild 3.15 ist Gl. ($\varkappa$) qualitativ dargestellt.

Für den *Ausschaltvorgang* gilt Gl. (ε) mit $E = 0$; allgemeine Lösung ist also Gl. (ϑ). Für die Konstantenbestimmung gelten die Anfangsbedingungen:

$$t = 0: \quad u_2(0) = E \quad \text{und} \quad \left(\frac{\mathrm{d}u_2}{\mathrm{d}t}\right)_{t=0} = -\frac{E}{C_1 R_1}$$

(Minuszeichen, da Entladestrom entgegengesetzt zum Maschenstrom i_1 im Bild 3.14).

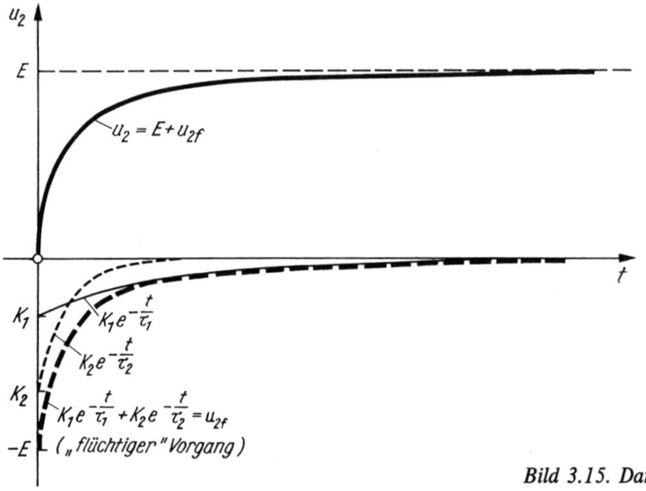

Bild 3.15. Darstellung der Gl. (ι) bzw. ($\varkappa$) qualitativ

Damit ergeben sich die gleichen Konstanten wie oben, nur mit positivem Vorzeichen, d. h., der Ausschaltvorgang ist der an der t-Achse gespiegelte Verlauf des flüchtigen Vorgangs im Bild 3.15.

Als letztes Beispiel wollen wir den *Schaltvorgang an einem Schwingkreis* (Bild 3.4c) berechnen. Es soll der Zeitverlauf der Kondensatorspannung berechnet werden.

Wie in der Bildunterschrift zu Bild 3.4c angegeben, erhalten wir für den Ausschaltvorgang eine homogene DGl. 2. Ordnung:

$$\frac{d^2u_c}{dt^2} + \frac{R}{L}\frac{du_c}{dt} + \frac{1}{LC}u_c = 0. \tag{x}$$

Leite zur Übung diese Gleichung mittels des Maschensatzes für $t \geqq 0$ ab!

Lösung gemäß Gl. (3.7) mit Ansatz

$$u_c = K\,e^{\lambda t}$$

ergibt über die charakteristische Gl. (3.8)

$$\lambda_{1,2} = -\frac{R}{2L} \pm \sqrt{\left(\frac{R}{2L}\right)^2 - \frac{1}{LC}}.$$

Der *Fall 1* $(R/2L)^2 > 1/LC$, d. h. $R > 2\sqrt{L/C}$ oder mit Gl. (1.112) $\varrho < 1/2$ (keine Resonanzerscheinung gemäß Bild 1.97) wurde im Prinzip im vorigen Beispiel berechnet. Es ergibt sich ein aperiodisches Abklingen der Spannung u_c. Wir wollen uns hier mit dem Fall 3 $(R/2L)^2 < 1/LC$ befassen.

Wir formen $\lambda_{1,2}$ etwas um und erinnern uns, daß nach Gl. (1.111) $1/LC = \omega_0^2$ (f_0 Resonanzfrequenz) ist

$$\lambda_{1,2} = -\frac{R}{2L} \pm \sqrt{(-1)\left[\frac{1}{LC} - \left(\frac{R}{2L}\right)^2\right]} = -\delta \pm j\sqrt{\omega_0^2 - \delta^2}$$

$$\lambda_{1,2} = \delta \pm j\omega$$

mit $$\delta = \frac{R}{2L} \quad \textit{Abklingkonstante} \tag{3.19}$$

$$\omega = \sqrt{\omega_0^2 - \delta^2}. \tag{3.20}$$

Eingesetzt in Gl. (3.10), ergibt sich

$$u_c = K_1\,e^{(-\delta + j\omega)t} + K_2\,e^{(-\delta - j\omega)t}. \tag{xx}$$

Die Bestimmung der Konstanten K_1 und K_2 erfolgt mit Hilfe der Anfangsbedingungen für u_c und $i = C\,du_c/dt$:

$$t = 0: \quad u_c(0) = E \quad \text{und} \quad i(0) = 0,\ \text{d. h. } (du_c/dt)_{t=0} = 0$$

(Der Strom kann sich auf Grund der Induktivität nicht sprunghaft ändern.)

Damit ergeben sich durch analoge Rechnung zum vorigen Beispiel:

$$K_1 = -\frac{E\lambda_2}{2j\omega} \quad \text{und} \quad K_2 = \frac{E\lambda_1}{2j\omega}.$$

Wir setzen dies in die allgemeine Lösung ein und erhalten nach Umordnen

$$u_c = E\,e^{-\delta t}\left[\delta\,\frac{e^{j\omega t} - e^{-j\omega t}}{2j\omega} + \frac{e^{j\omega t} + e^{-j\omega t}}{2}\right].$$

Mit den Beziehungen

$$\frac{e^{j\alpha} - e^{-j\alpha}}{2j} = \sin\alpha \quad \text{und} \quad \frac{e^{j\alpha} + e^{-j\alpha}}{2} = \cos\alpha$$

wird

$$u_c = E\, e^{-\delta t}\left(\frac{\delta}{\omega}\sin\omega t + \cos\omega t\right).$$

Mit Gl. (1.7) bzw. Zeigerbild (z. B. Bild 2.1) kann man zusammenfassen:

$$u_c = E\sqrt{1 + \left(\frac{\delta}{\omega}\right)^2}\, e^{-\delta t}\cos(\omega t - \psi)$$

mit $\psi = \arctan(\delta/\omega)$. Auf Grund der Beziehung (3.20) wird

$$\sqrt{1 + \left(\frac{\delta}{\omega}\right)^2} = \frac{\omega_0}{\omega},$$

also

$$u_c = E\frac{\omega_0}{\omega}\, e^{-\delta t}\cos(\omega t - \psi). \tag{3.21}$$

Der qualitative Verlauf dieses Ausschaltvorgangs ist bereits im Bild 3.4c angegeben worden. Der Kreis, durch den Schaltsprung angestoßen, kann wie jedes schwingungsfähige Gebilde bei entsprechender Entdämpfung mit seiner Eigenschwingung in den neuen Zustand einpendeln.

Für den *Einschaltvorgang* (Schalter im Bild 3.4c wird zur Zeit $t = 0$ zurückgeschaltet) enthält die DGl. (x) auf der rechten Seite E. Die Gl. (xx) ist die Lösung des flüchtigen Vorgangs, zu dem noch das stationäre Glied $u_{ce} = E$ hinzugefügt werden muß. Dann können die Konstanten auf Grund der Anfangsbedingungen für $t = 0$: $u_c(0) = 0$ und $(\mathrm{d}u_c/\mathrm{d}t)_{t=0} = 0$ neu bestimmt werden. Es ergibt sich die gleiche Schwingung (3.21), der die Größe E überlagert ist. Im Bild 3.16 sind Ein- und Ausschaltvorgang dargestellt. Wir erkennen, daß beim Einschalten die Spannung über dem Kondensator fast doppelt so hoch werden kann wie im stationären Zustand.

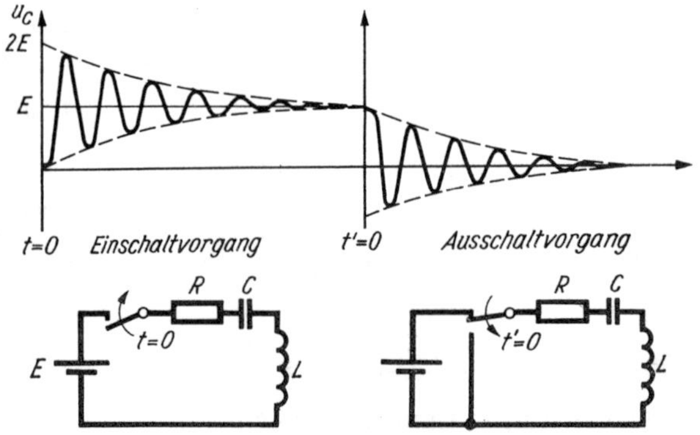

Bild 3.16. An- und Abschalten einer Gleichspannung an Schwingungskreis mit kleiner Dämpfung

Diskussion

Die *Abklingkonstante* $\delta = R/2L$ gibt an, wie schnell der Ausgleichsvorgang in Form der Schwingung abklingt. Wir können diese Größe mit unseren Kenngrößen des Resonanzkreises in Verbindung bringen. Durch Erweitern mit ω_0 und Gl. (1.112) wird nämlich

$$\delta = \frac{\omega_0}{2}\frac{R}{\omega_0 L} = \frac{\omega_0}{2\varrho}, \tag{3.22}$$

d. h., je größer die Resonanzgüte ϱ, um so länger dauert das Ausschwingen. Wir haben schon festgestellt, daß $\varrho > 1/2$ sein muß, sonst ist die Dämpfung so groß, daß keine Schwingung entsteht, sondern der Ausgleichsvorgang aperiodisch erfolgt. $\varrho > 1/2$ heißt aber $\delta < \omega_0$ [was auch Gl. (3.20) fordert].

Wir fragen nach der Anzahl N der Schwingungen, die das System bis zum Erreichen des stationären Zustands ausführt: Man kann in Gl. (3.21) annähernd $u_c \approx 0$ für $e^{-\delta t_1} = e^{-3} \approx 1/20$ annehmen. Diese Zeitspanne t_1 enthalte N Eigenschwingungen: $t_1 = NT_0$. Also setzen wir $\delta NT_0 \approx 3$. Mit Gl. (3.22) wird $N \approx 3 \cdot 2\varrho/(\omega_0 T_0)$, und wir erhalten mit $\omega_0 T_0 = 2\pi \approx 6$

$$N \approx \varrho. \qquad \textbf{(3.23)}$$

Diese Beziehung zwischen Resonanzschärfe und Anzahl der Schwingungen des Ausgleichsvorgangs enthält eine sehr anschauliche Aussage, die auch für grobe Messungen (z. B. Abzählen von N auf dem Oszillografenbild) geeignet ist.

Einschalten einer sinusförmigen Spannung

Schließlich wollen wir noch das *Einschalten von sinusförmigen Wechselspannungen* an einen Schwingkreis mit der Resonanzfrequenz f_0 betrachten. Es können hierbei sehr mannigfaltige Erscheinungen auftreten, da einerseits die Schaltphase (s. beispielsweise Bild 3.12) und andererseits die Frequenz der angelegten Spannung von Einfluß sind. Wir wollen dies im einzelnen nicht berechnen, sondern nur die Erscheinungen qualitativ erläutern.

Hinsichtlich der Frequenz unterscheiden wir

$f_e = \dfrac{\omega_e}{2\pi}$ Frequenz der von außen aufgeprägten Schaltspannung

$$u_c = \hat{U}_e \sin(\omega_e t + \psi)$$

$f_k = \dfrac{\omega_k}{2\pi}$ Schwingkreisfrequenz [Eigenfrequenz, mit der der Kreis z. B. bei Abschalten ausschwingt – s. Gl. (3.20); diese ist für kleine Dämpfung $\delta/\omega_0 \ll 1$ praktisch gleich der Resonanzfrequenz f_0].

Fall a: $f_e = f_k$

Im stationären Zustand ist – wie wir mit Gl. (1.125) abgeleitet haben – $U_c = \varrho U_e$. Je größer ϱ, um so mehr Schwingungen N „benötigt" der Kreis [gemäß Gl. (3.23)], um auf die um so höhere Kondensatorspannung aufzuschaukeln (Bild 3.17a).

Fall b: $f_e \approx f_k$

In diesem Fall überlagern sich zwei Schwingungen, die aufgeprägte und die Eigenschwingung. Letztere klingt mit $e^{-\delta t}$ ab, so daß im stationären Zustand nur die aufgeprägte Schwingung verbleibt, deren Amplitude jedoch kleiner ist als im Resonanzfall. Im Einschwingvorgang ergibt die Überlagerung der beiden annähernd gleichfrequenten Schwingungen Schwebungen im Rhythmus der Differenzfrequenz $|f_e - f_k|$.

Wir wollen das Auftreten der Schwebungen für konstante Amplituden beider Teilschwingungen erklären: Wir schreiben $f_k = f_e + \Delta f$, also wird

$$\hat{U}_e \sin \omega_e t + \hat{U}_k \sin(\omega_e + \Delta\omega)\, t$$
$$= \hat{U}_e \sin \omega_e t + \hat{U}_k \cos \Delta\omega t \,\sin \omega_e t + \hat{U}_k \sin \Delta\omega t \,\cos \omega_e t$$
$$= (\hat{U}_e + \hat{U}_k \cos \Delta\omega t) \sin \omega_e t + (\hat{U}_k \sin \Delta\omega t) \cos \omega_e t.$$

Man erkennt aus den Klammerausdrücken, die als Amplituden der beiden Schwingungen mit f_e zu deuten sind: die Amplituden schwanken mit $\Delta\omega$. Wir fassen beide Schwingungen gleicher Frequenz f_e nach Gl. (1.7) zusammen und erhalten als Gesamtschwingung

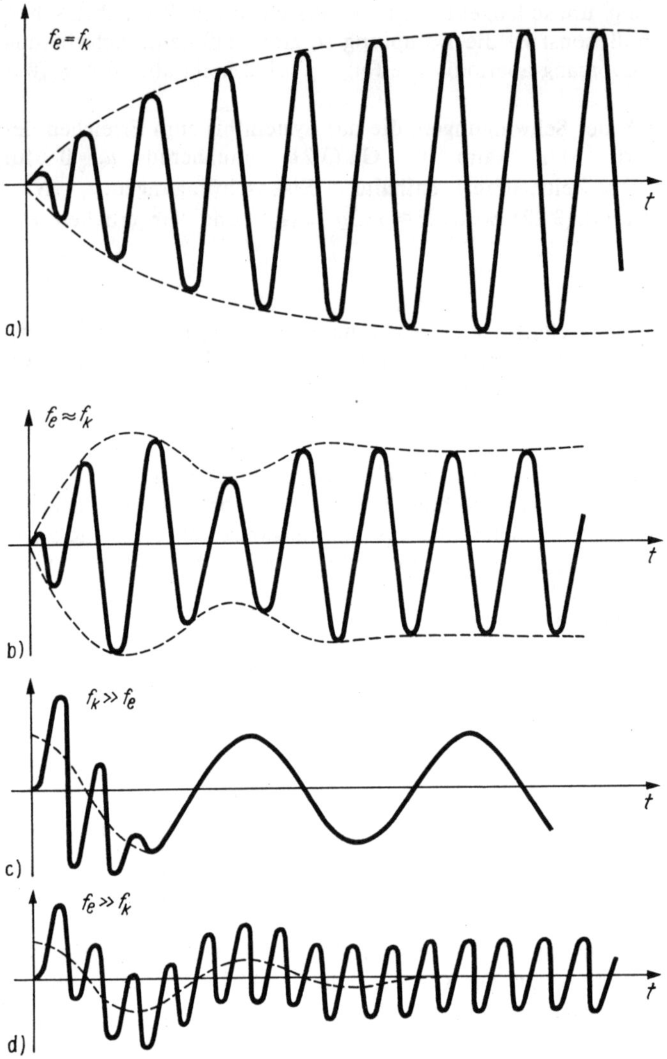

Bild 3.17. Einschaltvorgänge beim Schwingungskreis

$$\sqrt{\hat{U}_e^2 + \hat{U}_k^2 + 2\hat{U}_e\hat{U}_k \cos\Delta\omega t}\ \sin(\omega_e t + \varphi),$$

wobei φ ebenfalls eine Funktion der Zeit ist.

Da $\cos\Delta\omega t$ Werte zwischen $+1$ und -1 durchläuft, ändert sich die Gesamtamplitude zwischen $\hat{U}_e + \hat{U}_k$ und $\hat{U}_e - \hat{U}_k$, wobei in unserem Fall $\hat{U}_k$ immer kleiner wird auf Grund der Dämpfung der Eigenschwingung.

Im Bild 3.17b ist qualitativ der Vorgang dargestellt. Er unterscheidet sich von dem Vorgang $f_k = f_e$ (Bild 3.17a) erstens durch die Schwebung und zweitens durch den nicht so hohen stationären Amplitudenwert.

Fall c: f_e und f_k sehr unterschiedlich

Dann treten beide Schwingungen in der Überlagerung deutlich getrennt auf (Bilder 3.17c und d).

Aufgaben

A 3.2 Der Umschalter im Bild A 3.2 ist der Kontaktsatz eines polarisierten Relais, das von Wechselstrom der Frequenz f gesteuert wird (die Umschaltzeit werde vernachlässigt).
Berechne und stelle grafisch dar die Zeitfunktion der Kondensatorspannung und des Kondensatorstroms für $f = 50$ Hz, $C = 1$ µF, $R_e = 7$ kΩ $R_a = 2$ kΩ!
(Lösung: AB 3./3)

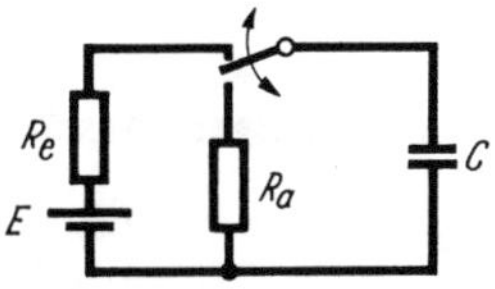

Bild A 3.2

A 3.3 Berechne und zeichne die Zeitfunktion des Stromes i und der Spannungsabfälle u_R und u_L
a) bei Schließen
b) bei Öffnen des Schalters im Bild A 3.3!
Diskutiere die Lösungen!
(Lösung: AB 3./4)

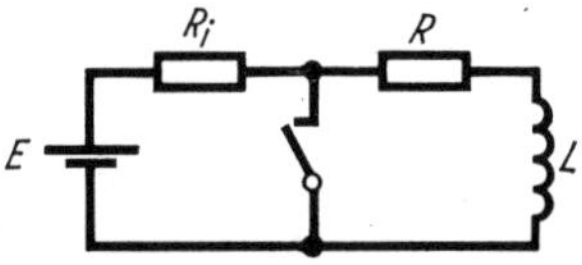

Bild A 3.3

A 3.4 a) Der Schalter im Bild A 3.4 wird zur Zeit $t = 0$ geschlossen.
Berechne die Zeitfunktion $u_c(t)$ und $i_c(t)$ für $t \geqq 0$!
b) Löse die Aufgabe grafisch nach Abschn. 3.2.3.!
c) Diskutiere die Zeitverläufe für verschiedene Schaltphasen!
Wie groß können die Stromspitze und die Kondensatorspannung maximal werden?
(Lösung: AB 3./8)

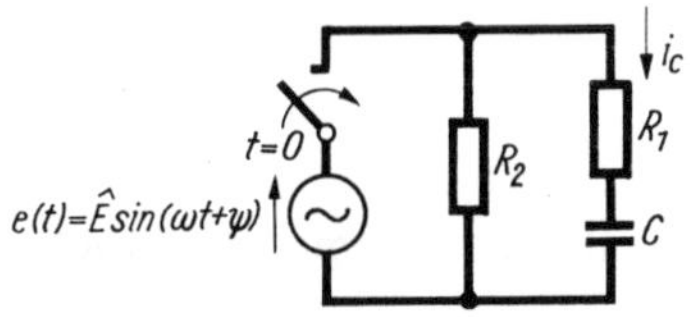

Bild A 3.4

A 3.5 Die EMK E eines Reihenresonanzkreises wird wie in Schaltung Bild 3.4c abgeschaltet. Berechne und stelle grafisch dar die Zeitverläufe von u_c, i und u_L für den Fall $R \gg 2\sqrt{L/C}$!
Vergleiche mit den Verläufen bei $L = 0$!
(Lösung: AB 3./12 und 3./13)

Anhang

I. Berechnungsmethoden für Stromkreise

Gegeben sei ein Netzwerk mit z Zweigen, k Knoten und m unabhängigen Maschen, gesucht ein Zweigstrom bzw. ein Spannungsabfall.

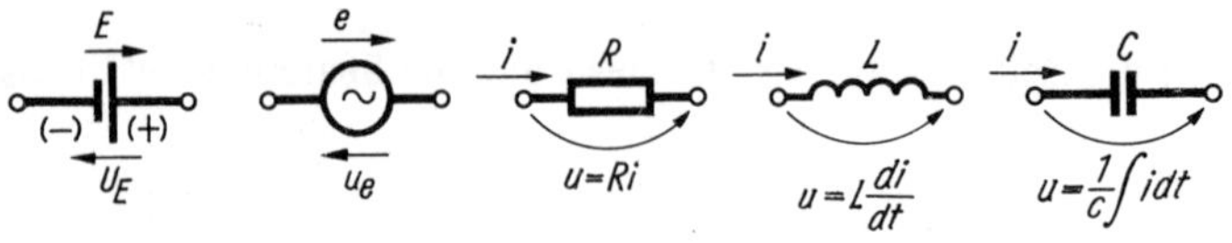

Bild I.1

Zeitkonstante EMK

zeitabhängige EMK (sinusförmig)

Der EMK-Pfeil legt fest, daß bei positiven EMK-Werten in dessen Richtung ein Stromantrieb erfolgt. Die $U_e(u_e)$-Pfeile geben die entsprechenden Potentialabfälle (Spannungsabfälle) an.

Mit den eingeführten Bezugspfeilen für i und u gelten die angegebenen Beziehungen mit positiven Vorzeichen.

Vorzeichen: Die EMK e wird von − nach + positiv gezählt, die Bezugsrichtung des Spannungsabfalls u wird von + nach −, beim passiven Zweipol in Richtung des Stroms i (Bild I.1), festgelegt.
Dann ergeben sich die Beziehungen

für R $\quad u = Ri$

für L $\quad u = L\dfrac{di}{dt}$

für C $\quad i = C\dfrac{du}{dt}$

Knoten $\sum\limits_{\dot{\uparrow}} i_\nu = \sum\limits_{\dot{\downarrow}} i_\mu$[1] bzw. $\sum i = 0$, falls die Ströme vom Knoten weg und zum Knoten hin mit unterschiedlichen Vorzeichen eingesetzt werden.

Masche $\sum\limits_{\circ} u_\nu = \sum\limits_{\circ} e_\mu$[2] bzw. $\sum\limits_{\circ} u = 0$, falls die EMK als Spannungsabfälle eingeführt werden.

Streckenkomplex: Darstellung der Struktur des Netzwerks, wobei die Zweige als Linien ohne Schaltelemente gezeichnet werden (Bild I.2).

Vollständiger Baum: Linienzug entlang den Zweigen des Streckenkomplexes, der alle Knoten erfaßt, ohne eine geschlossene Schleife zu bilden (Bild I.3).

[1]) $\dot{\downarrow}$ heißt Stromorientierung vom Knoten weg, $\dot{\uparrow}$ zum Knoten hin.

[2]) ○ heißt Umlauforientierung in der Masche für beide Summen gleich wählen.

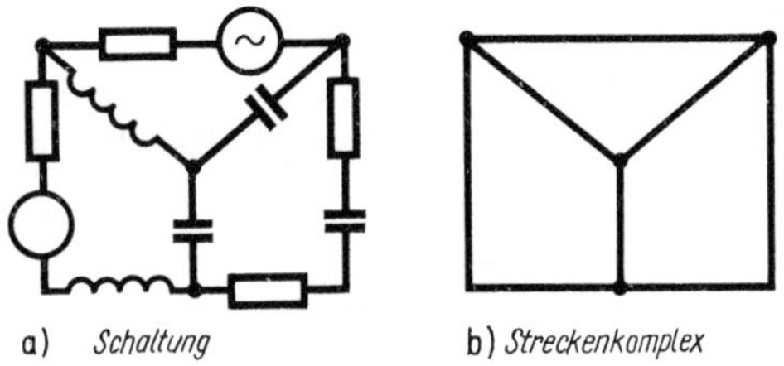

Bild I.2

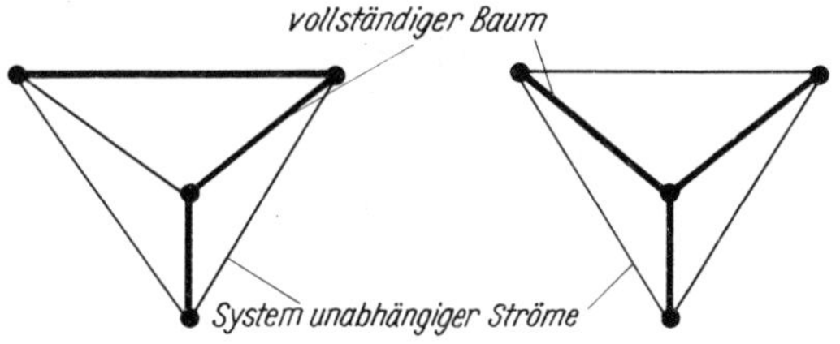

Bild I.3. Zwei Möglichkeiten eines vollständigen Baumes zu Schaltung Bild I.2

System unabhängiger Zweige: restliche Zweige des Streckenkomplexes nach Zeichnen eines vollständigen Baums. Die Ströme in diesen Zweigen sind voneinander unabhängig, die übrigen kann man aus ihnen mittels des Knotenpunktsatzes berechnen.

Unabhängige Knotengleichungen: Bei k Knoten sind die Gleichungen von $k - 1$ Knoten unabhängig voneinander.

Unabhängige Maschengleichungen: Man zeichnet einen vollständigen Baum. Die übrigen unabhängigen Zweige schließen jeweils eine unabhängige Masche.
Oder:
Man wählt im Netzwerk einen Umlauf, denkt sich diesen an beliebiger Stelle aufgetrennt und sucht einen weiteren geschlossenen Umlauf usw.
Jeder so gefundene Umlauf liefert eine unabhängige Maschengleichung.

Bei z Zweigen und k Knoten gibt es $m = z - (k - 1)$ unabhängige Maschen.

RP 1: Zweigstromanalyse

1. Führe in jeden Zweig einen Zweigstrom mit (beliebiger) Bezugsrichtung ein!
2. Stelle die unabhängigen Maschen- und Knotengleichungen auf!
   Man erhält bei z Zweigen z Gleichungen.
3. Löse das Gleichungssystem nach der gesuchten Größe auf!

RP 2: Maschenstromanalyse

1. Führe in jede unabhängige Masche einen Maschenstrom in beliebiger Umlaufrichtung ein! Sind Einströmungen I_0 vorgegeben, so schließe diese als Maschenströme.

   Wird im Netzwerk nur ein Zweigstrom gesucht, so wähle zweckmäßigerweise die Maschenströme so aus, daß durch diesen Zweig nur ein Maschenstrom fließt.

2. Stelle die Maschengleichungen für die in Punkt 1 gewählten Maschen auf!
   Bei gegebenen Einströmungen benötigt man entsprechend deren Anzahl weniger Gleichungen als Maschenströme eingeführt werden. Bei m unabhängigen Maschen erhält man m Gleichungen.
3. Löse das Gleichungssystem nach gesuchter Größe auf!

Widerstandsmatrix

Der Programmpunkt 2 kann schematisiert werden, indem man die Koeffizientenmatrix des Gleichungssystems aus der Schaltung „abliest". Der Programmpunkt 2 unterteilt sich dann in folgende Unterpunkte:

2a) Man zeichnet ein Schema mit so vielen Spalten, wie Maschenströme eingeführt wurden, und so vielen Zeilen, wie unabhängige Maschen existieren (gleiche Reihenfolge der Spalten von links und Zeilen von oben):

Maschenströme / Masche	Unbekannte Maschenströme			Einströmungen	
	I_1	I_2	I_3	I_a	I_b
1	R_{11}	R_{12}	R_{13}	R_{1a}	R_{1b}
2	R_{21}	R_{22}	R_{23}	R_{2a}	R_{2b}
3	R_{31}	R_{32}	R_{33}	R_{3a}	R_{3b}

2b) Der Widerstand $R_{\nu\nu}$ (Hauptdiagonale) ist der von dem entsprechenden Maschenstrom I_ν durchflossene Ringwiderstand der Masche ν.

2c) Der Widerstand $R_{\nu\mu} = R_{\mu\nu}$ ist der Widerstand, den der Maschenstrom I_ν in der Masche μ durchfließt (Koppelwiderstand zwischen Masche μ und ν).
Vorzeichen von $R_{\mu\nu}$: + −
falls I_μ und I_ν durch $R_{\mu\nu}$ gleiche entgegengesetzte
Richtungen haben.

2d) Auf Grund $R_{\nu\mu} = R_{\mu\nu}$ ist die Matrix der unbekannten Maschenströme symmetrisch zur Hauptdiagonalen.

RP 3: Knotenspannungsanalyse

1. Wähle als Bezugspunkt 0 der Knotenspannungen einen Knoten aus bzw. zeichne außerhalb des Netzwerks einen Bezugspunkt!

   Ist nur ein Zweigstrom gesucht, so wähle zweckmäßigerweise einen zu diesem Zweig gehörigen Knoten als Bezugspunkt.

2. Führe von jedem Knoten ν nach dem Bezugspunkt 0 eine Spannung $U_{\nu 0}$ ein!
3. Drücke die Zweigströme durch die eingeführten Knotenspannungen aus! Für Zweig zwischen Knoten ν und μ mit $G_{\nu\mu}$ und $E_{\nu\mu}$:[1])

$$I_{\nu\mu} = (U_{\nu 0} - U_{\mu 0} + E_{\nu\mu})\, G_{\nu\mu}\,.$$

   Die Reihenfolge der Indizes an U, I, E geben die angenommene Richtung der entsprechenden Größe an; die umgekehrte Richtung ist durch Vorzeichenumkehr zu berücksichtigen ($E_{\mu\nu} = -E_{\nu\mu}$).

4. Stelle die unabhängigen Knotengleichungen auf (bei k Knoten $k-1$ Gleichungen)!
5. Löse das Gleichungssystem nach gesuchter Größe auf!

RP 4: Überlagerungsverfahren

Voraussetzung: lineares Netzwerk; mehrere Quellen; gesucht sei Strom I_ν im Zweig ν.

1. Schalte alle Quellen bis auf eine aus, d. h., ersetze EMK durch Kurzschlüsse und Einströmungen durch Unterbrechungen!
2. Berechne den Strom im Zweig ν, herrührend von der nicht ausgeschalteten Quelle!

[1]) In linearen Stromkreisen rechnet man vorteilhafterweise die Reihenschaltung einer EMK mit Widerstand in eine äquivalente Parallelschaltung um.

3. Berechne in gleicher Weise nacheinander den Strom im Zweig ν, herrührend von den anderen Quellen!
4. Überlagere die in den Punkten 2 und 3 berechneten Teilströme zum Gesamtstrom I_ν!

RP 5: Ersatzschaltung passiver Zweipole

Voraussetzung: lineares Netzwerk.

a) Besteht das Netzwerk AB nur aus *Reihen- und Parallelschaltungen* von Widerständen, so berechnet man den Ersatzwiderstand R_{AB} des Zweipols AB mittels der beiden Beziehungen

$$R = \sum R_\nu \quad \text{für Reihenschaltung}$$

$$\frac{1}{R} = \sum \frac{1}{R_\nu} \quad \text{für Parallelschaltung.}$$

b) Enthält das Netzwerk AB *überbrückte Schaltungen*, so berechnet man R_{AB}, indem man
   b_1) einen Strom I in die Klemmen AB einspeist, die Klemmenspannung U_{AB} mittels RP 1, 2 oder 3 berechnet und den Quotienten $U_{AB}/I = R_{AB}$ bildet
   b_2) durch eine Stern-Dreieck-Umformung die Brücke in reine Reihen- und Parallelschaltung umwandelt und nach a) weiterrechnet.

RP 6: Ersatzschaltung aktiver Zweipole

Voraussetzung: Zweipolschaltung AB mit unabhängigen Quellen und linearen Widerständen
Gesucht: Zweipolparameter Leerlaufspannung $E = U_l$
Kurzschlußstrom I_k
Innenwiderstand R_i

1. Berechne die Spannung U über den Klemmen AB bei Leerlauf des Zweipols nach RP 1 bis 4: $U \equiv U_l$ (Leerlaufspannung)!
2. Berechne den Strom I durch die Klemmen AB bei Kurzschluß zwischen AB: $I \equiv I_k$ (Kurzschlußstrom)!
3. Berechne den Widerstand des Zweipols zwischen den Klemmen AB nach RP 5 (Quellen ausgeschaltet: vgl. RP 4 Punkt 1)!

Bemerkung: Es gilt $U_l = R_i I_k$.

RP 7: Zweipoltheorie

Voraussetzung: lineares Netzwerk; die Schaltung ist an den Stellen, an denen die gesuchte Größe (Strom oder Spannung) auftritt, in zwei getrennte Zweipole zerlegbar.
Gesucht: ein Zweigstrom bzw. ein Spannungsabfall.

1. Trenne das Netzwerk an der Stelle der gesuchten Größe auf! Es müssen zwei Zweipole entstehen.
2. Berechne die Zweipolparameter der beiden getrennten Zweipolschaltungen nach RP 5 bzw. 6! Damit sind Ersatzschaltungen für die in Punkt 1 erhaltenen Zweipole angebbar.
3. Berechne mit Hilfe der in Punkt 2 gewonnenen Parameter die gesuchte Größe an den Klemmen der beiden zusammengeschalteten Ersatzschaltungen.

RP 8: Berechnung von Wechselstromschaltungen im Zeitbereich

1. Einführen aller Zweigströme (Zweigstromanalyse) bzw. Maschenströme (Maschenstromanalyse) im gegebenen Netzwerk
   (vgl. RP 1 und 2).
2. Aufstellen der unabhängigen Maschengleichungen und (bei Zweigstromanalyse) der unabhängigen Knotengleichungen. Für die Spannungsabfälle gelten allgemein die Gln. (1.8) bis (1.10). Es ergibt sich ein Gleichungssystem, in dem i. allg. die Maschengleichungen Differentialgleichungen sind.

3. Eliminieren der unerwünschten Variablen: Man erhält eine Differentialgleichung für die gesuchte Variable (Zweig- bzw. Maschenstrom).
4. Lösen der Differentialgleichung (z. B. für i).
   4.1. Lösungsansatz:

   $$i = \hat{I}\ (\sin(\omega t + \varphi_i)$$

   mit den Unbekannten $\hat{I}$ *und* φ_i; die Größe ω ist gleich der der aufgeprägten Funktion.
   4.2. Einsetzen des Lösungsansatzes in Punkt 3.
   4.3. Zusammenfassen aller sinusförmigen Glieder der Unbekannten nach Gl. (1.7).
   4.4. Amplituden- und Phasenvergleich zwischen den Funktionen der Unbekannten und der aufgeprägten Größe, ergibt die gesuchten Parameter $\hat{I}$ und φ_i in Punkt 4.1.
   4.5. Einsetzen der berechneten Unbekannten von Punkt 4.4 in Lösungsansatz Punkt 4.1.

RP 9: Wechselstromrechnung über Bildbereich (komplexe Ebene)

1. Aufstellen des Gleichungssystems (Punkte 1 und 2 in RP 8).
2. Transformation des Gleichungssystems in Bildbereich (komplexe Ebene, Tafel 1.5).
3. Berechnung der gesuchten Größe als Bildfunktion.
4. Rücktransformation des Ergebnisses Punkt 3 in Originalbereich Gln. (1.44a) bzw. (1.44b), Tafel 1.4.

RP 10: komplexe Wechselstromrechnung mit Widerstandsoperator

1. Transformation der Schaltung in den Bildbereich:
   a) Jedes Bauelement wird durch seinen Widerstandsoperator (Leitwertoperator) gekennzeichnet: Gln. (1.58), (1.60), (1.62).
   b) Alle Ströme und Spannungen werden als Bildfunktionen eingeführt.
2. Aufstellen des vollständigen Gleichungssystems im Bildbereich:
   Kirchhoffsche Gleichungen komplex
   Strom-Spannungs-Beziehungen für R, L, C im Bildbereich: Tafel 1.6.
3. Auflösung nach gesuchter Größe im Bildbereich.
4. Rücktransformation des Ergebnisses von Punkt 3 in den Originalbereich:
   Gln. (1.44a) bzw. (1.44b), Tafel 1.4.

RP 11: Schaltvorgänge in aktiven linearen Netzwerken

1. Aufstellen der DGL für die gesuchte Größe $a(t)$ (s. auch RP 8, Punkte 1 bis 3).
2. Lösen der „verkürzten" Gleichung (homogene DGl.) ergibt Lösung $a_f(t)$, enthält Integrationskonstanten
   (Methoden s. Abschn. 3.2.1.).
3. Aufsuchen einer partikulären Lösung der vollständigen DGl.:
   Variation der Konstanten
   Ansatzmethode
   eingeschwungener Zustand $a_e(t)$.
4. Überlagerung der Ergebnisse nach den Punkten 2 und 3.
5. Bestimmung der Integrationskonstanten aus Anfangsbedingungen ($t = 0$).

II. Berechnungsmethoden bei sinusförmiger Erregung

Tafel II.1. Übersicht über Berechnungsmethoden in Netzwerken bei sinusförmiger Erregung (in Klammern sind die entsprechenden Abschnitte angegeben)

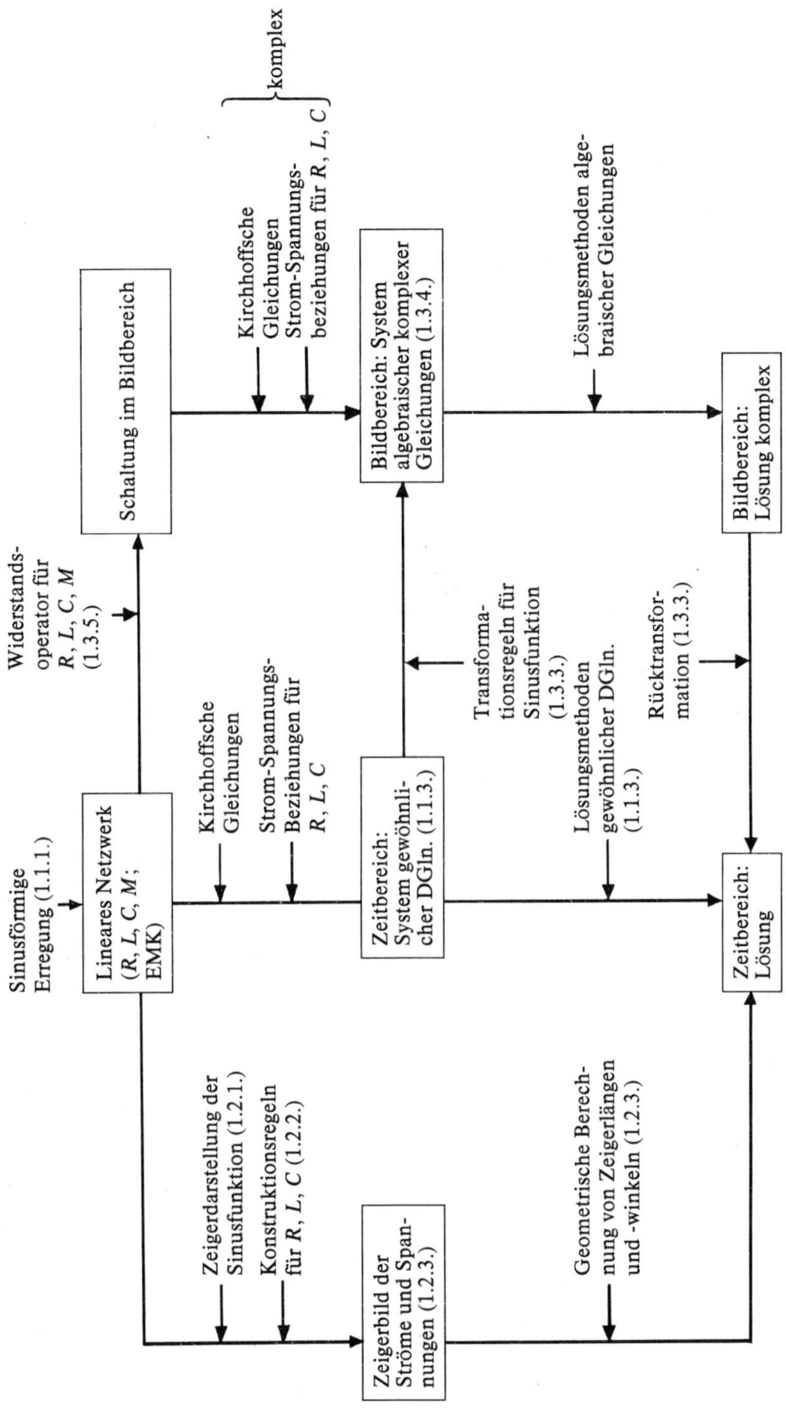

Literaturverzeichnis

[1] *Lunze, K.:* Einführung in die Elektrotechnik, Lehrbuch. Berlin: Verlag Technik GmbH 1991

[2] *Lunze, K.:* Berechnung elektrischer Stromkreise, Arbeitsbuch, 15. Aufl. 1990. Berlin: Verlag Technik GmbH; Heidelberg: Dr. Alfred Hüthig Verlag, (Im Text mit AB bezeichnet.)

[3] Taschenbuch Elektrotechnik in sechs Bänden. Hrsg. v. *E. Philippow*, Bd. 1: Allgemeine Grundlagen. Berlin: Verlag Technik 1986.

[4] *Wunsch, G.:* Systemanalyse 1. 3. Aufl. Berlin: Verlag Technik 1972 und Dr. Alfred Hüthig Verlag, Heidelberg.

[5] *Fritzsche, G.:* Systeme, Felder, Wellen. Arbeitsbuch, Berlin: Verlag Technik 1976.

[6] *Bartsch, H.-J.:* Mathematische Formeln. Leipzig: Fachbuchverlag.

[7] *Koettnitz, H.; Pundt, H.:* Mathematische Grundlagen der Netzparameter, Leipzig: Deutscher Verlag der Grundstoffindustrie 1968

[8] *Woschni, E.-G.:* Informationstechnik – Signal, System, Information. 4. Aufl. Berlin: 1990. Verlag Technik.

Sachwörterverzeichnis